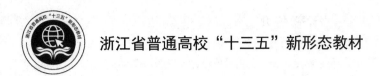

浙江省普通高校"十三五"新形态教材

互换性与测量技术基础

主　编○张清珠　高　吭

副主编○许宇翔　马志勇　魏玉兰

电子工业出版社

Publishing House of Electronics Industry

北京·BEIJING

内 容 简 介

本教材遵循新工科理念，以培养学生的综合设计能力为主线，对教材内容和编排进行了全新探索。全书分为十二章，包括绪论、几何量测量技术基础、尺寸精度设计、几何精度设计、表面粗糙度精度设计、光滑工件尺寸检验和光滑极限量规的设计、滚动轴承结合的精度设计、键和花键联结的精度设计、螺纹结合的精度设计、圆锥结合的精度设计、渐开线圆柱齿轮的精度设计、尺寸链。本教材旨在令学生掌握机械产品设计、制造和质量检测的必备基础理论知识，使学生初步具备解决产品几何精度设计和质量检测等实际问题的综合能力。

本教材内容全部采用最新国家标准，侧重理论，同时配有工程实例，每章附有学习指导、本章小结、思考题与习题。本教材以包含二维码的纸质教材为载体，配有视频、作业、试卷、拓展资料、主题讨论等资源，将教材、课堂、教学资源三者融合，实现线上线下结合的新模式，体现了教材改革的思路和新理论、新技术的应用。本书可结合学银在线中编者建设的《互换性与技术测量》数字化资源使用。

本教材可作为普通高等工科院校和高职高专机械类及近机类各专业教学用书，也可供从事机械与仪器仪表设计、制造工艺设计、标准化编制、计量测试等工作的工程技术人员参考。

未经许可，不得以任何方式复制或抄袭本书之部分或全部内容。

版权所有，侵权必究。

图书在版编目（CIP）数据

互换性与测量技术基础 / 张清珠，高吭主编. —北京：电子工业出版社，2023.3

ISBN 978-7-121-45145-4

Ⅰ. ①互… Ⅱ. ①张… ②高… Ⅲ. ①零部件－互换性－高等学校－教材②零部件－测量技术－高等学校－教材 Ⅳ. ①TG801

中国国家版本馆 CIP 数据核字（2023）第 037923 号

责任编辑：孟　宇　　　　特约编辑：田学清
印　　刷：天津千鹤文化传播有限公司
装　　订：天津千鹤文化传播有限公司
出版发行：电子工业出版社
　　　　　北京市海淀区万寿路 173 信箱　　　　　邮编：100036
开　　本：787×1092　　1/16　　印张：21.25　　字数：544 千字
版　　次：2023 年 3 月第 1 版
印　　次：2023 年 3 月第 1 次印刷
定　　价：69.80 元

凡所购买电子工业出版社图书有缺损问题，请向购买书店调换。若书店售缺，请与本社发行部联系，联系及邮购电话：(010) 88254888，88258888。

质量投诉请发邮件至 zlts@phei.com.cn，盗版侵权举报请发邮件至 dbqq@phei.com.cn。

本书咨询联系方式：mengyu@phei.com.cn。

前　言

　　"互换性与测量技术基础"是高等院校机械类、机械师范类、近机类专业学生的一门主干技术基础课,在教学计划中起着连接基础课和专业课的作用,是联系设计类课程与工艺类课程的纽带,是与机械工业发展紧密联系的基础学科,是机械设计(运动设计、结构设计、精度设计)中不可缺少的重要组成部分。

　　本教材是根据全国高校"互换性与测量技术基础"教学大纲要求,结合各院校课程体系改革和对学生专业能力培养多元化的需求编写的。本教材在参考许多已出版的同类优秀教材的基础上,融入了编者多年的教学实践经验。本教材具有以下特点:

　　(1)全部采用国家最新标准和检测技术。

　　(2)紧扣教学大纲,注重基础内容,突出重点,适合教学。

　　(3)在重点讲清基础理论的同时,加强了工程实际应用。以工程实践案例中的精度设计为主线,融入相关教学内容,加强相关章节的联系,突出实用性和综合性,注重理论联系实际,以及对学生综合能力的培养。

　　(4)强调精度设计或互换性标准应用设计中的原则与要点、方案的对比分析,以及如何协调和解决机器使用要求与制造成本的矛盾等。从精度设计出发,厚植工程师价值观;从产品检测出发,培养学生的诚信和社会责任意识。

　　(5)每章后面设有本章小结,其重要意义在于,不仅明确本章重点与难点,还通过分析和强调一些较难区别、容易犯错的问题和案例,帮助学生加深理解。

　　(6)本教材收录了适当的公差表格,可为学生后续进行的课程设计、毕业设计提供必要的参考资料。

　　本教材由湖州师范学院张清珠、沈阳航空航天大学高吭担任主编,湖州学院许宇翔、湖州师范学院魏玉兰及马志勇担任副主编,佳木斯大学刘春山,营口理工学院李宪芝,湖州师范学院彭黄湖、杨帆、王悦明参编。

为方便选用本教材作为教材的任课教师授课，本教材配套丰富的电子资源，需要的教师可在华信教育资源网（https://www.hxedu.com.cn）上下载或同编者索取，编者邮箱 zhangqz@zjhu.edu.cn。

由于编者水平有限，书中难免存在不足之处，恳请广大读者批评指正。

编者

2022 年 12 月

目　录

绪论

学习指导

学习目的：
了解本课程的性质和任务。

学习要求：

1. 掌握互换性、公差、标准与标准化的概念。
2. 理解互换性的作用和分类。
3. 了解互换性与标准化的关系及其在现代化生产中的重要意义。
4. 掌握优先数系的基本原理及其应用。
5. 了解检测的必要性。

第一节　互换性与公差的概念

一、互换性的概念

互换性在日常生活中处处都能遇到。遥控器电池没电了换个相同型号的新电池就能继续使用；机器上丢了一颗螺钉，换上一颗相同规格的就可以正常运行；自行车、电视机、缝纫机的某个零部件坏了，快速换上一个相同规格的新零部件后，自行车可以继续骑行、电视机有画面且有声音、钟表继续准时工作。之所以这样方便，是因为合格的产品和零部件具有在材料性能、几何尺寸、使用功能上可以彼此互相替换的性能，即具有互换性。

所谓互换性是指同一规格的一批零件或部件，任取一件，不需经过任何选择、修配或调整就能装配在机器上，并能满足使用要求的特性。

二、互换性的种类

1. 按互换程度分

按照互换程度的不同，互换性分为完全互换和不完全互换。

完全互换要求零部件在装配或更换时不需要挑选、修配和辅助加工。例如，对一批孔和轴装配后的间隙要求控制在某一范围

【主题讨论】
生活中互换性的例子还有哪些？请列举出：
_____

内，孔和轴加工后只要符合设计的规定，它们就具有完全互换性。

不完全互换则允许零部件在装配时有附加的选择、调整和修配。不完全互换的方法主要有分组互换、大数互换（概率互换）、调整互换等。

1）分组互换

因为误差具有传递性，也就是说一个系统中的总误差是组成该系统的各分误差的合成。若总误差要求控制在一个很小的范围（即精度要求很高）内，那么组成该系统的各分误差就更小（精度更高）。一个机械产品（如滚动轴承的内、外圈与滚动体，发动机的活塞与活塞销、连杆、曲轴等）由多个零件组成，部件的精度要求高，根据误差合成的原理，各零件的精度要求就更高，这势必会增加零件的加工成本，有的甚至用常规的加工方法还难以达到精度要求。这时可将零件的制造公差适当放大后进行加工，加工完后，通过测量将零件按照实际尺寸大小分为若干组，使各组组内零件间实际尺寸的差别减小，装配时按对应组进行装配。这样既可以保证装配精度和使用要求，又能降低加工难度，从而降低成本。但此时仅组内零件可以互换，组与组之间不可互换，故称为不完全互换。

2）大数互换

如果说完全互换是同一批零部件中各零部件 100%可互换的话（危率 a=0），那么大数互换是根据实际加工误差（随机误差）分布的规律，在大批量生产中，使绝大多数零部件的尺寸均趋向它们的期望值（平均值），而分布于极限位置附近（公差带两端）的零部件的尺寸很少。为此，根据需要可以人为规定一个小于 1 的危率 a（我国及世界上大多数国家通常规定 a=0.002 7），使互换性概率控制在 P=1-a 范围内，这种互换就称为大数互换。

3）调整互换

它是一种保证装配精度的措施。由于装配精度的要求或装配误差累积的影响，有些机械产品（如机床、齿轮箱等），在装配过程中除留下某一个零件或零件位置作为装配环中的精度调整或累积误差的补偿外，装配环中的其他各零件仍按互换性原则生产。因为有调整环存在，所以在不改变调整环尺寸的条件下，装成的机械产品的零件是不能互换的，除非重新设置调整环零件的尺寸。这种采用更换零件或改变零件位置（如增减或更换垫片、垫圈等）来改变补偿环尺寸大小的方法称为调整互换。调整互换的特点是在机器装配或使用过程中，对某一特定零件按所需的尺寸进行调整，以达到装配精度的要求。例如，在减速器中调整轴承盖与箱体间的垫片厚度，以补偿温度变化对轴的影响。

一般来讲，对于厂际协作，应采用完全互换；对于厂内生产的零部件的装配，可以采用不完全互换。

2．按使用场合分

按照使用场合的不同，互换性分为内互换和外互换。

内互换是指部件或机构内部组成零件间的互换性。外互换是指部件或机构与其相配件间的互换性。例如，滚动轴承内、外圈滚道直径与滚动体（滚珠或滚柱）直径间的配合为内互换；滚动轴承内圈内径与传动轴的配合、滚动轴承外圈外径与壳体孔的配合为外互换。一般内互换采用不完全互换，并且局限在厂家内部进行；而外互换采用完全互换，适用于生产厂家之外广泛的范围。

3．按使用要求分

按照使用要求的不同，互换性分为几何参数互换和功能互换。

几何参数互换是通过规定几何参数的公差保证成品的几何公差充分近似的互换，又称狭义互换。

功能互换是通过规定功能参数（如材料的力学性能、化学性能、光学性能、电学性能等参数）的公差所达到的互换，又称广义互换。因为要保证零件使用功能的要求，不仅取决于几何参数的一致性，还取决于它们的物理性能、化学性能、力学性能等参数的一致性。本教材主要研究几何参数的互换性。

三、互换性的作用

互换性的作用主要体现在以下三个方面。

1．在设计方面

在进行某一产品或其系列产品的设计过程中，零部件具有互换性使设计者能最大限度地使用标准零部件和通用件，从而大大简化了绘图和计算等工作，使设计周期变短，利于产品更新换代和计算机辅助设计（CAD）技术的应用，同时也利于此零部件在他人设计时选用。

2．在装配和制造方面

互换性是提高生产水平和进行文明生产的有力手段。装配时不需要辅助加工和修配，能减轻装配工人的劳动强度，缩短装配周期，并且可使装配工人按流水作业方式进行工作，从而大大提高装配效率。加工时，由于具有互换性的零部件按照标准规定的公差加工，因此有利于组织专业化生产，采用先进工艺和高效率的专用设备，或采用计算机辅助制造（CAM）技术，实现加工过程和装配过程机械化、自动化，从而提高生产效率和产品质量，降低生产成本。例如，汽车制造厂生产汽车，只负责生产若干重要的零部件，汽车上的其他零部件分别由几百家工厂生产，采用专业化协作生产。

3．在使用和维修方面

可以及时更换那些已经磨损或损坏的零部件，对于某些易损件可以准备备用件，减少机器的维修时间和费用，保证了机器工作的连续性和持久性，延长了机器的使用寿命。

总之，互换性原则是机械工业生产的基本技术经济原则，是设计、制造中必须要遵循的。即使是单件、小批量生产，零部件不具有互换性，此原则也必须遵循，因为零部件在加工检验过程中不可避免地要采用具有互换性的刀具、夹具及量具等工艺设备，更何况在整台产品中还可能用到许多具有互换性的零件与部件。

四、公差的概念

为了满足互换性的要求，最理想的情况是同规格的零部件几何参数完全一致。但在加工零件的过程中，由于各种因素（机床、刀具、温度等）的影响，零件的尺寸、形状和表面粗糙度等几何量难以做到理想状态，也没必要做成完全一致。实际上，只要求零件几何量在某一规定的范围内变动，就能满足互换的要求。这个允许几何量变动的范围叫作公差。

设计者的任务就是要正确地确定公差，并将它在图样上明确地表示出来。也就是说，互换性要靠公差来保证。显然，在满足功能要求的前提下，公差值应尽量规定大一些，以便获得最佳的经济效益。

第二节　标准化与优先数系

现代制造业生产的特点是规模大、分工细、协作单位多、互换性要求高。为了在生产中协调各部门和各生产环节，必须有一种手段，使分散的、局部的生产部门和生产环节保持必要的统一，成为一个有机的整体，以实现互换性生产。标准与标准化正是联系这种关系的主要途径和手段。实行标准化是互换性生产的基础。

一、标准与标准化的概念

标准和标准化

1. 标准

国家标准《标准化工作指南　第 1 部分：标准化和相关活动的通用术语》（GB/T 20000.1—2014）对标准的定义："通过标准化活动，按照规定的程序经协商一致制定，为各种活动或其结果提供规则、指南或特性，供共同使用和重复使用的文件。"标准对于改进产品质量、缩短产品设计周期、开发新产品和协作配套、提高社会经济效益、发展社会主义市场经济和对外贸易等有很重要的意义。标准是互换性的基础，是人们活动的依据。

2. 标准的分类

1）按标准的使用范围

我国将标准分为国家标准、行业标准、地方标准和企业标准。

国家标准（GB）就是在全国范围内统一的技术要求。

行业标准就是对没有国家标准，而又需要在全国某行业范围内统一的技术要求，如机械标准（JB）、轻工行业标准（QB）等，但在有了国家标准后，对应的行业标准即废止。

地方标准（DB）就是对没有国家标准和行业标准，而又需要在省、自治区、直辖市范围内统一的工业产品的安全、卫生等要求。但在公布相应的国家标准或行业标准后，地方标准即废止。

企业标准（Q）就是对企业生产的产品，在没有国家标准和行业标准的情况下，制定出来作为组织生产依据的技术要求。对于已有国家标准或行业标准的，企业也可以制定严于国家标准或行业标准的企业标准，在企业内部使用。

2）按标准的作用范围

按标准的作用范围将标准分为国际标准、区域标准、国家标准、地方标准和试行标准。

国际标准、区域标准、国家标准、地方标准分别是由国际标准化的标准组织、区域标准化的标准组织、国家标准机构、国家的某个区域通过并发布的标准。

试行标准是由某个标准化机构临时采用并公开发布的文件，以便在有必要的情况下作为标准依据的经验。

3）按标准化对象的特征

按标准化对象的特征，标准分为基础标准，产品标准，方法标准和安全、卫生与环境保护标准等。

基础标准是指在一定范围内作为标准的基础且普遍使用，具有广泛指导意义的标准，如极限与配合标准、几何公差标准、渐开线圆柱齿轮精度标准等。基础标准是以标准化共性要求和前提条件为对象的标准，是为了保证产品的结构功能和制造质量而制定的、一般工程技术人员必须采用的通用性标准，也是制定其他标准时可依据的标准。本教材所涉及的标准就是基础标准。

4）按标准的性质

按标准的性质，标准分为技术标准、工作标准和管理标准。

技术标准是指对标准化领域中需要协调统一的技术事项所制定的标准；工作标准是指对工作的责任、权力、范围、质量要求、程序、效果、检查方法、考核方法所制定的标准；管理标准是指对标准化领域中需要协调统一的管理事项所制定的标准。

3. 标准化

国家标准（GB/T 20000.1—2014）对标准化的定义："为了在既定范围内获得最佳秩序，促进共同效益，对现实问题或潜在问题确立共同使用和重复使用的条款以及编制、发布和应用文件的活动。"上述活动主要包括制定标准、颁布标准、组织实施标准、对标准的实施进行监督和修订标准的全部活动过程。这个过程是从探索标准化对象开始的，经调查、实验和分析，进而起草、制定和实施标准，而后修订标准。因此，标准化是个不断循环而又不断提高其水平的过程。

在标准化的全部活动中，实施标准是核心环节，制定和修订标准是最基本的任务。标准的制定离不开环境的限定，通过一段时间的执行，要根据实际使用情况，对现行标准加以修订或更新。因此，在执行各项标准时要以最新颁布的标准为准则。

标准化是实现互换性的前提。例如，如果没有几何参数的公差标准，或者有了标准不去实施，机械零件的互换性就难以实现。现代化生产的特点是规模大、分工细、协作多，为适应生产中各个单位、部门之间的协调和衔接，必须通过标准使分散的、局部的生产部门和生产环节保持必要的统一。因此，一方面，标准化是保证互换性生产的手段；另一方面，互换性又为标准化活动及其进一步发展提供了条件。可以说，如果不要求互换性，就不需要进行标准化了。

4. 国际标准化的发展历程

标准化是社会生产劳动的产物，标准化在近代工业兴起和发展的过程中显得十分重要。早在19世纪，标准化在国防、造船、铁路运输等行业中的应用就十分广泛。到了20世纪初，一些国家相继成立全国性的标准化组织机构，推进了本国的标准化事业。以后由于生产的发展，国际交流越来越频繁，因而出现了地区性和国际性的标准化组织。1926年国际标准化协会（简称ISA）成立，1947年国际标准化协会重建并改名为国际标准化组织（简称ISO）。现在，这个世界上最大的标准化组织已成为联合国甲级咨询机构。ISO 9000系列标准的颁发，使世界各国的质量管理及质量保证的原则、方法和程序，都有了一个统一的基础。

5. 我国标准化的发展

我国标准化是在1949年中华人民共和国成立后得到重视并发展的。1958年我国发布了第一批120项国家标准。从1959年开始，我国陆续制定并发布了《公差与配合》《形状和位置公差》《公差原则》《表面粗糙度》《光滑极限量规》《渐开线圆柱齿轮精度》《极限与配合》等许多公差标准。我国在1978年恢复了ISO成员国身份，承担ISO技术委员会秘书处工作和国际标准草案起草工作。从1979年开始，我国制定并发布了以国际标准为基础制定的新的公差标准。从1992年开始，我国又发布了以国际标准为基础进行修订的/T类新公差标准。1988

年，全国人民代表大会常务委员通过了《中华人民共和国标准化法》。1993 年，全国人民代表大会常务委员会通过了《中华人民共和国产品质量法》。我国公差标准化的水平在社会主义现代化建设过程中不断发展提高，对我国经济的发展做出了很大的贡献。

6. 标准化的意义

（1）它是组织现代化大生产的重要手段，是实施科学管理的基础。

（2）它是合理简化品种、组织专业化生产的前提。

（3）它是不断提高产品质量的重要保证。

（4）实行标准化有利于合理利用国家资源、节约能源和原材料。

（5）标准化也是推广科研成果和新技术的桥梁。

（6）实行标准化可以消除贸易技术壁垒，促进国际贸易的发展，提高产品在国际市场上的竞争力。

总之，实行标准化对于发展国民经济和企业生产具有重大意义。

优先数和优先数系

二、优先数系及其公比

在机械产品设计和制定技术标准时，涉及很多技术参数，这些技术参数在各生产环节中往往不是孤立的。当选定一个数值作为某种产品的参数指标后，这个数值就会按一定的规律向一切相关的制品、材料等有关参数指标传播扩散。例如，螺栓的公称直径确定后，不仅会传播到螺母的内径上，也会传播到加工这些螺纹的刀具上，传播到检测这些螺纹的量具及装配它们的工具上，这种技术参数的传播性，在生产实际中极为普遍。工程技术上的参数数值即使只有很小的差别，经过多次传播后，也会造成尺寸规格繁多杂乱，给组织生产、协作配套、设备维修和贸易带来很大困难。因此技术参数的传播不能随意选择，应在一个理想的、统一的数系中选择。

> 【主题讨论】
> 为什么优先数系采用等比系列，而不是等差数列呢？

1. 优先数系

国家标准《优先数和优先数系》（GB/T 321—2005）规定十进制等比数列为优先数系，并规定了五个系列，分别用系列符号 R5、R10、R20、R40 和 R80 表示，称为 Rr 系列。其中前四个系列是常用的基本系列，而 R80 则作为补充系列，仅用于分级很细的特殊场合。

优先数系是工程设计和工业生产中常用的一种数值制度。优先数与优先数系是 19 世纪末（1877 年），由法国人查尔斯·雷纳（Charles Renard）首先提出的。当时载人升空的气球所使用的绳索尺寸由设计者随意规定，多达 425 种。雷纳根据单位长度的不同直径绳索的重量级数来确定绳索的尺寸，按几何公比递增，每进 5 项使项值增大 10 倍，把绳索规格减少到 17 种，并在此基础上产生了优先数系的系列。后人为了纪念雷纳将优先数系称为 Rr 数系。基本系列 R5、R10、R20、R40 的 1～10 常用值见表 1-1。

表 1-1 基本系列 R5、R10、R20、R40 的 1～10 常用值（摘自 GB/T 321—2005）

基本系列	1～10 的常用值									
R5	1.00	—	1.60	—	2.50	—	4.00	—	6.30	—	10.00
R10	1.00	1.25	1.60	2.00	2.50	3.15	4.00	5.00	6.30	8.00	10.00

续表

基本系列	1~10 的常用值										
R20	1.00	1.12	1.25	1.40	1.60	1.80	2.00	2.24	2.50	2.80	
	3.15	3.55	4.00	4.50	5.00	5.60	6.30	7.10	8.00	9.00	10.00
R40	1.00	1.06	1.12	1.18	1.25	1.32	1.40	1.50	1.60	1.70	1.80
	1.90	2.00	2.12	2.24	2.36	2.50	2.65	2.80	3.00	3.15	3.35
	3.55	3.75	4.00	4.25	4.50	4.75	5.00	5.30	5.60	6.00	6.30
	6.70	7.10	7.50	8.00	8.50	9.00	9.50	10.00	—	—	—

　　优先数系是十进制等比数列，其中包含 10 的所有整数幂（…，0.01，0.1，1，10，100，…）。只要知道一个十进制段内的优先数值，其他十进制段内的数值就可由小数点的前后移位得到。优先数系中的数值可方便地向两端延伸，由表 1-1 中的数值，使小数点前后移位，便可以得到所有小于 1 和大于 10 的任意优先数。

　　优先数系的公比为 $q_r = \sqrt[r]{10}$。优先数在同一系列中，每隔 r 个数，其值增加 10 倍。由表 1-1 可以看出，基本系列 R5、R10、R20、R40 的公比分别为：

$$R5 \qquad q_5 = \sqrt[5]{10} \approx 1.60$$
$$R10 \qquad q_{10} = \sqrt[10]{10} \approx 1.25$$
$$R20 \qquad q_{20} = \sqrt[20]{10} \approx 1.12$$
$$R40 \qquad q_{40} = \sqrt[40]{10} \approx 1.06$$

补充系列 R80 的公比为：

$$R80 \qquad q_{80} = \sqrt[80]{10} \approx 1.03$$

GB/T 321—2005
R80 补充系列中 1～10 的常用值

2. 优先数与优先数系的特点

　　优先数系中的项值均称为优先数。优先数的理论值为 $\left(\sqrt[r]{10}\right)^{N_r}$。其中 N_r 是任意整数。按照此式计算得到的优先数的理论值，除 10 的整数幂外，大多为无理数，工程技术中不宜直接使用。实际应用的数值都是经过化整处理后的近似值，根据取值的有效数字位数，优先数的近似值可以分为：计算值（取 5 位有效数字，供精确计算用）、常用值（优先值，取 3 位有效数字，是经常使用的）、化整值（是将常用值进行化整处理后所得的数值，一般取 2 位有效数字，有的甚至只有一位有效数字）。优先数系主要有以下特点。

　　（1）任意相邻两项间的相对差近似不变（按理论值则相对差为恒定值）。如 R5 系列约为 60%，R10 系列约为 25%，R20 系列约为 12%，R40 系列约为 6%，R80 系列约为 3%。由表 1-1 可以明显看出这一点。

　　（2）任意两项的理论值经计算后仍为一个优先数的理论值。计算包括任意两项理论值的积或商，任意一项理论值的正、负整数乘方等。

GB/T 19764—2005
优先数化整值的应用

　　（3）优先数系具有相关性。优先数系的相关性表现为：在上一级优先数系中隔项取值，就得到下一系列的优先数系；反之，在下一系列中插入比例中项，就得到上一系列。例如，在 R40 系列中隔项取值就得到 R20 系列，在 R10 系列中隔项取值就得到 R5 系列；又例如，在 R5 系列中插入比例中项就得到 R10 系列，在 R20 系列中插入比例中项就得到 R40 系列。这种相关性也可以说成：R5 系列中的项值包含在 R10 系列中，R10 系列中的项值包含在 R20 系列中，R20 系列中的项值包含在 R40 系列中，R40 系列中的项值包含在 R80 系列中。

3．优先数系的派生系列

为使优先数系具有更广泛的适应性，可以从基本系列中每逢 p 项取一个优先数，生成新的派生系列，以符号 Rr/p 表示。派生系列的公比为

$$q_{r/p} = q_r^p = \left(\sqrt[r]{10} \right)^p = 10^{p/r}$$

如派生系列 R10/3，就是从基本系列 R10 中，自 1 以后每逢 3 项取一个优先数而组成的，即 1.00，2.00，4.00，8.00，16.0，32.0，63.0，…。

4．优先数系的选用规则

优先数系的应用很广泛，它适用于各种尺寸、参数的系列化和质量指标的分级，对保证各种工业产品的品种、规格、系列的合理化分档和协调配套具有十分重要的意义。

（1）选用基本系列时，应遵守先疏后密的规则，即按 R5、R10、R20、R40 的顺序选用。

（2）当基本系列不能满足要求时，可选用派生系列，注意应优先采用公比较大和延伸项含有项值 1 的派生系列。

（3）根据经济性和需要量等不同条件，优先数系还可分段选用最合适的系列，以复合系列的形式来组成最佳系列。

（4）采用优先数系时，通常有以下经验：

一般机械的主要参数可选 R5 或 R10 系列，专用工具的主要参数选 R10 系列，一般材料、零件和工具的尺寸选 R20 或 R40 系列（R40 应少用）。

派生系列通常用于因变量，如油缸直径用 R10，活塞面积 $F = \pi d^2 / 4$，则为 R10/2 系列。

采用复合系列时，要注意两个系列的衔接处公比的变化不能太大，否则会使产品系列产生缺段。

5．优先数系的主要优点

1）经济合理的数值分级制度

工业产品的参数从最小到最大一般具有很大的数值范围。按等比数列分级时，就能以较少的品种规格，经济合理地满足用户的全部需要。因为要反映各级之间有同样的"质"的差别，就必须有"相对差"的概念，而不能像等差数列那样只考虑"绝对差"。优先数系正是按等比数列制定的，它的相对差保持不变，不会造成分级疏的过疏而密的过密的不合理现象。因此，优先数系提供了一种经济、合理的数值分级制度。

2）统一和简化的基础

一种产品（或零件）往往同时在不同场合由不同的人员分别进行设计和制造，而产品的参数又常常影响到与其有配套关系的一系列产品的有关参数。各个部门的不同人员在确定这种有关联的参数时，如果没有一个共同遵守的选用数据的准则，势必会造成同一种产品的尺寸参数杂乱无章，品种规格过于繁多，无法经济地组织生产，也不利于使用维修。

优先数系是国际上统一的数值制度，可用于各种量值的分级，以便不同的地方都能优先选用同样的数值。它为技术经济工作上的统一、简化和协调产品参数提供了基础。

企业自制自用的工装等设备的参数，也应当选用优先数系。这样，不但可简化、统一品种规格，而且可使尚未标准化的对象，从一开始就为走向标准化奠定基础。

3）具有广泛的适应性

优先数系中包含各种不同公比的系列，因而可以满足较密或较疏的各种分级要求。

参数范围很宽时，根据经济性和需要等不同的条件还可分段选用最合适的基本系列，以复合系列的形式组成。

由于具有"优先数的积或商仍为优先数"这个重要特性，就进一步扩大了优先数的使用范围。例如，当直径采用优先数时，π 也可用优先数 3.15 近似代替，则圆周长度和圆的面积的近似值也都是优先数。这对计算近似的圆周速度、切削速度、圆柱体的面积和体积、球的面积和体积等也同样适用。

4）简单、易记、计算方便

优先数是十进制等比数列，其中包含了 10 的所有整数幂（如 1、10、100、1 000、…），只要记住一个十进制段的数值，其他十进制段内的数值可由小数点移位得到。

第三节　几何量检测的重要性及其发展

一、几何量检测的重要性

几何量检测是组织互换性生产必不可少的重要措施。由于零部件的加工误差不可避免，这决定了必须采用先进的公差标准，对构成机械的零部件的几何量规定合理的公差，用以实现零部件的互换性。但若不采用适当的检测措施，规定的公差也就形同虚设，不能发挥作用。按公差标准制造，并按一定的标准来检验，这样互换性才能得以实现。只有几何量合格，才能保证零部件在几何量方面的互换性。

检测是检验和测量的统称。一般来说，测量的结果能够获得具体的数值，但检验的结果只能判断合格与否，而不能获得具体数值。但是，我们必须注意到，在检测过程中又会不可避免地产生或大或小的测量误差。这将导致两种误判：一是把不合格品误认为合格品而予以接收——误收；二是把合格品误认为是废品而予以报废——误废。这是测量误差表现在检测方面的矛盾，这就需要从保证产品的质量和经济性两方面综合考虑，以合理解决矛盾。

检测的目的不仅仅在于判断工件合格与否，还有积极的一面，那就是根据检测的结果，分析产生废品的原因，以便设法减少和防止废品。

二、我国在几何量检测方面的发展历程

在我国悠久的历史上，很早就有关于几何量检测的记载。我国秦朝就已经统一了度量衡制度，西汉已有了铜制卡尺。但长期的封建统治使得科学技术未能进一步发展，检测技术和计量器具一直处于落后的状态，直到 1949 年中华人民共和国成立后才扭转了这种局面。

1959 年国务院发布了《关于统一计量制度的命令》，1977 年国务院发布了《中华人民共和国计量管理条例》，1984 年国务院发布了《关于在我国统一实行法定计量单位的命令》，1985年全国人民代表大会常务委员会通过了《中华人民共和国计量法》。它们对于我国采用国际米制作为长度计量单位，健全各级计量机构和长度量值传递系统，保证全国计量单位统一和量值准确可靠，促进我国社会主义现代化建设和科学技术的发展具有特别重要的意义。

在建立和加强我国计量制度的同时，我国的计量器具制造业也有了较大的发展。现在已有许多量仪厂和量具刃具厂生产的许多品种的计量仪器用于几何量检测，如万能测长仪、万能工具显微镜、万能渐开线检查仪等。此外，我国还能制造一些世界先进水平的量仪，如激光光电比长仪、激光丝杠动态检查仪、光栅式齿轮整体误差测量仪、碘稳频激光器、无导轨大长度测量仪等。

第四节　本课程的内容、研究对象及任务

本课程的内容包含几何量公差和误差检测两大方面的内容，重点讨论一般尺寸的通用零件及其装配的精度设计，包括它们的基本设计理论和方法，以及技术资料、标准的应用等。在几何量测量技术基础、尺寸精度设计、几何精度设计、表面粗糙度精度设计、光滑工件尺寸检验和光滑极限量规的设计、滚动轴承结合的精度设计、键和花键联结的精度设计、螺纹结合的精度设计、圆锥结合的精度设计、渐开线圆柱齿轮的精度设计、尺寸链等方面做了较详细的介绍。

本课程的研究对象是几何参数的互换性，即研究如何通过规定公差合理地解决机器或零部件的使用要求与制造要求之间的矛盾，以及如何运用技术测量手段保证国家公差标准的贯彻实施。

本课程的任务是培养学生：

（1）理解互换性、标准化和精度设计有关的基本术语和定义。

（2）掌握各个公差标准的特点和应用原则。

（3）会查用相关国家公差标准。

（4）能读懂图纸上的精度要求，根据机器和零件功能要求，进行合理的精度设计，并且能正确地标注。

（5）掌握一般几何参数测量的基础知识，会使用常用的计量器具。

（6）具备机械产品精度设计能力和产品质量检测的基本技能。

各类公差在国家标准的贯彻上都有严格的原则性和法规性，而在应用中却具有较大的灵活性，涉及的问题很多；测量技术又具有较强的实践性。因此学生通过本课程的学习，只能获得机械工程师所必须具有的互换性与技术测量方面的基本知识、基本技术和基本训练，而要牢固掌握和熟练运用本课程的知识，则有待后续有关课程的学习及毕业后的实际工作锻炼。

本章小结

第一章　测验题

1．互换性的概述

互换性是指在同一规格的一批零件或部件，任取一件，不需经过任何选择、修配或调整就能装配在机器上，并能满足使用性能要求的特性。

零部件在装配前不挑选，装配时不调整或不修配，装配后能满足使用要求的互换性称为完全互换；零部件在装配时要采用分组互换、大数互换、调整与修配等措施才能满足装配精

度要求的互换性称为不完全互换。

互换性原则是机械工业生产的基本技术、经济原则，是我们在设计、制造中必须遵循的。采用修配法保证装配精度的单件或小批量生产的产品（此时零部件没有互换性）也必须遵循互换性原则。

2．实现互换性的前提

标准化是实现互换性的前提。只有按一定的标准进行设计和制造，并按一定的标准进行检验，互换性才能实现。

3．互换性的分类

按互换程度分为完全互换和不完全互换；按使用场合分为内互换和外互换；按使用要求分为几何参数互换和功能互换。

4．介绍优先数系

其由一系列十进制等比数列构成，代号为 Rr，r =5、10、20、40、80。优先数系中的每个数都是一个优先数。每个优先数系中，相隔 r 项的末项与首项相差 10 倍；每个十进制段中各有 r 个优先数。

优先数系适用于各种尺寸、参数的系列化和质量指标的分级，对保证各种工业产品的品种、规格、系列的合理化分档和协调配套具有十分重要的意义。

5．介绍几何量检测的重要性及其发展

按公差标准制造，并按一定的标准来检验，这样互换性才能得以实现。检测是检验和测量的统称。测量的结果能够获得具体的数值；检验的结果只能判断合格与否，而不能获得具体数值。

思考题与习题

1-1 完全互换和不完全互换有什么区别？各应用于什么场合？

1-2 什么是标准、标准化？按标准的使用范围分类，我国有哪几种类型的标准？

1-3 公差、检测、标准化与互换性有什么关系？

1-4 什么是优先数系？我国标准采用了哪些优先数系？

1-5 试写出派生系列 R10/2 和 R20/3 中优先数从 1 到 100 的常用值。

1-6 以下这些数值分别用到了哪些优先数系？

（1）硬盘的存储能力：1、2、4、8、16、32、64、128、256、512、…

（2）显微镜的物镜放大倍数：1.6、2.5、4.0、6.3、10、25、40、63、100、…

（3）螺纹直径：3、4、5、6、8、10、12、16、20、24、30、…

（4）粗糙度数值：0.8、1.6、3.2、6.3、12.5、…

几何量测量技术基础

学习指导

学习目的：
了解测量技术的基础知识。

学习要求：
1. 了解长度和角度量值的传递及量块的使用。
2. 了解计量器具的分类及其主要技术指标。
3. 了解各种测量方法的基本特征。
4. 通过对随机误差分布规律及特点的分析，掌握测量结果的数据处理方法。

第一节 测量与检验的概念

检测是测量与检验的总称。测量是指将被测量与作为测量单位的标准量进行比较，从而确定被测量的实验过程，而检验则是判断零件是否合格的过程而不需要测出具体数值。

由测量的定义可知，任何一个测量过程都必须有明确的被测对象和确定的测量单位，还要有与被测对象相适应的测量方法，而且测量结果还要达到要求的测量精度。因此，一个完整的测量过程应包括以下四个要素。

一、测量对象

在技术测量中测量对象指几何量，包括长度、角度、几何公差、表面粗糙度，以及螺纹、齿轮等零件的几何参数。由于几何量的特点是种类繁多，形状又各式各样，因此对于它们的特性、被测参数的定义及标准等都必须加以研究并熟悉掌握，以便进行测量。

二、计量单位

我国采用的法定计量单位：长度的计量单位为米（m），角度单位为弧度（rad）、度（°）、分（′）和秒（″）。在机械制造中，常用的长度计量单位是毫米（mm），在几何量精密测量中，常用的长度计量单位是微米（μm），在超精密测量中，常用的长度计量单位是纳米（nm）。在机械制造中常用的角度计量单位是弧度（rad）、微弧度（μrad）和度、分、秒。它们之间的换算关系为 $1\mu\text{rad} = 10^{-6}\text{rad}$，$1° = 0.017\,453\,3\,\text{rad}$。

三、测量方法

测量方法指进行测量时所采用的测量原理、计量器具和测量条件的总和。测量时要根据被测对象的特点，如精度、大小、轻重、材质、数量等来确定所用的计量器具，分析研究被测参数的特点和它与其他参数的关系，确定最合适的测量方法及测量的主客观条件。

四、测量精度

测量精度是指测量结果与被测量真值的一致程度。精密测量要将误差控制在允许的范围内，以保证测量精度。为此，除了合理地选择测量器具和测量方法，还应正确估计测量误差的性质和大小，以便保证测量结果具有较高的置信度。

第二节　长度和角度基准与量值传递

一、长度基准与量值传递

国际上统一使用的公制长度基准是在 1983 年的第 17 届国际计量大会上通过的，以米作为长度基准。米的新定义为："米是光在真空中 $1/299\,792\,458\,\text{s}$ 的时间间隔内所行进的路程长度。"

显然在实际生产和科学研究中，不可能按照上述米的定义来测量零件尺寸，而是用各种计量器具进行测量。为了保证零件在国内、国际上具有互换性，必须保证量值的统一，因而必须建立一套统一的量值传递系统，即将米的定义长度一级一级传递到工件计量器具上，再用其测量工件尺寸，从而保证量值准确一致。鉴于激光稳频技术的发展，用激光波长作为长度基准具有很好的稳定性和复现性。我国采用碘吸收稳定的 0.633 μm 氦氖激光辐射作为波长标准来复现"米"。我国的长度基准的量值传递系统如图 2-1 所示。

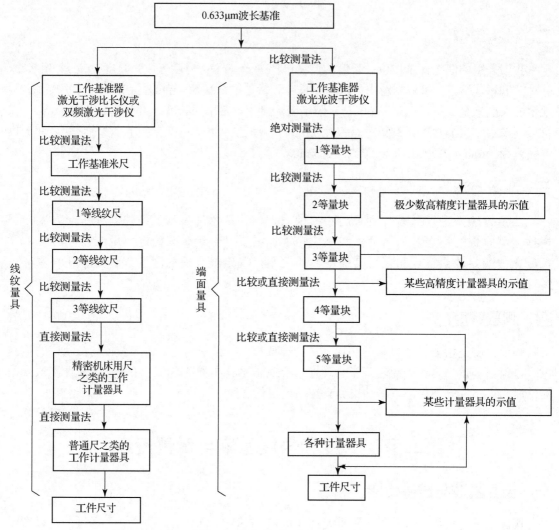

图 2-1　长度基准的量值传递系统

二、角度基准与量值传递

角度基准与长度基准有本质的区别。角度的自然基准是客观存在的，不需要建立。因为一个整圆对应的圆心角是定值（360°）。因此，将整圆任意等分得到的角度的实际大小，可以通过各角度相互比较，利用圆周角的封闭性求出，以实现对角度基准的复现。

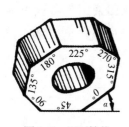

图 2-2　八面棱体

但在计量部门，为了方便，仍采用多面棱体作为角度量值的基准。机械制造中的角度标准一般是角度量块、测角仪或分度头等。多面棱体有 4 面、6 面、8 面、12 面、24 面、36 面及 72 面等。图 2-2 所示为八面棱体，在该棱体的任一横截面上，其相邻两面法线间的夹角为 45°，用它做基准可以测量 $n\times45°$ 的角度（n=1、2、3、…）。以多面棱体作为角度基准的量值传递系统，如图 2-3 所示。

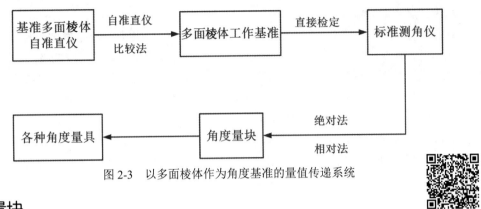

图 2-3　以多面棱体作为角度基准的量值传递系统

身边榜样·工匠精神

三、量块

1. 量块的作用

量块是精密测量中经常使用的标准器。它由特殊合金钢制成，其具有线胀系数小、不易变形、硬度高、耐磨性好、工作表面粗糙度值小、研合性好等优点。

量块在机械制造厂和各级计量部门中应用较广，主要用作尺寸传递系统中的长度标准和计量仪器示值误差的检定标准，也可用于测量精密机械零件，以及用作精密机床和卡具调整时的尺寸基准。

2. 量块的分类

量块分为长度量块和角度量块两类。

1）长度量块

长度量块是单值端面量具，其形状大多为长方六面体，它有两个平行的测量面和四个非测量面。测量面极为光滑、平整，其表面粗糙度 $Ra=0.008\sim0.012~\mu m$。两测量面之间的距离即长度量块的工作尺寸，称为标称长度（公称尺寸）。工作表面之间或工作表面与辅助体（如平晶）（见图 2-4）表面间具有可研合性，以便组成所需尺寸的量块组。

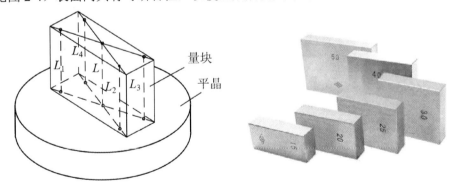

（a）L 为中心长度，L_1、L_2、L_3、L_4 为量块长度　　（b）量块上标出的长度为标称长度

图 2-4　量块测量面与辅助体研合

根据不同的使用要求，量块做成不同的精度等级。划分量块精度有两种规定：按"级"和按"等"。

（1）长度量块的分级。

《几何量技术规范（GPS）长度标准量块》（GB/T 6093—2001）规定量块按制造精度分为五级，即 0、1、2、3、K 级，其中 0 级精度最高，3 级精度最低，K 级为校准级。量块的"级"主要是根据量块长度极限偏差和量块长度变动量的允许值来划分的。量块按"级"使用时，以量块的标称长度作为工作尺寸。该尺寸包含了量块的制造误差，不需要加修正值，使用较方便，但不如按"等"使用的测量精度高。

（2）长度量块的分等。

《量块》（JJG146—2011）按检定精度将量块分为 1～5 等，其中 1 等精度最高，5 等精度最低。量块按"等"使用时，以《量块检定书》列出的实测中心长度作为工作尺寸，该尺寸排除了量块的制造误差，只包含检定时较小的测量误差。一般来说，检定时的测量误差要比制造误差小得多。因此，量块按"等"使用比按"级"使用的测量精度高。

我国进行长度尺寸传递时用"等"，许多工厂在精密测量中也常按"等"使用量块，因为其除可以提高精度外，还可延长量块的使用寿命（磨损超过极限的量块经修复和检定后仍可做同"等"使用）。

（3）长度量块的尺寸组合。

利用量块的研合性，可根据实际需要，用多个尺寸不同的量块研合组成所需要的长度标准量。但为保证精度研合量块一般不超过四块。量块是成套制成的，每套包括一定数量不同尺寸的量块。根据（GB/T 6093—2001）规定，我国成套生产的量块共有 17 种套别，每套的块数为 91、83、46、12、10、8、6、5 等。表 2-1 所示为成套量块尺寸组成表。

长度量块的尺寸组合一般采用消尾法，即选一块量块应消去一位尾数。在组合量块尺寸时，为获得较高尺寸精度，应力求以最少的块数组成所需的尺寸。

表 2-1　成套量块尺寸组成表

套别	总块数	尺寸系列/mm	间隔/mm	块数
1	91	0.5	—	1
		1	—	1
		1.001～1.009	0.001	9
		1.01～1.49	0.01	49
		1.5～1.9	0.1	5
		2.0～9.5	0.5	16
		10～100	10	10
2	83	0.5	—	1
		1	—	1
		1.005	—	1
		1.01～1.49	0.01	49
		1.5～1.9	0.1	5
		2.0～9.5	0.5	16
		10～100	10	10

续表

套别	总块数	尺寸系列/mm	间隔/mm	块数
3	46	1	—	1
		1.001~1.009	0.001	9
		1.01~1.09	0.01	9
		1.1~1.9	0.1	9
		2~9	1	8
		10~1000	10	10

例 2-1 要组成 38.935 mm 尺寸，试选择组合的量块。

解： 以 83 块一套的量块为例，参考表 2-1，有

量块的尺寸组合

38.935
−1.005　　　　　　——第一块量块尺寸
37.93
−1.43　　　　　　——第二块量块尺寸
36.5
−6.5　　　　　　——第三块量块尺寸
30　　　　　　——第四块量块尺寸

共选取 4 块，尺寸分别为 1.005 mm、1.43 mm、6.5 mm 和 30 mm。

若采用 46 块一套的量块，则有

38.935
−1.005　　　　　　—— 第一块量块尺寸
37.93
−1.03　　　　　　—— 第二块量块尺寸
36.9
−1.9　　　　　　—— 第三块量块尺寸
35
−5　　　　　　—— 第四块量块尺寸
30　　　　　　—— 第五块量块尺寸

共选取 5 块，其尺寸分别为 1.005 mm、1.03 mm、1.9 mm、5 mm 和 30 mm。

采用 83 块一套的量块，只需用 4 块量块，而采用 46 块一套的量块要用 5 块量块，所以采用 83 块一套的量块要好些。

2）角度量块

在角度量值传递系统中，角度量块是角度量值的传递媒介。角度量块的性能与长度量块类似，用于检定和调整普通精度的测角仪器，以及校正角度样板，也可用于检验工件。

《角度量块》（GB/T 22521—2008）规定角度量块是形状为三角形（一个工作角）或四边形（四个工作角）两种，以相邻理想测量面的夹角为工作角，并具有准确角度值的角度测量工具。三角形角度量块（Ⅰ型角度量块）（见图 2-5）只有一个工作角（10°~79°）可以用作

角度测量的标准量,而四边形角度量块(Ⅱ型角度量块)(见图 2-6)则有四个工作角(80°～100°)可以用作角度测量的标准量。

角度量块分为 0、1 和 2 三种准确度级别。

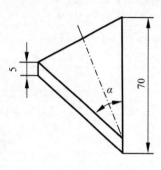

图 2-5　三角形角度量块

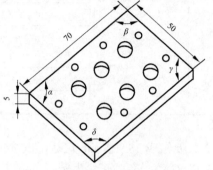

图 2-6　四边形角度量块

第三节　计量器具和测量方法

一、计量器具的分类

测量仪器和测量工具统称为计量器具。通常把没有传动放大系统的计量器具称为量具,如游标卡尺、直角尺和量规等;把具有传动放大系统的计量器具称为量仪,如机械比较仪、测长仪和投影仪等。

计量器具按测量原理、结构特点及用途可分为以下 4 种。

1．量具类

量具类是通用的有刻度的或无刻度的一系列单值和多值的量块和量具等,如长度量块、直角尺、角度量块、线纹尺、游标卡尺、千分尺等。

2．量规类

量规是没有刻度且专用的计量器具,可用以检验零件要素实际尺寸和几何误差的综合结果,如光滑极限量规、螺纹量规等。使用量规检验不能得到工件的具体实际尺寸和几何误差值,而只能确定被检验工件是否合格。如使用光滑极限量规检验孔、轴,只能判定孔、轴的合格与否,不能得到孔、轴的实际尺寸。

3．计量仪器

计量仪器(简称量仪)是能将被测几何量的量值转换成可直接观测的示值或等效信息的一类计量器具。计量仪器按原始信号转换的原理可分为以下 4 种。

1)机械量仪

机械量仪是指用机械方法实现原始信号转换的量仪,一般都具有机械测微机构。这种量仪结构简单、性能稳定、使用方便等优点,具体有百分表、千分表、扭簧比较仪、杠杆比较仪等。

2)光学量仪

光学量仪是指用光学方法实现原始信号转换的量仪,一般都具有光学放大(测微)机构。

这种量仪精度高、性能稳定，具体有光学比较仪、自准直仪、投影仪、万能工具显微镜、干涉仪等。

３）电动量仪

电动量仪是指能将原始信号转换为电量信号，再经过变换而获得读数的计量量仪，一般都具有放大、滤波等电路。这种量仪精度高，测量信号经 A/D 转换后，易于与计算机连接，实现测量和数据处理的自动化，具体有电感比较仪、电动轮廓仪、圆度仪等。

４）气动量仪

气动量仪是指靠压缩空气通过气动系统时的状态（流量或压力）变化来进行测量的计量器具。这种量仪结构简单，可以进行远距离测量，也可对难以用其他转换原理测量的部位（如深孔部位）进行测量，测量精度和效率都很高，操作方便，但示值范围小，具体有水柱式气动量仪、浮标式气动量仪等。

4．计量装置

计量装置是指为确定被测几何量值所必需使用的计量器具和辅助设备。它能够测量同一工件上较多的几何量和形状比较复杂的工件，有助于实现检测自动化或半自动化，如齿轮综合精度检查仪、发动机缸体孔的几何精度综合测量仪等。

二、计量器具的基本技术性能指标

计量器具的基本技术性能指标是合理选择和使用计量器具的重要依据。下面以机械式测微比较仪（见图 2-7）为例介绍一些常用的技术性能指标。

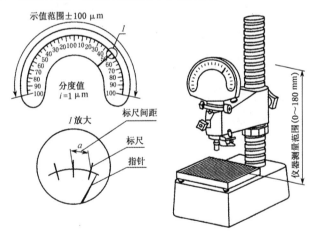

图 2-7　机械式测微比较仪

1．刻度间距

刻度间距是指计量器具的标尺或分度盘上相邻两刻线中心之间的距离。考虑人眼观察的分辨能力，一般应取刻度间距为 1～2.5 mm。

2．分度值

分度值又称刻度值，是指计量器具的标尺或分度盘上相邻两刻线所代表的量值，其单位与标在标尺上的单位一致，如千分表的分度值为 0.001 mm，百分表的分度值为 0.01 mm。一般来说，分度值越小，则计量器具的精度就越高。对于数显式仪器，因为没有标尺或分度盘，故其分度值称为分辨率。分辨率是指计量器具所能显示的最末一位数所代表的量值。例如，国产 JC19 型数显式万能工具显微镜的分辨率为 0.5 μm。

3．示值范围

示值范围是计量器具所能显示或指示的被测几何量最低值到最高值的范围，如立式光学比较仪的示值范围为 ±100 μm。

4．测量范围

测量范围是计量器具在允许的误差限度内所能测出的被测几何量值的下限值到上限值的范围。一般测量范围上限值与下限值之差称为量程，如立式光学比较仪的测量范围为 0~180 mm，也就是说立式光学比较仪的量程为 180 mm。

5．灵敏度

灵敏度是计量器具对被测几何量微小变化的响应变化能力。若被测几何量的变化为 Δx，该几何量引起计量器具的响应变化能力为 ΔL，则灵敏度为：

$$S = \Delta L / \Delta x \qquad (2\text{-}1)$$

当式（2-1）中的分子和分母为同种量时，灵敏度也称为放大比或放大倍数。对于具有等分刻度的标尺或分度盘的量仪，放大倍数 K 等于刻度间距 a 与分度值 i 之比，即

$$K = a / i \qquad (2\text{-}2)$$

一般来说，分度值越小，计量器具的灵敏度就越高。

6．测量力

在测量过程中，计量器具与被测表面之间的接触力称为测量力。在接触测量中，通常希望测量力是一定量的恒定值。测量力太大会使零件产生变形，测量力不恒定会使示值不稳定。

7．示值误差

示值误差是指计量器具上的示值与被测几何量的真值的代数差。一般来说，示值误差越小，计量器具的精度就越高。

8．示值变动

在测量条件不变的情况下，对同一被测几何量进行多次重复测量读数时（一般 5~10 次），其读数的最大变动量称为示值变动。

9．回程误差

在相同条件下，回程误差是对同一被测量进行往返两个方向的测量时，计量器具示值的最大变动量。

10．不确定度

不确定度是指由于测量误差的存在而对被测几何量值不能肯定的程度。计量器具的不确定度是一项综合精度指标，它包括测量仪的示值误差、示值变动性、回程误差、灵敏性及调整标准件误差等的综合影响，不确定度用误差界限表示。例如，分度值为 0.01 mm 的外径千分尺，在车间条件下测量一个尺寸为 0~50 mm 的零件时，其不确定度为 ±0.004 mm，这说明测量结果与被测量真值之间的差值最大不会大于 0.004 mm，最小不会小于-0.004 mm。

三、测量方法的分类

在实际工作中，测量方法通常是指获得测量结果的具体方式，它可以按下面 7 种情况进

行分类。

1．按实测几何量是否为被测几何量分类

1）直接测量

直接测量是指被测几何量的量值直接由计量器具读出的测量过程。例如，用游标卡尺、千分尺测量轴径或孔径的大小。

2）间接测量

间接测量是指通过直接测量与被测量有已知关系的其他量而得到该被测量量值的测量过程。例如，采用"弓高弦长法"间接测量某圆弧样板的劣弧（通常把小于半圆的圆弧称为劣弧）半径 R，只要测得弓高 h 和弦长 b 的量值，然后按式（2-3）进行计算即可得到 R 的量值，间接测量法如图 2-8 所示。

$$R = \frac{b^2}{8h} + \frac{h}{2} \tag{2-3}$$

直接测量过程简单，其测量精度只与这一测量过程有关，而间接测量的精度不仅取决于实测几何量的测量精度，还与所依据的计算公式和计算的精度有关。一般来说，直接测量的精度比间接测量的精度高。因此，应尽量采用直接测量，对于受条件所限无法进行直接测量的场合采用间接测量。

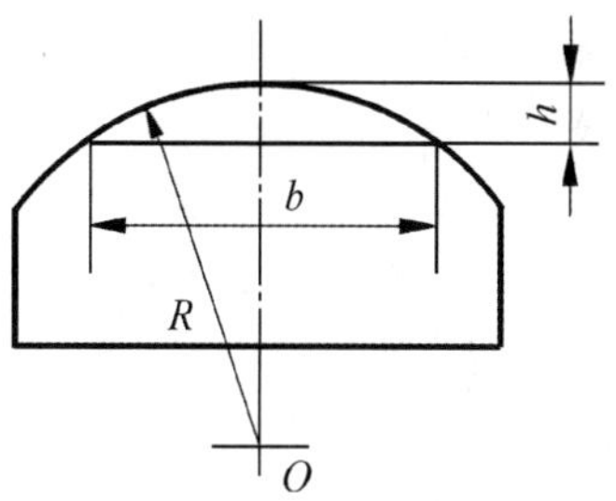

2．按示值是否为被测几何量的量值分类

1）绝对测量

绝对测量（见图 2-9）是计量器具的示值就是被测几何量的量值的测量过程。例如，用测长仪测量零件。

图 2-8　间接测量法

2）相对测量

相对测量（又称比较测量）（见图 2-10）是计量器具的示值只是被测几何量相对于标准量（已知）的偏差，被测几何量的量值等于已知标准量与该偏差值（示值）的代数和的测量过程。例如，用立式光学比较仪测量轴径，测量时先用量块调整示值零位，该比较仪指示出的示值为被测轴径相对于量块尺寸的偏差。一般来说，相对测量的精度比绝对测量的精度高。

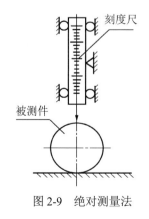

图 2-9　绝对测量法

图 2-10　相对测量法

3．按测量时被测表面与计量器具的测头是否接触分类

1）接触测量

接触测量是在测量过程中计量器具的测头与被测表面接触（有测量力存在）的测量过程，如用卡尺、千分尺测量工件的尺寸。

2）非接触测量

非接触测量是在测量过程中，计量器具的测头不与被测表面接触（无测量力存在）的测量过程。例如，用光切显微镜测量表面粗糙度，用气动量仪测量孔径。

对于接触测量，测头和被测表面的接触会引起弹性变形，即产生测量误差；而非接触测量则无此影响，故易变形的软质表面或薄壁工件多用非接触测量。

4．按工件上是否有多个被测几何量同时测量分类

1）单项测量

单项测量是对被测件上的各个被测几何量分别进行测量的测量过程。例如，用公法线千分尺测量齿轮的公法线长度变动，用跳动检查仪测量齿轮的径向跳动，在大型万能工具显微镜上测量螺纹零件时，可分别测出螺纹的实际中径、螺距、牙侧角等参数。

2）综合测量

综合测量是对被测件上几个相关几何量的综合效应同时测量得到综合指标，以判断综合结果是否合格的测量过程。例如，用螺纹量规检验螺纹零件。

综合测量的效率比单项测量的效率高。一般来说，单项测量便于分析工艺指标；综合测量便于只要求判断合格与否，而不需要得到具体的测得值的场合。

5．按测头和被测表面之间是否处于相对运动状态分类

1）静态测量

静态测量是指测量时被测件表面与测量器具测头处于静止状态的测量过程。例如，用外径千分尺测量轴径、用齿距仪测量齿轮齿距等。

2）动态测量

动态测量指测量时被测件表面与测量器具测头处于相对运动状态，或测量过程是模拟被测件在工作或加工时的运动状态的测量过程。动态测量效率高，并且能测出被测件上几何参数连续变化时的情况。例如，用电动轮廓仪测量表面粗糙度就是动态测量。

6．按测量在加工过程中所起作用分类

1）主动测量

主动测量即在零件加工过程中进行的测量过程，也称在线测量。其测量结果可直接用以控制加工过程，决定是否需要继续加工或判断工艺过程是否正常、是否需要进行调整，故能及时防止废品的产生，所以又称为积极测量。一般自动化程度高的机床具有主动测量的功能，如数控机床、加工中心等。

2）被动测量

被动测量即零件加工完成后进行的测量过程。其结果仅用于发现并剔除废品，所以被动测量又称为消极测量。

7. 按被测工件在测量时所处的状态分类

1）等精度测量

等精度测量是指在测量过程中影响测量精度的全部因素或条件不改变。例如，在相同环境下，由同一人员在同一台仪器上采用同一方法，对同一被测量进行次数相等的重复测量。

2）不等精度测量

不等精度测量是指在测量过程中影响测量精度的全部因素或条件可能完全改变或部分有改变。例如，在其他测量条件不变的情况下，由于重复测量的次数有改变，致使取得的算术平均值的精度有所不同。

生产中一般都采用等精度测量。不等精度测量数据处理比较麻烦，只用于重要科研实验中的高精度测量。

第四节 测量误差

一、测量误差的概念

对于任何测量过程来说，由于计量器具和测量条件的限制，不可避免地会出现或大或小的测量误差。因此，每一个实际测得值往往只是在一定程度上接近被测几何量的真值，这种实际测得值与被测几何量的真值之间的差值称为测量误差。测量误差可以用绝对误差或相对误差来表示。

1. 绝对误差

绝对误差是指被测几何量的测得值与其真值之差，即

$$\delta = x - Q \tag{2-4}$$

式中 δ——绝对误差；

     x——被测几何量的测得值；

     Q——被测几何量的真值。

式（2-4）反映了测量值偏离真值的程度。绝对误差可能是正值、负值或零。这样，被测几何量的真值可以用式（2-5）来表示。

$$Q = x \pm |\delta| \tag{2-5}$$

式（2-5）表明，可用绝对误差来说明测量的精确度。测量误差的绝对值越小，则被测几何量的测得值就越接近真值，就表明测量精度越高；反之，则表明测量精度越低。但这一结论只适用于测量尺寸相同的情况。因为测量精度不仅与绝对误差的大小有关，而且与被测几何量的尺寸大小有关。为了比较不同尺寸的被测几何量的精度，可用相对误差来表示或比较它们的测量精度。

2. 相对误差

相对误差是指绝对误差的绝对值与真值之比，即 $\varepsilon = |\delta| / Q$。由于真值 Q 无法得到，因此在实际应用中常以被测几何量的测得值 x 代替真值 Q 进行估算，则有

$$\varepsilon \approx |\delta| / x \tag{2-6}$$

式中 ε——相对误差。

相对误差是一个无量纲的数值，通常用百分比（%）来表示。

例 2-2 有两个被测量的实际测得值 x_1=100 mm，x_2=10 mm，δ_1=δ_2=+0.01 mm，试求哪个测量精度高。

解：由式（2-6）计算得到它们的相对误差分别为：

$$\varepsilon_1 = |\delta_1| / x_1 \times 100\% = 0.01 / 100 \times 100\% = 0.01\%$$

$$\varepsilon_2 = |\delta_2| / x_2 \times 100\% = 0.01 / 10 \times 100\% = 0.1\%$$

显然前者的测量精度比后者高。

二、测量误差产生的原因

由于测量误差的存在，测得值只能近似地反映被测几何量的真值。为减小测量误差，就必须分析产生测量误差的原因，以便提高测量精度。在实际测量中，产生测量误差的因素很多，归纳起来主要有以下 4 个方面。

1．计量器具的误差

计量器具的误差是计量器具本身在设计、制造、装配和使用过程中造成的各项误差，这些误差的总和反映在计量器具的示值误差和测量的重复性上。

许多计量器具为了简化结构而采用近似设计的方法会产生测量误差。例如，杠杆齿轮比较仪中测杆的直线位移与指针的角位移不成正比，而表盘标尺却采用等分刻度，使用这类仪器时必须注意其示值范围。

当设计的计量器具不符合阿贝原则时也会引起测量误差。阿贝原则是指测量长度时，应使被测零件的尺寸线（简称被测线）和量仪中作为标准的刻度尺（简称标准线）重合或顺次排成一条直线。例如，千分尺的标准线（测微螺杆轴线）与工件被测线（被测直径）在同一条直线上，而游标卡尺作为标准长度的刻度尺与被测直径不在同一条直线上。一般符合阿贝原则的测量引起的测量误差很小，可以略去不计，不符合阿贝原则的测量引起的测量误差较大。因此用千分尺测量轴径要比游标卡尺测量轴径的测量误差更小，即测量精度更高。有关阿贝原则的详细内容可以参考相关书籍。

计量器具零件的制造和装配误差也会产生测量误差。例如，标尺的刻线距离不准确、指示表的分度盘与指针回转轴的安装有偏心等皆会产生测量误差。计量器具在使用过程中由于零件的变形等会产生测量误差。此外，相对测量时使用的标准量（如长度量块）的制造误差也会产生测量误差。

对于理论误差，可从设计原理上尽量少采用近似原理和机构，设计时尽量遵守阿贝原则等，将误差消除或控制在合理范围内。对于仪器制造和装配调整误差，由于影响因素很多，情况较复杂，很难消除掉。最好的方法是在使用中对一台仪器进行检定，掌握它的示值误差，并列出修正表，以消除其误差。另外，用多次测量的方法减小其误差。

2．测量方法误差

测量方法误差是指测量方法的不完善（包括计算公式不准确，测量方法选择不当，工件安装、定位不准确等）或对测量对象认识不够全面而引起的误差。例如，在接触测量中，由于测头测量力的影响，使被测零件和测量装置发生变形而产生测量误差；再比如，测量大型工件的直径，可以采用直接测量法，也可采用测量弦长和弦高的间接测量法，但它们的测量误差是不同的。

3．测量环境误差

测量环境误差是指测量时环境条件（温度、湿度、气压、照明、振动、电磁场等）不符合标准的测量条件所引起的误差。例如，环境温度的影响：在测量长度时，规定的环境条件标准温度为20℃，但是在实际测量时被测零件和计量器具的温度对标准温度均会产生或大或小的偏差，而被测零件和计量器具的材料不同时它们的线膨胀系数是不同的，这将产生一定的测量误差，其大小可按式（2-7）进行计算

$$\delta = x[\alpha_1(t_1 - 20℃) - \alpha_2(t_2 - 20℃)] \tag{2-7}$$

式中　x——被测长度；

α_1、α_2——被测零件、计量器具的线膨胀系数；

t_1、t_2——测量时被测零件、计量器具的温度。

4．人员误差

人员误差是指由于人的主观因素（如技术熟练程度、分辨能力、思想情绪等）所引起的测量误差。例如，测量瞄准不准确、读数或估读误差等都会产生人员方面的测量误差。

总之，产生测量误差的因素很多，分析误差时应找出产生误差的主要因素，并采取相应的预防措施，设法消除或降低其对测量结果的影响，以保证测量结果的精确。

三、测量误差的分类

按测量误差的特点和性质，其可分为随机误差、系统误差和粗大误差三类。

1．随机误差

随机误差是指在同一条件下，对同一被测几何量进行多次重复测量时，绝对值和符号以不可预定的方式变化着的误差。

随机误差主要是由测量过程中的一些偶然性因素或不确定因素引起的。例如，量仪传动机构的间隙、摩擦、测量力的不稳定及温度波动等引起的测量误差，都属于随机误差。

就某一次具体测量而言，随机误差的绝对值和符号无法预先知道。但对于连续多次重复测量来说，随机误差符合一定的概率统计规律，因此可以应用概率论和数理统计的方法来对它进行处理。

2．系统误差

系统误差是指在同一条件下，对同一被测几何量进行多次重复测量时，误差的数值大小和符号均保持不变，或者按某一确定规律变化的误差。前者称为定值系统误差，后者称为变值系统误差。例如，在比较仪上用相对法测量零件尺寸时，调整量仪所用量块的误差就会引起定值系统误差；量仪的分度盘与指针回转轴偏心所产生的示值误差会引起变值系统误差。

根据系统误差的性质和变化规律，系统误差可以用计算或实验对比的方法确定，用修正值（校正值）从测量结果中予以消除。但在某些情况下，系统误差由于变化规律比较复杂，不易确定，因而难以消除。

系统误差和随机误差的划分并不是绝对的，它们在一定的条件下是可以相互转化的。例如，按一定公称尺寸制造的量块总是存在着制造误差，对某一具体量块来讲，可认为该制造误差是系统误差，但对一批量块而言，制造误差是变化的，可以认为它是随机误差。在使用某一量块时，若没有检定该量块的尺寸偏差，而按量块标称尺寸使用，则制造误差属随机误

差；若检定出该量块的尺寸偏差，按量块实际尺寸使用，则制造误差属系统误差。掌握误差转化的特点，可根据需要将系统误差转化为随机误差，用概率论和数理统计的方法来减小该误差的影响；或将随机误差转化为系统误差，用修正的方法减小该误差的影响。

3. 粗大误差

粗大误差是指由于主观疏忽大意（如读数错误、计算错误等）或客观条件发生突然变化（冲击、振动等）而产生的误差。例如，测量者的粗心大意，测量仪器和被测件的突然振动，以及读数或记录错误等。通常情况下，这类误差的数值都比较大，这种显著歪曲测得值的粗大误差应尽量避免，并且在一系列测得值中按一定的判别准则予以剔除。因此，在进行误差分析时，主要分析随机误差和系统误差，并应剔除粗大误差。

四、测量精度的分类

测量精度是指被测几何量的测得值与其真值的接近程度。它和测量误差是从两个不同角度说明同一概念的术语。测量误差越大，则测量精度就越低；测量误差越小，则测量精度就越高。因为误差分为系统误差和随机误差，所以笼统的精度概念已经不能反映上述误差的差异，故测量精度引用下列概念加以说明。

1. 正确度

正确度反映了测量结果受系统误差的影响程度。系统误差小，则正确度高。

2. 精密度

精密度反映了测量结果受随机误差的影响程度。它是指在一定测量条件下连续多次测量所得的测得值之间相互接近的程度。随机误差小，则精密度高。

3. 准确度

准确度反映了测量结果同时受系统误差和随机误差的综合影响程度。若系统误差和随机误差都小，则准确度高。

对于一个具体的测量，精密度高，正确度不一定高；正确度高，精密度也不一定高；精密度和正确度都高的测量，准确度就高；精密度和正确度当中有一个不高，准确度就不高。

现以射击打靶为例加以说明，如图 2-11（a）所示，随机误差小而系统误差大，表示打靶精密度高而正确度低；如图 2-11（b）所示，系统误差小而随机误差大，表示打靶正确度高而精密度低；如图 2-11（c）所示，系统误差和随机误差都小，表示打靶准确度高；如图 2-11（d）所示，系统误差和随机误差都大，表示打靶准确度低。

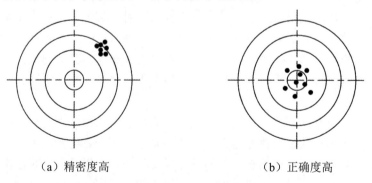

（a）精密度高　　　　　　　　　　　（b）正确度高

图 2-11　精密度、正确度和准确度

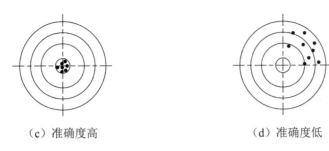

（c）准确度高　　　　　　　　（d）准确度低

图 2-11　精密度、正确度和准确度（续）

第五节　各类测量误差的处理

通过对某一被测几何量进行连续多次的重复测量，得到一系列的测量数据（测得值）——测量列，可以对该测量列进行数据处理，以消除或降低测量误差的影响，提高测量精度。

一、测量列中随机误差的处理

随机误差不可能被修正或消除，但可应用概率论与数理统计的方法估计出随机误差的大小和规律，并设法降低其影响。

1．随机误差的特性及分布规律

对大量的测试实验数据进行统计后人们发现，随机误差通常服从正态分布规律（随机误差还存在其他规律的分布，如等概率分布、三角分布、反正弦分布等），其正态分布曲线如图 2-12 所示（横坐标 δ 表示随机误差，纵坐标 y 表示随机误差的概率密度）。

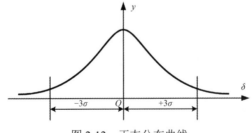

图 2-12　正态分布曲线

正态分布的随机误差具有以下四个基本特性。

（1）单峰性。绝对值越小的随机误差出现的概率越大，反之则越小。

（2）对称性。绝对值相等的正、负随机误差出现的概率相等。

（3）有界性。在一定测量条件下，随机误差的绝对值不超过一定界限。

（4）抵偿性。随着测量的次数增加，随机误差的算术平均值趋于零，即各次随机误差的代数和趋于零。这一特性是对称性的必然反映。

正态分布曲线的数学表达式为

$$y = \frac{1}{\sigma\sqrt{2\pi}} e^{-(\frac{\delta^2}{2\sigma^2})} \tag{2-8}$$

式中　y——概率密度；

σ——标准偏差；

δ——随机误差；

e——自然对数的底。

2．随机误差的标准偏差 σ

从式（2-8）可以看出，概率密度 y 的大小与随机误差 δ、标准偏差 σ 有关。当 $\delta=0$ 时，概率密度 y 最大，即 $y_{max}=1/(\sigma/\sqrt{2\pi})$，显然概率密度最大值 y_{max} 是随标准偏差 σ 变化的。标准偏差 σ 越小，分布曲线就越陡，随机误差的分布就越集中，表示测量精度就越高。反之，标准偏差 σ 越大，分布曲线就越平坦，随机误差的分布就越分散，表示测量精度就越低。图 2-13 所示为三种不同测量精度的分布曲线，$\sigma_1 < \sigma_2 < \sigma_3$，所以标准偏差 σ 表征了随机误差的分散程度，也就是测量精度的高低。

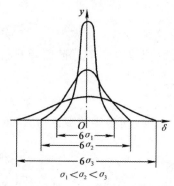

图 2-13　三种不同测量精度的分布曲线

随机误差的标准偏差 σ 可用式（2-9）计算得到

$$\sigma = \sqrt{\frac{\Sigma\delta^2}{n}} \tag{2-9}$$

式中　n——测量次数。

标准偏差 σ 是反映测量列中测得值分散程度的一项指标，它表示的是测量列中单次测量值（任一测得值）的标准偏差。

3．随机误差的极限值 δ_{lim}

由于随机误差具有有界性，因此随机误差的大小不会超过一定的范围。随机误差的极限值就是测量极限误差。

由概率论的知识可知，正态分布曲线和横坐标轴间所包含的面积等于所有随机误差出现的概率总和，若随机误差区间落在 $(-\infty \sim +\infty)$ 之间，则其概率为

$$P = \int_{-\infty}^{+\infty} y\mathrm{d}\delta = \int_{-\infty}^{+\infty} \frac{1}{\sigma\sqrt{2\pi}} \mathrm{e}^{-\left(\frac{\delta^2}{2\sigma^2}\right)}\mathrm{d}\delta = 1 \tag{2-10}$$

但这在工程实践中是不切实际的。如果随机误差区间落在 $(-\delta \sim +\delta)$ 之间，其概率为：

$$P = \int_{-\delta}^{+\delta} y\mathrm{d}\delta = \int_{-\delta}^{+\delta} \frac{1}{\sigma\sqrt{2\pi}} \mathrm{e}^{-\left(\frac{\delta^2}{2\sigma^2}\right)}\mathrm{d}\delta \tag{2-11}$$

为计算方便，将其化成标准正态分布，将式（2-11）进行变量置换，设 $t = \dfrac{\delta}{\sigma}$，则

$\mathrm{d}t = \dfrac{\mathrm{d}\delta}{\sigma}$（$\delta = \sigma t$，$\mathrm{d}\delta = \sigma \mathrm{d}t$），则：

$$P = \int_{-\sigma t}^{+\sigma t} \frac{1}{\sigma\sqrt{2\pi}} e^{-\left|\frac{t^2}{2}\right|} \sigma \mathrm{d}t = \frac{1}{\sqrt{2\pi}} \int_{-\sigma t}^{+\sigma t} e^{-\frac{t^2}{2}} \mathrm{d}t = \frac{2}{\sqrt{2\pi}} \int_{0}^{+\sigma t} e^{-\frac{t^2}{2}} \mathrm{d}t \quad \text{（对称性）} \tag{2-12}$$

再令 $P = 2\phi(t)$，则有：

$$\phi(t) = \frac{1}{\sqrt{2\pi}} \int_{0}^{+\sigma t} e^{-\left|\frac{t^2}{2}\right|} \mathrm{d}t \tag{2-13}$$

这就是拉普拉斯函数（概率积分）。四个特殊 t 值对应的概率如表 2-2 所示。选择不同的 t 值，就对应有不同的概率，测量结果的可信度也就不一样。随机误差在 $\pm t\sigma$ 范围内出现的概率称为置信概率，t 称为置信因子或置信系数。在几何量测量中，通常取置信因子 $t=3$，则置信概率 $P = 2\phi(t) = 99.73\%$。δ 超出 $\pm 3\sigma$ 的概率为 $1-99.73\%=0.27\%\approx 1/370$。在实际测量中，测量次数一般为几十次。随机误差超出 3σ 的情况实际上很少出现，所以取测量极限误差为 $\delta_{\lim}=\pm 3\sigma$。$\delta_{\lim}$ 也表示测量列中单次测量值的测量极限误差。

表 2-2　四个特殊 t 值对应的概率

t	$\delta = \pm t\sigma$	不超出 $|\delta|$ 的概率 $P=2\phi(t)$	超出 $|\delta|$ 的概率 $\alpha=1-2\phi(t)$
1	1σ	0.682 6	0.317 4
2	2σ	0.954 4	0.045 6
3	3σ	0.997 3	0.002 7
4	4σ	0.999 36	0.000 64

例如，某次测量的测得值为 30.002 mm，若已知标准偏差 $\sigma=0.000\ 2$ mm，置信概率取 99.73%，则测量结果应为（30.002±0.000 6）mm。

4．随机误差的处理步骤

由于被测几何量的真值未知，所以不能直接计算求得标准偏差 σ 的数值。在实际测量时，当测量次数 n 充分大时，随机误差的算术平均值趋于零，便可以用测量列中各个测得值的算术平均值代替真值，并估算出标准偏差，进而确定测量结果。

在假定测量列中不存在系统误差和粗大误差的前提下，可按下列步骤对随机误差进行处理：

（1）计算测量列中各个测得值的算术平均值。

设测量列的测得值为 x_1，x_2，x_3，…，x_n，则算术平均值为

$$\bar{x} = \frac{\sum_{i=1}^{n} x_i}{n} \tag{2-14}$$

（2）计算残余误差。

残余误差 v_i 即测得值与算术平均值之差，一个测量列就对应着一个残余误差列。

$$v_i = x_i - \bar{x} \tag{2-15}$$

残余误差具有两个基本特性：①残余误差的代数和等于零即 $\sum v_i = 0$；②残余误差的平方和最小，即 $\sum v_i^2$ 最小。在实际应用中，常用 $\sum v_i \approx 0$ 来验证数据处理中求得的 $\bar{x}$ 与 v_i 是否正确。

（3）计算标准误差。

前文曾谈到，随机误差的集中与分散程度可用标准偏差 σ 这一指标来描述。对于有限测

量次数的测量列，由于真值未知，所以随机误差 δ_i 也是未知的。为了方便评定随机误差，在实际应用中，不能直接用式（2-9）求得 σ，而常用 v_i 代替 δ_i 计算标准偏差 σ，此时所得值称为单次测量的标准偏差 σ 的估计值，用 S 表示。S 可用式（2-16）表示。

$$S = \sqrt{\frac{\sum_{i=1}^{n} v_i^2}{n-1}} \tag{2-16}$$

由式（2-16）算出 S 后，便可取 $\pm 3S$ 作为单次测量的极限误差，即

$$\delta_{\text{lim}} = \pm 3S \tag{2-17}$$

此时单次测量结果表示式为

$$x_{ei} = x_i \pm 3S \tag{2-18}$$

（4）计算测量列的算术平均值的标准偏差 $\sigma_{\bar{x}}$。

若在一定测量条件下，对同一被测几何量进行多组测量（每组测量 n 次），则对应每组 n 次测量都有一个算术平均值，各组的算术平均值不相同。不过，它们的分散程度要比单次测量值的分散程度小得多。描述它们的分散程度同样可以用标准偏差作为评定指标。根据误差理论，测量列算术平均值的标准偏差 $\sigma_{\bar{x}}$ 与测量列单次测量值的标准偏差 σ 存在如下关系

$$\sigma_{\bar{x}} = \frac{\sigma}{\sqrt{n}} \approx \frac{S}{\sqrt{n}} \tag{2-19}$$

显然，多次测量结果的精度比单次测量的精度高，即测量次数越多，测量精密度就越高。但当 S 一定时，$n > 20$ 以后，$\sigma_{\bar{x}}$ 减小缓慢，即此时用增加测量次数来提高测量精密度收效不大，故在生产中，一般取 $n > 10$（15 次左右）为宜。

（5）计算测量列算术平均值的测量极限误差。

$$\delta_{\text{lim}(\bar{x})} = \pm 3\sigma_{\bar{x}} \tag{2-20}$$

（6）写出多次测量所得结果的表达式。

$$x_e = x \pm 3\sigma_{\bar{x}} \tag{2-21}$$

此时的置信概率为 99.73%。

二、测量列中系统误差的处理

在实际测量中，系统误差对测量结果的影响是不能忽视的。揭示系统误差出现的规律性，消除系统误差对测量结果的影响，是提高测量精度的有效措施。

1. 发现系统误差的方法

在测量过程中产生系统误差的因素是复杂多样的，查明所有的系统误差是很困难的事情。同时不可能完全消除系统误差的影响。

发现系统误差必须根据具体测量过程和计量器具进行全面而仔细的分析，但目前还没有能够找到可以发现各种系统误差的方法，下面只介绍适用于发现某些系统误差的两种常用方法。

1）实验对比法

实验对比法就是通过改变产生系统误差的测量条件，进行不同测量条件下的测量来发现系统误差。这种方法适用于发现定值系统误差。例如，量块按标称尺寸使用时，在测量结果中，就存在着由于量块尺寸偏差而产生的大小和符号均不变的定值系统误差，重复测量也不能发现这一误差，只有用另一块更高等级的量块进行对比测量，才能发现它。

2）残差观察法

残差观察法是指根据测量列的各个残差大小和符号的变化规律，直接由残差数据或残差曲线图形来判断有无系统误差，这种方法主要适用于发现大小和符号按一定规律变化的变值系统误差。根据测量先后顺序，将测量列的残差做图，变值系统误差的发现如图 2-14 所示。观察残差的规律，若残差大体上正、负相间，又没有显著变化，就认为不存在变值系统误差，如图 2-14（a）所示；若残差按近似的线性规律递增或递减，就可判断存在线性系统误差，如图 2-14（b）所示；若残差的大小和符号有规律地周期变化，就可判断存在周期性系统误差，如图 2-14（c）所示。但是残差观察法在测量次数不够多时有一定的难度。

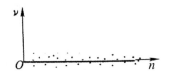  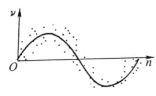

（a）不存在变值系统误差　　（b）存在线性系统误差　　（c）存在周期性系统误差

图 2-14　变值系统误差的发现

2. 消除系统误差的方法

1）从产生误差根源上消除系统误差

这要求测量人员对测量过程中可能产生系统误差的各个环节进行分析，并在测量前就将系统误差从产生根源上加以消除。例如，为了防止测量过程中仪器示值零位的变动，测量开始和结束时都需要检查示值零位。

2）用修正法消除系统误差

这种方法是预先将计量器具的系统误差检定或计算出来，做出误差表或误差曲线，然后取与误差数值相同而符号相反的值作为修正值，将测得值加上相应的修正值，即可使测量结果不包含系统误差。

3）用抵消法消除定值系统误差

这种方法要求在对称位置上分别测量一次，以使这两次测量中测得的数据出现的系统误差大小相等，符号相反，取这两次测量中数据的平均值作为测得值，即可消除定值系统误差。例如，在万能工具显微镜上测量螺纹螺距时，为了消除螺纹轴线与量仪工作台移动方向倾斜而引起的系统误差，可分别测取螺纹左、右牙面的螺距，然后取它们的平均值作为螺距测得值。从图 2-15 可以看出，实测左螺距比实际左螺距大，实测右螺距比实际右螺距小，可用两次读数法分别测出左右牙面螺距，然后取平均值，则可减小安装不正确引起的系统误差。

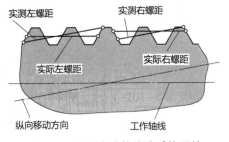

图 2-15　用两次读数消除系统误差

4）用半周期法消除周期性系统误差

对周期性系统误差，可以每相隔半个周期进行一次测量，以相邻两次测量的数据的平均值作为一个测得值，即可有效消除周期性系统误差。

系统误差从理论上来讲是可以完全消除的，但由于许多因素的影响，实际上只能消除到一定程度。一般来说，系统误差若能减小到使其影响相当于随机误差的程度，则可认为已被消除。

三、测量列中粗大误差的处理

粗大误差的数值相当大，在测量中应尽可能避免。如果粗大误差已经产生，则应根据判断粗大误差的准则予以剔除，通常用拉依达准则来判断。

拉依达准则又称 3σ 准则。当测量列服从正态分布时，残差落在 $\pm 3\sigma$ 外的概率很小，仅有 0.27%，即在连续 370 次测量中只有一次测量的残差会超出 $\pm 3\sigma$，而实际上连续测量的次数绝不会超过 370 次，测量列中就不应该有超出 $\pm 3\sigma$ 的残差。因此，当出现绝对值大于 3σ 的残差时，则认为该残差对应的测得值含有粗大误差，应予以剔除。在有限次测量时，其判断式为

$$|v_i| > 3S \tag{2-22}$$

剔除具有粗大误差的测量值后，应根据剩下的测量值重新计算 S，然后再根据 3σ 准则去判断剩下的测量值中是否还存在粗大误差。每次只能剔除一个，直到剔完为止。

应当指出，3σ 准则是以测量次数充分大为前提的，当测量次数小于或等于 10 次时，用 3σ 准则是不够可靠的。因此，在测量次数较少的情况下，最好不用 3σ 准则，而用其他准则。

第六节　等精度测量列的数据处理

等精度测量是指在测量条件（包括量仪、测量人员、测量方法及环境条件等）不变的情况下，对某一被测几何量进行的连续多次测量。虽然在此条件下得到的各个测得值不同，但影响各个测得值精度的因素和条件相同，故测量精度视为相等。相反，在测量过程中全部或部分因素和条件发生改变，则称为不等精度测量。在一般情况下，为了简化对测量数据的处理，大多采用等精度测量。

在一系列测得值中可能同时存在系统误差、随机误差和粗大误差，或者只含有其中某一类或某两类误差。为了得到正确的测量结果，应对各类误差分别进行处理。对于定值系统误差，应在测量过程中予以判别处理，用修正法消除或减小，而后得到的测量列中的数据处理按以下步骤进行。

一、等精度直接测量列的数据处理

（1）计算测量列的算术平均值和残差 $(\bar{x}, v_i)$，以判断测量列中是否存在系统误差。如果存在系统误差，则应采取措施加以消除。

（2）计算测量列单次测量值的标准偏差 σ，以判断是否存在粗大误差。若有粗大误差，则应剔除含粗大误差的测量值，并重新组成测量列，再重复上述计算，直到将所有含粗大误差的测得值都剔除干净为止。

（3）计算测量列的算术平均值的标准偏差和测量极限误差，即 $\sigma_{\bar{x}}$ 和 $\sigma_{\lim(\bar{x})}$。

（4）给出测量结果表达式 $x_e = \bar{x} \pm \sigma_{\lim(\bar{x})}$，并说明置信概率。

例 2-3 对某一轴径 x 等精度测量 14 次，按测量顺序将各测量值依次列于数据处理计算表，则表 2-3 中，试求测量结果。

表 2-3 数据处理计算表

测量序号	测量值 x_i/mm	残差($v_i=x_i-\bar{x}$)/μm	残差的平方 v_i^2/μm²
1	24.956	−1	1
2	24.955	−2	4
3	24.956	−1	1
4	24.958	+1	1
5	24.956	−1	1
6	24.955	−2	4
7	24.958	+1	1
8	24.956	−1	1
9	24.958	+1	1
10	24.956	−1	1
11	24.956	−1	1
12	24.964	+7	49
13	24.956	−1	1
14	24.958	+1	1
算术平均值 $\bar{x}=24.957$		$\sum v_i = 0$	$\sum v_i^2 = 68$ μm²

解： ① 判断定值系统误差。

假设计量器具已经检定，测量环境已得到有效控制，可认为测量列中不存在定值系统误差。

② 求测量列算术平均值。

$$\bar{x} = \frac{\sum_{i=1}^n x_i}{n} = \frac{\sum_{i=1}^{14} x_i}{14} = 24.957 \text{ mm}$$

③ 计算残差。

各残差的数值经计算后列于表 2-3 中。按残差观察法，由于这些残差的符号大体上正、负相间，没有周期性变化，因此可以认为测量列中不存在变值系统误差。

④ 计算测量列任一测量值的标准偏差。

$$S = \sqrt{\frac{\sum_{i=1}^n v_i^2}{n-1}} \approx 2.287 \text{ μm}$$

单次测量的极限误差按式（2-17）计算，$\delta_{\lim}=\pm 3S=\pm 6.86$ μm。

⑤ 判断有无粗大误差。

依据拉依达准则，测量列中序号 12 的测量值的残差绝对值大于 6.86 μm，故剔除，然后重新计算单次测量值的标准偏差。

重新计算平均值（除去序号 12 值）：

$$\overline{x} = \frac{\sum_{i=1}^{n} x_i}{n} = \frac{\sum_{i=1}^{13} x_i}{13} \approx 24.957 \text{ mm}$$

$$\sum_{i=1}^{13} v_i^2 = 19 \text{ μm}^2$$

$$S = \sqrt{\frac{\sum_{i=1}^{13} v_i^2}{13-1}} \approx 1.258 \text{ μm}$$

⑥ 计算测量列算术平均值的标准偏差。

$$\sigma_{\overline{x}} = \frac{S}{\sqrt{n}} = \frac{1.258}{\sqrt{13}} \approx 0.35 \text{ μm}$$

⑦ 计算测量列算术平均值的测量极限误差。

$$\sigma_{\lim(\overline{x})} = \pm 3\sigma_{\overline{x}} = \pm 1.05 \text{ μm}$$

⑧ 确定测量结果。

$$x_e = \overline{x} \pm 3\sigma_{\overline{x}} = (24.957 \pm 0.001) \text{ mm}$$

即该轴径的测量结果为 24.957 mm，其误差在 ±0.001 mm 范围内的可能性达 99.73%。

二、等精度间接测量列的数据处理

在有些情况下，由于某些被测对象的特点，不能进行直接测量，这时需要采用间接测量。间接测量是指通过测量与被测几何量有一定关系的几何量，按照已知的函数关系式计算出被测几何量的量值的测量过程。因此间接测量的被测几何量是测量所得到的各个实测几何量的函数，而间接测量的误差则是各个实测几何量误差的函数，故称这种误差为函数误差。

1. 函数及其微分表达式

在间接测量中，被测几何量通常是实测几何量的多元函数，它表示为

$$y = f(x_1, x_2, \cdots, x_m) \tag{2-23}$$

式中　y——被测几何量（函数）；

　　　x_i——实测几何量（$i = 1, 2, 3, \cdots, m$）。

函数的全微分表达式为

$$dy = \frac{\partial f}{\partial x_1} dx_1 + \frac{\partial f}{\partial x_2} dx_2 + \cdots + \frac{\partial f}{\partial x_m} dx_m \tag{2-24}$$

式中　dy——被测几何量（函数）的测量误差；

　　　dx_i——实测几何量的测量误差；

　　　$\dfrac{\partial f}{\partial x_i}$——实测几何量的测量误差传递系数。

2. 函数的系统误差计算式

由各实测几何量测得值的系统误差，可近似得到被测几何量（函数）的系统误差表达式为

$$\Delta y = \frac{\partial f}{\partial x_1} \Delta x_1 + \frac{\partial f}{\partial x_2} \Delta x_2 + \cdots + \frac{\partial f}{\partial x_m} \Delta x_m \tag{2-25}$$

式中　Δy——被测几何量（函数）的系统误差；

　　　Δx_i——实测几何量的系统误差。

3．函数的随机误差计算式

由于各实测几何量的测得值中存在着随机误差，因此被测几何量（函数）也存在着随机误差。根据误差理论，函数的标准偏差 σ_y 与各个实测几何量的标准偏差 σ 的关系为

$$\sigma_y = \sqrt{(\frac{\partial f}{\partial x_1})^2 {\sigma_{x_1}}^2 + (\frac{\partial f}{\partial x_2})^2 {\sigma_{x_2}}^2 + \cdots + (\frac{\partial f}{\partial x_m})^2 {\sigma_{x_m}}^2} \qquad (2\text{-}26)$$

式中　σ_y——被测几何量（函数）的标准偏差；

　　　σ_{x_i}——实测几何量的标准偏差。

同理，函数的测量极限误差公式为

$$\sigma_{\lim(y)} = \pm\sqrt{(\frac{\partial f}{\partial x_1})^2 \sigma_{\lim(x_1)}^2 + (\frac{\partial f}{\partial x_2})^2 \sigma_{\lim(x_2)}^2 + \cdots + (\frac{\partial f}{\partial x_m})^2 \sigma_{\lim(x_m)}^2} \qquad (2\text{-}27)$$

式中　$\sigma_{\lim(y)}$——被测几何量（函数）的测量极限误差；

　　　$\sigma_{\lim(x_i)}$——实测几何量的测量极限误差。

4．间接测量列数据处理的步骤

（1）找出函数表达式 $y=f(x_1, x_2, \cdots, x_m)$。

（2）求出被测几何量（函数)值 y。

（3）计算函数的系统误差值 Δy。

（4）计算函数的标准偏差值 σ_y 和函数的测量极限误差值 $\sigma_{\lim(y)}$。

（5）给出欲测几何量（函数）的结果表达式

$$y_e = (y - \Delta y) \pm \delta_{\lim(y)} \qquad (2\text{-}28)$$

最后说明置信概率为 99.73%。

第二章 测验题

本章小结

本章的主要内容包括测量和检验的概念、量值传递系统、量块基本知识、计量器具的分类及其主要技术指标、测量方法的分类、测量误差和测量精度的特点及分类、测量误差的处理方法和等精度测量列的数据处理。

1．测量和检验的概念

测量是指将被测量与作为测量单位的标准量进行比较，从而确定被测量的实验过程。

检验是判断零件是否合格的过程而不需要测出具体数值。

2．测量过程四要素

测量对象、计量单位、测量方法和测量精度。

3．量值传递系统

其包括长度基准的量值传递系统和角度基准的量值传递系统。

4．量块基本知识

量块按制造精度由高到低分为 K、0、1、2、3 级，按检定精度由高到低分为 1、2、3、4、5 等。一般来说，检定时的测量误差要比制造误差小得多。因此，量块按"等"使用比按"级"使用的测量精度高。

利用量块的研合性，根据实际需要用多个尺寸不同的量块研合组成所需的长度标准量，为保证精度一般量块组合使用不超过四块。

5. 计量器具的分类、基本技术性能指标和测量方法的分类

具体内容详见本章第三节。

6. 测量误差

测量误差按特点和性质可分为系统误差、随机误差和粗大误差。

测量误差越大，则测量精度就越低；测量误差越小，则测量精度就越高。

测量精度可分为正确度、精密度和准确度。

7. 测量数据的处理

测量数据的处理包括测量列中随机误差、系统误差和粗大误差的处理，以及等精度直接测量列和等精度间接测量列的数据处理。

思考题与习题

2-1 试述测量的含义和测量过程中包括哪些要素。

2-2 量块的作用是什么？量块的"级"和"等"是根据什么划分的？按"级"使用和按"等"使用有何不同？

2-3 试使用 83 块一套的量块组合下列尺寸（单位为 mm）：47.685，30.555，40.79，10.56。

2-4 说明分度值、刻度间距、灵敏度三者有何区别。

2-5 为什么要用多次测量的算术平均值表示测量结果？以它表示测量结果可以减少哪一类误差对测量结果的影响？

2-6 某计量器具在示值为 40 mm 处的示值误差为+0.004 mm。若用该计量器具测量工件时，读数正好为 40 mm，试确定该工件的实际尺寸是多少？

2-7 用两种测量方法分别测量 100 mm 和 200 mm 两段长度，前者和后者的绝对测量误差分别为+6 μm 和-8 μm，试确定两者的测量精度中何者较高？

2-8 在相同的测量条件下，对某一尺寸重复测量 15 次，测得的值分别为（单位为 mm）：20.534 8，20.533 7，20.534 5，20.533 8，20.534 2，20.534 6，20.534 0，20.534 1，20.534 5，20.533 9，20.534 5，20.534 1，20.534 2，20.534 4，20.534 6。试求该零件的测量结果。

第 三 章

尺寸精度设计

学习指导

学习目的：

掌握《产品几何技术规范（GPS）线性尺寸公差 ISO 代号体系》部分国家标准。

学习要求：

1．理解孔和轴的概念定义、有关尺寸的术语及定义。

2．掌握尺寸偏差、尺寸公差的概念及其与极限尺寸的计算关系。

3．掌握公差带组成要素（标准公差、基本偏差），掌握标准公差、基本偏差的代号，会查阅有关表格。

4．掌握有关配合的种类。

5．掌握尺寸精度设计的原则和方法。

第一节　概述

为使零件或部件在几何尺寸方面具有互换性，就要进行几何尺寸允许范围（公差）的设计，也就是要根据机器的传动精度、性能及配合要求，考虑加工制造成本及工艺性，进行尺寸精度的设计。

尺寸精度设计是机械精度设计的第一步。为保证机械产品零部件的互换性，需要合理设计其尺寸精度，并将配合公差和尺寸公差正确地标注在装配图和零件图上。按照零件图上尺寸精度要求加工后的零件，需要测量出其实际尺寸，计算出尺寸误差，要求尺寸误差在规定的尺寸公差范围之内，保证零件尺寸精度的合格性，实现零件加工和装配的互换性。

产品几何技术规范（GPS）中关于线性尺寸公差的 ISO 代号体系标准规定了孔与轴（具有圆柱面和两相对平行面的尺寸要素）的公差与配合标准，是实现机械零件（或部件）互换性的基础标准。该体系包括了公差、偏差和配合的基础及标准公差带代号和孔与轴的极限偏差表。本章所引用和参考的相关国家标准有以下 5 个。

（1）《产品几何技术规范（GPS）线性尺寸公差 ISO 代号体系 第 1 部分：公差、偏差和配合的基础》（GB/T 1800.1－2020）（ISO 286-1：2010，MOD）。

（2）《产品几何技术规范（GPS）线性尺寸公差 ISO 代号体系 第 2 部分：标准公差带代号和孔、轴的极限偏差表》（GB/T 1800.2－2020）（ISO 286-2：2010，MOD）。

（3）《产品几何技术规范（GPS）矩阵模型》（GB/T 20308－2020）（ISO 14638：2015，IDT）。

（4）《一般公差 未注公差的线性和角度尺寸的公差》（GB/T 1804－2000）。

（5）《产品几何量技术规范（GPS）几何要素 第 1 部分 基本术语和定义》（GB/T 18780.1—2002）。

第二节 尺寸精度设计的基本术语及定义

为了保证互换性，统一设计、制造、检验和使用上的认识，国家标准定义了线性尺寸公差 ISO 代号体系的基本概念和相关术语。

一、有关孔、轴的定义

1. 孔

孔通常指工件的内尺寸要素，包括非圆柱形的内尺寸要素。孔的直径尺寸用 D 表示。

2. 轴

轴通常指工件的外尺寸要素，包括非圆柱形的外尺寸要素。轴的直径尺寸用 d 表示。

注：圆柱形的孔和轴的直径尺寸标注时需要加 ϕ。

对于孔和轴的定义，可以按以下内容理解。

（1）从加工过程看，孔的尺寸随着加工余量的切除，由小变大；轴的尺寸随着加工余量的切除，由大变小。

（2）从装配关系看，孔是包容面，如轴承内圈的内径、轴上键槽的键宽、导轨轴套的直径等；轴是被包容面，如轴承外圈的外径、平键的宽度、圆柱导轨轴的直径等。

（3）从测量方法看，测孔用内卡尺，测轴用外卡尺。

（4）从两表面关系看，非圆柱形孔的两表面相对，其间没有材料；非圆柱形轴的两表面相背，其间有材料；非孔非轴类，两表面相对、相背或同向，其间有的地方有材料，有的地方无材料。

孔与轴的区分如图 3-1 所示。

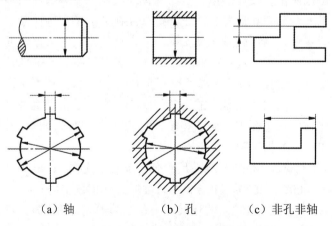

（a）轴　　　　　　（b）孔　　　　　　（c）非孔非轴

图 3-1 孔与轴的区分

二、有关尺寸的术语及定义

1. 尺寸要素

尺寸要素包括线性尺寸要素和角度尺寸要素两种。

1）线性尺寸要素

线性尺寸要素指具有线性尺寸的尺寸要素。有一个或多个本质特征的几何要素，其中只有一个可以作为变量参数，其他的参数是"单参数族"中的一员，并且这些参数遵守单调抑制。尺寸要素可以是一个球体、一个圆、两条直线、两平行相对面、一个圆柱体、一个圆环等。例如，可用单一变量如直径这一线性尺寸来表示某单一圆柱孔或轴，或者用宽度这一线性尺寸来表示某两个相对平行的平面（如凹槽或键），此时直径或宽度就是线性尺寸要素，而长度等其他参数此时均不属于变量。工程上规定，图样上的尺寸数字的特定单位为 mm。在绘制工程图样时，由于单位均为 mm，因此省略不标注。

2）角度尺寸要素

角度尺寸要素属于回转恒定类别的几何要素，其母线名义上倾斜一个不等于 0°或 90°的角度；或者属于棱柱面恒定类别，两个方位要素之间的角度由具有相同形状的两个表面组成。例如，一个圆锥和一个锲块是角度尺寸要素。

本书主要讲述的是线性尺寸要素。

2. 公称尺寸

公称尺寸是设计时给定的尺寸，是图样规范确定的理想形状要素的尺寸。孔、轴的公称尺寸代号分别为 D 和 d。

它可以是整数，也可以是小数。图样标注的 $\phi 50^{+0.016}_{0}$、$\phi 50$、$\phi 50^{+0.010}_{-0.006}$ 中的 50 都是公称尺寸。它由设计人员根据使用要求，通过强度、刚度计算或机械结构等方面的考虑确定后，参照《标准尺寸》（GB/T 2822—2005）（表 3-1）中规定的数值选取，公称尺寸的标准化可以缩减定值刀具、量具、夹具等的规格数量。

表 3-1　标准尺寸（10～100 mm）（摘自 GB/T 2822—2005）

Rr			R′r			Rr			R′r		
R10	R20	R40	R′10	R′20	R′40	R10	R20	R40	R′10	R′20	R′40
10.0	10.0	—	10	10	—	31.5	35.5	35.5	32	36	36
	11.2			11				37.5			38
12.5	12.5	12.5	12	12	12	40.0	40.0	40.0	40	40	40
		13.2			13			42.5			42
		14.0		14	14		45.0	45.0		45	45
	14.0	15.0			15			47.5			48
16.0	16.0	16.0	16	16	16	50.0	50.0	50.0	50	50	50
		17.0			17			53.0			53
	17.0	18.0		18	18		56.0	56.0		56	56
	18.0	19.0			19			60.0			60

续表

Rr			R'r			Rr			R'r		
20.0	20.0	20.0	20	20	20	63.0	63.0	63.0	63	63	63
		20.2			21			67.0			67
	22.4	22.4		22	22		71.0	71.0		71	71
		23.6			24			75.0			75
25.0	25.0	25.0	25	25	25	80.0	80.0	80.0	80	80	80
		26.5			26			85.0			85
	28.0	28.0		28	28		90.0	90.0		90	90
		30.0			30			95.0			95
31.5	31.5	31.5	32	32	32	100.0	100.0	100.0	100	100	100
		33.5			34						

注：R'r 系列中的黑体字为 R 系列相应各项优先数的化整值。

3. 实际尺寸

组成要素指属于工件的实际表面或表面模型的几何要素。

实际尺寸指的是拟合组成要素的尺寸，即通过拟合操作，从组成要素中建立的理想要素的尺寸。

孔、轴的实际尺寸分别用 D_a 和 d_a 表示。

它是通过测量得到的，由于存在测量误差，所以实际尺寸其实是零件上某一位置的测量值，即零件的局部实际尺寸，因此被测表面不同部位的尺寸不尽相同，实际尺寸如图 3-2 所示。

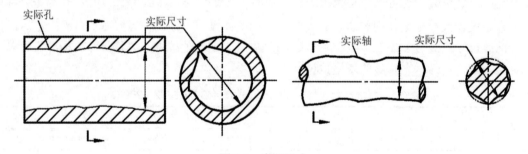

图 3-2　实际尺寸

4. 极限尺寸

极限尺寸是尺寸要素允许的尺寸的两个极限值。定义说明（以孔为例）如图 3-3 所示。其中孔或轴允许的最大尺寸为上极限尺寸，代号分别为 D_{max} 和 d_{max}；孔或轴允许的最小尺寸为下极限尺寸，代号分别为 D_{min} 和 d_{min}。

极限尺寸是按照精度设计要求确定的。由于其目的是限制加工零件的实际尺寸变动范围，因此实际尺寸应位于两极限尺寸之间，也可等于极限尺寸。用关系式来表达孔和轴实际尺寸的合格条件分别为

$$D_{min} \leqslant D_a \leqslant D_{max} \tag{3-1}$$

$$d_{min} \leqslant d_a \leqslant d_{max} \tag{3-2}$$

公称尺寸与极限尺寸之间的关系如图 3-3 所示。

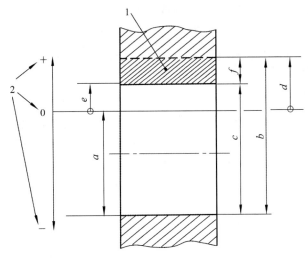

1—公差带；2—偏差符号约定

a—公称尺寸；*b*—上极限尺寸；*c*—下极限尺寸；*d*—上极限偏差；*e*—下极限偏差；*f*—公差（限制公差带的水平实线代表孔的基本偏差，限制公差带的虚线代表孔的另外一个极限偏差）

图 3-3 定义说明（以孔为例）

三、有关尺寸偏差和公差的术语及定义

1. 尺寸偏差

某一尺寸（实际尺寸、极限尺寸）减去其公称尺寸所得代数差称为尺寸偏差（简称偏差）。偏差可能是正值、负值或零。在计算和标注时，偏差值除零外，其前面必须冠以正号或负号。

偏差分为实际偏差和极限偏差。

1）实际偏差

实际偏差是指实际尺寸减去其公称尺寸所得的代数差。内、外尺寸要素的实际偏差用 E_a 和 e_a 表示。用公式表示如下

$$E_a = D_a - D \tag{3-3}$$
$$e_a = d_a - d \tag{3-4}$$

对于单个零件，只能测出尺寸的实际偏差。对一批实际零件而言，实际偏差是一个随机变量。

2）极限偏差

极限偏差是指极限尺寸减去其公称尺寸所得的代数差，包括上极限偏差和下极限偏差。

（1）上极限偏差。

上极限尺寸减去其公称尺寸所得的代数差称为上极限偏差。内、外尺寸要素的上极限偏差分别用 ES、es 表示。用公式表示如下

$$ES = D_{max} - D \tag{3-5}$$
$$es = d_{max} - d \tag{3-6}$$

（2）下极限偏差。

下极限尺寸减其公称尺寸所得的代数差称为下极限偏差。内、外尺寸要素的下极限偏差分别用代号 EI、ei 表示。用公式表示如下

$$\text{EI} = D_{min} - D \tag{3-7}$$

$$\text{ei} = d_{min} - d \tag{3-8}$$

上极限偏差总是大于下极限偏差。在图样上采用公称尺寸带上、下极限偏差的标注形式，可以直观地表示出极限尺寸和公差的大小。

2. 尺寸公差

尺寸公差是指允许尺寸的变动量，简称公差。公差等于上极限尺寸与下极限尺寸代数差的绝对值，也等于上极限偏差与下极限偏差代数差的绝对值。孔、轴的尺寸公差代号分别为 T_D 和 T_d。根据公差定义，孔、轴公差可分别用如下公式表示

$$T_D = \left| D_{max} - D_{min} \right| = \left| \text{ES} - \text{EI} \right| \tag{3-9}$$

$$T_d = \left| d_{max} - d_{min} \right| = \left| \text{es} - \text{ei} \right| \tag{3-10}$$

公差与偏差的区别如下。

（1）从数值上看，极限偏差是代数值，可以是正值、负值或零，而公差是没有符号的绝对值，并且不能为零。

（2）从作用上看，极限偏差用于控制实际偏差，是判断完工零件是否合格的依据；公差则控制一批零件实际尺寸的差异程度。

（3）从工艺上看，对某一具体零件，同一尺寸段内的尺寸公差大小反映加工的难易程度，即加工精度的高低，它是制订加工工艺的主要依据；极限偏差则是调整机床、决定切削刀具与工件相对位置的依据。

例 3-1 已知某轴的公称尺寸为 $\phi40$ mm，加工后测得实际尺寸为 $\phi40.006$ mm，上极限尺寸为 $\phi40.012$ mm，下极限尺寸为 $\phi39.988$ mm。试求 es、ei 为多少？并判断该尺寸合格否。

解：轴的上极限偏差：es=d_{max}-d=40.012-40=+0.012 mm

轴的下极限偏差：ei=d_{min}-d=39.988-40=-0.012 mm

因为 d_a=$\phi40.006$ mm，并且 $\phi39.988$ mm=$d_{min}\leq d_a\leq d_{max}$=$\phi40.012$ mm，因此该尺寸合格。

3. 公差带图

直观表示出公称尺寸、极限偏差、公差以及孔与轴的配合关系的图解，简称公差带图。图 3-4 所示为孔与轴的极限与配合示意图，它表明了两个相互结合的孔、轴的公称尺寸，极限尺寸，极限偏差与公差的相互关系。在实际应用中，为简单起见，一般以极限与配合图解（简称公差带图解）来表示，如图 3-5 所示。

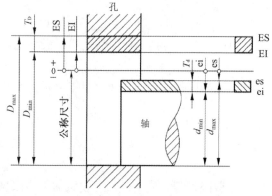

图 3-4　孔与轴的极限与配合示意图

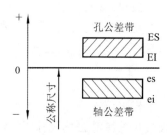

图 3-5　极限与配合图解（公差带图解）

公差带图解由零线和公差带两部分组成。

1）零线

在公差带图解中，表示公称尺寸的一条直线，以其为基准确定偏差和公差，即零偏差线。通常，零线沿水平方向绘制。正偏差位于其上，负偏差位于其下。

2）公差带

公差带是由代表上极限偏差和下极限偏差或上极限尺寸和下极限尺寸的两条直线所限定的一个区域。它是由公差大小和其相对零线的位置来确定的。公差带垂直零线方向的高度代表公差值，公差带沿零线方向的长度可以适当截取。

3）公差带图解的画法

（1）首先画出零线，注上相应的偏差符号（"0""＋""－"），在其下方画上带单箭头的尺寸线并注上公称尺寸值。

（2）确定公差带大小和位置，画公差带。通常孔公差带用由右上角向左下角的斜线表示，轴公差带用由左上角向右下角的斜线表示，在公差带里写上"孔""轴"字样或孔、轴公差带代号。

（3）在代表上、下极限偏差的两条直线的位置上给出上、下极限偏差的数值，并注明"＋""－"。

（4）在公差带图解中，如果公称尺寸和极限偏差均采用 mm 为单位，此时单位 mm 省略不写；如果公称尺寸标注单位 mm，上、下极限偏差则以 μm 为单位，此时 μm 省略不写。孔和轴的公差带图解画法如图 3-6 所示。

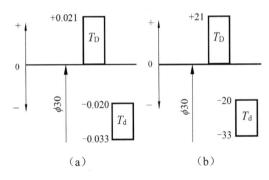

图 3-6　孔和轴的公差带图解画法

（5）公称尺寸相同的孔、轴公差带才能画在一张公差带图上，做图比例应保持一致。

例 3-2　已知孔、轴的公称尺寸为 $\phi30$ mm，孔的上极限尺寸 $D_{max}=\phi30.021$ mm，下极限尺寸 $D_{min}=\phi30$ mm；轴的上极限尺寸 $d_{max}=\phi29.993$ mm，下极限尺寸 $d_{min}=\phi29.980$ mm，求孔和轴的极限偏差和公差，给出孔和轴的极限偏差在图样上的标注形式，并画出孔、轴公差带图解。

解： ① 求孔的极限偏差和公差。

孔的上极限偏差 $ES=D_{max}-D=30.021-30=+0.021$ mm

孔的下极限偏差 $EI=D_{min}-D=30-30=0$ mm

孔的公差 $T_D=|D_{max}-D_{min}|=|30.021-30|=0.021$ mm

或 $T_D=|ES-EI|=|+0.021-0|=0.021$ mm

② 求轴的极限偏差和公差。

轴的上极限偏差 $es=d_{max}-d=29.993-30=-0.007$ mm

轴的下极限偏差 $ei=d_{min}-d=29.980-30=-0.020$ mm

轴的公差 $T_d=|d_{max}-d_{min}|=|29.993-29.980|=0.013$ mm

或轴的公差 $T_d=|es-ei|=|-0.007-(-0.020)|=0.013$ mm

③ 孔在图样上的标注形式：$\phi30^{+0.021}_{0}$。轴在图样上的标注形式：$\phi30^{-0.007}_{-0.020}$。

④ 画出孔、轴公差带图解。

由于孔和轴的公称尺寸相同，所以可画在同一张公差带图上，本例的公差带图解如图 3-7 所示。

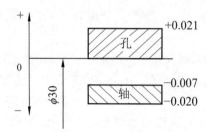

图 3-7　例 3-2 的公差带图解

4．极限制

经标准化的公差与偏差制度称为极限制。

公差带有两个参数：一是公差带的大小（宽度）；二是公差带相对于零线的位置。国家标准已将它们标准化，形成了标准公差和基本偏差两个系列。

5．标准公差（IT)

线性尺寸公差 ISO 代号体系中的任一公差称为标准公差，字母 IT 为"国际公差"的符号。标准公差确定了公差带的大小。

6．基本偏差

确定公差带相对于公称尺寸位置的那个极限偏差，一般指的最接近公称尺寸的那个极限偏差，称为基本偏差。当公差带位于零线上方时，其下极限偏差为基本偏差（见图 3-8）；位于零线下方时，其上极限偏差为基本偏差。

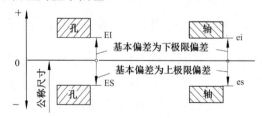

图 3-8　基本偏差

四、有关配合的术语及定义

1．配合

配合是指类型相同且待装配的外尺寸要素（轴）和内尺寸要素（孔）之间的关系，是指同一批孔和轴的装配关系，而不是指单个孔和单个轴相配合。

2. 间隙与过盈

孔的尺寸减去相配合的轴的尺寸所得的代数差，差值为正时，称为间隙，用 X 表示；差值为负时，称为过盈，用 Y 表示。

3. 配合种类

根据孔和轴公差带的相对位置关系，可将配合分为三类：间隙配合、过盈配合和过渡配合。

1）间隙配合

间隙配合是指孔和轴装配时总是存在间隙的配合。此时，孔的公差带在轴的公差带之上（包括相接），间隙配合如图 3-9 所示。对于一批零件而言，间隙配合所有孔的尺寸均不小于轴的尺寸。

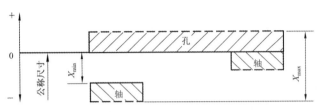

图 3-9　间隙配合

为了定量表示间隙配合中间隙的大小，用特性参数最大间隙 X_{max}、最小间隙 X_{min} 和平均间隙 X_{av} 定量描述间隙配合的配合性质。

（1）最大间隙。

最大间隙等于孔的上极限尺寸减去轴的下极限尺寸所得的代数差或等于孔的上极限偏差减去轴的下极限偏差，用符号 X_{max} 表示，即

$$X_{max} = D_{max} - d_{min} = ES - ei \qquad (3\text{-}11)$$

（2）最小间隙。

最小间隙等于孔的下极限尺寸减去轴的上极限尺寸所得的代数差或等于孔的下极限偏差减去轴的上极限偏差，用符号 X_{min} 表示，即

$$X_{min} = D_{min} - d_{max} = EI - es \qquad (3\text{-}12)$$

（3）平均间隙。

间隙配合的平均松紧程度称为平均间隙，用代号 X_{av} 表示。即

$$X_{av} = (X_{max} + X_{min}) / 2 \qquad (3\text{-}13)$$

间隙数值的前面必须标注正号。

间隙的作用：储存润滑油，补偿温度引起的尺寸变化，补偿弹性变形及制造与安装误差。

间隙配合主要用于孔和轴有相对运动的场合（包括旋转运动和轴向滑动），如滑动轴承中轴颈和轴瓦的配合。

2）过盈配合

过盈配合是指孔和轴装配时总是存在过盈的配合。此时，孔的公差带在轴的公差带之下（包括相接），过盈配合如图 3-10 所示。对于一批零件而言，所有孔的尺寸均不大于轴的尺寸。

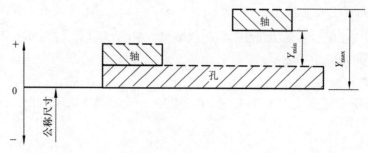

图 3-10 过盈配合

为了定量表示过盈配合中过盈的大小，用特性参数最小过盈 Y_{min}、最大过盈 Y_{max} 和平均过盈 Y_{av} 定量描述过盈配合的配合性质。

（1）最小过盈。

最小过盈等于孔的上极限尺寸减去轴的下极限尺寸所得的代数差或孔的上极限偏差减去轴的下极限偏差所得的代数差，用代号 Y_{min} 表示，即

$$Y_{min} = D_{max} - d_{min} = ES - ei \tag{3-14}$$

（2）最大过盈。

最大过盈等于孔的下极限尺寸减去轴的上极限尺寸所得的代数差或孔的下极限偏差减去轴的上极限偏差所得的代数差，用代号 Y_{max} 表示，即

$$Y_{max} = D_{min} - d_{max} = EI - es \tag{3-15}$$

（3）平均过盈。

过盈配合的平均松紧程度称为平均过盈，用代号 Y_{av} 表示，即

$$Y_{av} = (Y_{max} + Y_{min}) / 2 \tag{3-16}$$

过盈值的前面必须标注负号。

过盈配合用于孔和轴的紧固配合，不允许两者有相对运动。靠孔、轴表面在结合时的变形即可实现紧固连接。过盈较大时不加紧固件就可承受一定的轴向力或传递扭矩。装配时，要加压力，也可用热胀冷缩法，如火车轮毂与轴的配合。

3）过渡配合

过渡配合是指孔和轴装配时可能具有间隙或过盈的配合。此时孔、轴公差带相互重叠，过渡配合如图 3-11 所示。它是介于间隙配合和过盈配合之间的一类配合，但其间隙或过盈一般都较小。

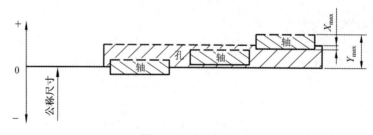

图 3-11 过渡配合

在过渡配合中，由于同时存在间隙和过盈，因此过渡配合的性质采用特性参数最大间隙 X_{max}、最大过盈 Y_{max} 和平均间隙 X_{av}（或平均过盈 Y_{av}）来定量表示。最大间隙 X_{max} 的计算公式同式（3-11），最大过盈 Y_{max} 的计算公式同式（3-15），平均间隙 X_{av} 或平均过盈 Y_{av} 的计算

式为

$$X_{av}(Y_{av})= (X_{max}+Y_{max})/2 \qquad (3-17)$$

式（3-17）的计算所得值为正则为平均间隙，用平均间隙 X_{av} 表示；计算所得值为负则为平均过盈，用平均过盈 Y_{av} 表示。

注意：极限间隙和极限过盈都是代数量，必须带有正负号。

过渡配合主要用于孔、轴间既要求装拆方便，又要求定位精确（对中性好）且相对静止的连接，如轴承外圈与外壳孔的配合。

需要指出的是，配合本身是一个集体性的概念，它是指公称尺寸相同且按同一图纸加工出的一批孔与轴之间相互结合的公差带的关系，不能把两实际孔、轴装配以后的松紧情况称为配合。区别配合种类的根据不是实际孔、轴之间具有间隙还是过盈，而是图纸上规定的孔、轴公差带之间的关系。配合是由设计人员给定的，而不是由实际孔、轴的尺寸确定的。

4．配合公差

配合公差是指组成配合的孔与轴公差之和，它是允许间隙或过盈的变动量，表明装配后的配合精度，是评价配合质量的一个重要指标。配合公差是一个没有符号的绝对值，并且不能为零。

配合公差用代号 T_f 表示，根据定义得出其计算公式为

$$
\begin{aligned}
T_f &= \left| X_{max}\left(或 Y_{min}\right) - X_{min}\left(或 Y_{max}\right) \right| \\
&= \left|(ES-ei)-(EI-es)\right| \\
&= \left|(ES-EI)+(es-ei)\right| \\
&= T_D + T_d
\end{aligned} \qquad (3-18)
$$

对于间隙配合

$$T_f = \left| X_{max} - X_{min} \right| = T_D + T_d \qquad (3-19)$$

对于过盈配合

$$T_f = \left| Y_{min} - Y_{max} \right| = T_D + T_d \qquad (3-20)$$

对于过渡配合

$$T_f = \left| X_{max} - Y_{max} \right| = T_D + T_d \qquad (3-21)$$

以上公式表明，配合公差等于相互配合的孔与轴的公差之和，配合精度取决于孔和轴的尺寸精度，与配合类别无关。在设计时，设计人员往往是根据工程中对间隙和过盈的使用要求，得到配合公差，然后将配合公差合理分配为孔和轴的尺寸公差，应使 $T_f \geqslant (T_D + T_d)$ 。

例 3-3 孔 $\phi 30^{+0.033}_{0}$ 分别与轴 $\phi 30^{-0.020}_{-0.041}$ 、轴 $\phi 30^{+0.069}_{+0.048}$ 、轴 $\phi 30^{+0.013}_{-0.008}$ 形成配合，试画出配合的孔和轴公差带图解，说明配合类别，并求出特性参数及配合公差。

解： ① 画孔和轴公差带图解，如图 3-12 所示。

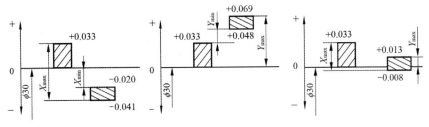

图 3-12 孔和轴公差带图解

② 由三种配合的孔和轴的公差带的关系可知：

孔 $\phi30^{+0.033}_{0}$ 与轴 $\phi30^{-0.020}_{-0.041}$ 是间隙配合；

孔 $\phi30^{+0.033}_{0}$ 与轴 $\phi30^{+0.069}_{+0.048}$ 是过盈配合；

孔 $\phi30^{+0.033}_{0}$ 与轴 $\phi30^{+0.013}_{-0.008}$ 是过渡配合。

③ 计算特性参数及配合公差。

第一，孔 $\phi30^{+0.033}_{0}$ 与轴 $\phi30^{-0.020}_{-0.041}$。

依题意可判定：

ES=+0.033 mm，EI=0 mm，es=−0.020 mm，ei=−0.041 mm

根据式（3-11）～式（3-13）和式（3-19）可得

$X_{max} = ES - ei = (+0.033) - (-0.041) = +0.074\ mm$

$X_{min} = EI - es = 0 - (-0.020) = +0.020\ mm$

$X_{av} = (X_{max} + X_{min})/2 = [(+0.074) + (+0.020)]/2 = +0.047\ mm$

$T_{f} = |X_{max} - X_{min}| = |(+0.074) - (+0.020)| = 0.054\ mm$

第二，孔 $\phi30^{+0.033}_{0}$ 与轴 $\phi30^{+0.069}_{+0.048}$。

依题意可判定：

ES = +0.033 mm，EI=0，es= +0.069 mm，ei= +0.048 mm

根据式（3-14）～式（3-16）和式（3-20）可得

$Y_{max} = EI - es = 0 - (+0.069) = -0.069\ mm$

$Y_{min} = ES - ei = (+0.033) - (+0.048) = -0.015\ mm$

$Y_{av} = (Y_{max} + Y_{min})/2 = [(-0.069) + (-0.015)]/2 = -0.042\ mm$

$T_{f} = |Y_{min} - Y_{max}| = |(-0.015) - (-0.069)| = 0.054\ mm$

第三，孔 $\phi30^{+0.033}_{0}$ 与轴 $\phi30^{+0.013}_{-0.008}$。

依题意可判定：

ES=+0.033 mm，EI=0 mm，es=+0.013 mm，ei=−0.008 mm

根据式（3-11）、式（3-15）、式（3-17）、式（3-21）可得

$X_{max} = ES - ei = (+0.033) - (-0.008) = +0.041\ mm$

$Y_{max} = EI - es = 0 - (+0.013) = -0.013\ mm$

因为 $|X_{max}| = |+0.041| = 0.041 > |Y_{max}| = |-0.013| = 0.013$

故配合的平均间隙为

$$X_{av} = (X_{max} + Y_{max})/2 = [(+0.041) + (-0.013)]/2 = +0.014\ mm$$

配合公差为

$$T_{f} = |X_{max} - Y_{max}| = |(+0.041) - (-0.013)| = 0.054\ mm$$

从上述例题可以看出，将孔的公差带位置固定（孔的基本偏差一定），改变轴的公差带位置（改变轴的基本偏差），可以得到不同配合性质的配合；同样，如果轴的公差带位置固定，改变孔的公差带位置，也可以得到不同配合性质的配合。

5. ISO 配合制

ISO 配合制是由线性尺寸公差 ISO 代号体系确定公差的孔和轴组成的一种配合制度。

GB/T 1800.1—2020 中规定了两种等效的配合制：基孔制配合和基轴制配合。

1）基孔制配合

基孔制配合是指孔的基本偏差为零的配合，如图 3-13 所示。基孔制配合中的孔称为基准孔，它是配合的基准件，基准孔的下极限偏差为零，即 EI=0，此时轴是非基准件。国家标准规定基准孔的下极限偏差为基本偏差，用代号 H 表示。

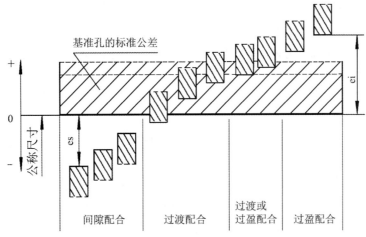

图 3-13　基孔制配合

2）基轴制配合

基轴制配合是指轴的基本偏差为零的配合，如图 3-14 所示。基轴制配合中的轴称为基准轴，它是配合的基准件，基准轴的上极限偏差为零，即 es=0，此时孔是非基准件。国家标准规定基准轴的上极限偏差为基本偏差，用代号 h 表示。

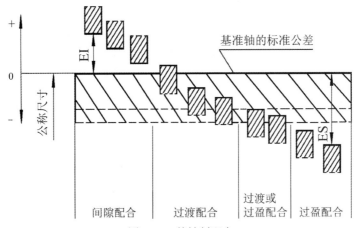

图 3-14　基轴制配合

基孔制配合和基轴制配合构成了两种等效的配合系列，即在基孔制配合中规定的配合种类在基轴制配合中也有相应的同名配合。配合制是规定配合系列的基础，采用它是为了统一和简化基准孔或基准轴的极限偏差，以减少定值刀具、量具的使用规格和数量，从而获得最佳的经济效益。

第三节 公差与配合的标准化

公差与配合的标准化是指孔、轴各自公差带的大小、位置的标准化及其所形成各种配合的标准化。标准公差系列使公差带大小标准化，基本偏差系列使公差带位置标准化。

一、标准公差系列

标准公差系列由不同公差等级和不同公称尺寸的标准公差构成。标准公差是指大小已经标准化的公差值，即在国家标准 GB/T 1800.1—2020 中所规定的任一公差，用以确定公差带大小，即公差带宽度。

标准公差系列由公差单位、公差等级和公称尺寸分段三项内容组成。

1. 标准公差因子

标准公差因子（以 i 或 I 表示）是确定标准公差值的基本单位，是制定标准公差数值系列的基础。

在实际生产中，对公称尺寸相同的零件，可按公差大小评定其制造精度的高低，但对公称尺寸不同的零件，评定其制造精度时就不能仅看公差大小。实际上，在相同的加工条件下，公称尺寸不同的零件加工后产生的加工误差也不同。例如，图 3-15 所示的公差相同但尺寸不同的轴的公差都是 25 μm，一根直径为 50 mm，另一根直径为 180 mm，哪根轴的尺寸精度高一些呢？

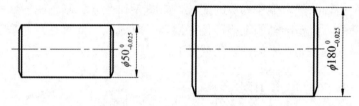

图 3-15 公差相同但尺寸不同的轴

要想解决以上问题，就必须有一个单位，这个单位就是标准公差因子（或公差单位）。它不是简单的长度单位 mm 或 μm，而是一个算数表达式。这主要是因为人们通过生产实践与科学实验及统计分析发现：在尺寸较小时，加工误差（主要是加工时的力变形与热变形）与公称尺寸呈立方抛物线关系；在尺寸较大时，测量误差（包括测量时温度不稳定或测量时温度偏离标准温度及量规变形等引起的误差）与公称尺寸接近线性关系。由于误差是由公差来控制的，所以利用这个规律可反映公差与公称尺寸之间的关系。

1）当公称尺寸 ≤ 500 mm

此时，标准公差因子（i）按下式计算

$$i = 0.45\sqrt[3]{D} + 0.001D \qquad (3\text{-}22)$$

式中 D——公称尺寸分段的几何平均值，单位为 mm。

在式（3-22）中，前面一项主要反映加工误差，第二项用来补偿测量时温度变化引起的与公称尺寸成正比的测量误差。

随着公称尺寸逐渐增大，第二项的影响越来越显著。随着尺寸增加，温度变化引起的误差随直径的增大呈线性关系。

2）当公称尺寸在 500～3 150 mm 范围内

标准公差因子（I）按下式计算

$$I=0.004D+2.1 \tag{3-23}$$

当公称尺寸>3 150 mm 时，按式（3-23）来计算标准公差也不能完全反应误差出现的规律，但目前没发现更合理的公式，所以仍按式（3-23）来计算。

2．标准公差等级

标准公差等级是用常用标示符表征的线性尺寸公差组。在线性尺寸公差 ISO 代号体系中，标准公差等级标示符由 IT 及其之后的数字组成。

不同零件和零件上不同部位的尺寸，对精确程度的要求也往往不同。为了简化和统一对公差的要求，使各等级既能满足广泛的使用要求，又能大致代表各种加工方法的精度，便于设计和制造，就要进行标准公差等级的规定与划分。

GB/T 1800.1—2020 将公称尺寸≤500 mm 工件的标准公差等级分为 20 级，即 IT01、IT0、IT1、IT2、…、IT18。从 IT01 至 IT18，标准公差等级依次降低，标准公差值依次增大。属于同一等级的公差，对所有的尺寸段虽然公差数值不同，但应看作同等精度。在同一尺寸段内，IT01 精度最高，标准公差值最小，加工难度最大；IT18 精度最低，标准公差值最大，加工难度最低。此时，公称尺寸≤500mm 的标准公差计算公式见表 3-2。

表 3-2 公称尺寸≤500 mm 的标准公差计算公式（摘自 GB/T 1800.1－2020）

标准公差等级	计算公式	标准公差等级	计算公式
IT01	$0.3+0.008D$	IT9	$40i$
IT0	$0.5+0.012D$	IT10	$64i$
IT1	$0.8+0.020D$	IT11	$100i$
IT2	$(IT1)(\frac{IT5}{IT1})^{\frac{1}{4}}$	IT12	$160i$
IT3	$(IT1)(\frac{IT5}{IT1})^{\frac{1}{2}}$	IT13	$250i$
IT4	$(IT1)(\frac{IT5}{IT1})^{\frac{3}{4}}$	IT14	$400i$
IT5	$7i$	IT15	$640i$
IT6	$10i$	IT16	$1\,000i$
IT7	$16i$	IT17	$1\,600i$
IT8	$25i$	IT18	$2\,500i$

GB/T 1800.1—2020 将公称尺寸在 500～3 150 mm 范围内的工件的标准公差等级分为 18 级，从 IT1 到 IT18。此时，公称尺寸在 500～3 150mm 范围内的标准公差计算公式见表 3-3。

表 3-3 公称尺寸在 500～3 150 mm 范围内的标准公差计算公式（摘自 GB/T 1800.1—2020）

标准公差等级	计算公式	标准公差等级	计算公式
IT1	$2I$	IT10	$64I$
IT2	$2.7I$	IT11	$100I$
IT3	$3.7I$	IT12	$160I$
IT4	$5I$	IT13	$250I$

续表

标准公差等级	计算公式	标准公差等级	计算公式
IT5	$7i$	IT14	$400i$
IT6	$10i$	IT15	$640i$
IT7	$16i$	IT16	$1\,000i$
IT8	$25i$	IT17	$1\,600i$
IT9	$40i$	IT18	$2\,500i$

3. 公称尺寸分段

根据标准公差计算公式可知：每一个公称尺寸都有一个相应的公差值。由于生产实践中公称尺寸很多，公差值也会很多。为了统一公差值，减少公差数目，简化公差表格，便于生产应用，国家标准对公称尺寸进行了分段，如表 3-4 中的公称尺寸一栏。

按照标准公差公式计算标准公差时，一个尺寸段内的所有尺寸均用该尺寸段首尾两尺寸的几何平均值 $D = \sqrt{D_n D_{n+1}}$。

例如，30～50 mm 尺寸段的计算尺寸为

$$D = \sqrt{30 \times 50} \approx 38.73 \text{ mm}$$

但对于≤3 mm 的公称尺寸段，用 $D = \sqrt{1 \times 3} \approx 1.732$ mm 代替。

按几何平均值计算出标准公差值后，按规定的标准公差尾数的修约规则进行修约。公称尺寸至 500 mm 的标准公差数值如表 3-4 所示。查取标准公差系列值时，不仅要注意公差等级和尺寸分段，还要注意尺寸分段是半开区间。

实践证明：这样计算出的标准公差数值差别很小，对生产影响也不大，但可大幅减少公差值的数量，非常有利于标准公差值的标准化。

表 3-4　公称尺寸至 500 mm 的标准公差数值（摘自 GB/T 1800.1－2020）

公称尺寸 /mm		标准公差等级																				
		IT01	IT0	IT1	IT2	IT3	IT4	IT5	IT6	IT7	IT8	IT9	IT10	IT11	IT12	IT13	IT14	IT15	IT16	IT17	IT18
大于	至	标准公差/μm													标准公差/mm						
—	3	0.3	0.5	0.8	1.2	2	3	4	6	10	14	25	40	60	0.1	0.14	0.25	0.4	0.6	1	1.4
3	6	0.4	0.6	1	1.5	2.5	4	5	8	12	18	30	48	75	0.12	0.18	0.3	0.48	0.75	1.2	1.8
6	10	0.4	0.6	1	1.5	2.5	4	6	9	15	22	36	58	90	0.15	0.22	0.36	0.58	0.9	1.5	2.2
10	18	0.5	0.8	1.2	2	3	5	8	11	18	27	43	70	110	0.18	0.27	0.43	0.7	1.1	1.8	2.7
18	30	0.6	1	1.5	2.5	4	6	9	13	21	33	52	84	130	0.21	0.33	0.52	0.84	1.3	2.1	3.3
30	50	0.6	1	1.5	2.5	4	7	11	16	25	39	62	100	160	0.25	0.39	0.62	1	1.6	2.5	3.9
50	80	0.8	1.2	2	3	5	8	13	19	30	46	74	120	190	0.3	0.46	0.74	1.2	1.9	3	4.6
80	120	1	1.5	2.5	4	6	10	15	22	35	54	87	140	220	0.35	0.54	0.87	1.4	2.2	3.5	5.4
120	180	1.2	2	3.5	5	8	12	18	25	40	63	100	160	250	0.4	0.63	1	1.6	2.5	4	6.3
180	250	2	3	4.5	7	10	14	20	29	46	72	115	185	290	0.46	0.72	1.15	1.85	2.9	4.6	7.2
250	315	2.5	4	6	8	12	16	23	32	52	81	130	210	320	0.52	0.81	1.3	2.1	3.2	5.2	8.1
315	400	3	5	7	9	13	18	25	36	57	89	140	230	360	0.57	0.89	1.4	2.3	3.6	5.7	8.9
400	500	4	6	8	10	15	20	27	40	63	97	155	250	400	0.63	0.97	1.55	2.5	4	6.3	9.7

注：公称尺寸小于或等于 1 mm 时，无 IT14～IT18。

例 3-4 公称尺寸为 20 mm，求该尺寸的标准公差等级为 IT6 和 IT7 的标准公差数值。

解： 公称尺寸为 20 mm，在尺寸段 18～30 mm 范围内，则

$$D = \sqrt{18 \times 30} \approx 23.24 \text{ mm}$$

由标准公差因子 $i = 0.45\sqrt[3]{D} + 0.001D$，得

$$i = 0.45\sqrt[3]{23.24} + 0.001 \times 23.24 = 1.31 \text{ μm}$$

查表 3-2 可得

$$IT6 = 10i = 10 \times 1.31 \approx 13 \text{ μm}$$
$$IT7 = 16i = 16 \times 1.31 \approx 21 \text{ μm}$$

二、基本偏差系列

基本偏差确定了公差带的位置。为了满足各种不同配合的需要，并满足生产要求，必须设置若干基本偏差并将其标准化。标准化的基本偏差组成了基本偏差系列。

1．基本偏差代号

国家标准规定，孔和轴各有 28 种基本偏差，如图 3-16 所示。

基本偏差的代号用英文字母表示。大写表示孔，小写表示轴。26 个字母中去掉 5 个易与其他参数相混淆的字母 I、L、O、Q、W（i、l、o、q、w），即去掉构成 LOW 和 IQ 这两个英文单词的所有字母；为满足某些配合的需要，又增加了 7 个双写字母 CD、EF、FG、ZA、ZB、ZC（cd、ef、fg、za、zb、zc）及 JS（js），即得孔、轴各 28 个基本偏差代号。

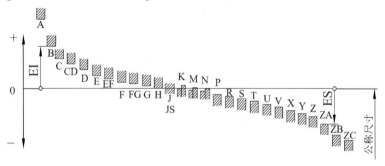

（a）孔（内尺寸要素）

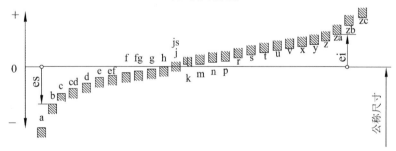

（b）轴（外尺寸要素）

图 3-16　基本偏差示意图

2．基本偏差特点

孔和轴的基本偏差特点总结如表 3-5 所示。

表 3-5 孔和轴的基本偏差特点

基本偏差种类		基本偏差特征	基本偏差与标准公差的关系	与基准孔（轴）组成配合的性质	
轴	a～g	上极限偏差 es<0（负值）	无关	基孔制	间隙配合
	h（基准轴）	上极限偏差 es=0（零）	无关		最小间隙为零的配合
	js	上极限偏差 es>0（es=+IT/2）或下极限偏差 ei<0（ei=−IT/2），公差带对称于零线	有关		过渡配合
	j～zc	下极限偏差 ei>0（多为正值）	大多无关		过渡或过盈配合
孔	A～G	下极限偏差 EI>0（正值）	无关	基轴制	间隙配合
	H（基准孔）	下极限偏差 EI=0（零）	无关		最小间隙为零的配合
	JS	上极限偏差 ES>0（ES=+IT/2）或下极限偏差 EI<0（EI=−IT/2），公差带对称于零线	有关		过渡配合
	J～ZC	上极限偏差 ES<0（多为负值），具有修正值	大多有关		过渡或过盈配合

3．轴的基本偏差值

轴的基本偏差值是以基孔制为基础的，研究人员根据设计要求、生产经验、科学试验，并经数理统计分析，整理出一系列经验公式。轴的基本偏差计算公式如表 3-6 所示。

表 3-6 轴的基本偏差计算公式

基本偏差代号	极限偏差	公称尺寸/mm		计算公式/μm	基本偏差代号	极限偏差	公称尺寸/mm		计算公式/μm
		大于	至				大于	至	
a	es	1	120	$-(265+1.3D)$	k	ei	0	500	$+0.6\sqrt[3]{D}$
							500	3 150	0
		120	500	$-3.5D$	m	ei	0	500	$+(IT7-IT6)$
							500	3 150	$+(0.024D+12.6)$
b	es	1	160	$\approx-(140+0.85D)$	n	ei	0	500	$+5D^{0.34}$
							500	3 150	$+(0.04D+21)$
		160	500	$\approx-1.8D$	p	ei	0	500	$+[IT7+(0\sim5)]$
							500	3 150	$+(0.072D+37.8)$
c	es	0	40	$-52D^{0.2}$	r	ei	0	3 150	$-\sqrt{p\cdot s}$
		40	500	$-(95+0.8D)$	s	ei	0	50	$+[IT8+(1\sim4)]$
cd	es	0	10	$-\sqrt{c\cdot d}$			50	3 150	$+(IT7+0.4D)$
d	es	0	3 150	$-16D^{0.44}$	t	ei	24	3 150	$+(IT7+0.63D)$
e	es	0	3 150	$-11D^{0.41}$	u	ei	0	3150	$+(IT7+D)$
ef	es	0	10	$-\sqrt{e\cdot f}$	v	ei	14	500	$+(IT7+1.25D)$

续表

基本偏差代号	极限偏差	公称尺寸/mm		计算公式/μm	基本偏差代号	极限偏差	公称尺寸/mm		计算公式/μm
		大于	至				大于	至	
f	es	0	3 150	$-5.5D^{0.41}$	x	ei	0	500	$+(IT7+1.6D)$
fg	es	0	10	$-\sqrt{f \cdot g}$	y	ei	18	500	$+(IT7+2D)$
g	es	0	3 150	$-2.5D^{0.34}$	z	ei	0	500	$+(IT7+2.5D)$
h	es	0	3 150	0	za	ei	0	500	$+(IT8+3.15D)$
j	—	0	500	经验数据	zb	ei	0	500	$+(IT9+4D)$
js	es ei	0	3 150	$\pm0.5ITn$	zc	ei	0	500	$+(IT10+5D)$

注：1.公式中的 D 是公称尺寸分段的几何平均值。

2. 基本偏差 k 的计算公式仅适用于标准公差等级 IT4 至 IT7，其他的标准公差等级的基本偏差为零。

经过计算、修约后得到公称尺寸≤500 mm 轴的基本偏差数值列于表 3-7。在实际工程应用中，设计人员直接根据公称尺寸和基本偏差代号查表得到相应的基本偏差。轴的另一极限偏差是根据基本偏差和标准公差的关系，按照 es=ei+IT 或 ei=es-IT 计算得到的。

查表确定孔、轴的上、下
极限偏差

表 3-7 轴的基本偏差数值（摘自 GB/T 1800.1—2020）

公称尺寸/mm 大于	至	a	b	c	cd	d	e	ef	f	fg	g	h	js	j (IT5和IT6)	j (IT7)	j (IT8)	k (IT4至IT7)	k (<IT3或>IT7)	m	n	p	r	s	t	u	v	x	y	z	za	zb	zc
—	3	-270	-140	-60	-34	-20	-14	-10	-6	-4	-2	0	偏差=±ITn/2，式中 n 为标准公差等级数	-2	-4	-6	0	0	+2	+4	+6	+10	+14	—	+18	—	+20	—	+26	+32	+40	+50
3	6	-270	-140	-70	-46	-30	-20	-14	-10	-6	-4	0		-2	-4	—	+1	0	+4	+8	+12	+15	+19	—	+23	—	+28	—	+35	+42	+50	+80
6	10	-280	-150	-80	-56	-40	-25	-18	-13	-8	-5	0		-2	-5	—	+1	0	+6	+10	+15	+19	+23	—	+28	—	+34	—	+42	+52	+67	+97
10	14	-290	-150	-95	-70	-50	-32	-23	-16	-10	-6	0		-3	-6	—	+1	0	+7	+12	+18	+23	+28	—	+33	—	+40	—	+50	+64	+90	+130
14	18	-290	-150	-95	-70	-50	-32	-23	-16	-10	-6	0		-3	-6	—	+1	0	+7	+12	+18	+23	+28	—	+33	+39	+45	—	+60	+77	+108	+150
18	24	-300	-160	-110	-85	-65	-40	-25	-20	-12	-7	0		-4	-8	—	+2	0	+8	+15	+22	+28	+35	—	+41	+47	+54	+63	+73	+98	+136	+188
24	30	-300	-160	-110	-85	-65	-40	-25	-20	-12	-7	0		-4	-8	—	+2	0	+8	+15	+22	+28	+35	+41	+48	+55	+64	+75	+88	+118	+160	+218
30	40	-310	-170	-120	-100	-80	-50	-35	-25	-15	-9	0		-5	-10	—	+2	0	+9	+17	+26	+34	+43	+48	+60	+68	+80	+94	+112	+148	+200	+274
40	50	-320	-180	-130	-100	-80	-50	-35	-25	-15	-9	0		-5	-10	—	+2	0	+9	+17	+26	+34	+43	+54	+70	+81	+97	+114	+136	+180	+242	+325
50	65	-340	-190	-140	—	-100	-60	—	-30	—	-10	0		-7	-12	—	+2	0	+11	+20	+32	+41	+53	+66	+87	+102	+122	+144	+172	+226	+300	+405
65	80	-360	-200	-150	—	-100	-60	—	-30	—	-10	0		-7	-12	—	+2	0	+11	+20	+32	+43	+59	+75	+102	+120	+146	+174	+210	+274	+360	+480
80	100	-380	-220	-170	—	-120	-72	—	-36	—	-12	0		-9	-15	—	+3	0	+13	+23	+37	+51	+71	+91	+124	+146	+178	+214	+258	+335	+445	+585
100	120	-410	-240	-180	—	-120	-72	—	-36	—	-12	0		-9	-15	—	+3	0	+13	+23	+37	+54	+79	+104	+144	+172	+210	+254	+310	+400	+525	+690
120	140	-460	-260	-200	—	-145	-85	—	-43	—	-14	0		-11	-18	—	+3	0	+15	+27	+43	+63	+92	+122	+170	+202	+248	+300	+365	+470	+620	+800
140	160	-520	-280	-210	—	-145	-85	—	-43	—	-14	0		-11	-18	—	+3	0	+15	+27	+43	+65	+100	+134	+190	+228	+280	+340	+415	+535	+700	+900
160	180	-580	-310	-230	—	-145	-85	—	-43	—	-14	0		-11	-18	—	+3	0	+15	+27	+43	+68	+108	+146	+210	+252	+310	+380	+465	+600	+780	+1000
180	200	-660	-340	-240	—	-170	-100	—	-50	—	-15	0		-13	-21	—	+4	0	+17	+31	+50	+77	+122	+166	+236	+284	+350	+425	+520	+670	+880	+1150
200	225	-740	-380	-260	—	-170	-100	—	-50	—	-15	0		-13	-21	—	+4	0	+17	+31	+50	+80	+130	+180	+258	+310	+385	+470	+575	+740	+960	+1250
225	250	-820	-420	-280	—	-170	-100	—	-50	—	-15	0		-13	-21	—	+4	0	+17	+31	+50	+84	+140	+196	+284	+340	+425	+520	+640	+820	+1050	+1350
250	280	-920	-480	-300	—	-190	-110	—	-56	—	-17	0		-16	-26	—	+4	0	+20	+34	+56	+94	+158	+218	+315	+385	+475	+580	+710	+920	+1200	+1550
280	315	-1050	-540	-330	—	-190	-110	—	-56	—	-17	0		-16	-26	—	+4	0	+20	+34	+56	+98	+170	+240	+350	+425	+525	+650	+790	+1000	+1300	+1700
315	355	-1200	-600	-360	—	-210	-125	—	-62	—	-18	0		-18	-28	—	+4	0	+21	+37	+62	+108	+190	+268	+390	+475	+590	+730	+900	+1150	+1500	+1900
355	400	-1350	-680	-400	—	-210	-125	—	-62	—	-18	0		-18	-28	—	+4	0	+21	+37	+62	+114	+208	+294	+435	+530	+660	+820	+1000	+1300	+1650	+2100
400	450	-1500	-760	-440	—	-230	-135	—	-68	—	-20	0		-20	-32	—	+5	0	+23	+40	+68	+126	+232	+330	+490	+595	+740	+920	+1100	+1450	+1850	+2400
450	500	-1650	-840	-480	—	-230	-135	—	-68	—	-20	0		-20	-32	—	+5	0	+23	+40	+68	+132	+252	+360	+540	+660	+820	+1000	+1250	+1600	+2100	+2600

上极限偏差 es/μm 适用于 a、b、c、cd、d、e、ef、f、fg、g、h、js（所有标准公差等级）；下极限偏差 ei/μm 适用于 j、k、m、n、p、r、s、t、u、v、x、y、z、za、zb、zc。

注：
1. 公称尺寸≤1 mm 时，基本偏差 a 和 b 均不采用。
2. 公差带 js7 至 js11，若 ITn 值数是奇数，则取偏差=±（ITn-1）/2。

4．孔的基本偏差值

公称尺寸≤500 mm 的孔的基本偏差数值是根据轴的基本偏差换算得到的。

换算的前提是：基孔制配合变成同名的基轴制配合（如 ϕ40H7/g6 变成 ϕ40G7/h6），它们的配合性质必须相同，即两种配合制配合的极限间隙或极限过盈必须相同。在实际生产中考虑到孔比轴难加工，故在孔、轴的标准公差等级较高时，孔通常比高一级的轴配合，而孔、轴的标准公差等级不高时，则孔与轴采用同级配合。

根据上述前提，孔的基本偏差数值应该分别按照以下两种规则来换算。

1）通用原则

通用原则是指同一字母表示的孔、轴基本偏差的绝对值相等，而符号相反。

对于孔的基本偏差 A～H，不论孔、轴是否采用同级配合，则有

$$EI = -es \tag{3-24}$$

对于 K～ZC，标准公差等级＞IT8（标准公差等级为 IT9 级或 IT9 级以下）时的 K、M、N 和标准公差等级＞IT7 的 P～ZC 一般都采用同级配合，按照规则，则有

$$ES = -ei \tag{3-25}$$

注意：一个特例是公称尺寸＞3 mm，标准公差＞IT8 的 N，它的基本偏差 ES=0。

2）特殊原则

特殊原则是指孔的基本偏差和轴的基本偏差符号相反，绝对值相差一个 Δ 值。

不查表确定极限偏差

在较高公差等级中常采用异级配合（配合中孔的公差等级通常比轴低一级），如 H7/p6 和 P7/h6，因为相同公差等级的孔比轴难加工。

对于公称尺寸超出 3～500 mm，标准公差等级≤IT8（标准公差等级为 IT8 级、IT7 级或 IT6 级及以下）时的 K、M、N 和标准公差等级≤IT7 的 P～ZC，孔的基本偏差 ES 适用特殊规则，即

$$ES=-ei+\Delta \tag{3-26}$$

式中　Δ=ITn-IT（n-1），n 为标准公差等级数。

在查找各公称尺寸段的孔的基本偏差时，要注意查取孔的基本偏差值是否要加上附加的 Δ 值。

按照换算原则，要求两种配合制的同名配合性质必须相同。

按照孔的基本偏差换算原则，GB/T 1800.1－2020 列出了孔的基本偏差数值表，如表 3-8 所示。

表 3-8 孔的基本偏差数值（摘自 GB/T 1800.1—2020）

公称尺寸/mm		基本偏差数值																					
		下极限偏差 EI/μm（所有标准公差等级）												上极限偏差 ES/μm								
		A	B	C	CD	D	E	EF	F	FG	G	H	JS	J			K		M		N	
大于	至													IT6	IT7	IT8	≤IT8	>IT8	≤IT8	>IT8	≤IT8	>IT8
—	3	+270	+140	+60	+34	+20	+14	+10	+6	+4	+2	0		+2	+4	+6	0	0	−2	−2	−4	−4
3	6	+270	+140	+70	+46	+30	+20	+14	+10	+6	+4	0		+5	+6	+10	−1+Δ	—	−4+Δ	−4	−8+Δ	0
6	10	+280	+150	+80	+56	+40	+25	+18	+13	+8	+5	0		+5	+8	+12	−1+Δ	—	−6+Δ	−6	−10+Δ	0
10	14	+290	+150	+95	+70	+50	+32	+23	+16	+10	+6	0		+6	+10	+15	−1+Δ	—	−7+Δ	−7	−12+Δ	0
14	18	+290	+150	+95	+70	+50	+32	+23	+16	+10	+6	0		+6	+10	+15	−1+Δ	—	−7+Δ	−7	−12+Δ	0
18	24	+300	+160	+110	+85	+65	+40	+28	+20	+12	+7	0		+8	+12	+20	−2+Δ	—	−8+Δ	−8	−15+Δ	0
24	30	+300	+160	+110	+85	+65	+40	+28	+20	+12	+7	0		+8	+12	+20	−2+Δ	—	−8+Δ	−8	−15+Δ	0
30	40	+310	+170	+120	+100	+80	+50	+35	+25	+15	+9	0		+10	+14	+24	−2+Δ	—	−9+Δ	−9	−17+Δ	0
40	50	+320	+180	+130	+100	+80	+50	+35	+25	+15	+9	0		+10	+14	+24	−2+Δ	—	−9+Δ	−9	−17+Δ	0
50	65	+340	+190	+140	—	+100	+60	—	+30	—	+10	0		+13	+18	+28	−2+Δ	—	−11+Δ	−11	−20+Δ	0
65	80	+360	+200	+150	—	+100	+60	—	+30	—	+10	0		+13	+18	+28	−2+Δ	—	−11+Δ	−11	−20+Δ	0
80	100	+380	+220	+170	—	+120	+72	—	+36	—	+12	0		+16	+22	+34	−3+Δ	—	−13+Δ	−13	−23+Δ	0
100	120	+410	+240	+180	—	+120	+72	—	+36	—	+12	0		+16	+22	+34	−3+Δ	—	−13+Δ	−13	−23+Δ	0
120	140	+460	+260	+200	—	+145	+85	—	+43	—	+14	0		+18	+26	+41	−3+Δ	—	−15+Δ	−15	−27+Δ	0
140	160	+520	+280	+210	—	+145	+85	—	+43	—	+14	0		+18	+26	+41	−3+Δ	—	−15+Δ	−15	−27+Δ	0
160	180	+580	+310	+230	—	+145	+85	—	+43	—	+14	0		+18	+26	+41	−3+Δ	—	−15+Δ	−15	−27+Δ	0
180	200	+660	+340	+240	—	+170	+100	—	+50	—	+15	0		+22	+30	+47	−4+Δ	—	−17+Δ	−17	−31+Δ	0
200	225	+740	+380	+260	—	+170	+100	—	+50	—	+15	0		+22	+30	+47	−4+Δ	—	−17+Δ	−17	−31+Δ	0
225	250	+820	+420	+280	—	+170	+100	—	+50	—	+15	0		+22	+30	+47	−4+Δ	—	−17+Δ	−17	−31+Δ	0
250	280	+920	+480	+300	—	+190	+110	—	+56	—	+17	0		+25	+36	+55	−4+Δ	—	−20+Δ	−20	−34+Δ	0
280	315	+1050	+540	+330	—	+190	+110	—	+56	—	+17	0		+25	+36	+55	−4+Δ	—	−20+Δ	−20	−34+Δ	0
315	355	+1200	+600	+360	—	+210	+125	—	+62	—	+18	0		+29	+39	+60	−4+Δ	—	−21+Δ	−21	−37+Δ	0
355	400	+1350	+680	+400	—	+210	+125	—	+62	—	+18	0		+29	+39	+60	−4+Δ	—	−21+Δ	−21	−37+Δ	0
400	450	+1500	+760	+440	—	+230	+135	—	+68	—	+20	0		+33	+43	+66	−5+Δ	—	−23+Δ	−23	−40+Δ	0
450	500	+1650	+840	+480	—	+230	+135	—	+68	—	+20	0		+33	+43	+66	−5+Δ	—	−23+Δ	−23	−40+Δ	0

JS 列：偏差=±ITn/2，式中 n 为标准公差等级数。

注：1. 公称尺寸≤1 mm 时，基本偏差 A 和 B 及>IT8 的 N 均不采用。

2. 公差带 JS7 至 JS11，若 ITn 值数是奇数，则取偏差=±（ITn−1）/2。

3. 对于≤IT8 的 K、M、N 和≤IT7 的 P～ZC，均应加一个 Δ 值，Δ 值从表中选取。

4. 特殊情况：250～315 mm 尺寸段的 M6，取 ES=−9 μm（计算结果不是−11 μm）。

续表

基本偏差数值 — 上极限偏差 ES/μm（标准公差等级大于 IT7）；Δ值（标准公差等级）

注：P 至 ZC 列中，≤IT7 时取相应数值；在大于 IT7 的相应数值上加一个 Δ 值。

公称尺寸/mm 大于	至	P	R	S	T	U	V	X	Y	Z	ZA	ZB	ZC	IT3	IT4	IT5	IT6	IT7	IT8
—	3	-6	-10	-14	—	-18	—	-20	—	-26	-32	-40	-60	0	0	0	0	0	0
3	6	-12	-15	-19	—	-23	—	-28	—	-35	-42	-50	-80	1	1.5	1	3	4	6
6	10	-15	-19	-23	—	-28	—	-34	—	-42	-52	-67	-97	1	1.5	2	3	6	7
10	14	-18	-23	-28	—	-33	—	-40	—	-50	-64	-90	-130	1	2	3	3	7	9
14	18				—		-39	-45	—	-60	-77	-108	-150						
18	24	-22	-28	-35	—	-41	-47	-54	-63	-73	-98	-136	-188	1.5	2	3	4	8	12
24	30				-41	-48	-55	-64	-75	-88	-118	-160	-218						
30	40	-26	-34	-43	-48	-60	-68	-80	-94	-112	-148	-200	-274	1.5	3	4	5	9	14
40	50				-54	-70	-81	-97	-114	-136	-180	-242	-325						
50	65	-32	-41	-53	-66	-87	-102	-122	-144	-172	-226	-300	-405	2	3	5	6	11	16
65	80		-43	-59	-75	-102	-120	-146	-174	-210	-274	-360	-480						
80	100	-37	-51	-71	-91	-124	-146	-178	-214	-258	-335	-445	-585	2	4	5	7	13	19
100	120		-54	-79	-104	-144	-172	-210	-254	-310	-400	-525	-690						
120	140	-43	-63	-92	-122	-170	-202	-248	-300	-365	-470	-620	-800	3	4	6	7	15	23
140	160		-65	-100	-134	-190	-228	-280	-340	-415	-535	-700	-900						
160	180		-68	-108	-146	-210	-252	-310	-380	-465	-600	-780	-1000						
180	200	-50	-77	-122	-166	-236	-284	-350	-425	-520	-670	-880	-1150	3	4	6	9	17	26
200	225		-80	-130	-180	-258	-310	-385	-470	-575	-740	-960	-1250						
225	250		-84	-140	-196	-284	-340	-425	-520	-640	-820	-1050	-1350						
250	280	-56	-94	-158	-218	-315	-385	-475	-580	-710	-920	-1200	-1550	4	4	7	9	20	29
280	315		-98	-170	-240	-350	-425	-525	-650	-790	-1000	-1300	-1700						
315	355	-62	-108	-190	-268	-390	-475	-590	-730	-900	-1150	-1500	-1900	4	5	7	11	21	32
355	400		-114	-208	-294	-435	-530	-660	-820	-1000	-1300	-1650	-2100						
400	450	-68	-126	-232	-330	-490	-595	-740	-920	-1100	-1450	-1850	-2400	5	5	7	13	23	34
450	500		-132	-252	-360	-540	-660	-820	-1000	-1250	-1600	-2100	-2600						

例 3-5 查表确定 $\phi30H8/f7$ 和 $\phi30F8/h7$ 配合中孔、轴的极限偏差，计算两对配合的极限间隙，并绘制公差带图。

解：① 查表确定 $\phi30H8/f7$ 配合中的孔与轴的极限偏差。

公称尺寸 $\phi30$ 在大于 18～30 mm 这一尺寸段内，由表 3-4 得 IT7＝21 μm，IT8＝33 μm。

基准孔 H8 的 EI=0，其 ES 为

$$ES=EI+IT8=+33 \text{ μm}$$

f7 由表 3-7 查得，其 es＝﹣20 μm，其 ei 为

$$ei=es-IT7=-20-21=-41 \text{ μm}$$

由此可得：$\phi30H8 = \phi30^{+0.033}_{0}$，$\phi30f7 = \phi30^{-0.020}_{-0.041}$。

② 查表确定 $\phi30F8/h7$ 配合中孔与轴的极限偏差。

对于 F8，由表 3-8 查得 EI=+20 μm，其 ES 为

$$ES=EI+IT8=+20+33=+53 \text{ μm}$$

基准轴 h7 的 es=0，其 ei 为

$$ei=es-IT7=-21 \text{ μm}$$

由此可得：$\phi30F8 = \phi30^{+0.053}_{+0.020}$，$\phi30h7 = \phi30^{0}_{-0.021}$。

③ 计算 $\phi30H8/f7$ 和 $\phi30F8/h7$ 的极限间隙。

对于 $\phi30H8/f7$

$$X_{\max} = ES - ei = (+0.033) - (-0.041) = +0.074 \text{ mm}$$
$$X_{\min} = EI - es = 0 - (-0.020) = +0.020 \text{ mm}$$

对于 $\phi30F8/h7$

$$X'_{\max} = ES - ei = (+0.053) - (-0.021) = +0.074 \text{ mm}$$
$$X'_{\min} = EI - es = (+0.020) - 0 = +0.020 \text{ mm}$$

④ 用上面计算的极限偏差和极限间隙值绘制公差带图。

由上述计算和图 3-17 所示的公差带图可见，$\phi30H8/f7$ 和 $\phi30F8/h7$ 两对配合极限间隙均相等，即配合性质相同。

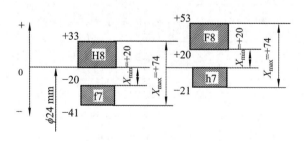

图 3-17 例 3-5 的公差带图

例 3-6 查表确定 $\phi25H7/p6$ 和 $\phi25P7/h6$ 配合中孔和轴的极限偏差、极限过盈，并绘制公差带图。

解：按例 3-5 的方法查表和计算如下：

对于 $\phi25H7/p6$，孔 $\phi25H7$ 的 EI=0，ES=+21 μm；轴 $\phi25p6$ 的 ei=+22 μm，es=+35 μm。

由此可得 $\phi25H7 = \phi25^{+0.021}_{0}$，$\phi25p6 = \phi25^{+0.035}_{+0.022}$。

对于 $\phi25P7/h6$，从配合代号和公差等级可以看出，此例属于特殊规则换算。

孔 $\phi25P7$，由表 3-8 得，$ES = -22 + \Delta = -22 + 8 = -14\ \mu m$。

若按照特殊规则计算也可得到相同结果，即

$$\Delta = IT7 - IT6 = 21 - 13 = 8\ \mu m$$

$$ES = -ei + \Delta = -22 + 8 = -14\ \mu m$$

其下极限偏差为

$$EI = ES - IT7 = (-14) - 21 = -35\ \mu m$$

轴 $\phi25h6$ 的 $es = 0$，$ei = -13\ \mu m$。

由此可得 $\phi25P7 = \phi25^{-0.014}_{-0.035}$，$\phi25h6 = \phi25^{0}_{-0.013}$

对于 $\phi25H7/p6$ 配合的极限过盈为

$$Y_{max} = EI - es = 0 - (+35) = -35\ \mu m$$

$$Y_{min} = ES - ei = +21 - (+22) = -1\ \mu m$$

对于 $\phi25P7/h6$ 配合的极限过盈为

$$Y'_{max} = EI - es = -35 - 0 = -35\ \mu m$$

$$Y'_{min} = ES - ei = -14 - (-13) = -1\ \mu m$$

$\phi25H7/p6$ 和 $\phi25P7/h6$ 的公差带图如图 3-18 所示。

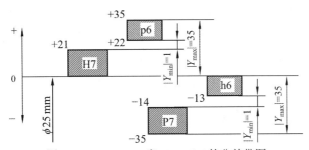

图 3-18　$\phi25H7/p6$ 和 $\phi25P7/h6$ 的公差带图

由上述计算和图 3-18 可见，$\phi25H7/p6$ 和 $\phi25P7/h6$ 两对配合的最大过盈和最小过盈均相等，即配合性质相同。

三、公差带与配合在图样上的标注

1. 公差带的标注

公差带用基本偏差字母和标准公差等级数字表示。

标注时有三种方式，如 $\phi50k6$、$\phi50k6(^{+0.018}_{+0.002})$、$\phi50^{+0.018}_{+0.002}$。公差带的标注如图 3-19 所示。通常采用后两种标注方式。若是对称偏差，则表示为 $\phi10JS5(\pm0.003)$。

2. 配合代号的标注

配合代号用相同公称尺寸与孔、轴公差带表示。孔、轴公差带写成分数形式，分子为孔的公差带，分母为轴的公差带。配合代号的标注如图 3-20 所示，$\phi30H8/f7$ 或 $\phi30\dfrac{H8}{f7}$、

$\phi30\dfrac{H8(^{+0.033}_{0})}{f7(^{-0.020}_{-0.041})}$、$\phi30(^{+0.033}_{0})/(^{-0.020}_{-0.041})$。其中前一种应用最广，后两种分别用于批量生产和单件小

批量生产。

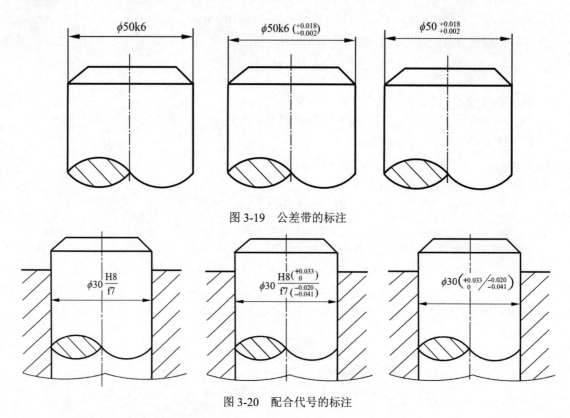

图 3-19　公差带的标注

图 3-20　配合代号的标注

四、公差带代号及配合的选择

1. 公差带代号的选择

GB/T 1800.2－2020 国家标准规定公称尺寸至 500 mm 的孔的公差带代号（202 种）和轴的公差带代号（295 种）如图 3-21 和图 3-22 所示。GB/T 1800.1－2020 国家标准推荐选用的公差带代号如图 3-23 和图 3-24 所示，框中所示的公差带代号应优先选取，从而避免工具和量具不必要的多样性。在特定的应用中若有必要，偏差 js 和 JS 可被相应的偏差 j 和 J 替代。

					H1	JS1														
					H2	JS2														
		EF3	F3	FG3	G3	H3	JS3		K3	M3	N3	P3	R3	S3						
		EF4	F4	FG4	G4	H4	JS4		K4	M4	N4	P4	R4	S4						
	E5	EF5	F5	FG5	G5	H5	JS5		K5	M5	N5	P5	R5	S5	T5	U5	V5	X5		
	D6	E6	EF6	F6	FG6	G6	H6	JS6	J6	K6	M6	N6	P6	R6	S6	T6	U6	V6	X6	Y6	Z6	ZA6
CD7	D7	E7	EF7	F7	FG7	G7	H7	JS7	J7	K7	M7	N7	P7	R7	S7	T7	U7	V7	X7	Y7	Z7	ZA7	ZB7	ZC7
B8	C8	CD8	D8	E8	EF8	F8	FG8	G8	H8	JS8	J8	K8	M8	N8	P8	R8	S8	T8	U8	V8	X8	Y8	Z8	ZA8	ZB8	ZC8
A9	B9	C9	CD9	D9	E9	EF9	F9	FG9	G9	H9	JS9		K9	M9	N9	P9	R9	S9		U9		X9	Y9	Z9	ZA9	ZB9	ZC9
A10	B10	C10	CD10	D10	E10	EF10	F10	FG10	G10	H10	JS10		K10	M10	N10	P10	R10	S10		U10		X10	Y10	Z10	ZA10	ZB10	ZC10
A11	B11	C11		D11						H11	JS11				N11								Z11	ZA11	ZB11	ZC11
A12	B12	C12		D12						H12	JS12															
A13	B13	C13		D13						H13	JS13															
										H14	JS14															
										H15	JS15															
										H16	JS16															
										H17	JS17															
										H18	JS18															

图 3-21　公称尺寸至 500 mm 的孔的公差带代号

```
                                    h1    js1
                                    h2    js2
                  ef3  f3  fg3  g3   h3    js3        k3  m3  n3  p3  r3  s3
                  ef4  f4  fg4  g4   h4    js4        k4  m4  n4  p4  r4  s4
        cd5  d5  e5  ef5  f5  fg5  g5  h5  js5  j5   k5  m5  n5  p5  r5  s5  t5  u5  v5  x5
        cd6  d6  e6  ef6  f6  fg6  g6  h6  js6  j6   k6  m6  n6  p6  r6  s6  t6  u6  v6  x6  y6  z6  za6
        cd7  d7  e7  ef7  f7  fg7  g7  h7  js7  j7   k7  m7  n7  p7  r7  s7  t7  u7  v7  x7  y7  z7  za7  zb7  zc7
  b8  c8  cd8  d8  e8  ef8  f8  fg8  g8  h8  js8  j8  k8  m8  n8  p8  r8  s8  t8  u8  v8  x8  y8  z8  za8  zb8  zc8
a9  b9  c9  cd9  d9  e9  ef9  f9  fg9  g9  h9  js9   k9  m9  n9  p9  r9  s9      u9      x9  y9  z9  za9  zb9  zc9
a10 b10 c10 cd10 d10 e10 ef10 f10 fg10 g10 h10 js10 k10         p10 r10 s10         x10 y10 z10 za10 zb10 zc10
a11 b11 c11  d11              h11 js11 k11                                          z11     za11 zb11 zc11
a12 b12 c12  d12              h12 js12 k12
a13 b13      d13              h13 js13 k13
                             h14 js14
                             h15 js15
                             h16 js16
                             h17 js17
                             h18 js18
```

图 3-22   公称尺寸至 500 mm 的轴的公差带代号

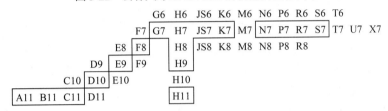

图 3-23   GB/T 1800.1—2020 国家标准推荐选用的孔用公差带代号

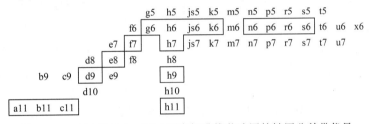

图 3-24   GB/T 1800.1—2020 国家标准推荐选用的轴用公差带代号

2. 配合的选择

理论上任意一对孔、轴公差带都可以构成配合，但这样将使配合种类十分庞大。对于通常的工程目的，只需要许多可能的配合中的少数配合。表 3-9 和表 3-10 中的配合可满足普通工程机构需要。基于经济因素，如有可能，配合应优先选择框中所示的公差带代号。只有框格中加粗的轴（孔）公差带代号和基准孔（轴）公差带代号才能组合成优先配合。在框格中的没有加粗的孔、轴公差带代号无法组合成优先配合。

表 3-9   基孔制配合的优先配合

基准孔	轴公差带代号																	
	间隙配合							过渡配合				过盈配合						
H6						g5	h5	js5	k5	m5		n5	p5					
H7					f6	**g6**	**h6**	**js6**	**k6**	m6	**n6**	**p6**	**r6**	**s6**	t6	u6	x6
H8				e7	**f7**		**h7**	js7	k7	m7				s7		u7	
			d8	**e8**	f8		h8										
H9			d8	**e8**	f8		h8										
H10	b9	c9	d9	e9			h9										
H11	**b11**	**c11**	d10				h10										

表 3-10　基轴制配合的优先配合

基准轴	孔公差带代号												
	间隙配合						过渡配合			过盈配合			
h5					G6	H6	JS6	K6	M6	N6	P6		
h6				F7	**G7**	**H7**	**JS7**	**K7**	M7	**N7**	**P7**	**R7** **S7**	T7 U7 X7
h7			E8	**F8**		**H8**							
h8		D9	E9	F9		H9							
			E8	**F8**		**H8**							
h9		D9	**E9**	F9		**H9**							
	B11	C10	**D10**			H10							

五、尺寸精度设计的原则和方法

尺寸精度设计是机械产品设计中的重要部分，它对机械产品的使用精度、性能和加工成本的影响很大。尺寸精度的设计内容包括配合制（基准制）的选用、标准公差等级的选用、配合的选用及一般公差（线性尺寸的未注公差）四方面的内容，下面分别叙述。

1. 配合制（基准制）的选用

配合制的选择不涉及精度问题，一般以不易加工件作为基准，即当孔与轴配合时，如果轴比较好加工，则选用基孔制，否则就选基轴制。配合制的选用应遵照下列不同原则进行。

1）一般情况下，优先选用基孔制配合

在机械制造中，一般优先选用基孔制配合，主要是从工艺和宏观经济效益角度来考虑的。

用钻头、铰刀等定值刀具加工小尺寸高精度的孔，每一把刀具只能加工某一尺寸的孔，而用同一把车刀或一个砂轮可以加工不同尺寸的轴。因此，改变轴的极限尺寸在工艺上所产生的困难和增加的生产费用，同改变孔的极限尺寸相比要小得多。因此，采用基孔制配合，可以减少定值刀具（钻头、铰刀、拉刀）和定值量具（例如塞规）的规格及数量，可以获得显著的经济效益。

对于大尺寸的孔和轴，虽然大尺寸的孔比轴难加工，但大尺寸的轴加工后尺寸的测量却比孔困难，综合起来，大尺寸的孔、轴加工难易程度相当，一般多采用基孔制配合。

2）特殊情况选用基轴制配合

（1）冷拉钢轴与相配件的配合。在采用具有一定尺寸、几何精度和表面粗糙度的冷拉钢材做轴，其外径不再经切削加工即能满足使用要求时，此时采用基轴制。这在技术上、经济上都是合理的。例如，纺织机械、农业机械中的长轴与带孔零件的配合。

（2）加工尺寸小于 1 mm 的精密轴比同级孔要困难，这时采用基轴制较经济。例如，在仪器制造、钟表生产、无线电工程中，常使用经过光轧成形的钢丝直接做轴。

（3）当一轴配多孔且各处配合性质要求不同的情况下，应考虑采用基轴制配合。如图 3-25（a）所示的发动机活塞部件中的活塞销与活塞、连杆的配合。根据使用要求，活塞销和活塞应为过渡配合，活塞销与连杆应为间隙配合。如采用基轴制配合，活塞销可制成一根光轴，既便于生产，又便于装配，如图 3-25（b）所示。如采用基孔制，三个孔的公差带一样，活塞销却要制成中间小的阶梯形，如图 3-25（c）所示，这样做既不便于加工，又不利于装配。另外，活塞销两端直径大于活塞孔径，装配时会刮伤轴和孔的表面，还会影响配合质量。

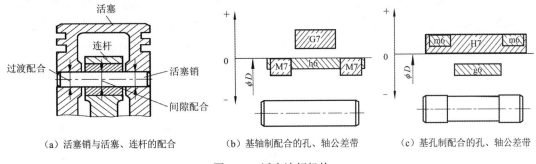

（a）活塞销与活塞、连杆的配合　　（b）基轴制配合的孔、轴公差带　　（c）基孔制配合的孔、轴公差带

图 3-25　活塞连杆机构

3）若与标准件配合，应以标准件为基准来选择配合制

例如，平键、半圆键与轴键槽和轮毂键槽的配合，标准圆柱销与带孔零件的配合应采用基轴制；滚动轴承外圈与箱体孔的配合应采用基轴制，轴承内圈与轴颈的配合应采用基孔制。由于滚动轴承是标准件，其公差有特殊的国家标准，因此在装配图中不标注滚动轴承的公差带，只标注箱体孔和轴颈的公差带，滚动轴承配合示意图如图 3-26 所示，轴颈按 ϕ40k6 制造，箱体孔按 ϕ90J7 制造。

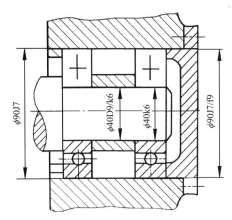

图 3-26　滚动轴承配合示意图

4）非基准制配合

为满足配合的特殊要求，允许选用非基准制的配合。非基准制的配合就是相配合的孔、轴均不是标准件。这种特殊要求往往发生在一个孔与多个轴配合或一个轴与多个孔配合，且配合要求又各不相同的情况，由于孔或轴已经与多个轴或孔中的某个轴或孔之间采用了基孔制或基轴制配合，使得孔或轴与其他的轴或孔之间为了满足配合要求只能采用非基准制。这时，孔、轴均不是基准件。

例如，在图 3-26 中，箱体孔一部分与轴承外圈配合，另一部分与轴承端盖配合。考虑到轴承是标准件，箱体孔与滚动轴承外圈应该采用基轴制配合，箱体孔为 ϕ90J7。这时，若箱体孔与轴承端盖之间仍然采用基轴制，则形成的配合为 ϕ90J7/h6，属于过渡配合。从轴承端盖经常拆卸的角度考虑，这种配合偏紧，为了很好地满足使用要求，应选用间隙配合。这就决定轴承端盖尺寸的基本偏差不能选择 h，只能从非基准轴的基本偏差代号中选取。这时，综合考虑端盖的使用性能要求和加工的经济性，选择箱体孔与轴承端盖之间的配合为 ϕ90J7/f9。同理，轴颈同时与两个轴承的内圈和套筒相配合，首先考虑轴承是标准件，轴颈与轴承内圈应采用基孔制配合，因此轴颈直径选择为 $\phi40k6$。这时，若套筒孔与轴颈之间仍然采用基孔制，则形成的配合为 $\phi40H7/k6$，属于过渡配合。从套筒装配的工艺考虑，这种配合偏紧，为了很好地满足使用要求，应选用间隙配合。这就决定套筒孔尺寸的基本偏差不能选择 H，只能从非基准孔的基本偏差代号中选取。这时，综合考虑套筒的使用性能要求和加工的经济性，选择套筒孔与轴颈之间的配合为 $\phi40D9/k6$。

2．标准公差等级的选用

标准公差等级的选用是一项十分重要又比较困难的工作，因为公差等级的高低直接影响产品的使用性能和加工的经济性。公差等级过低，产品质量得不到保证；公差等级过高，制造成本将会增加。因此，必须要考虑矛盾的两个方面，正确合理地选用公差等级。

1）选用的基本原则

在充分满足使用要求的前提下，考虑工艺的可能性，尽量选用精度较低的公差等级，以利于加工和降低成本。

2）选择方法

公差等级的选择方法有类比法和计算法。

（1）类比法。

类比法即经验法。这种方法是找一些生产中验证过的同类产品的图样，将所设计的机械（机构）工作要求、适用条件、加工工艺装备等情况进行比较，从而定出合理的标准公差等级。

（2）计算法。

计算法是根据一定的理论和计算公式，经过计算后，再根据国家标准 GB/T 1800.1—2020 定出合理的标准公差等级的方法。

3）类比法确定标准公差等级应考虑的因素

（1）工艺等价性。

根据相配件的使用要求（配合的松紧程度要求），就可以确定出孔、轴的配合公差 T_f。由式（3-18）可知，配合公差为孔、轴公差之和。因此，孔、轴公差选取应满足 $T_f \geqslant T_D + T_d$。分配孔、轴公差要使孔、轴的公差等级相适应，即考虑所谓的工艺等价性。工艺等价性是指孔和轴加工难易程度应相同。一般可分成以下几种情况。

① 公称尺寸≤500 mm 且标准公差≤IT8 的孔比同级的轴加工困难，国家标准推荐孔比轴低一级的配合，如 H7/f6、H7/s6。

② 公称尺寸≤500 mm 且标准公差>IT8 时，孔、轴加工难易程度相差无几，国家标准推荐孔、轴采用同级配合，如 H9/d9。

③ 在大尺寸段，即公称尺寸>500 mm 时，孔的测量较轴容易一些，所以一般采用孔、轴同级配合。

④ 在极小尺寸段（公称尺寸≤3 mm），根据工艺的不同，可选孔和轴同级、孔较轴高一级、孔较轴低一级。在钟表业，甚至有孔的公差等级较轴的公差等级高 2～3 级的情况。

2）了解各标准公差等级的应用范围。

各标准公差等级的应用范围如表 3-11 所示。

表 3-11　各标准公差等级的应用范围

公差等级范围	应用
IT01～IT1	量块
IT1～IT7	量规

续表

公差等级范围	应用
IT2～IT5	特别精密零件的配合
IT5～IT12	配合尺寸
IT8～IT14	原材料
IT12～IT18	非配合尺寸

（3）掌握配合尺寸公差等级的应用情况。

配合尺寸 IT5 至 IT12 级的应用情况如表 3-12 所示。

表 3-12　配合尺寸 IT5 至 IT12 级的应用情况

公差等级	应用
IT5	主要用在配合公差和几何公差要求较小的地方，配合性质稳定，一般在机床、发动机、仪表等重要部位应用。例如，与 5 级滚动轴承配合的箱体孔，与 6 级滚动轴承配合的机床主轴，车床尾座与顶尖套筒，精密机械及高速机械中的轴颈、精密丝杠等
IT6	配合性能能达到较高的均匀性，如与 6 级滚动轴承相配合的孔、轴颈，与齿轮、蜗轮、带轮、凸轮等连接的轴颈，机床丝杠轴颈，摇臂钻床的立柱，机床夹具中导向件的外径尺寸，6 级精度齿轮的基准孔及 7 级与 8 级精度齿轮的基准轴
IT7	7 级精度比 6 级稍低，应用条件与 6 级基本相似，在一般机械制造中应用较为普遍。例如，联轴器、带轮、凸轮等孔径，机床夹盘座孔，夹具中的固定钻套和可换钻套，7、8 级齿轮基准孔，9、10 级齿轮基准轴
IT8	在机器制造中属于中等精度。例如，轴承座衬套沿宽度方向尺寸，9～12 级齿轮基准孔，11～12 级齿轮基准轴
IT9、IT10	主要用于机械制造中的轴套外径与孔，操纵件与轴，空轴带轮与轴，单键与花键
IT11、IT12	配合精度很低，装配后可能产生很大间隙，适用于基本上没有什么配合要求的场合。例如，机床上的法兰盘与止口，滑块与滑移齿轮，加工中工序间的尺寸，冲压加工的相配件，机床制造中的扳手孔与扳手座的连接

（4）熟悉常用加工方法可以达到的标准公差等级范围。

常用加工方法可以达到的标准公差等级范围如表 3-13 所示。

表 3-13　常用加工方法可以达到的标准公差等级范围

加工方法	公差等级范围	加工方法	公差等级范围
研磨	IT01～IT5	粗车、粗镗	IT10～IT12
珩磨	IT4～IT7	铣	IT8～IT11
金刚石车	IT5～IT7	刨、插	IT10～IT11
金刚石镗	IT5～IT7	滚压、挤压	IT10～IT11
圆磨	IT5～IT8	铰孔	IT6～IT10
平磨	IT5～IT8	钻孔	IT10～IT13
拉削	IT5～IT8	冲压	IT10～IT14
粉末冶金成形	IT6～IT8	压铸	IT11～IT14
粉末冶金烧结	IT7～IT10	砂型铸造、气割	IT16～IT18
精车、精镗	IT7～IT9	锻造	IT15

（5）相配零件或部件精度要匹配。

齿轮孔与轴的配合，它们的公差等级取决于相关件齿轮的精度等级。例如，齿轮的精度等级为 8 级，一般取齿轮孔的公差等级为 7 级，与齿轮孔相配合的轴的公差等级为 6 级。与标准件滚动轴承相配合的外壳孔与轴径的公差等级取决于相配件滚动轴承的公差等级。

（6）配合性质。

过渡配合和过盈配合的公差等级不能过低。一般情况下，孔的标准公差等级≤IT8，轴的标准公差等级≤IT7。

间隙配合不受这个限制，但间隙小的配合，公差等级应较高，而间隙大配合，公差等级可以低些。例如，可选用 H6/g5 和 H11/a11，而选用 H6/a5 和 H11/g11 则不合适。

（7）非基准制配合。

对于非基准制配合，在零件的使用性能要求不高时，允许孔、轴公差等级相差 2～3 级。如图 3-26 所示，套筒孔与轴颈之间的配合为 $\phi40D9/k6$，箱体孔与轴承端盖之间的配合为 $\phi90J7/f9$。

3. 配合的选用

在确定配合制和标准公差等级后，还需要确定配合。配合的选用包括确定配合类别和配合代号。

1）配合类别的选用

标准规定孔和轴有间隙、过渡和过盈三大类配合。在机械精度设计中选用哪类配合，主要取决于使用要求。

（1）孔、轴间有相对运动（转动或移动）要求时应选用间隙配合。

（2）孔、轴间无相对运动要求时应根据具体工作条件来选取：

① 若要求传递足够大的扭矩，且不要求拆卸时，一般选用过盈配合。

② 若需要传递一定的扭矩，但要求能够拆卸时，应选用过渡配合。

③ 孔、轴间无相对运动，若对同轴度要求不高，只是为了装配方便时，应选用间隙配合。

2）配合代号的选用

在明确配合大类的基础上，要根据使用要求确定与基准件配合的轴或孔的基本偏差代号。配合代号的选择方法有试验法、类比法和计算法。

（1）试验法。

试验法就是采用试验的方法确定满足产品工作性能要求的间隙或过盈范围。该方法主要用于对产品性能影响大而又缺乏经验的场合，如航天、航空、国防、核工业及铁路行业中一些关键的机构。试验法比较可靠，但周期长、成本高，故应用较少。

（2）类比法。

类比法是指参照同类型机器或机构经过生产实践验证的配合实例，再结合所设计产品的使用要求和应用条件来选择配合。但这种方法要求设计人员掌握充分的参考资料并具有相当的经验。

（3）计算法。

计算法就是根据理论公式，计算出使用要求的间隙或过盈大小来选定配合的方法。例如，根据液体润滑理论计算保证液体摩擦状态下所需要的最小间隙。对依靠过盈来传递运动和负载的过盈配合，可根据弹性变形理论公式计算出能保证传递一定负载所需要的最小过盈和不使零件损坏的最大过盈。由于影响间隙和过盈的因素很多，理论的计算也是近似的，所以在实际应用中还需经过试验来确定，一般情况下，很少使用计算法。

在生产实际中，广泛采用的方法是类比法。采用类比法，要注意积累生产中已经验证过的典型实例（国内、外类似机械的资料），图 3-27 所示为工程中常用机构的配合。

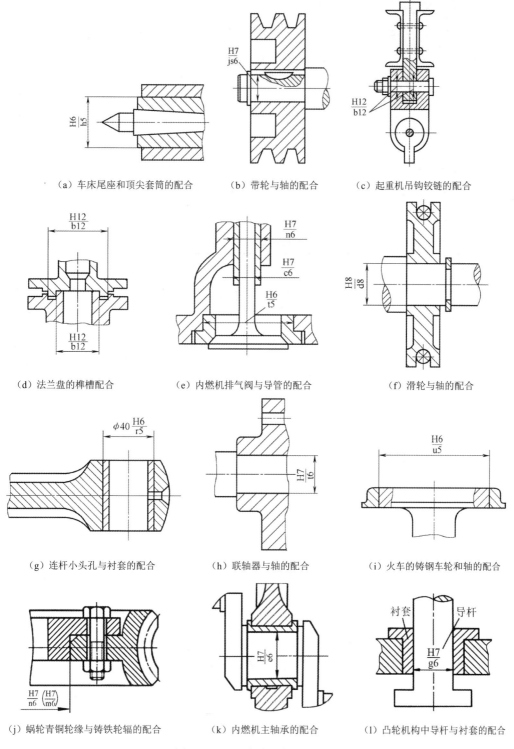

(a) 车床尾座和顶尖套筒的配合　　(b) 带轮与轴的配合　　(c) 起重机吊钩铰链的配合

(d) 法兰盘的榫槽配合　　(e) 内燃机排气阀与导管的配合　　(f) 滑轮与轴的配合

(g) 连杆小头孔与衬套的配合　　(h) 联轴器与轴的配合　　(i) 火车的铸钢车轮和轴的配合

(j) 蜗轮青铜轮缘与铸铁轮辐的配合　　(k) 内燃机主轴承的配合　　(l) 凸轮机构中导杆与衬套的配合

图 3-27　工程中常用机构的配合

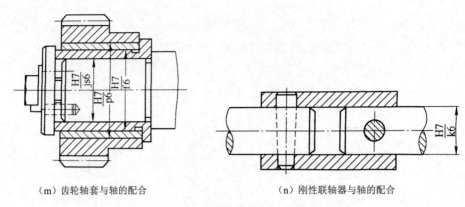

（m）齿轮轴套与轴的配合　　　　　　　　（n）刚性联轴器与轴的配合

图 3-27　工程中常用机构的配合（续）

　　设计人员用类比法确定配合代号时，还要掌握各种配合的特征和应用场合，尤其是对国家标准所规定的优先配合要非常熟悉。表 3-14 列出了各种基本偏差的特性和应用。表 3-15 列出了优先配合的特性及应用。

表 3-14　各种基本偏差的特性和应用

配合	基本偏差	特性和应用
间隙配合	a(A) b(B)	可得到特别大的间隙，应用很少，主要用于零件工作时温度高、热变形大的配合，如发动机中活塞与缸套的配合为 $\dfrac{H9}{a9}$，起重机吊钩的铰链、带榫槽的法兰盘推荐配合为 $\dfrac{H12}{b12}$，如图 3-27（c）、（d）所示
	c(C)	可得到很大的间隙，一般用于缓慢、松弛的动配合，用于工作条件较差（如农业机械等），工作时受力变形大或为了装配而必须有较大间隙时，推荐配合为 $\dfrac{H11}{c11}$。其较高等级的配合，如 $\dfrac{H7}{c6}$ 适用于轴在高温环境下工作的间隙配合，如内燃机排气阀与导管的配合为 $\dfrac{H7}{c6}$
	d(D)	一般用于 IT7～IT11 级，适用于较松的间隙配合，如密封盖、滑轮、空转皮带轮与轴的配合，以及大尺寸滑动轴承与轴的配合，如汽轮机、球磨机、轧辊成形机和重型弯曲机及其他重型机械中的滑动轴承与轴的配合，如活塞环与活塞槽的配合可用 $\dfrac{H9}{d9}$，滑轮与轴的配合为 $\dfrac{H8}{d8}$，如图 3-27（f）所示
	e(E)	多用于 IT7～IT9 级，通常用于要求具有明显的间隙、大跨距及多支点的转轴与轴承的配合，以及高速、重载的大尺寸轴与轴承的配合，如大型电动机、内燃机的主要轴承处的配合为 $\dfrac{H8}{e7}$；高等级的也适用于大型、高速、重载的支承，如蜗轮发电机、大电动机的支承及凸轮轴的支承，图 3-27（k）所示为内燃机主轴承的配合 $\dfrac{H7}{e6}$
	f(F)	多用于 IT6～IT8 级的一般转动的配合，当温度差别不大，对配合基本上没影响时，被广泛用于普通润滑油（或润滑脂）的轴与滑动轴承的配合，如齿轮箱、小电动机、泵的转轴及滑动轴承配合。图 3-27（m）所示为齿轮轴套与轴的配合 $\dfrac{H7}{f6}$

续表

配合	基本偏差	特性和应用
间隙配合	g(G)	多用于 IT5～IT7 级，形成的配合间隙较小，制造成本高，除很轻载荷的精密机构外，一般不用作转动配合。最适合用于不回转的精密滑动配合，也用于插销的定位配合，如精密连杆轴承、活塞及滑阀、连杆销及钻套与衬套、精密机床的主轴与轴承、分度头轴颈与轴的配合等。如图 3-27（1）所示的凸轮机构中导杆与衬套的配合采用 $\dfrac{H7}{g6}$
	h(H)	这个配合的最小间隙为零，多用于 IT4～IT11 级，广泛用于无相对转动而有定心和导向要求的定位配合。若没有温度、变形的影响，也可用于滑动配合，推荐配合有 $\dfrac{H7}{h6}$、$\dfrac{H8}{h7}$、$\dfrac{H9}{h9}$、$\dfrac{H11}{h11}$，如车床尾座与顶尖套筒的配合为 $\dfrac{H6}{h5}$，如图 3-27（a）所示
过渡配合	js(JS)	多用于 IT4～IT7 级，为平均起来为略有间隙的定位配合，要求间隙比 h 轴配合时小，并允许稍有过盈的定位配合，如联轴器、齿圈与钢制轮毂的配合、滚动轴承外圈与外壳孔的配合，图 3-27（b）所示为带轮和轴的配合，采用 $\dfrac{H7}{js6}$，一般用手或木槌装配
	k(K)	多用于 IT4～IT7 级，为平均起来没有间隙的配合，推荐用于稍有过盈的定位配合，如为了消除振动用的定位配合，图 3-27（n）所示为刚性联轴器与轴的配合，采用 $\dfrac{H7}{k6}$，一般用木槌装配
	m(M)	多用于 IT4～IT7 级，为平均具有较小过盈的过渡配合。用于精密定位配合，如一般机械中齿轮与轴的配合、蜗轮青铜轮缘与铸铁轮辐的配合为 $\dfrac{H7}{m6}$，如图 3-27（j）所示，一般用木槌装配，但在最大过盈时，要求相当的压入力
	n(N)	多用于 IT4～IT7 级，平均过盈比用 m（M）时稍大，很少得到间隙。常用于不常拆卸的精密定位配合，如冲床上齿轮与轴的配合、蜗轮青铜轮缘与铸铁轮辐的配合为 $\dfrac{H7}{n6}$，如图 3-27（j）所示，可用锤子或压力机装配
过盈配合	p(P)	用于小过盈配合。与 H6 或 H7 的孔形成过盈配合，而与 H8 的孔形成过渡配合。对钢和铸铁零件形成的配合为标准压入配合，如齿轴与轴套的配合为 $\dfrac{H7}{p6}$，如图 3-27（m）所示。对弹性材料如轻合金，往往要求很小的过盈，故采用 p（或 P）与基准件形成配合
	r(R)	用于传递大扭矩或受冲击载荷时需加键的配合，如连杆小头孔与衬套的配合为 $\dfrac{H6}{r5}$，如图 3-27（g）所示。对铁类零件为中等打入配合，对非铁类零件为轻打入配合，当需要时可以拆卸，配合 $\dfrac{H8}{r7}$ 在公称尺寸≤100 mm 时为过渡配合
	s(S)	用于钢和铸铁零件的永久性和半永久性结合，过盈量充分，可产生相当大的结合力，如套环压在轴、阀座上用 $\dfrac{H7}{s6}$ 配合。公称尺寸较大时，为避免损伤配合表面，需用热胀或冷缩法装配
	t(T)	过盈较大的配合，用于钢和铁零件的永久性结合，不用键可传递扭矩，需用热胀法或冷缩法装配，如汽车变速箱中齿轮与中间轴的配合、联轴器与轴的配合均为 $\dfrac{H7}{t6}$，如图 3-27（h）所示
	u(U)，v(V)，x(X)，y(Y)，z(Z)	特大过盈配合，过盈量依次增大，过盈量与直径之比在 0.001 以上。它们适用于传递大的转矩或承受大的冲击载荷，完全依靠过盈产生的结合力保证牢固的连接，通常采用热套或冷轴法装配。如火车的铸钢车轮和轴的配合为 $\dfrac{H6}{u5}$，如图 3-27（i）所示。 由于过盈量大，要求零件材质好，强度高，否则会将零件挤裂，因此采用时要慎重，一般要经过试验后才能投入生产。装配前往往还要进行挑选，使一批配件的过盈量趋于一致

表 3-15　优先配合的特性及应用

基孔制	基轴制	优先配合的特性及其应用举例
$\dfrac{H11}{c11}$	$\dfrac{C11}{h11}$	间隙非常大，用于很松的、转动很慢的动配合；要求大公差与大间隙的外露组件；要求装配方便的、很松的配合
$\dfrac{H9}{d9}$	$\dfrac{D9}{h9}$	间隙很大的自由转动配合；用于公差等级要求不高的场合，或有大的温度变动、高转速或大的轴颈压力时
$\dfrac{H8}{f7}$	$\dfrac{F8}{h7}$	间隙不大的转动配合；用于中等转速与中等轴颈压力的精确转动；也用于装配较易的中等定位配合
$\dfrac{H7}{g6}$	$\dfrac{G7}{h6}$	间隙很小的滑动配合；用于不希望自由转动，但可以自由移动和滑动并精确定位的配合；也可用于要求明确的定位配合
$\dfrac{H7}{h6}$ $\dfrac{H8}{h7}$ $\dfrac{H9}{h9}$ $\dfrac{H11}{h11}$	$\dfrac{H7}{h6}$ $\dfrac{H8}{h7}$ $\dfrac{H9}{h9}$ $\dfrac{H11}{h11}$	均为间隙定位配合，零件可自由装拆，而工作时一般相对静止不动。最大实体条件下的间隙为零，在最小实体条件下的间隙由公差等级决定
$\dfrac{H7}{k6}$	$\dfrac{K7}{h6}$	过渡配合，装拆方便，用于要求稍有过盈、精密定位的配合
$\dfrac{H7}{n6}$	$\dfrac{N7}{h6}$	过渡配合，拆卸困难，用于允许有较大过盈的更精密定位的配合，也用于装配后不需要拆卸或大修时才拆卸的配合
$\dfrac{H7}{p6}^{*}$	$\dfrac{P7}{h6}$	过盈定位配合，即小过盈配合，用于定位精度特别重要时，能以最好的定位精度达到部件的刚性及对中要求，而对内孔承受压力无特殊要求，不依靠配合的紧固性传递摩擦载荷
$\dfrac{H7}{s6}$	$\dfrac{S7}{h6}$	过盈量中等的压入配合，适用于一般钢件，或用于薄壁件的冷缩配合，用于铸铁件可得到最紧的配合
$\dfrac{H7}{u6}$	$\dfrac{U7}{h6}$	过盈量较大的压入配合，适用于传递大的转矩或承受大的冲击载荷，或者不适宜承受大压入力的冷缩配合或不加紧固件就能得到牢固结合的场合。

注：H7/p6 在公称尺寸小于或等于 3 mm 时，为过渡配合。

除此之外，还要考虑以下因素。

（1）工作温度对配合性质的影响。

孔、轴配合的工作温度与装配温度相差悬殊时，由于孔、轴材料和温度不同，会引起配合性质的改变（工作时配合变松或变紧），严重影响机器（机构）的功能。

孔、轴配合的间隙变化量 ΔX 可按照式（3-27）计算。

$$\Delta X = D(\alpha_2 \Delta t_2 - \alpha_1 \Delta t_1) \tag{3-27}$$

式中　α_2、α_1——孔、轴材料线膨胀系数；

Δt_2、Δt_1——孔、轴工作时温度的变化。

间隙变化量 ΔX 为负数表示工作温度高使间隙变小（配合变紧），在选用配合类别时应注意选择装配间隙更大的配合。

（2）装配变形对配合性质的影响。

装配变形对配合性质的影响如图 3-28 所示，套筒为薄壁件，套筒外表面和机座孔的配合为过盈配合，套筒内孔和轴的配合为间隙配合，当套筒压入机座孔，将会产生装配变形，该变形会使套筒内孔收缩，孔径变小，造成套筒内孔与轴的配合间隙变小或消失，不能满足具有间隙的使用要求。因此在对薄壁件装配时，应考虑装配变形的影响。为了保证装配以后的变形不影响套筒内孔与轴的配合性质，有以下两种方法。

①采用工艺的方法，即将套筒内孔未加工至最终尺寸就压入机座孔，待产生装配变形后，再按照配合要求 $\phi60H7$ 去加工套筒内孔，从而满足要求。

②将套筒内孔的实际尺寸加工大一些，从而补偿装配变形。

以上两种方法，工艺方法更简单易行。

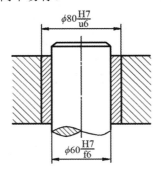

图 3-28　装配变形对配合性质的影响

（3）生产批量对配合性质的影响。

大批量生产时多采用调整法，调整法加工后的孔、轴的尺寸往往服从正态分布。而单件小批量生产时多采用试切法，试切法加工后的孔、轴的尺寸皆为偏态分布，即孔的尺寸多偏向下极限尺寸，轴的尺寸多偏向上极限尺寸，显然小批量生产形成的配合性质可能要比大批量生产形成的配合偏紧，如图 3-29（a）所示。因此设计时需要做出调整，将图 3-29（a）中的配合类型从 $\phi50H7/js6$ 改为 $\phi50H7/h6$，如图 3-29（b）所示，这样就能满足平均间隙要求。

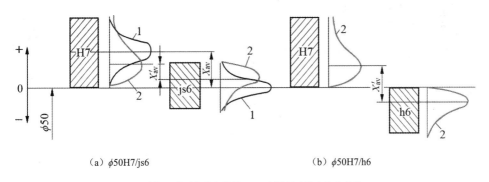

（a）$\phi50H7/js6$　　　　　　　　　　（b）$\phi50H7/h6$

1—实际尺寸正态分布曲线；2—实际尺寸偏态分布曲线

图 3-29　生产批量对配合性质的影响

（4）工作情况对配合性质的影响。

不同的工作情况对配合代号的选择都有影响。表 3-16 列出了不同工作情况对配合间隙或过盈的调整。

表 3-16　不同工作情况对配合间隙或过盈的调整

具体工作情况	间隙应增或减	过盈应增或减
材料许用应力小	—	减
经常拆卸	—	减

续表

具体工作情况	间隙应增或减	过盈应增或减
有冲击负荷	减	增
工作时孔的温度高于轴的温度	减	增
工作时孔的温度低于轴的温度	增	减
配合长度较大	增	减
零件形状误差较大	增	减
装配中可能歪斜	增	减
转速高	增	增
有轴向运动	增	—
润滑油黏度大	增	—
表面粗糙度值大	减	增
装配精度高	减	减

3）配合选用案例

（1）类比法。

例 3-7 用类比法确定配合类型和公差等级。

钻模、钻套知识

图 3-30 所示为钻模的一部分。钻模板 3 上装有固定衬套 2，快换钻套 1 在工作中要求能迅速更换，当快换钻套 1 以其铣成的缺边 A 对正钻套螺钉 4 后，可以直接装入固定衬套 2 的孔中，当快换钻套 1 再顺时针旋转至钻套螺钉 4 的下端面时，拧紧钻套螺钉 4，快换钻套 1 就被固定，这样就可以防止它轴向窜动和周向转动。当钻孔后更换快换钻套 1 时，可将快换钻套 1 逆时针旋转一个角度后直接取下，换上另一个孔径不同的快换钻套而不必将钻套螺钉 4 取下。零件公称尺寸见图 3-30，试确定以下零件之间的配合。

（1）固定衬套 2 与钻模板 3。

（2）快换钻套 1 与固定衬套 2。

（3）快换钻套 1 内孔与钻头。

类比法确定配合类型和公差等级

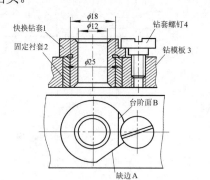

图 3-30 钻模

解： ① 基准制的选择。

对于固定衬套 2 与钻模板 3 的配合及快换钻套 1 与固定衬套 2 的配合，由于结构无特殊要求，所以优先选用基孔制。

而快换钻套 1 内孔与钻头的配合，由于钻头是标准件，所以应该选取基轴制。

② 公差等级的选用。

参照表 3-11 我们知道配合尺寸的公差等级应用范围一般选 IT5～IT12。参照表 3-12，重要配合尺寸对轴可选 IT6，对孔可选 IT7。

因此本例中快换钻套 1 的孔、固定衬套 2 的孔、钻模板 3 的孔统一选 IT7；而快换钻套 1 的外圆、固定衬套 2 的外圆则选 IT6。

③ 配合的选择。

固定衬套 2 与钻模板 3 的配合要求连接牢靠，在轻微冲击和载荷下不能发生松动，即使固定衬套内孔磨损了，需更换拆卸的次数也不多。因此参考表 3-14 和表 3-15，选平均过盈率大的过渡配合 $\phi25H7/n6$。

快换钻套 1 与固定衬套 2 的配合经常用手更换，故需一定间隙保证更换迅速。但因又要求有准确的定心，间隙不能过大。因此，参照表 3-14 和表 3-15，可选精密滑动的间隙配合 $\phi18H7/g6$。

快换钻套 1 内孔因需要引导旋转的刀具进给，既要保证一定的导向精度，又要防止间隙过小而被卡住。根据钻孔切削速度多为中速，参照表 3-14，选择中等转速的基本偏差 F，所以钻套内孔选择 $\phi12F7$，即快换钻套 1 内孔与钻头的配合代号为 $\phi12F7/h6$。

必须指出，虽然快换钻套 1 与固定衬套 2 配合已选 $\phi18H7/g6$，但夹具标准《机床夹具零件及部件 钻套用衬套》(JB/T 8045.4—1999) 规定钻套内孔和衬套内孔采用统一的公差带，以利于制造，所以在固定衬套 2 内孔公差带改为 F7 的前提下，选用相当于 H7/g6 类配合的 F7/k6（非基准制配合）。这两种配合的极限间隙基本相同。H7/g6 和 F7/k6 的公差带图对比如图 3-31 所示。

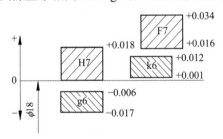

图 3-31 H7/g6 和 F7/k6 的公差带图对比

综上所述，根据类比法确定：

①固定衬套 2 与钻模板 3 的配合采用 $\phi25H7/n6$；

②快换钻套 1 与固定衬套 2 的配合采用 $\phi18F7/k6$；

③快换钻套 1 内孔采用 $\phi12F7$。

例 3-8 用类比法确定配合类型和公差等级。

图 3-32 所示为圆锥齿轮减速器。已知其所传递的功率为 100 kW，输入轴的转速为 750 r/min，稍有冲击，在中小型企业小批量生产。试选择以下几处配合的公差等级和配合代号：

（1）联轴器 1 和输入轴轴颈；

（2）滚动轴承 7310 外圈与套杯 4 孔；

（3）滚动轴承 7310 内圈与轴颈；

（4）轴承端盖 3 和套杯 4 孔；

（5）小锥齿轮 10 内孔和轴颈；

（6）隔离套 7 孔和轴颈；

（7）套杯 4 外径和箱体 6 座孔；

（8）带轮 8 和轴颈的配合。

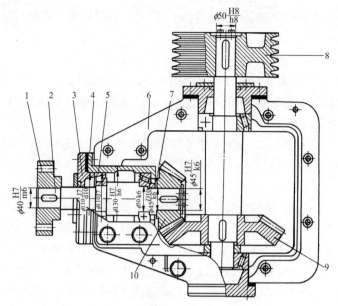

1—联轴器；2—输入端轴颈；3—轴承端盖；4—套杯；5—轴承座；6—箱体；7—隔离套；8—带轮；9—大锥齿轮；10—小锥齿轮

图 3-32　圆锥齿轮减速器

解：① 联轴器 1 和输入轴轴颈。

无特殊要求应优先选用基孔制。

联轴器是中速轴上的重要相配件，而对于影响性能的重要配合，应选用较高公差等级，一般孔选 IT7，轴选 IT6。

联轴器 1 是精制螺栓连接的固定式刚性联轴器，为防止偏斜引起的附加载荷，要求对中性好、同轴度高，且能拆装（但不经常拆装），因此应选过渡配合。

由于联轴器无轴向附加定位装置，故应选较紧的过渡配合。因此，最终的选择结果是 $\phi40H7/m6$（$\phi40H7/n6$ 也可）。

② 滚动轴承 7310 外圈与套杯 4 孔。

滚动轴承是标准件，因此外圈与套杯要选择基轴制，只需标出相配件的代号即可。

为发挥轴承固有精度，非标准件应选用较高公差等级，一般应选 IT7 以上。

要求同轴度高，便于拆装，且考虑滚动轴承是薄壁件，易变形，故配合的松紧应适中，以免打滑或"卡死"。

由受力情况可知，外圈承受固定载荷，为避免滚道局部磨损严重而降低使用寿命，可选用 H7 或 J7。

综上所述，此处配合选用结果为 $\phi110J7$。

③ 滚动轴承 7310 内圈与轴颈。

理由同上。选用基孔制，且不标出基准件的代号。

滚动轴承的精度等级为 0 级。

滚动轴承内圈与轴颈一起旋转，为防止打滑，应选用较紧的配合，一般 0 级轴承的相配件选用精度等级为 k6 的配合。

综上所述，此处配合选用结果为 ϕ50k6。

④ 轴承端盖 3 和套杯 4 孔。

此处配合要求比套杯 4 孔与轴承外圈的配合要松，后者已选用 ϕ110J7，故此处不能选用基孔制，否则会出现阶梯孔，导致工艺性差，因此孔应按光孔加工，使轴承端盖的公差带下移，形成非基准制配合。

轴承端盖只起轴向定位作用，径向尺寸公差大些不会影响机器性能。为降低成本，可采用较低公差等级，如 IT10。

为便于拆装及补偿由于几何公差使轴承端盖作用尺寸增大的影响，应选用大间隙配合。此处可取 X_{min}=+0.1 mm 左右。配合类别应按公差带关系推算（见图 3-33）。

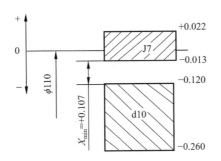

图 3-33　按公差带关系推算

综上所述，此处配合选用结果为 ϕ110J7/d10。

⑤ 小锥齿轮 10 内孔和轴颈。

小圆锥齿轮 10 内孔和轴径的配合是影响齿轮传动的重要配合，内孔公差等级由齿轮精度决定。一般减速器齿轮精度为 7 级，查齿轮坯公差表（表 11-19），得到基准孔选用 IT7 级。

对于传递载荷的齿轮和轴颈的配合，为保证齿轮的工作精度和啮合性能，要求准确对中，一般选用过渡配合加紧固件。可供选用的配合有 ϕ45H7/js6、ϕ45H7/k6、ϕ45H7/m6、ϕ45H7/n6，甚至 ϕ45H7/p6、ϕ45H7/r6。至于具体采用哪种配合，主要应结合装拆要求、载荷大小、有无冲击振动、转速高低、批量生产等因素综合考虑。此处为中速、中载、稍有冲击、小批量生产，故选用 ϕ45H7/k6。

⑥ 隔离套 7 孔和轴颈。

此处采用非基准制配合，理由同（4）的选择；隔离套 7 只起轴向定位作用，径向尺寸大些不影响工作性能，为降低成本，选用较低的公差等级即可，如 IT10。

为便于拆装和避免装配时隔离套划伤轴颈，应采用大间隙配合。

综上所述，此处配合选用结果为 ϕ45D10/k6。

⑦ 套杯 4 外径和箱体 6 座孔。

套杯 4 外径和箱体 6 座孔的配合是影响齿轮传动性能的重要配合。一般孔用 IT7，轴用 IT6。

该处的配合要求是能准确定心，考虑到为调整圆锥齿轮间隙而需要轴向移动的要求，为方便调整，故选用最小间隙为零的间隙定位配合 ϕ130H7/h6。

⑧ 带轮 8 和轴颈的配合。

优先选用基孔制。因为是挠性件（皮带）传动，故定心精度要求不高，为一般重要配合，可选中等公差等级 IT8 或 IT9。

扭矩由平键承受，为便于拆装，可选较松的过渡配合或小间隙配合。

而且又有轴向定位件，为方便可选用 $\phi50H8/h7$ 或 $\phi50H8/h8$、$\phi50H8/js7$，本题选用 $\phi50H8/h8$。

综上所述，各处配合为：

第一，联轴器 1 和输入轴轴颈的配合采用 $\phi40H7/m6$；

第二，滚动轴承 7310 外圈与套杯 4 孔的配合采用 $\phi110J7$；

第三，滚动轴承 7310 内圈与轴颈的配合采用 $\phi50k6$；

第四，轴承端盖 3 和套杯 4 孔的配合采用 $\phi110J7/d10$；

第五，小锥齿轮 10 内孔和轴颈的配合采用 $\phi45H7/k6$；

第六，隔离套 7 孔和轴颈的配合采用 $\phi45D10/k6$；

第七，套杯 4 外径和箱体 6 座孔的配合采用 $\phi130H7/h6$；

第八，带轮 8 和轴颈的配合采用 $\phi50H8/h8$。

（2）计算法。

若通过计算或经验已知配合的极限间隙、过盈，可通过计算法确定基本偏差代号，计算步骤如下。

① 首先根据极限间隙或极限过盈确定配合公差，将配合公差合理分配给孔和轴的标准公差，从而可以确定孔和轴的公差等级和标准公差数值。

② 然后根据极限间隙或极限过盈的范围，求解与基准孔或基准轴配合的轴或孔的基本偏差范围，查询孔、轴的基本偏差数值表，从而确定其基本偏差代号和孔、轴的配合代号。

③ 最后验算设计的孔、轴配合形成的极限间隙或极限过盈是否满足技术指标的要求，从而确定尺寸精度设计的合理性。

对于大批量生产，在不影响配合性能和成本不过分增加的前提下，一般规定$|\Delta|/T_f<10\%$（Δ 为实际极限盈、隙与给定极限盈、隙的差值）。

例 3-9 设有一滑动轴承机构的公称尺寸为 $\phi40$ mm，经计算确定其极限间隙为 $+20\sim+90$ μm，若已决定采用基孔制配合，试确定此配合的孔、轴公差带和配合代号，并画出其公差带图。

解： ① 确定孔、轴标准公差等级。

由给定条件可知，此孔、轴结合为间隙配合，其允许的配合公差为

$$T_f=\left|X_{max}-X_{min}\right|=\left|(+90)-(+20)\right|=70\ \mu m$$

假设孔、轴为同级配合，则

$$T_D=T_d=\frac{T_f}{2}=\frac{70}{2}=35\ \mu m$$

查表 3-4 可知，35 μm 介于 IT7=25 μm 和 IT8=39 μm 之间，而在这个公差等级范围内，根据工艺等价原则，国家标准要求孔公差等级比轴公差等级低一级，于是取孔公差等级为 IT8，轴标准公差等级为 IT7，即 T_D=IT8=39 μm，T_d=IT7=25 μm。

IT7+IT8=39+25=64 μm<T_f，满足要求。

② 确定孔、轴公差带。

由于没有特殊要求，所以应优先选用基孔制，即孔的基本偏差代号为 H，其公差带代号

为 ϕ40H8，EI=0，ES=EI+IT8=0+39=+39 μm。

因为采用基孔制间隙配合，所以轴的基本偏差应从 a～h 中选取，其基本偏差为上极限偏差。

选出轴的基本偏差应满足下述三个条件

$$\begin{cases} X_{\min}=\mathrm{EI}-\mathrm{es} \geqslant [X_{\min}]=+20\ \mu m \\ X_{\max}=\mathrm{ES}-\mathrm{ei} \leqslant [X_{\max}]=+90\ \mu m \\ \mathrm{es}-\mathrm{ei}=T_d=\mathrm{IT7}=25\ \mu m \end{cases}$$

式中 $[X_{\min}]$——允许的最小间隙；

$[X_{\max}]$——允许的最大间隙。

解上面三式得

$$\mathrm{ES}+\mathrm{IT7}-[X_{\max}] \leqslant \mathrm{es} \leqslant \mathrm{EI}-[X_{\min}]$$

将已知的 EI、ES、IT7、$[X_{\max}]$、$[X_{\min}]$ 的数值分别代入上式，得

$$-26\ \mu m \leqslant \mathrm{es} \leqslant -20\ \mu m$$

查表 3-7，选取轴的上极限偏差 es=−25 μm，基本偏差代号为 f，故轴的公差带代号为 ϕ40f7，其下极限偏差 ei=es−T_d=−50 μm。

③ 验算。

$$X_{\max}=\mathrm{ES}-\mathrm{ei}=39-(-50)=+89\ \mu m<[X_{\max}]=+90\ \mu m$$
$$X_{\min}=\mathrm{EI}-\mathrm{es}=0-(-25)=+25\ \mu m>[X_{\min}]=+20\ \mu m$$

$$\frac{|\Delta|}{T_f}=\frac{|89-90|}{70}\times100\%=1.43\%<10\%$$

$$\frac{|\Delta|}{T_f}=\frac{|25-20|}{70}\times100\%=7.14\%<10\%$$

因此，满足要求。

④ 确定配合代号为 ϕ40H8/f7。

⑤ ϕ40H8/f7 的孔、轴公差带图如图 3-34 所示。

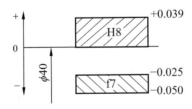

图 3-34 ϕ40H8/f7 的孔、轴公差带图

例 3-10 设某一公称尺寸为 ϕ60 mm 的配合，经计算，为保证连接可靠，其最小过盈绝对值不得小于 20 μm。为保证装配后孔不发生塑性变形，其最大过盈绝对值不得大于 55 μm。若已决定采用基轴制配合，试确定此配合的孔、轴公差带和配合代号，并画出其公差带图。

解： ① 确定孔、轴的公差等级。

由题意可知，此孔、轴结合为过盈配合，其允许的配合公差为

$$[T_f]=\big|[Y_{\min}]-[Y_{\max}]\big|=\big|(-20)-(-55)\big|=35\ \mu m$$

假设孔、轴为同级配合，则

$$T_D=T_d=\frac{[T_f]}{2}=\frac{35}{2}=17.5\ \mu m$$

查表 3-4 可知，17.5 μm 介于 IT5=13 μm 和 IT6=19 μm 之间，而在这个公差等级范围内，根据工艺等价原则，国家标准要求孔公差等级比轴公差等级低一级，于是取孔的公差等级为 6 级，轴的公差等级为 5 级，即

T_D=IT6=19 μm，T_d=IT5=13 μm

IT5+IT6=13+19=32 μm<T_f，满足要求。

② 确定孔、轴的公差带。

因采用基轴制配合，故轴为基准轴，其公差带代号为 ϕ60h5，es=0，ei=-13 μm。

因选用基轴制过盈配合，所以孔的基本偏差代号可以从 P～ZC 中选取，其基本偏差为上极限偏差 ES，若选出的孔的上极限偏差 ES 能满足配合要求，则应有下列三个条件，即

$$\begin{cases} Y_{min}=ES-ei \leqslant [Y_{min}]=-20 \ \mu m \\ Y_{max}=EI-es \geqslant [Y_{max}]=-55 \ \mu m \\ ES-EI=T_D=IT6=19 \ \mu m \end{cases}$$

解上面三式可得出

$$es+IT6+[Y_{max}] \leqslant ES \leqslant [Y_{min}]+ei$$

将已知的 es、ei、IT6、[Y_{max}]、[Y_{min}]的数值代入上式得

$$-36 \ \mu m \leqslant ES \leqslant -33 \ \mu m$$

查表 3-8 取孔的上极限偏差 ES=-35 μm，基本偏差代号为 R，因此孔的公差带代号为 ϕ60R6，其下极限偏差 EI=ES-T_D=-54 μm。

③ 验算。

$$Y_{max}= EI-es=(-54)-0=-54 \ \mu m > [Y_{max}]=-55 \ \mu m$$
$$Y_{min}= ES-ei=(-35)-(-13) =-22 \ \mu m < [Y_{min}]=-20 \ \mu m$$

$$\frac{|\Delta|}{T_f} = \frac{|(-54)-(-55)|}{35} \times 100\% = 2.86\% < 10\%$$

$$\frac{|\Delta|}{T_f} = \frac{|(-22)-(-20)|}{35} \times 100\% = 5.71\% < 10\%$$

因此，满足要求。

④ 确定配合代号为 ϕ60R6/h5。

⑤ ϕ60R6/h5 的孔、轴公差带图如图 3-35 所示。

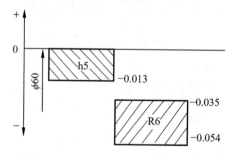

图 3-35 ϕ60R6/h5 的孔、轴公差带图

例 3-11 已知某减速器机构中的一对孔、轴配合的公称尺寸为 ϕ50 mm，要求配合的最大间隙允许值 $[X_{max}]$=+32 μm，最大过盈允许值 $[Y_{max}]$=−14 μm。因结构原因采用基孔制，试确定孔、轴的公差带和配合代号，并画出其公差带。

解：① 确定孔、轴的公差等级。

由题意可知，此孔、轴配合为过渡配合，其允许的配合公差为

$$[T_f] = \left| [X_{max}] - [Y_{max}] \right| = |(+32)-(-14)| = 46 \text{ μm}$$

计算法确定配合类
型和公差等级

假设孔、轴为同级配合，则

$$T_D = T_d = \frac{[T_f]}{2} = \frac{46}{2} = 23 \text{ μm}$$

查表 3-4 可知，23 μm 介于 IT6=16 μm 和 IT7=25 μm 之间，而在这个公差等级范围内，根据工艺等价原则，国家标准要求孔公差等级比轴公差等级低一级，于是取孔的公差等级为 7 级，轴的公差等级为 6 级，即

T_D=IT7=25 μm，T_d=IT6=16 μm

IT6+IT7=16+25=41 μm<$[T_f]$=46 μm，满足要求。

② 确定孔、轴的公差带。

因采用基孔制配合，故孔为基准孔，其公差带代号为 ϕ50H7，EI=0，ES=EI+IT7=+25 μm。

因为选用基孔制过渡配合，所以轴的基本偏差代号可以从 j～n 中选取，其基本偏差为下极限偏差 ei，若选出的轴的下极限偏差 ei 能满足配合要求，则应有下列三个条件，即

$$\begin{cases} X_{max} = ES - ei \leqslant [X_{max}] = +32 \text{ μm} \\ Y_{max} = EI - es \geqslant [Y_{max}] = -14 \text{ μm} \\ es - ei = T_d = IT6 = 16 \text{ μm} \end{cases}$$

解上面三式可得出

$$ES - [X_{max}] \leqslant ei \leqslant EI - [Y_{max}] - IT6$$

将已知的 ES、EI、IT6、$[X_{max}]$、$[Y_{max}]$ 的数值代入上式得

$$-7 \text{ μm} \leqslant ei \leqslant -2 \text{ μm}$$

查表 3-7，选取轴的下极限偏差为 ei=−5 μm，轴的基本偏差代号为 j，公差带代号为 ϕ50 j6，其上极限偏差 es=ei+IT6=+11 μm。

③ 验算。

X_{max}= ES−ei=(+25)−(−5)=+30 μm< $[X_{max}]$ =+32 μm

Y_{max}= EI−es=0−11=−11 μm> $[Y_{max}]$=−14 μm

$$\frac{|\Delta|}{T_f} = \frac{|(+30)-(+32)|}{46} \times 100\% = 4.35\% < 10\%$$

$$\frac{|\Delta|}{T_f} = \frac{|(-11)-(-14)|}{46} \times 100\% = 6.52\% < 10\%$$

因此，满足要求。

④ 确定配合代号为 ϕ50 H7/j6。

⑤ ϕ50 H7/j6 的孔、轴公差带图如图 3-36 所示。

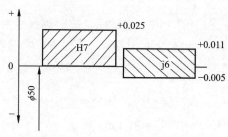

图 3-36 $\phi50$ H7/j6 的孔、轴公差图

4．一般公差（线性尺寸的未注公差）

1）一般公差的概念

一般公差是指在车间普通工艺下，机床设备一般加工能力可达到的公差。它是机床在正常维护和操作下可达到的经济加工精度。

由于一般公差的线性尺寸是在正常车间精度保证的情况下加工出来的，所以一般可以不检验。若生产方和使用方有争议，应以查得的极限偏差作为判断依据来判断其合理性。

采用一般公差可简化制图，使图样清晰易读；节省图样设计时间，设计人员只要熟悉和应用一般公差的规定，可不必逐一考虑其公差值；突出了图样上注出公差的尺寸，以便在加工和检验时引起重视。

一般公差主要用于精度较低的非配合尺寸和功能上允许的公差等于或大于一般公差的尺寸。

2）一般公差的等级

《一般公差 未注公差的线性和角度尺寸的公差》（GB/T 1804－2000）规定一般公差分为 f、m、c 和 v 四个公差等级，分别表示精密级、中等级、粗糙级和最粗级，这四个公差等级分别相当于 IT12、IT14、IT16 和 IT17。

表 3-17 所列为此标准规定的线性尺寸的未注极限偏差的数值，表 3-18 所列为此标准规定的倒圆半径与倒角高度尺寸的极限偏差的数值。由表 3-17 和表 3-18 可知，一般公差的极限偏差都是采用对称分布的公差带。

表 3-17 线性尺寸的未注极限偏差的数值（摘自 GB/T 1804－2000）

公差等级	尺寸分段/mm							
	0.5～3	>3～6	>6～30	>30～120	>120～400	>400～1 000	>1 000～2 000	>2 000～4 000
f（精密级）	±0.05	±0.05	±0.1	±0.15	±0.2	±0.3	±0.5	－
m（中等级）	±0.1	±0.1	±0.2	±0.3	±0.5	±0.8	±1.2	±2
c（粗糙级）	±0.2	±0.3	±0.5	±0.8	±1.2	±2	±3	±4
v（最粗级）	－	±0.5	±1	±1.5	±2.5	±4	±6	±8

表 3-18 倒圆半径与倒角高度尺寸的极限偏差的数值（摘自 GB/T 1804－2000）

公差等级	尺寸分段/mm			
	0.5～3	>3～6	>6～30	>30
f（精密级）	±0.2	±0.5	±1	±2
m（中等级）				
c（粗糙级）	±0.4	±1	±2	±4
v（最粗级）				

注：倒圆半径与倒角高度的含义参见国家标准《零件倒圆与倒角》（GB/T 6403.4－2008）。

3）一般公差的表示方法

当采用国家标准规定的一般公差时，图样上只标注公称尺寸，不单独注出极限偏差，但应在图样标题栏附近或技术要求、技术文件（如企业标准）中标注出标准号和公差等级代号。例如，选取精密级时，则标注为 GB/T 1804—f。未注尺寸公差标注示例如图 3-37 所示。

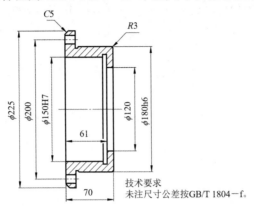

图 3-37　未注尺寸公差标注示例

但是，当要素的功能允许比一般公差更大的公差，而且该公差更为经济时，应在尺寸后直接注出极限偏差。

本章小结

第三章　测验题

1．有关孔、轴的定义和有关尺寸的术语及定义

孔、轴、公称尺寸、实际尺寸、极限尺寸等，必须牢固掌握以上这些术语和定义。

2．尺寸合格条件

实际尺寸在极限尺寸的范围内。

3．尺寸偏差与公差

（1）从数值上看，极限偏差是代数值，可以是正值、负值或零，而公差是没有符号的绝对值，且不能为零。

（2）从作用上看，极限偏差用于控制实际偏差，是判断完工零件是否合格的依据；公差则是控制一批零件实际尺寸的差异程度。

（3）从工艺上看，对某一具体零件，同一尺寸段内的尺寸公差大小反映了加工的难易程度，即加工精度的高低，它是制定加工工艺的主要依据；极限偏差则是调整机床、决定切削刀具与工件相对位置的依据。

4．公差带图解的画法

其画法见本章相关内容。

公差带有大小和位置两个参数。国家标准已将这两个参数标准化，分别是标准公差系列和基本偏差系列。

5．配合的种类、配合制

配合分为间隙配合、过盈配合和过渡配合。

配合制分为基孔制和基轴制。

6. 标准公差系列和基本偏差系列

（1）标准公差系列。

标准公差系列由不同标准公差等级和不同公称尺寸的标准公差构成。GB/T 1800.1—2020 将公称尺寸≤500 mm 工件的标准公差等级分为 20 级，分别为 IT01、IT0、IT1、IT2、…、IT18。只要标准公差等级相同，就认为加工难易程度相同（孔和孔比，轴和轴比）。

（2）基本偏差系列。

国家标准规定，孔和轴各有 28 种基本偏差（孔为 A～ZC；轴为 a～zc）。对应的数值可查表 3-7 和表 3-8。

7. 尺寸公差、配合的标注及线性尺寸的未注公差的规定及其在图样上的标注

具体的内容详见本章相关小节。

8. 尺寸精度设计的原则和方法

包括配合制的选用、标准公差等级的选用和配合的选用。

一般情况下，优先选用基孔制。

选用公差等级的基本原则：在充分满足使用要求的前提下，考虑工艺的可能性，尽量选用精度较低的公差等级，以利于加工和降低成本。

配合的选用：根据使用要求选择配合的类别；配合应从国家标准推荐的优先配合中选择，见表 3-9 和表 3-10，应优先选择框中所示的公差带代号；要采用类比法选择配合代号。

思考题与习题

3-1 已知一孔图样上标注为 $\phi50_{-0.042}^{-0.003}$，试给出此孔实际尺寸 D_a 的合格条件。

3-2 设某配合的孔径、轴径分别为 $D = \phi15_{0}^{+0.027}$，$d = \phi15_{-0.034}^{-0.016}$。试分别计算其极限尺寸、极限偏差、尺寸公差、极限间隙（或极限过盈）、平均间隙（或平均过盈）和配合公差，并画出公差带图。

3-3 有一基孔制的孔轴配合，公称尺寸 $D=25$ mm，$T_d=21$ μm，$X_{max}=74$ μm，$X_{av}=47$ μm。试求孔轴的极限偏差，配合公差，并画出公差带图。

3-4 已知两根轴，其中 $d_1=\phi5$ mm，其公差值 $T_{d1}=5$ μm；$d_2=\phi180$ mm，其公差值 $T_{d2}=25$ μm。试比较两个轴加工的难易程度。

3-5 下列配合中，它们分别属于哪种基准制的配合和哪类配合，并求出特性参数。

（1）$\phi50H8/f7$　（2）$\phi80G10/h10$　（3）$\phi30K7/h6$　（4）$\phi140H8/r8$　（5）$\phi180H7/u6$
（6）$\phi18M6/h5$　（7）$\phi50H7/js6$　（8）$\phi100H7/k6$　（9）$\phi30H7/n6$　（10）$\phi50K7/h6$

3-6 试通过查表确定下列孔、轴的公差代号。

（1）轴 $\phi100_{+0.003}^{+0.038}$　（2）轴 $\phi70_{-0.076}^{-0.030}$　（3）孔 $\phi80_{-0.018}^{+0.028}$　（4）孔 $\phi120_{-0.133}^{-0.079}$

3-7 已知 $\phi50\dfrac{H6\left(_{0}^{+0.016}\right)}{r5\left(_{+0.034}^{+0.045}\right)}$ 和 $\phi50\dfrac{H8\left(_{0}^{+0.039}\right)}{e7\left(_{-0.075}^{-0.050}\right)}$。试不用查表法确定配合公差，IT5、IT6、IT7、

IT8 的标准公差值和 $\phi50R6$、$\phi50e5$ 的极限偏差。

3-8 有下列三组孔与轴相配合，根据给定的数值，试分别确定它们的公差等级，并选用适当的配合，画出其公差带图。

（1）公称尺寸为 $\phi80$ mm，X_{max} =+0.110 mm，X_{min} =+0.030 mm。

（2）公称尺寸为 $\phi40$ mm，Y_{max}=−0.076 mm，Y_{min} =−0.035 mm。

（3）公称尺寸为 $\phi65$ mm，X_{max}=+0.026 mm，Y_{max} =−0.055 mm。

3-9 图 3-38 所示为蜗轮部件图，蜗轮轮缘由青铜制成，而轮毂由铸铁制成。为了使轮缘和轮毂结合成一体，在设计上可以有两种结合形式。图 3-38（a）所示为螺钉紧固，图 3-38（b）所示为无螺钉紧固。若蜗轮工作时承受载荷不大，且有一定的对中性要求，试按类比法确定 $\phi90$ 和 $\phi120$ 处的配合。

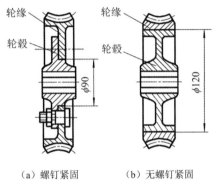

（a）螺钉紧固　　　（b）无螺钉紧固

图 3-38　蜗轮部件图

3-10 图 3-39 所示为钻床卡具简图，请根据表中所列出的已知条件选择配合种类，并填入表 3-19 所示的钻床卡具的配合种类选择中。

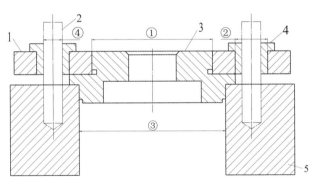

1—钻模板；2—钻头；3—定位套；4—钻套；5—工件

图 3-39　钻床卡具简图

表 3-19　钻床卡具的配合种类选择

配合部位	已知条件	配合种类
①	有定心要求，不可拆连接	
②	有定心要求，可拆连接（钻套磨损后可更换）	
③	有定心要求，安装和去除定位套时有轴向移动	
④	有导向要求，且钻头能在转动状态下进入钻套	

3-11 未注尺寸公差分几级？如果为精密级，应该在技术要求中如何标注？

3-12 试验确定活塞与气缸壁之间在工作时的间隙应在+0.040～+0.097 mm 范围内，假设在工作时活塞的温度 t_d=150 ℃，气缸的温度 t_D=100 ℃，装配温度 t＝20 ℃。气缸的线膨胀系数为 α_d=12×10^{-6} ℃$^{-1}$，活塞的线膨胀系数为 α_D=22×10^{-6} ℃$^{-1}$，活塞与气缸的公称尺寸为 95 mm，试求活塞与气缸的装配间隙等于多少？根据装配间隙确定合适的配合及孔、轴的极限偏差。

第 四 章

几何精度设计

学习指导

学习目的：

掌握几何公差和几何误差的基本概念，熟悉几何公差国家标准的基本内容，为合理进行几何精度设计打下基础。

学习要求：

1. 理解并掌握相关术语和定义。
2. 掌握几何公差的几何特征项目和符号及几何公差规范标注方法。
3. 掌握几何误差的确定方法。
4. 掌握几何公差的选用原则。
5. 了解公差原则（独立原则和相关要求）的特点和应用。
6. 了解几何误差的检测原则。

第一节　概述

机械零件上几何要素的几何精度是一项重要的质量指标。零件在加工过程中几何要素产生的几何误差（包括形状、方向和位置误差等）对产品的寿命、使用性能和互换性有很大的影响。为了保证零件的装配要求和工作性能，需要正确地选择几何公差，在零件图上正确标注，并按零件图上给出的几何公差来评定和检测几何误差。

随着数字化制造的广泛应用，以及三维 CAD 软件和工业可视化终端的普及，传统的二维标注为了详细描述一个产品零件或部件，需要将三维设计转换制成大量的截面图、三视图、局部放大图，这不仅耗时费力，使得设计变更管理成本高，容易产生差错，而且与三维设计脱离了联系。因此，国家有关部门推出了与数字化设计直接接轨的三维标注标准《产品几何技术规范（GPS）几何公差 形状、方向、位置和跳动公差标准》（GB/T 1182—2018），该国家标准内容由原来的 54 页扩充到现在的 132 页，对应用功能要求和过程控制要求标注方法全面细化，明确了标注公差的相关性问题，并面向三维标注和基于模型的定义（MBD），增加了三维标注方法及适用于高精数字化测量的规范。基于此标准，《产品几何技术规范（GPS）几何公差 轮廓公差标准》（GB/T 17852—2018）也全面细化更新了相应轮廓度标准，以适应当前产品几何质量控制的需求。

本章所引用和参考的相关国家标准主要包括：《产品几何技术规范（GPS） 几何公差 形状、方向、位置和跳动公差标注》（GB/T 1182—2018）、《形状和位置公差 未注公差值》（GB/T 1184—1996）、《产品几何技术规范（GPS） 基础 概念、原则和规则》（GB/T 4249—2018）、《产品几何技术规范（GPS） 几何公差 最大实体要求（MMR）、最小实体要求（LMR）和可逆要求（RPR）》（GB/T 16671—2018 ）、《产品几何技术规范（GPS） 通用概念 第 1 部分：几何规范和检验的模型》（GB/T 24637.1—2020）、《产品几何技术规范（GPS） 几何公差 轮廓度公差标注》（GB/T 17852—2018）、《产品几何技术规范（GPS） 几何公差 基准和基准体系》（GB/T 17851—2010）、《产品几何量技术规范（GPS） 几何要素 第 1 部分：基本术语和定义》（GB/T 18780.1—2002）和《产品几何技术规范（GPS）几何公差 检测与验证》（GB/T 1958—2017）。

一、几何误差的产生及影响

1. 几何误差的产生

任何机械产品都要经过图样设计、机械加工和装配调试等阶段。在设计阶段，图样上给出的零件都是没有误差的理想几何体，构成这些几何体的点、线、面都是具有理想几何特征的，其相互之间的位置关系也都是理想正确的。然而，零件在加工过程中由于受各种因素的影响，加工后的零件的实际形状、方向和相互位置，与理想几何体的规定形状、方向和相互位置存在差异，形状上的差异就是形状误差，方向上的差异就是方向误差，而相互位置的差异就是位置误差，它们统称为几何误差。

在图 4-1（a）所示的阶梯轴图样中，ϕd_1 表面不但有圆柱度要求，同时又要求其轴线与圆柱面 ϕd_2 的端面垂直。从图 4-1（b）所示的加工完的实际阶梯轴示意图中可以看出，ϕd_1 表面不是理想圆柱面，并且 ϕd_1 轴线与 ϕd_2 圆柱面的端面不垂直，即完工后 ϕd_1 圆柱面的形状和位置均不正确，既有形状误差，又有位置误差。

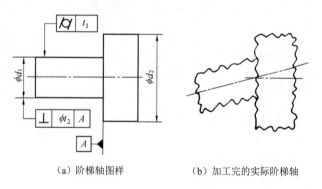

（a）阶梯轴图样　　　　　（b）加工完的实际阶梯轴

图 4-1　零件的几何误差

2. 几何误差对零件使用性能的影响

零件的几何误差对零件使用性能的影响可归纳为以下三个方面。

1）影响零件的功能要求

例如，机床导轨的直线度、平面度不好，将会影响机床刀架的运动精度。齿轮箱上各轴承孔的位置误差、齿轮两根轴的平行度误差会影响到齿轮的啮合精度。

2）影响配合零件的配合要求

例如，圆柱结合的间隙配合，圆柱表面的形状误差会使间隙大小分布不均匀，磨损加快，使得配合间隙越来越大，影响使用要求，降低了零件的工作寿命和运动精度。

3）影响零件的自由装配性

当零件存在形状误差、方向误差和位置误差时，往往会使装配和拆卸难以进行。例如，轴承盖上各螺钉孔的位置不正确，在用螺栓往机座上紧固时，就有可能影响其自由装配。

总之，零件的几何误差对产品的工作精度、寿命都有直接影响，特别是对在高速、高压、高温、重载条件下工作的机器和精密测量仪器的影响更大。因此，为保证零件的互换性和制造的经济性，需要限制其几何误差。

二、相关术语及定义

1. 几何要素

1）定义

几何要素是指构成零件几何特征的点、线、面、体或它们的集合。其中，点包括圆心、球心、中心点、交点等；线包括直线（平面直线、空间直线）、曲线、轴线、中心线等；面包括平面、曲面、圆柱面、圆锥面、球面、中心面等；体包括球体、圆柱体、圆锥体、楔形体等。零件的几何要素如图 4-2 所示。

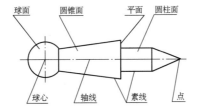

图 4-2　零件的几何要素

2）分类

为了便于研究几何公差和几何误差，几何要素可以按不同的角度进行分类。

（1）按结构特征分为组成要素和导出要素。

① 组成要素。

组成要素是指属于工件实际表面上或表面模型上的几何要素。例如，图 4-2 中的球面、圆锥面、平面、圆柱面及素线等。

组成要素按存在状态又分为公称组成要素、实际（组成）要素、提取组成要素和拟合组成要素。

● 公称组成要素。

公称组成要素指由技术制图或其他方法确定的理论正确组成要素，如图 4-3（a）所示。产品图样上的零件轮廓的轮廓面、素线均为公称组成要素，它是没有误差的理想要素。

● 实际（组成）要素。

实际（组成）要素指由接近实际（组成）要素所限定的工作实际表面（实际存在并将整个工件与周围介质分隔的一组要素）的组成要素部分，如图 4-3（b）所示。在评定几何误差时，通常以提取组成要素代替实际（组成）要素。

• 提取组成要素。

提取组成要素指按规定的方法,由实际(组成)要素提取有限数目的点所形成的实际(组成)要素的近似替代要素,如图 4-3(c)所示。

• 拟合组成要素。

拟合组成要素指按规定方法,由提取组成要素形成的、具有理想形状的组成要素,如图 4-3(d)所示。

②导出要素。

导出要素是指不存在于工件实际表面上的几何要素,其本质不是公称组成要素。导出要素是由一个或几个组成要素得到的中心点、中心线或中心面。例如,图 4-2 中的球心是由组成要素球面得到的导出要素(中心点),轴线是由组成要素圆柱面和圆锥面得到的导出要素(中心线)。

导出要素按存在状态又分为公称导出要素、提取导出要素和拟合导出要素。

• 公称导出要素。

公称导出要素指由一个或几个公称组成要素导出的中心点、轴线或中心平面,如图 4-3(a)所示。

• 提取导出要素。

提取导出要素指由一个或几个提取组成要素得到的中心点、中心线或中心面,如图 4-3(c)所示。为方便起见,提取圆柱面的导出中心线称为提取中心线,两相对提取平面的导出中心面称为提取中心面。

• 拟合导出要素。

拟合导出要素是由一个或几个拟合组成要素导出的中心点、轴线或中心平面,如图 4-3(d)所示。

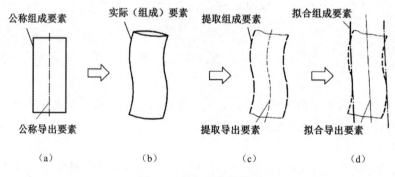

图 4-3 几何要素的类型

(2)按检测关系分为被测要素和基准要素。

① 被测要素。

基本被测要素:定义 GPS 特征的一个完整几何要素的最小组成部分。

完整被测要素:定义 GPS 特征的一个或多个几何要素集,或基本被测要素的组合。

要注意的是没有修饰符的"被测要素"是一个完整被测要素,而不是一个基本被测要素。被测要素是(一个或多个)定义了 GPS 规范的几何要素的集合。如图 4-1(a)中的圆柱面及其轴线为被测要素。

② 基准要素。

基准要素指图样上用来确定被测要素的方向或位置的要素,如图 4-1(a)中的端面为基准要素。

（3）按功能要求分为单一要素和关联要素。

① 单一要素。

单一要素指对要素本身提出形状公差要求的被测要素，如图 4-1（a）中的圆柱面为单一要素。

② 关联要素。

关联要素指相对基准要素有方向或（和）位置功能要求而给出方向公差或（和）位置公差要求的被测要素，如图 4-1（a）中的轴线为关联要素。

2．相交平面

用于标识提取面上的线要素或标识提取线上的点要素且由工件的提取要素建立的平面称为相交平面。

使用相交平面可不依赖视图定义被测要素。对于区域性的表面结构，可使用相交平面定义评价该区域的方向，参见 ISO 25178-1。

3．定向平面

用于标识公差带的方向且由工件的提取要素建立的平面称为定向平面。

使用定向平面可不依赖 TED（位置）或基准（方向）定义限定公差带的平面或圆柱的方向。仅当被测要素是中心点或中心线，且公差带由两平行直线或平行平面所定义时，或被测要素是中心点或圆柱时，才可使用定向平面。

定向平面可用于定义矩形局部区域的方向。

4．方向要素

用于标识公差带宽度（局部偏差）的方向且由工件的提取要素建立的理想要素。方向要素可以是平面、圆柱面或圆锥面。

使用方向要素可改变在面要素上的线要素的公差带宽度的方向。

当公差值适用在规定的方向，而非规定的几何形状的法线方向时，可使用方向要素。

可使用标注在方向要素框格中第二格的基准构建方向要素。

可使用被测要素的几何形状确定方向要素的几何形状。

5．组合连续要素

由多个单一要素无缝组合在一起的单一要素称为组合连续要素。组合连续要素可以是封闭的或非封闭的。

非封闭的组合连续要素可用"区间"符号与 UF 修饰符（如适用）定义。

封闭的组合连续要素可用"全周"符号或"全表面"符号与 UF 修饰符定义。此时，它是一组单个要素，与平行于组合平面的任何平面相交所形成的是线要素或点要素。

6．组合平面

用于定义封闭的组合连续要素且由工件上的要素建立的平面称为组合平面。当使用"全周"符号时总是使用组合平面。

7．理论正确尺寸（TED）

理论正确尺寸是在 GPS 操作中用于定义要素理论正确位置、方向或轮廓的线性或角度尺寸。

TED 不应包含公差，可以明确标注，也可以是缺省的。明确标注的 TED 可以使用包含数值和相关符号的矩形框标注，如 $\boxed{100}$、$\boxed{\phi 2}$、$\boxed{60°}$等。TED 的标注如图 4-4 所示。缺省的 TED 可不标注，缺省的 TED 可以包括：0 mm、0°、90°、180°、270°及在完整的圆上均匀分布的要素之间的角度距离。

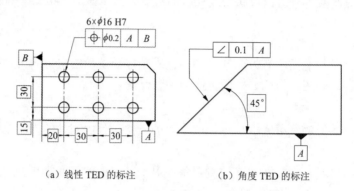

（a）线性 TED 的标注   （b）角度 TED 的标注

图 4-4　TED 的标注

8．理论正确要素（TEF）

具有理想形状及理想尺寸、方向与位置的公称要素称为理论正确要素。

9．联合要素

由连续或不连续的组成要素组合而成并将其视为一个单一要素的要素称为联合要素。

三、几何公差的几何特征项目和符号

几何公差分为形状公差、方向公差、位置公差和跳动公差共四类。几何公差的几何特征项目和符号如表 4-1 所示。

表 4-1　几何公差的几何特征项目和符号（摘自 GB/T 1182－2018）

公差类型	几何特征	符号	有无基准
形状公差	直线度	—	无
	平面度	▱	无
	圆度	○	无
	圆柱度	⌀	无
	线轮廓度	⌒	无
	面轮廓度	◠	无
方向公差	平行度	∥	有
	垂直度	⊥	有
	倾斜度	∠	有
	线轮廓度	⌒	有
	面轮廓度	◠	有

续表

公差类型	几何特征	符号	有无基准
位置公差	位置度	⌖	有或无
	同心度（用于中心点）	◎	有
	同轴度（用于轴线）	◎	有
	对称度	=	有
	线轮廓度	⌒	有
	面轮廓度	◠	有
跳动公差	圆跳动	↗	有
	全跳动	↗↗	有

四种类型中的形状公差是对单一要素提出的几何特征，因此无基准要求；方向公差、位置公差和跳动公差是对关联要素提出的几何特征，因此在大多数情况下都有基准要求。几何公差的附加符号如表 4-2 所示。

表 4-2 几何公差的附加符号（摘自 GB/T 1182－2018）

对象	描述	符号	对象	描述	符号
公差框格	无基准的几何规范标注		基准相关符号	基准要素标识	$\boxed{A}$ ▼
	有基准的几何规范标注	A		基准目标标识	$\dfrac{\phi 4}{A1}$
导出要素	中心要素	Ⓐ		接触要素	CF
	延伸公差带	Ⓟ		仅方向	><
尺寸公差相关符号	包容要求	Ⓔ	被测要素标识符	区间	↔
实体状态	最大实体要求	Ⓜ		联合要素	UF
	最小实体要求	Ⓛ		小径	LD
	可逆要求	Ⓡ		大径	MD
状态的规范元素	自由状态（非刚性零件）	Ⓕ		中径/节径	PD

续表

对象	描述	符号	对象	描述	符号
理论正确尺寸符号	理论正确尺寸（TED）	50	被测要素标识符	全周（轮廓）	
组合规范元素	组合公差带	CZ		全表面（轮廓）	
	独立公差带	SZ		任意横截面	ACS
拟合被测要素	最小区域（切比雪夫）要素	Ⓒ	辅助要素标识符或框格	相交平面框格	
	最小二乘（高斯）要素	Ⓖ		定向平面框格	
	最小外接要素	Ⓝ		方向要素框格	
	贴切要素	Ⓣ		组合平面框格	
	最大内切要素	Ⓧ	评定参照要素的拟合	无约束的最小区域（切比雪夫）拟合被测要素	C
不对称公差带	（规定偏置量的）偏置公差带	UZ		实体外部约束的最小区域（切比雪夫）拟合被测要素	CE
公差带约束	（未规定偏置量的）线性偏置公差带	OZ		实体内部约束的最小区域（切比雪夫）拟合被测要素	CI
	（未规定偏置量的）角度偏置公差带	VA		无约束的最小二乘（高斯）拟合被测要素	G
参数	偏差的总体范围	T		实体外部约束的最小二乘（高斯）拟合被测要素	GE
	峰值	P		实体内部约束的最小二乘（高斯）拟合被测要素	GI
	谷深	V		最小外接拟合被测要素	N
	标准差	Q		最大内切拟合被测要素	X

四、几何公差带

几何公差带是由一个或两个理想的几何线要素或面要素所限定的、由一个或多个线性尺寸表示的区域。它是用来限定实际被测要素变动的区域，是几何误差的最大允许值。这个区域可以是平面区域，也可以是空间区域。只要被测要素全部落在给定的公差带内，就表示该被测要素合格。

几何公差带具有形状、大小、方向和位置四个特征要素。

1）几何公差带的形状。

几何公差带的形状由被测要素的特征及设计要求来确定。几何公差带的主要形状有 13 种，如表 4-3 所示。它们都是按几何概念定义的（跳动公差除外），与测量方法无关。在生产中可采用不同的测量方法来测量和评定某一被测要素是否满足设计要求。跳动公差是按特定的测量方法定义的，其特征与测量方法有关。

表 4-3 常用几何公差带的主要形状

形状	说明	形状	说明
	一个圆内的区域		两条等距曲线或两条平行直线之间的区域
	两个同心圆之间的区域		两条不等距曲线或两条不平行直线之间的区域
	在一个圆锥面上的两平行圆之间的区域		一个圆柱面内的区域
	两个直径相同的平行圆之间的区域		两同轴线圆柱面之间的区域
	一个圆球面内的区域		两个等距曲面或两个平行平面之间的区域

续表

形状	说明	形状	说明
	一个圆锥面内的区域		两个不等距曲面或两个不平行平面之间的区域
	一个单一曲面内的区域	—	—

2）几何公差带的大小

几何公差带的大小指公差带区域的间距、宽度 t 或直径 ϕt、$S\phi t$，单位为 mm（无须标出）。它由所给定的几何公差值确定。

如果被测要素是线要素或点要素且公差带是圆形、圆柱形或圆管形，则公差值前面应标注符号"ϕ"；如果被测要素是点要素且公差带是球形，则公差值前面应标注符号"$S\phi$"。

公差带的大小可以是恒定不变的单个数值，如某圆柱上素线的直线度公差为 0.1，即直线度公差恒为 0.1 mm；公差带的大小也可为一定区域内线性变化的数值，即变宽度公差带，如图 4-5 所示，$K\longleftrightarrow N$ 区间内的直线度为 0.1～0.2 mm，即从 K 点到 N 点的直线度公差由 0.1 mm 线性增加到 0.2 mm。

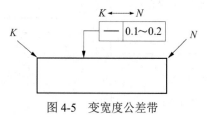

图 4-5　变宽度公差带

3）几何公差带的方向

几何公差带的方向指公差带相对基准在方向上的要求，可以是 0°、90°、180°或任意角度。通常几何公差带方向需要借助一个（组）定义为基准的方位要素来表达，有时还需进一步借助辅助平面和要素框格来明确。

二维中默认的公差带的宽度方向为公差指引线指向的方向，通常与规定的几何形状垂直，也可以结合公差标注中平行、垂直或理论正确尺寸（TED）的角度方向及辅助平面和要素中的平行、垂直、保持特定角度、对称或跳动来表示。三维图中的公差带方向则是与公差指引线所在平面共面或垂直，而非公差指引线指向的方向。

对于非圆柱形或球形的回转体表面的圆度（如圆锥），应标注公差带宽度的方向。

如果导出要素的公差带由两个平行平面组成，且用于约束中心线；或由一个圆柱组成，用于约束一个圆或球的中心点，应使用定向平面框格（或方向修饰符）控制该平面或圆柱的方向。

4）几何公差带的位置

几何公差带的位置指公差带相对基准在位置上的要求，它不仅有方向上的要求，如平行、垂直或 TED 的角度方向，还有使用 TED 来规定公差带的对称中心相对于基准或理想位置的距离要求，默认公差带的中心位于理论正确要素（TEF）上，且相对于 TEF 对称。

五、最小条件及最小包容区域

1. 最小条件

最小条件是指被测实际要素对其理想要素的最大变动量为最小。平面内实际线对理想直线变动量的最小条件及最小包容区域如图 4-6 所示，平面内实际线相对于理想直线 A_1B_1、A_2B_2 和 A_3B_3 的最大变动量分别为 f_1、f_2 和 f_3。其中 f_1 为最小，即 A_1B_1 是满足最小条件的理想要素。

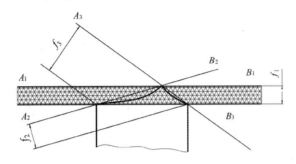

图 4-6　平面内实际线对理想直线变动量的最小条件及最小包容区域

2. 最小包容区域

最小包容区域是指包容被测实际要素并且有最小宽度或直径的区域，也就是满足最小条件的包容区域。

对于有方向公差要求的被测要素的最小包容区域（见图 4-7），其构成要素与基准应保持图样上给定的方向要求。

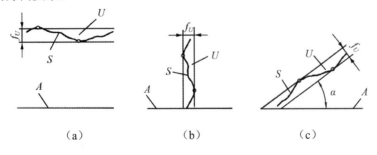

图 4-7　方向误差的被测要素的最小包容区域

注：（a）实际要素 S 的最小包容区域 U 相对基准 A 平行，其平行度误差为 f_U；（b）实际要素 S 的最小包容区域 U 相对基准 A 垂直，其垂直度误差为 f_U；（c）实际要素 S 的最小包容区域 U 相对基准 A 夹角为 α，其倾斜度误差为 f_U

对于有位置公差要求的被测要素的最小包容区域，其构成要素与基准除了保持图样上给定的方向要求，还应保持图样上给定的由理论正确尺寸确定的理想位置要求。

最小包容区域与几何公差带都具有大小、形状、方向和位置四个特征要素，但两者又是有区别的。最小包容区域与几何公差带的形状和方位是一致的，但大小不同。几何公差带的大小是设计时根据零件的功能和互换性要求确定的，属于公差问题；而最小包容区域的大小是由被测实际要素的实际状态决定的，属于误差问题。几何精度符合要求是指几何误差（最小包容区域的大小）不超过几何公差（几何公差带的大小）。

六、基准的定义与分类

1. 定义

1）基准

基准是用来定义公差带的位置和（或）方向或用来定义实体状态的位置和（或）方向（当有相关要求时，如最大实体要求）的一个（组）方位要素。

2）基准要素

基准要素是零件上用来建立基准并实际起基准作用的实际（组成）要素，如一条边、一个表面或一个孔。由于基准要素的加工存在误差，因此在必要时应对其规定适当的形状公差。

3）模拟基准要素

模拟基准要素是在加工和检测过程中用来建立基准并与实际基准要素相接触，且具有足够精度的实际表面，如一个平板、一个支撑或一根心棒。模拟基准要素是基准的实际体现。

4）基准目标

基准目标是零件上与加工或检验设备相接触的点、线或局部区域，用来体现满足功能要求的基准。

2. 分类

根据设计要求，被测要素可参照不同数量的基准。图样上标出的基准通常可分成以下三类。

1）单一基准

单一基准是由单一要素表示的基准。单一要素可以是组成要素，如平面、直线、顶点等，也可以为导出要素，如回转体的中心轴线、中心平面等。

2）公共基准

公共基准是由两个或多个要素组成的基准。这些基准必须是同类要素，但不要求尺寸相同，如同为平面、轴线、中心平面等，以公共轴线、公共平面、公共中心平面等形式建立公共基准。

3）基准体系

基准体系由两个或三个单一基准或公共基准按一定顺序排列建立，该顺序由几何规范定义。用于建立基准体系的各拟合要素间的方向约束按几何规范所定义的顺序：第一基准对第二基准和第三基准有方向约束，第二基准对第三基准有方向约束，各基准间应该成平行或垂直关系。如果三个基准面两两垂直则构成三基面体系，如图 4-8 所示，三基面体系常用于定位公差。

在图样上标注的基准的顺序对实际控制结果影响很大，在图样上，基准的优先顺序，用基准代号字母以自左至右的顺序注写在公差框格的基准格内来表示。

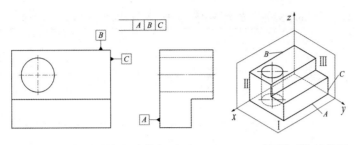

(a) 三基面体系的基准符号及框格字母标注　　　(b) 三基面体系的坐标解释

图 4-8　三基面体系

第二节　几何公差规范标注及其公差带特点分析

一、几何公差规范标注

几何公差规范标注的组成包括公差框格、可选的辅助平面和要素框格及可选的相邻标注（补充标注）。几何公差规范标注的元素如图 4-9 所示。

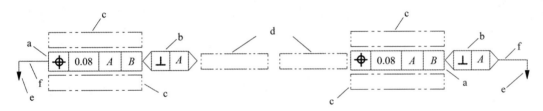

a—公差框格；b—辅助平面和要素框格；c—上下相邻标注；d—水平相邻标注；e—指引线；f—参照线

图 4-9　几何公差规范标注的元素

几何公差规范与被测要素间应使用参照线与指引线相连。如果没有辅助平面和要素框格，无论是单层还是多层框格，参照线都应从公差框格的左侧或右侧中点垂直于框格向外引出，否则参照线应与公差框格的左侧中点或最后一个辅助框格的右侧中点垂直于框格向外引出。此标注同时适用于二维和三维标注。

二维图中指引线指向公差带的方向，三维图中指引线与公差带方向所在平面共面或垂直，而非指引线指向的方向。指引线与参照线相连，引向被测要素时允许弯折，但不得多于两次。

1. 公差框格

公差框格为矩形方框，由两格或多格组成，框格中的内容按从左到右的顺序填写符号部分、公差带、要素与特征部分及基准部分，如图 4-10 所示。

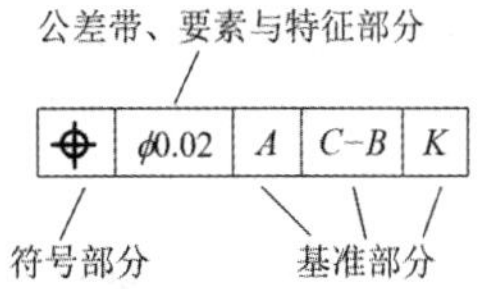

1）符号部分

符号部分应包含几何特征符号，见表 4-1。

2）公差带、要素与特征部分

表 4-4 所示为公差框格的公差带、要素与特征部分的规范元素，该规范主要面向先进的三维模型定义和数字化测量。除了宽度要素，其余规范元素都是可选的。

图 4-10　公差框格

表4-4 公差框格的公差带、要素与特征部分的规范元素（摘自 GB/T 1182—2018）

公差带的规范元素					被测要素的规范元素				特征部分的规范元素	参数	实体状态	状态的规范元素
					滤波器		拟合被测要素	导出要素				
形状	宽度和范围	组合规范元素	不对称公差带	公差带约束	类型	指数			评定参照要素的拟合			
ϕ $S\phi$	0.02 0.02～0.01 0.1/75 0.1/75×75 0.2/ϕ4 0.2/75×30° 0.3/10°×30°	CZ SZ	UZ+0.2 UZ−0.3 UZ+0.1: +0.2 UZ+0.2: −0.3 UZ−0.2: −0.3	OZ VA ><	G S 等	0.8 −250 0.8, −250 500 −15 500-15 等	Ⓒ Ⓖ Ⓝ Ⓣ Ⓧ	Ⓐ Ⓟ Ⓟ25 Ⓟ32-7	C CE CI G GE GI X N	P V T Q	Ⓜ Ⓛ Ⓡ	Ⓕ

3）基准部分

用一个字母表示单一基准[见图 4-11（a）]或用几个字母表示基准体系或公共基准[见图 4-11（b）～（e）]。

(a) 方向公差，单一基准　(b) 跳动公差，两基面体系　(c) 同轴度公差，公共基准

(d) 位置度公差，圆形公差带，三基面体系　(e) 位置度公差，球形公差带，三基面体系

图 4-11 公差框格中的基准部分

2. 辅助平面和要素框格

辅助平面和要素框格仅用于容易引起误解的标注情况下，大多情况下省略标注。在二维环境的规范中，GB/T 1182－2018 规定依靠尺寸线的方向来定义公差带的方向，但该方法不能确保在二维环境与三维环境下使用相似的标注，因此 GB/T 1182－2018 不推荐这么做，建议采用辅助平面和要素框格来确定被测要素公差带的方向，确保在二维环境与三维环境下的一致性。

辅助平面和要素框格包括相交平面框格、定向平面框格、方向要素框格和组合平面框格。这些均可标注在公差框格的右侧，见图 4-9。如果需要标注其中的若干个，相交平面框格则应首先在最接近公差框格的位置标注，其次是定向平面框格或方向要素框格（此两个不应一同标注），最后则是组合平面框格。当标注此类框格中的任意一个时，参照线可连接于公差框格的左侧或右侧，或最后一个可选框格的右侧。

1）相交平面框格

相交平面的作用是标识线要素要求的方向，主要用于在平面上标识线要素的直线度、线轮廓度、线要素的方向，以及在面要素上的线要素的"全周"规范。

相交平面应使用相交平面框格规定，并且作为公差框格的延伸部分标注在其右侧。相交平面框格左起的第一格是定义相交平面相对于基准的构建方式，即平行∥、垂直⊥、保持特定的角度∠和对称（包含）═ ，但不产生附加的方向约束；第二格填写基准字母。使用相交平面框格规范如图4-12所示，它表示被测要素是位于平行于基准C的相交平面内的线要素，要求线要素与基准D的平行度公差为0.2 mm。

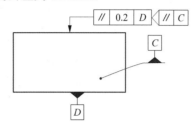

图4-12 使用相交平面框格规范

2）定向平面框格

定向平面的作用是既能控制公差带构成平面的方向（直接使用框格中的基准与符号），又能控制公差带宽度的方向（间接与这些平面垂直），或能控制圆柱形公差带的轴线方向，主要适用于下列情况：

（1）被测要素是中心线或中心点，且公差带是由两平行平面限定的；

（2）被测要素是中心点，且公差带是由一个圆柱限定的；

（3）公差带相对于其他要素定向，且该要素是基于工件的提取要素构建的，能够标识公差带的方向。

定向平面应使用定向平面框格规定，并且作为公差框格的延伸部分标注在其右侧。定向平面框格左起的第一格是构建定向平面相对于基准的要求，这个要求有平行∥、垂直⊥和保持特定的角度∠；第二格填写基准字母。使用定向平面框格规范如图4-13所示，它表示被测要素是位于与基准B保持理论正确角度 α° 的定向平面内的孔轴线，要求这个孔轴线与基准A的平行度公差为0.1 mm。

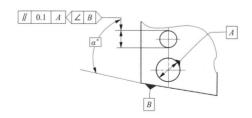

图4-13 使用定向平面框格规范

3）方向要素框格

方向要素的作用是当被测要素是组成要素且公差带宽度的方向与面要素不垂直时，使用方向要素确定公差带宽度的方向。另外，采用方向要素标注非圆柱体或球体表面圆度的公差带宽度方向。

方向要素应使用方向要素框格规定，并且作为公差框格的延伸部分标注在其右侧。方向要素框格左起的第一格是构建方向要素相对于基准的要求，这个要求有平行度∥、垂直度⊥、倾斜度∠和跳动方向↗；第二格填写基准字母。图 4-14（a）所示为与被测要素的面要素垂直的圆度公差的标注。

在二维标注中，仅当指引线的方向及公差带宽度的方向使用 TED 标注时，可以省略方向要素框格，如图 4-14（b）所示。

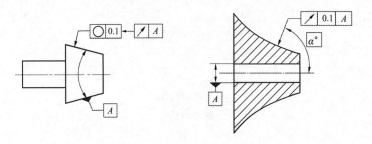

（a）与被测要素的面要素垂直的圆度公差的标注　　（b）省略方向要素框格的标注

图 4-14　使用方向要素框格规范

4）组合平面框格

当标注"全周"符号时，应使用组合平面。组合平面可标识一个平行平面族，可用来标识"全周"标注所包含的要素。

当使用组合平面框格时，应作为公差框格的延伸部分标注在其右侧。组合平面框格左起的第一格的符号可用相交平面框格第一格相同的符号，其含义相同。图 4-15 所示为使用组合平面框格规范，表示被测要素是一组与基准 A 平行的轮廓曲线，图样上所标注的要求作为单独要求适用于 a、b、c、d 四个面要素。

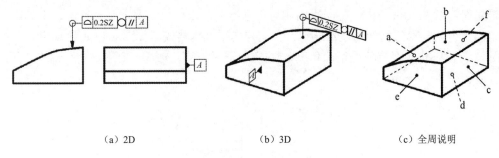

（a）2D　　　　　　　　　（b）3D　　　　　　　　　（c）全周说明

图 4-15　使用组合平面框格规范

3．相邻标注

1）概述

相邻标注用于标注补充的标注，见图 4-9。相邻标注适用于以下 2 种情况。

（1）适用于所有带指引线的公差框格的标注应给出上或下相邻的标注区域。若上、下相邻标注区域的标注意义一致，则只使用其中一个。

（2）仅适用于一个公差框格的标注应采用水平相邻标注区域。图 4-9 所示为水平相邻标注区域的位置，其位置取决于参照线连接在公差框格的哪端。

当只有一个公差框格时，在上下相邻标注区域内与水平相邻标注区域内的标注具有相同含义。此时，应仅使用一个相邻标注区域，并且优先选择上相邻的标注区域。

在上下相邻标注区域内的标注应左对齐。在水平相邻标注区域内的标注，如果位于公差框格的右侧，则应左对齐；如果位于公差框格的左侧，则应右对齐。

2）被测要素标注

如果被测要素并非公差框格的指引线及箭头所标注的完整要素，可采用以下标注指明被测要素。

（1）ACS。

若被测要素为提取组成要素与横截平面相交，或提取中心线与相交平面相交所定义的交线或交点，则用 ACS 标注。应用于任何横截面的规范标注如图 4-16 所示，它指的是与该零件外圆柱轴线垂直的横截圆环面。

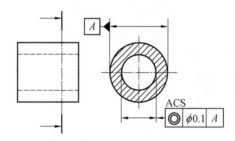

图 4-16 应用于任何横截面的规范标注

ACS 仅适用于回转体表面、圆柱表面或棱柱表面。

（2）区间符号◀▶。

以区间符号◀▶定义局部被测要素。图 4-5 指的是 K◀▶N 区间内的直线度为 0.1～0.2 mm。

（3）UF。

如果将被测要素视为联合要素，则应增加 UF。应用于联合要素的规范标注如图 4-17 所示，该图指的是这组 6 个形状相同的圆弧要素视为一个圆柱要素的圆柱度公差要求。

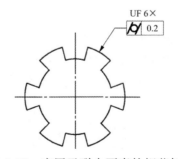

图 4-17 应用于联合要素的规范标注

（4）多根指引线或 $n\times$。

适用于多个特征相同的被测要素或所有特征相同的成组要素。成组规范示例如图 4-18 所示，这一组平面的平面度公差要求相同。

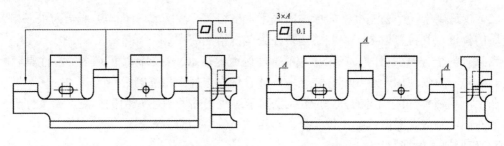

（a）多根指引线箭头，适用于多个单独要素的规范　　　（b）n×，适用于多个单独要素的规范

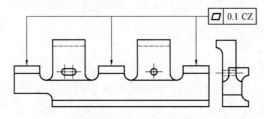

（c）多根指引线箭头，适用于多个要素的组合公差带规范

图 4-18　成组规范示例

（5）MD 和 LD。

MD 和 LD 分别表示螺纹大径和小径，如果不加标注则默认是中径的导出轴线。螺纹轴线的规范标注如图 4-19 所示，图 4-19（a）指的是外螺纹大径导出轴线的位置度公差，图 4-19（b）指的是内螺纹小径导出轴线为基准的标注。

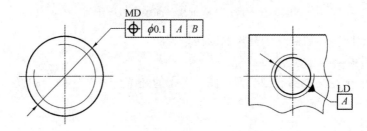

（a）外螺纹大径（MD）导出轴线的位置度公差　　　（b）内螺纹小径（LD）导出轴线为基准的标注

图 4-19　螺纹轴线的规范标注

（6）PD、MD 和 LD。

PD、MD 和 LD 分别代表花键与齿轮的节圆直径、大径和小径。

以上标注可以同时使用，每个标注间应留有间隔，顺序如下：

$n\times$；尺寸公差；$\longleftrightarrow$；UF $n\times$ $\longleftrightarrow$；ACS；PD/MD/LD。

相邻区域的标注顺序如图 4-20 所示。

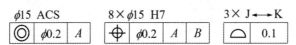

图 4-20　相邻区域的标注顺序

4．多层公差标注

若需要为要素指定多个几何特征，可在上下堆叠的公差框格中给出，多层公差标注如图

4-21 所示，推荐将公差框格按公差值按从上到下依次递减的顺序排布。

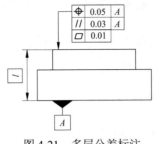

图 4-21 多层公差标注

二、被测要素的标注方法

1. 被测要素为组成要素的标注方法

当几何公差规范指向组成要素时，该几何公差规范标注应当通过指引线与被测要素连接，并以下列方式之一终止。

（1）在二维标注中，指引线终止在要素的轮廓或轮廓的延长线上，但与尺寸线明显分离，如图 4-22（a）所示。

若指引线终止在要素的轮廓或其延长线上，则以箭头终止。

当标注要素是组成要素且指引线终止在要素的界限以内，则以圆点终止，如图 4-23（a）所示。当该面要素可见时，此圆点是实心的，指引线为实线；当该面要素不可见时，这个圆点为空心，指引线为虚线。

（2）在三维标注中，指引线终止在组成要素上，但应与尺寸线明显分开，如图 4-22（b）所示。

指引线的终点为指向延长线的箭头及组成要素上的圆点，指引线终点为圆点的上述规则此时也可适用。

（3）指引线的终点可以是放在使用指引横线上的箭头，并指向该面要素，如图 4-23（b）所示。

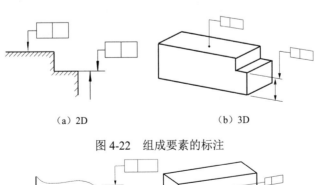

（a）2D   （b）3D

图 4-22 组成要素的标注

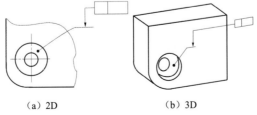

（a）2D   （b）3D

图 4-23 使用参照线与指引线连接规范与被测要素

2. 被测要素为导出要素的标注方法

当几何公差规范适用于导出要素（中心线、中心面或中心点）时，应按如下方式之一进行标注。

（1）使用参照线与指引线进行标注，并用箭头终止在尺寸要素的尺寸延长线上。使用参照线与指引线标注导出要素如图 4-24 所示。

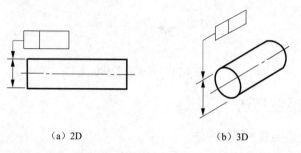

（a）2D　　　　　　　　　　　（b）3D

图 4-24　使用参照线与指引线标注导出要素

（2）将修饰符Ⓐ放置在回转体的公差框格公差带、要素与特征部分内时，可直接在组成要素上用原点（三维）或箭头（二维）终止。使用修饰符Ⓐ标注导出要素如图 4-25 所示 。

修饰符Ⓐ只可用于回转体，不能用于其他类型的尺寸要素。

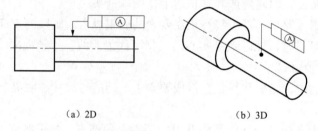

（a）2D　　　　　　　　　　　（b）3D

图 4-25　使用修饰符Ⓐ标注导出要素

三、基准要素的标注方法

在技术图样中，相对于被测要素的基准采用基准符号标注。基准符号由一个标注在基准方框内的大写字母用细实线与一个涂黑（或空白）的三角形相连而组成，如图 4-26（a）和（b）所示。在图样中，无论基准要素的方向如何，基准方格中的字母都应水平书写，如图 4-26（c）和（d）所示。

代表基准的字母采用大写拉丁字母，基准字母一般不与图样中任何向视图的字母相同，一个字母名义上指明一个表面或一个尺寸要素，GB/T 17851－2010 建议不要用字母 I、O、Q 和 X，如果一个大的图用完了字母表中的字母，或对图的理解有帮助，可采用重复同样的字母表示，如 *BB*、*CCC* 等。

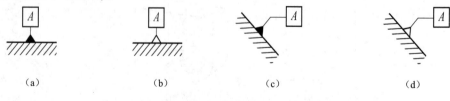

（a）　　　　　　　　（b）　　　　　　　　（c）　　　　　　　　（d）

图 4-26　基准符号

1. 基准要素为组成要素的标注

当基准要素是轮廓线或轮廓面（组成要素）时，基准三角形放置在要素的轮廓线或其延长线上（与尺寸线明显错开），如图 4-27（a）所示。基准要素为实际表面时，基准三角形放置在该轮廓面引出线的水平线上，如图 4-27（b）所示。

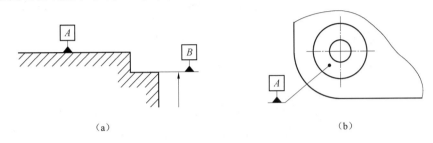

图 4-27 基准要素为组成要素

2. 基准要素为导出要素的标注

当基准是尺寸要素确定的轴线、中心平面或中心点时，基准三角形应放置在该尺寸线的延长线上，如图 4-28（a）所示。如果没有足够的位置标注基准要素尺寸的两个尺寸箭头，则其中一个箭头可用基准三角形代替，如图 4-28（b）所示。

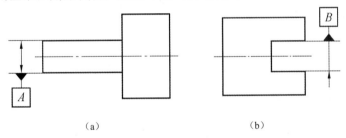

图 4-28 基准要素为导出要素

四、附加标注

1. 全周与全表面

如果将几何公差规范作为单独的要求应用到横截面的轮廓上，或将其作为单独的要求应用到封闭轮廓所表示的所有要素上时，应使用"全周"符号○标注，并放置在公差框格的指引线与参考线的交点上，如图 4-15 所示，图中的面要素 a、b、c、d 都是被测要素，它们构成了一个连续封闭被测要素。

如果将几何公差规范作为单独的要求应用到工件的所有组成要素上，应使用"全表面"符号◎标注，并放置在公差框格的指引线与参考线的交点上。全表面符号的标注如图 4-29 所示，图中的面要素 a、b、c、d、e、f 都是被测要素，它们构成了一个连续封闭被测要素。

一般"全周"或"全表面"应与 SZ（独立公差带）、CZ（组合公差带）或 UF（联合要素）组合使用，如图 4-15 和图 4-29 所示。

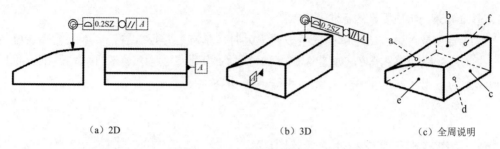

| （a）2D | （b）3D | （c）全周说明 |

图 4-29　全表面符号的标注

2. 局部区域被测要素

当被测要素为图样上局部表面时，用粗长点划线定义部分表面，也可用阴影区域定义，并应使用理论正确尺寸定义其位置与尺寸。局部区域标注如图 4-30 所示。从公差框格左边或右边端头引出的指引线应终止在该局部区域上。

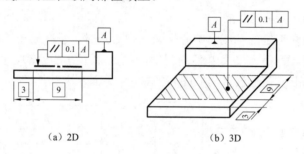

| （a）2D | （b）3D |

图 4-30　局部区域标注

3. 连续的非封闭被测要素

如果一个规范只适用于要素上一个已定义的局部区域，或连续要素的一些连续的局部区域，而不是横截面的整个轮廓（或轮廓表示的整个面要素），应标识出被测要素的起止点，并且用粗长点画线定义部分面要素或使用区间符号"←→"。连续的非封闭被测要素如图 4-31 所示，图中的标注表示从线 J 开始到线 K 结束的上部面要素。

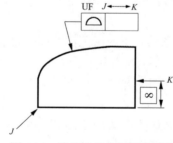

图 4-31　连续的非封闭被测要素

当使用区间符号时，用于标识被测要素起止点的点要素、线要素或面要素都应使用大写字母一一定义，与端头为箭头的指引线相连。如果该点要素或线要素不在组成要素的边界上，则应用 TED 定义其位置。

五、局部规范

如果特征相同的规范适用于在要素整体尺寸范围内任意位置的一个局部长度，则该局部长度的数值应添加在公差值后面，并用斜杠分开，如图 4-32（a）所示。如果要标注两个或多个特征相同的规范，可直接在整个要素公差框格的下方放置另一个公差框格，如图 4-32（b）所示。

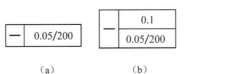

几何框格中的限定性规定

图 4-32　局部规范的标注

六、延伸被测要素

在公差框格的第二格中公差值之后的修饰符 Ⓟ 表示延伸被测要素。延伸被测要素的标注如图 4-33 所示。此时，被测要素是要素的延伸部分或其导出要素。延伸要素是从实际要素中构建出来的拟合要素。

延伸要素相关部分的界限应定义明确，可采用直接标注或间接标注。当使用"虚拟"的组成要素直接在图样上标注被测要素的投影长度，并以此表示延伸要素的相应部分时，该虚拟要素的标注方式应采用细长双点画线，同时延伸的长度应使用前面有修饰符 Ⓟ 的理论正确尺寸（TED）数值标注，如图 4-33（a）所示。当间接在公差框格中标注延伸被测要素的长度时，数值应标注在修饰符 Ⓟ 的后面，如图 4-33（b）所示。此时，可省略代表延伸要素的细长双点画线。这种间接标注的使用仅限于盲孔。

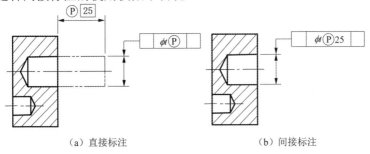

（a）直接标注　　　　　　　　（b）间接标注

图 4-33　延伸被测要素的标注

七、自由状态的标注

对于非刚性零件自由状态下的公差要求，应采用规范的附加符号 Ⓕ 表示，此符号加注在相应公差值的后面。自由状态的标注如图 4-34 所示。

图 4-34　自由状态的标注

自由状态的标注

八、几何公差带的特点分析

1．形状公差带的特点

形状公差是指单一实际被测要素的形状所允许的变动全量，它不涉及基准，形状公差带的方位可以浮动。形状公差带的定义、标注示例和解释如表 4-5 所示。

表 4-5　形状公差带的定义、标注示例及解释（摘自 GB/T 1182－2018）

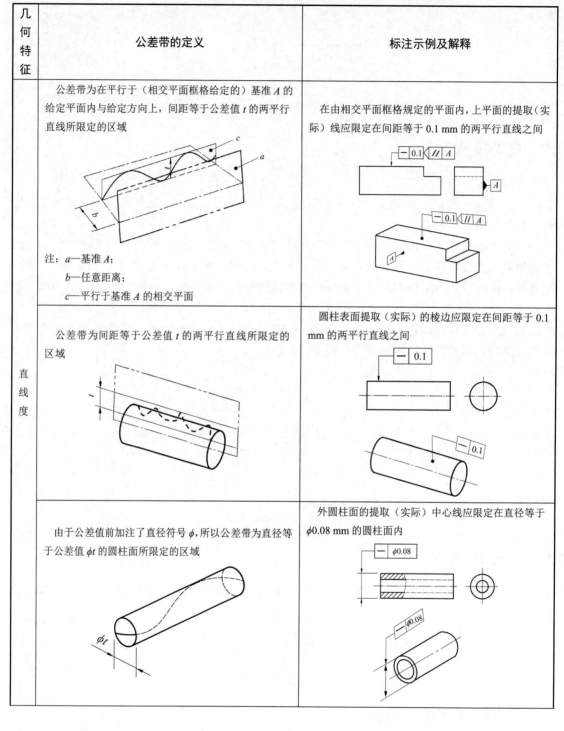

几何特征	公差带的定义	标注示例及解释
直线度	公差带为在平行于（相交平面框格给定的）基准 A 的给定平面内与给定方向上，间距等于公差值 t 的两平行直线所限定的区域 注：a—基准 A； 　　b—任意距离； 　　c—平行于基准 A 的相交平面	在由相交平面框格规定的平面内，上平面的提取（实际）线应限定在间距等于 0.1 mm 的两平行直线之间
	公差带为间距等于公差值 t 的两平行直线所限定的区域	圆柱表面提取（实际）的棱边应限定在间距等于 0.1 mm 的两平行直线之间
	由于公差值前加注了直径符号 ϕ，所以公差带为直径等于公差值 ϕt 的圆柱面所限定的区域	外圆柱面的提取（实际）中心线应限定在直径等于 $\phi 0.08$ mm 的圆柱面内

续表

几何特征	公差带的定义	标注示例及解释
平面度	公差带为间距等于公差值 t 的两平行平面所限定的区域	提取（实际）表面应限定在间距等于 0.08 mm 的两平行平面之间
圆度	公差带为在给定横截面内，半径差等于公差值 t 的两同心圆所限定的区域 注：a—任意相交平面（任意横截面）	在圆柱面和圆锥面的任意横截面内，提取（实际）圆周应限定在半径差等于 0.03 mm 的两共面同心圆之间
圆柱度	公差带为半径差等于公差值 t 的两同轴圆柱面所限定的区域	提取（实际）圆柱面应限定在半径差等于 0.1 mm 的两同轴圆柱面之间

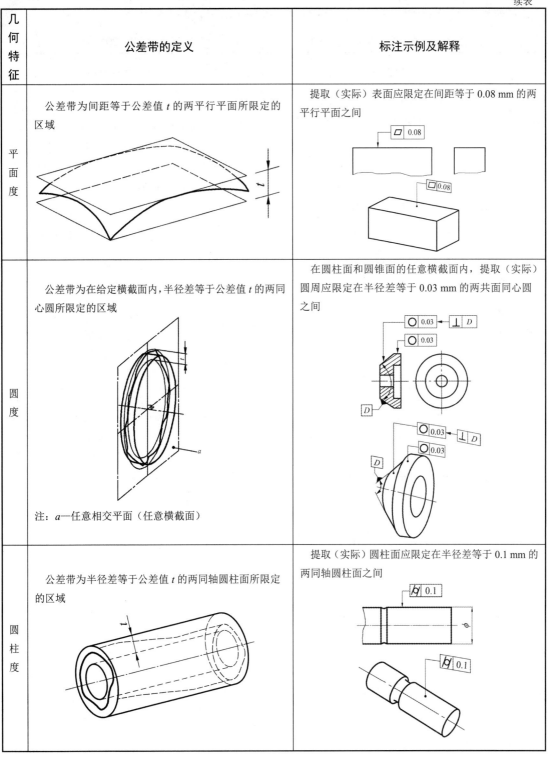

2. 轮廓度公差带的特点

轮廓度公差带是控制被测要素的曲线或曲面。轮廓度公差分为线轮廓度公差和面轮廓度公差两种几何特征。无基准要求的轮廓度公差为形状公差，有基准要求的轮廓度公差为方向公差或位置公差。线、面轮廓度公差带的定义和标注示例如表 4-6 所示。

表 4-6　线、面轮廓度公差带的定义和标注示例（摘自 GB/T 1182－2018）

几何特征		公差带的定义	标注示例及解释
线轮廓度	与基准不相关的线轮廓度	公差带为直径等于公差值 t，圆心位于具有理论正确几何形状上的一系列圆的两包络线所限定的区域 注：a—基准平面 A； 　　b—任意距离； 　　c—平行于基准平面 A 的平面	在任一平行于基准平面 A 的截面内，提取（实际）轮廓线应限定在直径等于 0.04 mm，圆心位于理论正确几何形状上的一系列圆的两等距包络线之间。可使用 UF 表示组合要素上的三个圆弧部分组成联合要素
	相对于基准体系的线轮廓度	公差带为直径等于公差值 t，圆心位于由基准平面 A 和基准平面 B 确定的被测要素理论正确几何形状上的一系列圆的两包络线所限定的区域 注：a—基准平面 A； 　　b—基准平面 B； 　　c—平行于基准平面 A 的平面	在任一由相交平面框格规定的平行于基准平面 A 的截面内，提取（实际）轮廓线应限定在直径等于 0.04 mm，圆心位于由基准平面 A 和基准平面 B 确定的被测要素理论正确几何形状上的一系列圆的两等距包络线之间

续表

几何特征		公差带的定义	标注示例及解释
面轮廓度	与基准不相关的面轮廓度	公差带为直径等于公差值 t，球心位于理论正确几何形状上的一系列圆球的两包络面所限定的区域 	提取（实际）轮廓面应限定在直径等于 0.02 mm，球心位于被测要素理论正确几何形状上的一系列圆球的两等距包络面之间
	相对于基准的面轮廓度	公差带为直径等于公差值 t，球心位于由基准平面 A 确定的被测要素理论正确几何形状上的一系列圆球的两包络面所限定的区域 注：a—基准 A	提取（实际）轮廓面应限定在直径等于 0.1 mm，球心位于由基准平面 A 确定的被测要素理论正确几何形状上的一系列圆球的两等距包络面之间

3．方向公差带的特点

方向公差是指实际关联要素对基准要素的理想方向的允许变动量。

方向公差涉及基准，被测要素相对于基准要素必须保持图样给定的平行、垂直和倾斜所夹角度的方向关系，被测要素相对于基准的方向关系要求由理论正确角度来确定。

方向公差的公差带的方向是固定的，由基准确定，其位置可以在公差带内浮动。方向公差带能把同一被测要素的形状误差控制在方向公差带范围内。因此，对某一被测要素给出方向公差后，仅在其形状精度有进一步要求时，才另外给出形状公差，但形状公差值必须小于方向公差值。

方向公差包括平行度、垂直度和倾斜度。每一种方向公差都有面对面、面对线、线对面、线对线、线对基准体系五种情况。方向公差带的定义和标注示例如表 4-7 所示。

表 4-7　方向公差带的定义和标注示例（摘自 GB/T 1182－2018）

项目		公差带的定义	标注示例及解释
平行度	面对基准平面的平行度	公差带为间距等于公差值 t，平行于基准平面的两平行平面所限定的区域	提取（实际）表面应限定在间距等于 0.1 mm，平行于基准平面 D 的两平行平面之间
	面对基准线的平行度	公差带为间距等于公差值 t，平行于基准线的两平行平面所限定的区域	提取（实际）表面应限定在间距等于 0.1 mm，平行于基准轴线 C 的两平行平面之间
	线对基准平面的平行度	公差带为间距等于公差值 t 的两平行直线所限定的区域。该两平行直线平行于基准平面 A 且处于平行于基准平面 B 的平面内	每条由相交平面框格规定的，平行于基准平面 B 的提取（实际）线，应限定在间距等于 0.02 mm，平行于基准平面 A 的两平行直线之间。基准平面 B 为基准平面 A 的辅助基准

项目		公差带的定义	标注示例及解释
平行度	线对基准平面的平行度	公差带为平行于基准平面，间距等于公差值 t 的两平行平面所限定的区域 基准平面	提取（实际）中心线应限定在间距等于 0.01 mm，平行于基准平面 *B* 的两平行平面之间 ‖ 0.01 *B* *B* ‖ 0.01 *B* *B*
	线对基准轴线的平行度	若公差值前加注了符号 φ，公差带为平行于基准轴线、且直径等于公差值 φt 的圆柱面所限定的区域 φt 基准轴线	提取（实际）中心线应限定在平行于基准轴线 *A*，直径等于 φ0.03 mm 的圆柱面内 ‖ φ0.03 *A* *A* ‖ φ0.03 *A* *A*
	线对基准体系的平行度	公差带为间距等于公差值 *t*，平行于两基准的两平行平面所限定的区域 基准平面 基准轴线	提取（实际）中心线应限定在间距等于 0.1 mm 且平行于基准轴线 *A* 的两平行平面之间。限定公差带的平面均平行于由定向平面框格规定的基准平面 *B*。基准平面 *B* 为基准轴线 *A* 的辅助基准 ‖ 0.1 *A* ‖ *B* *B*　*A* ‖ 0.1 *A* ‖ *B* *A* *B*

项目		公差带的定义	标注示例及解释
平行度	线对基准体系的平行度	公差带为平行于基准轴线和平行或垂直于基准平面，间距分别等于公差值 t_1 和 t_2，且互相垂直的两组平行平面所限定的区域 基准平面 基准轴线	提取（实际）中心线应限定在两对间距公差值分别等于 0.1 mm 和 0.2 mm 且平行于基准轴线 A 的平行平面之间。定向平面框格规定了公差带宽度相对于基准平面 B 的方向。基准平面 B 为基准轴线 A 的辅助基准。定向平面框格规定了公差带为 0.2 mm 的限定平面垂直于定向平面 B，公差带为 0.1 mm 的限定平面平行于定向平面 B
垂直度	面对基准平面的垂直度	公差带为间距等于公差值 t，垂直于基准平面的两平行平面所限定的区域 基准平面	提取（实际）表面应限定在间距等于 0.08 mm，垂直于基准平面 A 的两平行平面之间

续表

项目		公差带的定义	标注示例及解释
垂直度	面对基准轴线的垂直度	公差带为间距等于公差值 t 且垂直于基准轴线的两平行平面所限定的区域 基准轴线	提取（实际）表面应限定在间距等于 0.08 mm 的两平行平面之间，该两平行平面垂直于基准轴线 A ⊥ 0.08 A ⊥ 0.08 A
	线对基准平面的垂直度	若公差值前加注符号 ϕ，公差带为直径等于公差值 ϕt，轴线垂直于基准平面的圆柱面所限定的区域 基准平面 ϕt	圆柱面的提取（实际）中心线应限定在直径等于 ϕ0.01 mm 且垂直于基准平面 A 的圆柱面内 ⊥ ϕ0.01 A A ⊥ ϕ0.01 A A
	线对基准轴线的垂直度	公差带为间距等于公差值 t 且垂直于基准轴线的两平行平面所限定的区域 基准轴线	提取（实际）中心线应限定在间距等于 0.06 mm 且垂直于基准轴线 A 的两平行平面之间 ⊥ 0.06 A A ⊥ 0.06 A A

项目		公差带的定义	标注示例及解释
垂直度	线对基准体系的垂直度	公差带为间距等于公差值 t 的两平行平面所限定的区域。该两平行平面垂直于基准平面 A 且平行于辅助基准平面 B	圆柱面的提取（实际）中心线应限定在间距等于 0.1 mm 的两平行平面之间。该两平行平面垂直于基准平面 A 且方向由基准平面 B 规定。基准平面 B 为基准平面 A 的辅助基准
倾斜度	面对基准轴线的倾斜度	公差带为间距等于公差值 t 的两平行平面所限定的区域。该两平行平面按规定角度倾斜于基准轴线	提取（实际）表面应限定在间距等于 0.1 mm 的两平行平面之间。该两平行平面按理论正确角度 75° 倾斜于基准轴线 A
	面对基准平面的倾斜度	公差带为间距等于公差值 t 的两平行平面所限定的区域。该两平行平面按给定的角度倾斜于基准平面	提取（实际）表面应限定在间距等于 0.08 mm 的两平行平面之间。该两平行平面按理论正确角度 40° 倾斜于基准平面 A

续表

项目		公差带的定义	标注示例及解释
倾斜度	线对基准轴线的倾斜度	公差带为间距等于公差值 t 的两平行平面所限定的区域。该两平行平面按规定角度倾斜于基准轴线。被测线与基准轴线在同一平面内 	提取（实际）中心线应限定在间距等于 0.08 mm 的两平行平面之间。该两平行平面按理论正确角度 60° 倾斜于公共基准轴线 $A—B$
	线对基准体系的倾斜度	若公差带前加注符号 ϕ，则公差带为直径等于公差值 ϕt 的圆柱面所限定的区域。该圆柱面公差带的轴线按规定角度倾斜于基准平面 A 且平行于基准平面 B 	提取（实际）中心线应限定在直径等于 $\phi 0.1$ mm 的圆柱面之间。该圆柱面的中心线按理论正确角度 60° 倾斜于基准平面 A 且平行于基准平面 B

4. 位置公差带的特点

位置公差是实际关联要素对基准要素在位置上允许的变动全量。位置公差包括同轴度、对称度和位置度。给定位置度的被测要素相对于基准要素必须保持图样给定的正确位置关系，被测要素相对于基准的正确位置关系应由理论正确尺寸来确定。

（1）同轴度用于控制轴类零件的被测轴线对基准轴线的同轴度误差。当被测要素为点时，称为同心度。

（2）对称度用来控制槽类的中心平面对基准平面（或轴线）的共面性（或共线性）误差。

（3）位置度用来控制被测要素（点、线、面）对基准要素的位置误差。

位置公差涉及基准，公差带的方位（主要是位置）是固定的。

位置公差带在控制被测要素相对于基准位置的误差的同时，能够自然地控制被测要素相对于基准的方向误差和被测要素的形状误差。

位置公差的定义及标注示例如表 4-8 所示。

表 4-8　位置公差带的定义及标注示例（摘自 GB/T 1182－2018）

几何特征		公差带的的定义	标注示例及解释
同心度和同轴度	点的同心度	公差值前加注了符号 ϕ，公差带为直径等于公差值 ϕt 的圆周所限定的区域。该圆周公差带的圆心与基准点重合	在任意横截面内，内圆的提取（实际）中心应限定在直径等于 $\phi 0.1$ mm 且以基准点 A（在同一横截面内）为圆心的圆周内
	轴线的同轴度	若公差值前加注了符号 ϕ，则公差带为直径等于公差值 ϕt 的圆柱面所限定的区域。该圆柱面的轴线与基准轴线重合	被测圆柱的提取（实际）中心线应限定在直径等于 $\phi 0.1$ mm 且以基准轴线 A 为轴线的圆柱面内
对称度		公差带为间距等于公差值 t 且对称于基准中心平面的两平行平面所限定的区域	提取（实际）中心面应限定在间距等于 0.08 mm 且对称于公共基准中心平面 $A－B$ 的两平行平面之间

续表

几何特征		公差带的定义	标注示例及解释
位置度	点的位置度	公差值前加注了符号 $S\phi$，因此公差带为直径等于公差值 $S\phi t$ 的圆球面所限定的区域。该圆球面的中心位置由相对于基准平面 A、B、C 的理论正确尺寸确定 	提取（实际）球心应限定在直径等于 $S\phi 0.3$ mm 的圆球面内。该圆球面的中心由基准平面 A、基准平面 B、基准中心平面 C 及被测球所确定的理论正确位置一致。
	线的位置度	若公差值前加注符号 ϕ，则公差带是直径为公差值 ϕt 的圆柱面所限定的区域。该圆柱面轴线的位置由相对于基准平面 A、B、C 和理论正确尺寸确定 	提取（实际）中心线应限定在直径等于 $\phi 0.08$ mm 的圆柱面内。该圆柱面的轴线应处于由基准平面 C、A、B 和被测孔所确定的理论正确位置
		公差带为间距等于公差值 t 且对称于要素中心线的两平行平面所限定的区域。中心平面的位置由相对于基准平面 A、B 的理论正确尺寸确定。规范仅适用于一个方向 	各条刻线的提取（实际）中心线应限定在距离等于 0.1 mm，对称于基准平面 A、B 与被测线所确定的理论正确位置的两平行平面之间

续表

几何特征		公差带的定义	标注示例及解释
位置度	平面的位置度	公差带为间距等于公差值 t 的两平行平面之间。该两平行平面对称于由基准平面 A、基准轴线 B 与被测表面所确定的理论正确位置 基准平面 A 基准轴线 B α L $t/2$ $t/2$	提取（实际）表面应限定在间距等于 0.05 mm 的两平行平面之间。该两平行平面对称于由基准平面 A、基准轴线 B 与该被测表面所确定的理论正确位置 15 105° B ϕD ⊕ | 0.05 | A | B A 105° ϕD ⊕ | 0.05 | A | B B 15 A

5. 跳动公差的特点

跳动公差为实际关联要素绕基准轴线回转一周或连续回转所允许的最大变动量。跳动公差是以特定的检测方式为依据而给定的公差项目，用于综合控制被测要素的形状误差和位置误差，能将某些几何误差综合反映在测量结果中，有一定的综合控制功能。测量时测头的方向要求始终垂直于被测要素，即除特殊规定外，其测量方向是被测面的法线方向。

跳动公差带是控制被测要素为圆柱体的圆柱面、端面，圆锥体的圆锥面、曲面等组成要素（轮廓要素）公差带。跳动公差的基准要素为轴线。

跳动公差包括圆跳动和全跳动。

1）圆跳动

圆跳动是指实际被测的组成要素（轮廓要素）绕基准轴线作无轴向移动回转一周时，由位置固定的指示计在给定方向上测得的最大值与最小值之差。圆跳动公差是指上述测得示值之差的允许变动量。

根据测量方向，圆跳动分为径向圆跳动（测杆轴线垂直于基准轴线）、轴向圆跳动（测杆轴线平行于基准轴线）和斜向圆跳动（测杆轴线倾斜于基准轴线）。

2）全跳动

全跳动是指实际被测的组成要素（轮廓要素）绕基准轴线作无轴向移动连续回转，同时指示计沿给定方向的理想直线连续移动（或被测的组成要素每回转一周，指示计沿给定方向的理想直线作间断移动）时，指示计在给定方向测得的最大值与最小值之差。全跳动公差是指上述测得示值之差的允许变动量。全跳动控制的是整个被测要素相对于基准要素的跳动总量。

全跳动公差分为径向全跳动和轴向全跳动。

常用跳动公差带的定义及标注示例如表 4-9 所示。

几何公差标注改错题

　　跳动公差带能综合控制同一被测要素的形状、方向和位置误差。例如，径向圆跳动公差带可以同时控制同轴度误差和圆度误差；径向全跳动公差带可以同时控制同轴度误差和圆柱度误差；轴向全跳动公差可以同时控制端面对基准轴线的垂直度误差和平面度误差。

　　对某要素使用跳动公差，若不能满足功能要求，则可另行给出形状、方向和位置公差，其公差值应遵循形状公差小于方向公差，方向公差小于位置公差，位置公差小于跳动公差的原则。

表 4-9　常用跳动公差带的定义及标注示例（摘自 GB/T 1182－2018）

几何特征		公差带的定义	标注示例及解释
圆跳动	径向圆跳动	公差带为在任一垂直于基准轴线的横截面内、半径差等于公差值 t 且圆心在基准轴线上的两同心圆所限定的区域 注：a—基准轴线； 　　b—垂直于基准轴线的横截面	在任一垂直于基准轴线 A 的横截面内，提取（实际）线应限定在半径差等于 0.1 mm，圆心在基准轴线 A 上的两共面同心圆之间，见图（a）。 在任一平行于基准平面 B、垂直于基准轴线 A 的横截面上，提取（实际）圆应限定在半径差等于 0.1 mm，圆心在基准轴线 A 上的两同心圆之间，见图（b） （a）　　　　　（b）
	轴向圆跳动	公差带为在与基准轴线同轴的任意半径的圆柱截面上，间距等于公差值 t 的两圆所限定的圆柱面区域	在与基准轴线 D 同轴的任一圆柱形截面上，提取（实际）圆应限定在轴向距离等于 0.1 mm 的两个等圆之间

续表

几何特征		公差带的定义	标注示例及解释
圆跳动	斜向圆跳动	公差带为在与基准轴线同轴的任一圆锥截面上，间距等于公差值 t 的两不等圆所限定的区域。除非另有规定，测量方向应沿被测表面的法向 	在与基准轴线 C 同轴的任一圆锥截面上，提取（实际）线应限定在素线方向间距等于 0.1 mm 的两个不等圆之间，并且截面的锥角与被测要素垂直
全跳动	径向全跳动	公差带为半径差等于公差值 t 且与基准轴线同轴的两圆柱面所限定的区域 	提取（实际）表面应限定在半径差等于 0.1 mm 且与公共基准轴线 $A-B$ 同轴的两圆柱面之间
	轴向全跳动	公差带为间距等于公差值 t 且垂直于基准轴线的两平行平面所限定的区域 	提取（实际）表面应限定在间距等于 0.1 mm 且垂直于基准轴线 D 的两平行平面之间

第三节 公差原则与公差要求

几何公差标注题

尺寸公差用于控制零件的尺寸误差，保证零件的尺寸精度要求；几何公差用于控制零件的几何误差，保证零件的几何精度要求。尺寸精度和几何精度是影响零件质量的两个关键要素。对零件中比较重要的几何参数，往往需要同时给定尺寸公差和几何公差，处理两者之间关系的原则，称为公差原则。按照几何公差与尺寸公差有无关系，将公差原则分为独立原则和相关要求。相关要求又可分为包容要求、最大实体要求、最小实体要求和可逆要求。

一、基本概念

1. 最大实体状态和最大实体尺寸

1) 最大实体状态

最大实体状态（MMC）为假定尺寸要素的提取组成要素的局部尺寸均位于极限尺寸且使其具有材料最多（实体最大）时的状态。

2) 最大实体尺寸

确定要素最大实体状态的尺寸为最大实体尺寸（MMS）。对内表面（孔）为下极限尺寸，用 D_M 表示；对外表面（轴）为上极限尺寸，用 d_M 表示。用公式表示为

$$D_M = D_{min} \qquad (4\text{-}1)$$
$$d_M = d_{max} \qquad (4\text{-}2)$$

2. 最小实体状态和最小实体尺寸

1) 最小实体状态

假定提取组成要素的局部尺寸处处位于极限尺寸且使其具有材料量最少（实体最小）时的状态称为最小实体状态（LMC）。

2) 最小实体尺寸

确定要素最小实体状态的尺寸为最小实体尺寸（LMS）。对内表面（孔）为上极限尺寸，用代号 D_L 表示；对外表面（轴）为下极限尺寸，用代号 d_L 表示。用公式表示为

$$D_L = D_{max} \qquad (4\text{-}3)$$
$$d_L = d_{min} \qquad (4\text{-}4)$$

3. 体外作用尺寸和体内作用尺寸

体外作用尺寸（EFS）指在被测要素的给定长度上，与实际内表面（孔）体外相接的最大理想面或与实际外表面（轴）体外相接的最小理想面的直径或宽度。孔、轴的体外作用尺寸分别用代号 D_{fe}、d_{fe} 表示。

体内作用尺寸（IFS）指在被测要素的给定长度上，与实际内表面（孔）体内相接的最小理想面或与实际外表面（轴）体内相接的最大理想面的直径或宽度。孔、轴的体内作用尺寸分别用代号 D_{fi}、d_{fi} 表示。单一要素的体外作用尺寸和体内作用尺寸如图 4-35 所示。

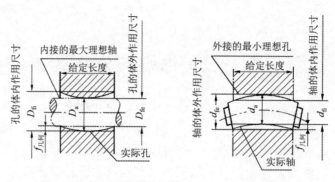

图 4-35　单一要素的体外作用尺寸和体内作用尺寸

对于关联要素，其体外作用尺寸理想面的轴线或中心平面必须与基准保持图样上规定的方向或位置关系。关联要素的作用尺寸如图 4-36 所示，其表示理想面的轴线必须垂直于基准平面 A。

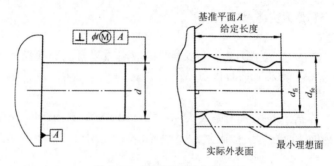

图 4-36　关联要素的作用尺寸

由图 4-35 和图 4-36 可知，几何误差 $f_{几何}$ 的内表面（孔）的体外作用尺寸小于其实际尺寸，几何误差 $f_{几何}$ 的外表面（轴）的体外作用尺寸大于其实际尺寸。用公式表示为

$$D_{fe} = D_a - f_{几何} \tag{4-5}$$
$$d_{fe} = d_a + f_{几何} \tag{4-6}$$

由图 4-35 和图 4-36 可知，几何误差 $f_{几何}$ 的内表面（孔）的体内作用尺寸大于其实际尺寸，几何误差 $f_{几何}$ 的外表面（轴）的体内作用尺寸小于其实际尺寸。用公式表示为

$$D_{fi} = D_a + f_{几何} \tag{4-7}$$
$$d_{fi} = d_a - f_{几何} \tag{4-8}$$

体外作用尺寸和体内作用尺寸是 GB/T 16671－1996 中规定的术语，在 2018 版新标准中已没有这两个术语，考虑到老版的标准在一些地方还在使用，特给出这两个术语及其定义。

4．最大实体实效状态和最大实体实效尺寸

1）最大实体实效状态

最大实体实效状态（MMVC）指在被测要素的给定长度上，实际要素处于最大实体状态且其导出要素的几何误差 $f_{几何}$ 等于给出公差值 $t_{几何}$ 时的综合极限状态。

2）最大实体实效尺寸

在最大实体实效状态下的体外作用尺寸称为最大实体实效尺寸（MMVS）。孔、轴的最大实体实效尺寸分别用代号 D_{MV} 和 d_{MV} 表示。用公式表示为

$$D_{MV} = D_M - t_{几何} \tag{4-9}$$

$$d_{MV} = d_M + t_{几何} \qquad (4\text{-}10)$$

5. 最小实体实效状态和最小实体实效尺寸

1）最小实体实效状态

最小实体实效状态（LMVC）指在被测要素的给定长度上，实际要素处于最小实体状态且其导出要素的几何误差 $f_{几何}$ 等于给出公差值 $t_{几何}$ 时的综合极限状态。

2）最小实体实效尺寸

在最小实体实效状态下的体内作用尺寸称为最小实体实效尺寸（LMVS）。孔、轴的最小实体实效尺寸分别用代号 D_{LV} 和 d_{LV} 表示。用公式表示为

$$D_{LV} = D_L + t_{几何} \qquad (4\text{-}11)$$

$$d_{LV} = d_L - t_{几何} \qquad (4\text{-}12)$$

6. 边界

边界是由设计人员给定的、具有理想形状的极限包容面（圆柱面或两平行平面）。边界尺寸为极限包容面的直径或距离。单一要素的边界没有方向和位置的约束，关联要素的边界应与基准保持图样上给定的方向和位置关系。边界分为以下几种。

1）最大实体边界

具有理想形状且边界尺寸为最大实体尺寸的包容面为最大实体边界（MMB）。

2）最小实体边界

具有理想形状且边界尺寸为最小实体尺寸的包容面为最小实体边界（LMB）。

3）最大实体实效边界

具有理想形状且边界尺寸为最大实体实效尺寸的包容面为最大实体实效边界（MMVB）。

4）最小实体实效边界

具有理想形状且边界尺寸为最小实体实效尺寸的包容面为最小实体实效边界（LMVB）。

为方便记忆，将以上有关公差原则的术语、表示符号及公式列在表 4-10 中。

表 4-10　有关公差原则的术语、表示符号及公式

术语	符号和公式	术语	符号和公式
孔的体外作用尺寸	$D_{fe} = D_a - f_{几何}$	最大实体尺寸	MMS
轴的体外作用尺寸	$d_{fe} = d_a + f_{几何}$	孔的最大实体尺寸	$D_M = D_{min}$
孔的体内作用尺寸	$D_{fi} = D_a + f_{几何}$	轴的最大实体尺寸	$d_M = d_{max}$
轴的体内作用尺寸	$d_{fi} = d_a - f_{几何}$	最小实体尺寸	LMS
最大实体状态	MMC	孔的最小实体尺寸	$D_L = D_{max}$
最大实体实效状态	MMVC	轴的最小实体尺寸	$d_L = d_{min}$
最小实体状态	LMC	最大实体实效尺寸	MMVS
最小实体实效状态	LMVC	孔的最大实体实效尺寸	$D_{MV} = D_M - t_{几何} = D_{min} - t_{几何}$
最大实体边界	MMB	轴的最大实体实效尺寸	$d_{MV} = d_M + t_{几何} = d_{max} + t_{几何}$
最大实体实效边界	MMVB	最小实体实效尺寸	LMVS
最小实体边界	LMB	孔的最小实体实效尺寸	$D_{LV} = D_L + t_{几何} = D_{max} + t_{几何}$
最小实体实效边界	LMVB	轴的最小实体实效尺寸	$d_{LV} = d_L - t_{几何} = d_{min} - t_{几何}$

二、独立原则

独立原则是指图样上给定的尺寸公差和几何公差要求均是独立的，应分别予以满足。尺寸公差控制尺寸误差，几何公差控制几何误差。图样中给出的尺寸公差和几何公差大多数遵守独立原则，因此该原则也是处理尺寸公差和几何公差相互关系的基本公差原则。采用独立原则时，图样上不需标注任何特定符号。

图 4-37 所示为独立原则的示例。该标注说明其提取圆柱面的局部尺寸应在上极限尺寸 $\phi150$ mm 和下极限尺寸 $\phi149.96$ mm 之间，且其形状误差应在给定的形状公差之内，即素线的直线度误差不得超过 0.06 mm，圆度误差不得超过 0.02 mm。

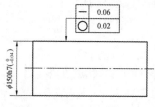

图 4-37　独立原则的示例

独立原则的适用范围较广，在尺寸公差和几何公差两者要求都严、一严一松、两者要求都松的情况下，使用独立原则都能满足要求。例如，印刷机滚筒几何公差要求严、尺寸公差要求松，通油孔几何公差要求松、尺寸公差要求严，连杆的小头孔尺寸公差、几何公差两者要求都严，它们使用独立原则均能满足要求。独立原则应用实例如图 4-38 所示。

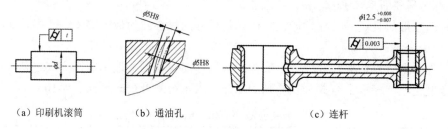

（a）印刷机滚筒　　　　　（b）通油孔　　　　　　　（c）连杆

图 4-38　独立原则应用实例

三、包容要求

包容要求（ER）是相关公差原则中的三种要求之一。包容要求是要求被测实际要素不得超越其最大实体边界，其局部尺寸不得超出其最小实体尺寸。包容要求适用于单一要素，如圆柱表面或两平行对应面。采用包容要求的单一要素，应在其尺寸极限偏差或公差带代号之后加注符号Ⓔ。

采用包容要求的合格条件是：被测要素的体外作用尺寸不得超出其最大实体尺寸，且局部尺寸处处不得超出最小实体尺寸，这就是泰勒原则。

对于外表面（轴）：

$$d_{fe} \leq d_M = d_{max}; \quad d_a \geq d_L = d_{min} \tag{4-13}$$

对于内表面（孔）：

$$D_{fe} \geq D_M = D_{min}; \quad D_a \leq D_L = D_{max} \tag{4-14}$$

图 4-39（a）所示的轴采用了包容要求。其含义为：该轴的最大实体边界为直径等于 $\phi20$

mm 的理想圆柱面，如图 4-39（b）所示。当轴的实际尺寸处处为最大实体尺寸 $\phi20$ mm 时，轴的直线度误差为 0；当轴的实际尺寸偏离最大实体尺寸时，可以允许轴的直线度（形状误差）相应增加，增加量为实际尺寸与最大实体尺寸之差（绝对值），其最大增加量等于尺寸公差，此时轴的实际尺寸应处处为最小实体尺寸，轴的直线度误差可增大到 $\phi0.03$ mm。图 4-39（c）所示为反映其补偿关系的动态公差图，表达了轴为不同实际尺寸时所允许的形状误差值。

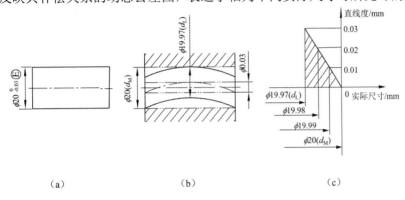

（a）　　　　　　　　（b）　　　　　　　　（c）

图 4-39　包容要求

综上所述，当采用包容要求时，尺寸公差不仅限制了要素的实际尺寸，还控制了要素的形状误差。包容要求主要用于有配合要求且极限盈隙必须严格得到保证的场合，即用最大实体边界保证必要的最小间隙或最大过盈；用最小实体尺寸防止间隙过大或过盈过小。

四、最大实体要求

最大实体要求（MMR）也是相关公差原则中的三种要求之一。最大实体要求是要求被测实际要素（多为关联要素）的实体（体外作用尺寸）应遵守其最大实体实效边界；当其实际尺寸偏离最大实体尺寸时，允许其几何误差值超出在最大实体状态下给定的公差值的一种公差要求。

最大实体要求适用于导出要素有几何公差要求的情况，既适用于被测导出要素，也适用于基准导出要素。应用时，前者应在被测要素的几何公差值后加注符号Ⓜ；后者应在基准字母之后加注符号Ⓜ。

采用最大实体要求的合格条件是：被测要素的体外作用尺寸不得超出其最大实体实效尺寸，且局部尺寸必须在最大实体尺寸与最小实体尺寸之间。

对于外表面（轴）：

$$d_{fe} \leq d_{MV} = d_M + t_{几何}; \quad d_L \leq d_a \leq d_M \tag{4-15}$$

对于内表面（孔）：

$$D_{fe} \geq D_{MV} = D_M - t_{几何}; \quad D_M \leq D_a \leq D_L \tag{4-16}$$

如图 4-40（a）所示，轴 $\phi20_{-0.3}^{0}$ 的轴线直线度公差采用最大实体要求，即当被测要素处于最大实体状态时，其轴线直线度公差为 $\phi0.1$ mm，则轴的最大实体实效尺寸

$$d_{MV} = d_{max} + t_{几何} = \phi20 + \phi0.1 = \phi20.1 \text{ mm}$$

d_{MV} 可确定的最大实体实效边界是一个直径为 $\phi20.1$ mm 的理想圆柱面（孔），如图 4-40（b）所示。该轴满足下列要求。

（1）该轴处于最大实体状态（$d_M = \phi20$ mm）时，允许轴线的直线度误差为给定的公差 $\phi0.1$ mm，如图 4-40（b）所示。

（2）当轴的尺寸偏离最大实体尺寸（计算偏离量的基准），如均为 $\phi19.9$ mm 时，这时偏离量 0.1 mm 可补偿给直线度公差，允许轴线的直线度误差为 $\phi0.2$ mm，即给定的直线度公差值 $\phi0.1$ mm 与偏离量 0.1 mm 之和。

（3）当轴的尺寸为最小实体尺寸 $\phi19.7$ mm 时，这时偏离量达到最大值 0.3 mm（等于尺寸公差），这时允许轴线的直线度误差为 $\phi0.4$ mm，即给定的直线度公差值 $\phi0.1$ mm 与尺寸公差 0.3 mm 之和，如图 4-40（c）所示。图 4-40（d）给出了直线度误差允许值随轴的局部实际尺寸变化的动态公差图。

（4）轴的实际尺寸必须在 $\phi19.7\sim\phi20$ mm 之间变化。

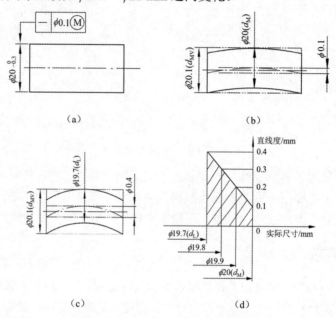

图 4-40　最大实体要求用于被测要素

最大实体要求的零几何公差是最大实体要求的特殊情况，允许在最大实体状态时给定公差值为零。此时，要求其实际轮廓处处不得超越最大实体边界，且该边界应与基准保持图样上给定的几何关系，要素实际轮廓的局部尺寸不得超过最小实体尺寸。图 4-41（a）所示的轴线直线度公差（$\phi0$ mm）是该轴为最大实体状态时给定的；若该轴为最小实体状态时，其轴线直线度公差允许达到的最大值为 $\phi0.3$ mm；若该轴处于最大实体状态和最小实体状态之间，其轴线直线度公差在 $\phi0\sim\phi0.3$ mm 之间变化，图 4-41（b）给出了直线度公差值随轴的局部实际尺寸变化的动态公差图。

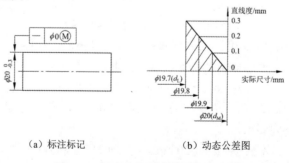

（a）标注标记　　　　　（b）动态公差图

图 4-41　最大实体要求的零几何公差

被测要素采用最大实体要求的零几何公差标注时，将 $t_{几何}=0$ 代入式（4-15）和式（4-16），得到式（4-17）和式（4-18）来检验零件是否合格。

对于外表面（轴）：

$$d_{fe} \leq d_M；\quad d_a \geq d_L \tag{4-17}$$

对于内表面（孔）：

$$D_{fe} \geq D_M；\quad D_a \leq D_L \tag{4-18}$$

由式（4-17）和式（4-18）可知，被测要素采用最大实体要求的零几何公差适用的场合与包容要求的应用相同，主要用于保证配合性质的要素。只是包容要求仅适合被测要素是单一要素的情况，而最大实体要求的零几何公差适用于被测要素是关联要素的情况。

最大实体要求与包容要求相比，由于实际要素的几何公差可以不分割尺寸公差值，因而在相同尺寸公差值的前提下，采用最大实体要求的实际尺寸精度更低些；对于几何公差而言，尺寸公差可以补偿几何公差，允许的最大几何公差等于图样给定的几何公差与尺寸公差之和。总之，与包容要求相比，最大实体要求可以得到较大的尺寸制造公差和几何制造公差，具有良好的工艺性和经济性。因此，最大实体要求常用于只要求具有可装配性的零件，如需保证装配成功率的螺栓或螺钉连接处的导出要素，一般是孔组轴线的位置度，还有槽类的对称度和同轴度。最大实体要求应用实例如图 4-42 所示。

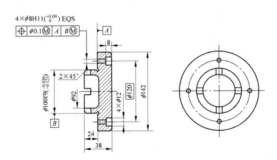

图 4-42　最大实体要求应用实例

五、最小实体要求

最小实体要求（LMR）也是相关公差原则中的三种要求之一。最小实体要求是要求被测实际要素的实体（体内作用尺寸）应遵守其最小实体实效边界，当其尺寸偏离最小实体尺寸时，允许其几何误差值超出在最小实体状态下给出的公差值。

最小实体要求适用于导出要素有几何公差要求的情况，既适用于被测导出要素，也适用于基准导出要素。应用时，前者应在被测要素的几何公差值后加注符号Ⓛ；后者应在基准字母之后加注符号Ⓛ。

采用最小实体要求的合格条件是：被测要素的体内作用尺寸不得超出其最小实体实效尺寸，且局部尺寸必须在最大实体尺寸与最小实体尺寸之间。

对于外表面（轴）：

$$d_{fi} \geq d_{LV}=d_L-t_{几何}；\quad d_L \leq d_a \leq d_M \tag{4-19}$$

对于内表面（孔）：

$$D_{fi} \leq D_{LV}=D_L+t_{几何}；\quad D_M \leq D_a \leq D_L \tag{4-20}$$

如图 4-43（a）所示的轴 $\phi 20_{-0.3}^{0}$ 的轴线直线度公差采用最小实体要求，即当被测要素处于

最小实体状态时，其轴线直线度公差为 $\phi0.1$ mm，则轴的最小实体实效尺寸

$$d_{LV} = d_{min} - t_{几何} = \phi19.7 - \phi0.1 = \phi19.6 \text{ mm}$$

d_{LV} 可确定的最小实体实效边界是一个直径为 $\phi19.6$ mm 的理想圆柱面（孔），如图 4-43（b）所示。该轴满足下列要求。

（1）该轴处于最小实体状态（$d_L = \phi19.7$ mm）时，允许轴线的直线度误差为给定的公差 $\phi0.1$ mm，如图 4-33（b）所示。

（2）当轴的尺寸偏离最小实体尺寸（计算偏离量的基准），如均为 $\phi19.8$ mm 时，这时偏离量 0.1 mm 可补偿给直线度公差，允许轴线的直线度误差为 $\phi0.2$ mm，即给定的直线度公差值 $\phi0.1$ mm 与偏离量 0.1 mm 之和。

（3）当轴的尺寸为最大实体尺寸 $\phi20$ mm 时，这时偏离量达到最大值 0.3 mm（等于尺寸公差），这时允许轴线的直线度误差为 $\phi0.4$ mm，即给定的直线度公差值 $\phi0.1$ mm 与尺寸公差 0.3 mm 之和。图 4-43（c）给出了直线度误差允许值随轴的局部实际尺寸变化的动态变动范围。

（4）轴的实际尺寸必须在 $\phi19.7 \sim \phi20$ mm 之间变化。

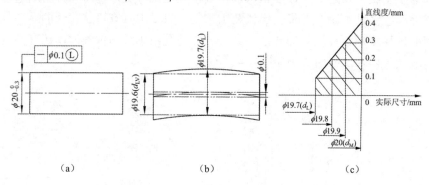

（a）　　　　　　　　　　（b）　　　　　　　　　　（c）

图 4-43　最小实体要求用于被测要素

最小实体要求的零几何公差是最小实体要求的特殊情况，允许在最小实体状态时给定公差值为零。此时，要求其实际轮廓处处不得超越最小实体边界，且该边界应与基准保持图样上给定的几何关系，要素实际轮廓的局部尺寸不得超越最大实体尺寸。图 4-44（a）所示的轴线直线度公差（$\phi0$ mm）是该轴为最小实体状态时给定的；若该轴为最大实体状态，其轴线直线度公差允许达到的最大值为 $\phi0.3$ mm；若该轴处于最大实体状态和最小实体状态之间，其轴线直线度公差在 $\phi0 \sim \phi0.3$ mm 之间变化，图 4-44（b）给出了直线度公差值随轴的局部实际尺寸变化的动态公差图。

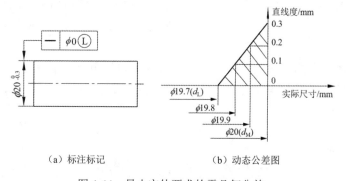

（a）标注标记　　　　　　　　　（b）动态公差图

图 4-44　最小实体要求的零几何公差

被测要素采用最小实体要求的零几何公差标注时，将 $t_{几何}=0$ 代入式（4-19）和式（4-20），得到式（4-21）和式（4-22）来检验零件是否合格。

对于外表面（轴）：

$$d_{fi} \geq d_L; \quad d_a \leq d_M \tag{4-21}$$

对于内表面（孔）：

$$D_{fi} \leq D_L; \quad D_a \geq D_M \tag{4-22}$$

显然，最小实体要求的零几何公差比最小实体要求更加严格。

最小实体要求主要用于保证零件的强度和最小壁厚，如减速器吊耳孔、空心的圆柱凸台、带孔的小垫圈等的导出要素，一般是中心轴线的位置度、同轴度等。最小实体要求应用实例如图 4-45 所示。

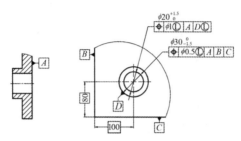

图 4-45 最小实体要求应用实例

六、可逆要求

可逆要求（RR）是当导出要素的几何误差小于给定的几何公差值时，允许在满足零件功能的前提下，扩大尺寸公差的一种公差要求。

可逆要求是一种反补偿要求，前面分析的最大实体要求与最小实体要求均是实体尺寸偏离最大实体尺寸或最小实体尺寸时，允许尺寸公差补偿给几何公差。而可逆要求反过来用几何公差补偿尺寸公差，即允许相应的尺寸公差增大。

可逆要求不单独使用，应与最大实体要求或最小实体要求一起使用。当可逆要求用于最大实体要求或最小实体要求时，并没有改变它们原来遵守的极限边界，只是在原有尺寸公差补偿几何公差的基础上，增加几何公差补偿尺寸公差的关系，为加工时根据需要分配尺寸公差和几何公差提供方便。

可逆要求的标注方法是：在图样上的符号 Ⓜ 或 Ⓛ 后加注可逆要求的符号Ⓡ，变为ⓂⓇ或ⓁⓇ。可逆要求用于最大实体要求和最小实体要求如图 4-46 和图 4-47 所示。从图中可看出，其动态变动范围的形状从直角梯形[见图 4-40（d）和图 4-43（c）]转为直角三角形（在直角梯形的直角短边处加一三角形）。

可逆要求用于只要求零件实际轮廓限定在某一控制边界内，不严格区分其尺寸公差和几何公差是否在允许范围内的情况。可逆要求用于最大实体要求时，主要应用于公差及配合无严格要求，仅要求保证装配互换的场合。可逆要求一般很少应用于最小实体要求。

当可逆要求应用于最大实体要求时，判断零件的合格条件如下。

对于外表面（轴）：

$$d_{fe} \leq d_{MV}; \quad d_a \geq d_L \tag{4-23}$$

对于内表面（孔）：

$$D_{fe} \geqslant D_{MV}; \quad D_a \leqslant D_L \tag{4-24}$$

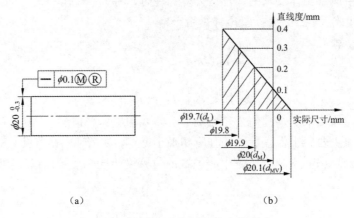

（a）　　　　　　　　　　　　　　（b）

图 4-46　可逆要求用于最大实体要求

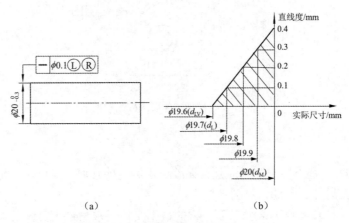

（a）　　　　　　　　　　　　　　（b）

图 4-47　可逆要求用于最小实体要求

　　综上所述，公差原则是解决生产一线中尺寸误差与几何误差关系等实际问题的常用规则。为了便于理解和记忆，表 4-11 列出了公差原则三种要求的详细比较，供读者参考。

表 4-11　公差原则三种要求的详细比较

相关公差原则			包容要求	最大实体要求	最小实体要求
标注			Ⓔ	Ⓜ，可逆要求时Ⓜ Ⓡ	Ⓛ，可逆要求时Ⓛ Ⓡ
几何公差的给定状态及公差值 t			最大实体状态下，给定 $t=0$	最大实体状态下，给定 $t>0$	最小实体状态下，给定 $t>0$
特殊情况			无	$t=0$ 时，称为最大实体要求的零几何公差	$t=0$ 时，称为最小实体要求的零几何公差
遵守的理想边界	边界名称		最大实体边界	最大实体实效边界	最小实体实效边界
	边界尺寸计算公式	孔	$MMB_D = D_M = D_{min}$	$MMVB_D = D_{MV} = D_{min} - t$	$LMVB_D = D_{LV} = D_{max} + t$
		轴	$MMB_d = d_M = d_{max}$	$MMVB_d = d_{MV} = d_{max} + t$	$LMVB_d = d_{LV} = d_{min} - t$

续表

相关公差原则		包容要求	最大实体要求	最小实体要求
几何公差 t 与尺寸公差 T 的关系	最大实体状态	$t=0$	$t>0$	$t_{max}=t+T$
	最小实体状态	$t_{max}=T$	$t_{max}=t+T$	$t>0$
合格条件	孔	$D_{fe} \geqslant D_M$ $D_a \leqslant D_L$	$D_{fe} \geqslant D_{MV}$ $D_M \leqslant D_a \leqslant D_L$	$D_{fi} \leqslant D_{LV}$ $D_M \leqslant D_a \leqslant D_L$
	轴	$d_{fe} \leqslant d_M$ $d_a \geqslant d_L$	$d_{fe} \leqslant d_{MV}$ $d_L \leqslant d_a \leqslant d_M$	$d_{fi} \geqslant d_{LV}$ $d_L \leqslant d_a \leqslant d_M$
适用范围		保证配合性质的单一要素	保证容易装配的关联导出要素	保证零件强度和最小壁厚的关联导出要素
可逆要求		不适用。尺寸公差只能补偿给几何公差	适用。不仅尺寸公差能补偿给几何公差；而且在一定条件下，几何公差也能补偿给尺寸公差	适用。不仅尺寸公差能补偿给几何公差；而且在一定条件下，几何公差也能补偿给尺寸公差

第四节　几何公差的设计

机械零件几何精度的设计是机械精度设计中的重要内容。对于那些有较高几何精度要求的要素，几何精度设计的内容包括如何选择几何公差特征项目、公差等级和公差值、公差原则及基准要素；对于那些用一般加工工艺就能达到的几何精度要求的要素应采用未注几何公差。

一、几何公差特征项目的选用

几何公差特征项目一般是依据零件的几何特征、功能要求、检验方便性和经济性等多方面因素，经综合分析后决定的。总原则是：在保证零件功能要求的前提下，尽量使几何公差项目减少，检测方法简便，以获得较好的经济效益。具体应考虑以下几点。

1. 零件的几何特征

形状公差项目的设计主要是按要素的几何形状特征制定的，这是设计单一要素公差项目的基本依据。例如，圆柱形零件的外圆会出现圆度、圆柱度误差，其轴线会出现直线度误差；平面零件会出现平面度误差。因此，对上述零件可分别选择圆度公差或圆柱度公差、直线度公差和平面度公差。

方向和位置公差项目的设计主要是按照要素间的几何方位关系制定的，因此设计关联要素的公差项目是以它与基准间的几何方位关系为基本依据的。例如，槽类零件会出现对称度误差；阶梯轴（孔）会出现同轴度误差；凸轮类零件会出现轮廓度误差等。因此，对上述零件可分别选择对称度公差、同轴度公差和轮廓度公差等。

2. 零件的使用要求

从要素的几何误差对零件在机器中使用性能的影响入手，确定所要控制的几何公差项目。例如，圆柱形零件，当仅需要顺利装配，或保证轴、孔之间的相对运动以减少磨损时，可选轴线的直线度公差；如果轴、孔之间既有相对运动，又要求密封性能好，为了保证在整个配合表面有均匀的小间隙，需要标注圆柱度公差，如柱塞与柱塞套、阀芯与阀体等；平面的形状误差将影响支承面的稳定性和定位可靠性，影响贴合面的密封性和滑动面的磨损，因此机床导轨应规定导轨直线度或平面度公差要求；轮廓表面或导出要素的方向或位置误差将直接决定机器的装配精度和运动精度，如减速箱上各轴承孔轴线间的平行度误差会影响齿轮的接触精度和齿侧间隙的均匀性，为了保证齿轮正确啮合，需要对其规定轴线之间的平行度公差；滚动轴承的定位轴肩和轴线不垂直将影响轴承的旋转精度，此时需要规定垂直度公差。

3. 几何公差的控制功能

各项几何公差的控制功能不尽相同，选择时应尽量发挥能综合控制的公差项目的职能，以减少几何公差项目。例如，位置公差可以控制与之有关的方向误差和形状误差；方向公差可以控制与之有关的形状误差；跳动公差可以控制与之有关的位置、方向和形状误差等。这种几何公差之间的关系可作为优先选择公差项目的参考依据。

4. 检测的方便性

确定公差项目必须与检测条件相结合，考虑现有条件检测的可能性与经济性。当同样满足零件的使用要求时，应选用检测简便的项目。例如，对轴类零件，可用径向圆跳动或径向全跳动代替圆度、圆柱度及同轴度公差。因为跳动公差检测方便，且具有综合控制功能。

由于零件种类繁多，功能要求各异，设计者只有在充分明确所设计零件的功能要求、熟悉零件的加工工艺和具有一定的检测经验的情况下，才能对零件提出更合理、恰当的几何差项目。

二、几何公差等级（公差值）的选用

国家标准《形状和位置公差 未注公差值》（GB/T 1184－1996）规定几何公差值分为注出公差和未注公差两类。对于几何公差要求不高，用一般的机械加工方法和加工设备都能保证加工精度，或由线性尺寸公差或角度公差所控制的几何公差已能保证零件的要求时，不必将几何公差在图样上注出，而用未注公差来控制，这样做既可以简化制图，又突出了注出公差的要求。而对于零件几何公差要求较高，或者功能要求允许大于未注公差值，而这个较大的公差值会给工厂带来经济效益时，这个较大的公差值应采用注出公差值。

1. 几何公差未注公差值的规定

图样上没有具体标注几何公差值的要求时，其几何精度要求由未注几何公差来控制。GB/T 1184－1996 对未注直线度、平面度、垂直度、对称度、圆跳动规定了 H、K、L 三种公差等级，H 级最高，L 级最低。选用时应在技术要求中注出标准号及公差等级代号，如未注几何公差按 GB/T 1184－K。

圆度的未注公差值等于相应圆柱面的直径公差值，但不能大于表 4-12 中的圆跳动的未注公差值。

表 4-12　圆跳动的未注公差值（摘自 GB/T 1184－1996）

公差等级	圆跳动公差值/mm
H	0.1
K	0.2
L	0.5

对圆柱度的未注公差值不做规定。圆柱度误差由圆度、直线度和相应素线的平行度误差组成，而其中每一项误差均由它们的注出公差或未注公差控制。

表 4-13～表 4-15 给出了常用的几何公差未注公差的分级和数值。

未注的平行度公差一般等于给出的尺寸公差值，或者取平面度和直线度未注公差值中较大的相应公差值。

对同轴度的未注公差值没有明确规定，在极限情况下，可以和圆跳动的未注公差值相等，选两要素中较长者为基准，若两要素长度相等，任选一个要素作为基准。

对于线轮廓度、面轮廓度、倾斜度、位置度和全跳动的未注几何公差，均由各要素的注出或未注几何公差、线性尺寸公差或角度公差控制，对这些项目的未注公差不必给出特殊的标注。

表 4-13　直线度和平面度的未注公差值（摘自 GB/T 1184－1996）

公差等级	基本长度范围/mm					
	～10	>10～30	>30～100	>100～300	>300～1 000	>1 000～3 000
H	0.02	0.05	0.1	0.2	0.3	0.4
K	0.05	0.1	0.2	0.4	0.6	0.8
L	0.1	0.2	0.4	0.8	1.2	1.6

表 4-14　垂直度的未注公差值（摘自 GB/T 1184－1996）

公差等级	基本长度范围/mm			
	～100	>100～300	>300～1 000	>1 000～3 000
H	0.2	0.3	0.4	0.5
K	0.4	0.6	0.8	1
L	0.6	1	1.5	2

表 4-15　对称度的未注公差值（摘自 GB/T 1184－1996）

公差等级	基本长度范围/mm			
	～100	>100～300	>300～1 000	>1 000～3 000
H	0.5			
K	0.6		0.8	1
L	0.6	1	1.5	2

2．几何公差注出公差值的规定

几何公差注出公差值的大小是由公差等级确定的。除了线轮廓度、面轮廓度和位置度国家标准未规定公差等级，其余项目均有规定，各项目的各级注出公差值如表 4-16～表 4-19 所示。

表 4-16 直线度和平面度的公差值（摘自 GB/T 1184−1996）

主参数 L / mm	公差等级/μm											
	1	2	3	4	5	6	7	8	9	10	11	12
≤10	0.2	0.4	0.8	1.2	2	3	5	8	12	20	30	60
>10~16	0.25	0.5	1	1.5	2.5	4	6	10	15	25	40	80
>16~25	0.3	0.6	1.2	2	3	5	8	12	20	30	50	100
>25~40	0.4	0.8	1.5	2.5	4	6	10	15	25	40	60	120
>40~63	0.5	1	2	3	5	8	12	20	30	50	80	150
>63~100	0.6	1.2	2.5	4	6	10	15	25	40	60	100	200
>100~160	0.8	1.5	3	5	8	12	20	30	50	80	120	250
>160~250	1	2	4	6	10	15	25	40	60	100	150	300
>250~400	1.2	2.5	5	8	12	20	30	50	80	120	200	400
>400~630	1.5	3	6	10	15	25	40	60	100	150	250	500

注：主参数 L 为轴、直线、平面的长度。

表 4-17 圆度和圆柱度的公差值（摘自 GB/T 1184−1996）

主参数 d (D) / mm	公差等级/μm												
	0	1	2	3	4	5	6	7	8	9	10	11	12
≤3	0.1	0.2	0.3	0.5	0.8	1.2	2	3	4	6	10	14	25
>3~6	0.1	0.2	0.4	0.6	1	1.5	2.5	4	5	8	12	18	30
>6~10	0.12	0.25	0.4	0.6	1	1.5	2.5	4	6	9	15	22	36
>10~18	0.15	0.25	0.5	0.8	1.2	2	3	5	8	11	18	27	43
>18~30	0.2	0.3	0.6	1	1.5	2.5	4	6	9	13	21	33	52
>30~50	0.25	0.4	0.6	1	1.5	2.5	4	7	11	16	25	39	62
>50~80	0.3	0.5	0.8	1.2	2	3	5	8	13	19	30	46	74
>80~120	0.4	0.6	1	1.5	2.5	4	6	10	15	22	35	54	87
>120~180	0.6	1	1.2	2	3.5	5	8	12	18	25	40	63	100
>180~250	0.8	1.2	2	3	4.5	6	10	14	20	29	46	72	115
>250~315	1.0	1.6	2.5	4	6	8	12	16	23	32	52	81	130
>315~400	1.2	2	3	5	7	9	13	18	25	36	57	89	140
>400~500	1.5	2.5	4	6	8	10	15	20	27	40	63	97	155

注：主参数 $d (D)$ 为轴（孔）的直径。

表 4-18 平行度、垂直度和倾斜度的公差值（摘自 GB/T 1184−1996）

主参数 L、d (D) / mm	公差等级/μm											
	1	2	3	4	5	6	7	8	9	10	11	12
≤10	0.4	0.8	1.5	3	5	8	12	20	30	50	80	120
>10~16	0.5	1	2	4	6	10	15	25	40	60	100	150
>16~25	0.6	1.2	2.5	5	8	12	20	30	50	80	120	200
>25~40	0.8	1.5	3	6	10	15	25	40	60	100	150	250
>40~63	1	2	4	8	12	20	30	50	80	120	200	300
>63~100	1.2	2.5	5	10	15	25	40	60	100	150	250	400
>100~160	1.5	3	6	12	20	30	50	80	120	200	300	500
>160~250	2	4	8	15	25	40	60	100	150	250	400	600
>250~400	2.5	5	10	20	30	50	80	120	200	300	500	800
>400~630	3	6	12	25	40	60	100	150	250	400	600	1 000

注：1. 主参数 L 为给定平行度时轴线或平面的长度，或给定垂直度、倾斜度时被测要素的长度。

2. 主参数 $d (D)$ 为给定面对线垂直度时，被测要素的轴（孔）直径。

表 4-19 同轴度、对称度、圆跳动和全跳动的公差值（摘自 GB/T 1184－1996）

主参数 d(D)、B、L / mm	公差等级/μm											
	1	2	3	4	5	6	7	8	9	10	11	12
≤1	0.4	0.6	1.0	1.5	2.5	4	6	10	15	25	40	60
>1~3	0.4	0.6	1.0	1.5	2.5	4	6	10	20	40	60	120
>3~6	0.5	0.8	1.2	2	3	5	8	12	25	50	80	150
>6~10	0.6	1	1.5	2.5	4	6	10	15	30	60	100	200
>10~18	0.8	1.2	2	3	5	8	12	20	40	80	120	250
>18~30	1	1.5	2.5	4	6	10	15	25	50	100	150	300
>30~50	1.2	2	3	5	8	12	20	30	60	120	200	400
>50~120	1.5	2.5	4	6	10	15	25	40	80	150	250	500
>120~250	2	3	5	8	12	20	30	50	100	200	300	600
>250~500	2.5	4	6	10	15	25	40	60	120	250	400	800

注：1. 主参数 d（D）为给定同轴度，或给定圆跳动、全跳动时的轴（孔）直径；

2. 圆锥体斜向圆跳动公差的主参数为平均直径；

3. 主参数 B 为给定对称度时槽的宽度；

4. 主参数 L 为给定两孔对称度时的孔心距。

对位置度，国家标准只规定了公差值数系，而未规定公差等级。位置度公差值数系如表 4-20 所示。

表 4-20 位置度公差值数系（μm）（摘自 GB/T 1184－1996）

1	1.2	1.5	2	2.5	3	4	5	6	8
1×10^n	1.2×10^n	1.5×10^n	2×10^n	2.5×10^n	3×10^n	4×10^n	5×10^n	6×10^n	8×10^n

注：n 为正整数。

位置度的公差值一般与被测要素的类型、连接方式等有关。

位置度常用于控制螺栓或螺钉连接中孔距的位置精度，其公差值取决于螺栓与光孔之间的间隙。位置度公差值 T（公差带的直径或宽度）按以下公式计算

$$T \leqslant KZ \quad （螺栓连接） \tag{4-25}$$

$$T \leqslant 0.5KZ \quad （螺钉连接） \tag{4-26}$$

式中 Z——孔与紧固件之间的间隙，$Z=D_{min}-d_{max}$，式中 D_{min} 为最小孔径（光孔的最小直径），d_{max} 为最大轴径（螺栓或螺钉的最大直径）；

K——间隙利用系数。推荐值为：不需调整的固定连接，$K=1$；需要调整的固定连接，$K=0.6\sim0.8$。

按式（4-25）和式（4-26）算出的公差值，经圆整后应符合国家标准。

3. 几何公差等级（公差值）的选用原则

几何公差等级（公差值）的选用原则与尺寸公差选用原则相同，即在满足零件功能要求的前提下，兼顾工艺性、经济性和检测条件，尽量选用低的公差等级。选择方法常用类比法，此外还需要考虑以下情况：

1）表面粗糙度、几何公差和尺寸公差参数之间的协调关系

$$Ra \leqslant T_{几何} \leqslant T_{尺寸}$$

2）形状公差、方向公差、位置公差和跳动公差之间的关系

$$T_{形状} \leqslant T_{方向} \leqslant T_{位置} \leqslant T_{圆跳动} \leqslant T_{全跳动}$$

图 4-48 所示为形状公差、方向公差和位置公差的关系。

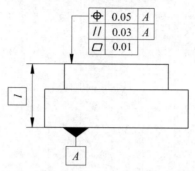

图 4-48 形状公差、方向公差和位置公差的关系

在工艺上，形状公差大多按分割尺寸公差的百分比来确定，即 $T_{形状}=KT_{尺寸}$。在常用尺寸公差等级 IT5～IT8 的范围内，通常取 K=25%～65%。K 值过小，会导致对工艺设备的精度要求过高；K 值过大，则会使尺寸的实际公差过小，给加工带来困难。

一般情况下，Ra 值约占形状公差值的 20%～25%。

3）考虑零件的结构特点

考虑到加工的难易程度和除主参数外其他参数的影响，在满足零件功能要求的前提下，对于下列情况，可适当降低 1 到 2 级选用。

（1）孔相对于轴。

（2）细长比（长度和直径之比）较大的轴或孔。

（3）距离大的轴或孔。

（4）宽度较大（一般大于 1/2 长度）的零件表面。

（5）线对线和线对面相对于面对面的平行度，线对线和线对面相对于面对面的垂直度等。

表 4-21 和表 4-22 给出了几种主要加工方法所能达到的几何公差等级供读者参考。表 4-23～表 4-26 列出了部分几何公差常用等级的应用举例，供读者选用时参考。

表 4-21　几种主要加工方法所能达到的直线度、平面度公差等级

加工方法		公差等级范围
车	粗	IT11～IT12
	细	IT9～IT10
	精	IT5～IT8
铣	粗	IT11～IT12
	细	IT10～IT11
	精	IT6～IT9

续表

加工方法		公差等级范围
刨	粗	IT11~IT12
	细	IT9~IT10
	精	IT7~IT9
磨	粗	IT9~IT11
	细	IT7~IT9
	精	IT2~IT7
研磨	粗	IT4~IT5
	细	IT3
	精	IT1~IT2
刮研	粗	IT6~IT7
	细	IT4~IT5
	精	IT1~IT3

表 4-22 几种主要加工方法所能达到的同轴度公差等级

加工方法		公差等级范围
车、镗	加工孔	IT4~IT9
	加工轴	IT3~IT8
铰		IT5~IT7
磨	孔	IT2~IT7
	轴	IT1~IT6
珩磨		IT2~IT4
研磨		IT1~IT3

表 4-23 直线度和平面度公差常用等级的应用举例

公差等级	应用举例
5	1级平板，2级宽平尺，平面磨床的纵导轨、垂直导轨、立柱导轨及工作台，液压龙门刨床和转塔车床床身导轨，柴油机进气、排气阀门导杆
6	普通机床导轨面，如卧式车床、龙门刨床、滚齿机、自动车床等的床身导轨和立柱导轨，柴油机壳体
7	2级平板，机床主轴箱，摇臂钻床底座、工作台，镗床工作台，液压泵盖，减速器壳体结合面
8	机床传动箱体，交换齿轮箱体，车床溜板箱体，柴油机气缸体，连杆分离面，汽车发动机缸盖、曲轴箱结合面，液压管件和法兰连接面
9	3级平板，自动车床床身底面、摩托车曲轴箱体、汽车变速器壳体、手动机械的支承面

表 4-24 圆度和圆柱度公差常用等级的应用举例

公差等级	应用举例
5	一般计量仪器主轴、测杆外圆柱面，陀螺仪轴颈，一般机床主轴轴颈及主轴轴承孔，柴油机和汽油机的活塞、活塞销，与6级滚动轴承配合的轴颈
6	仪表端盖外圆柱面，一般机床主轴及前轴承孔，泵与压缩机的活塞、气缸，汽油发动机凸轮轴，纺机锭子，减速器传动轴轴颈，高速船用柴油机、拖拉机曲轴主轴颈，与6级滚动轴承配合的外壳孔，与0级滚动轴承配合的轴颈

公差等级	应用举例
7	大功率低速柴油机曲轴轴颈、活塞、活塞销、连杆、气缸，高速柴油机箱体轴承孔，千斤顶或液压缸活塞，机车传动轴，水泵及通用减速器转轴轴颈，与0级滚动轴承配合的外壳孔
8	大功率低速发动机曲轴轴颈，压力机连杆盖、连杆体，拖拉机气缸、活塞，炼胶机冷铸轴辊，印刷机传墨辊，内燃机曲轴轴颈，柴油机凸轮轴轴承孔，凸轮轴，拖拉机、小型船用柴油机气缸套
9	空气压缩机缸体，液压传动筒，通用机械杠杆与拉杆用套筒销子，拖拉机活塞环、套筒孔

表 4-25 平行度和垂直度公差常用等级的应用举例

公差等级	应用举例		
	面对面的平行度	面对线、线对线的平行度	垂直度
4、5	普通机床、测量仪器、量具的基准面和工作面，高精度轴承座圈、端盖、挡圈的端面等	机床主轴孔对基准面的要求，重要轴承孔对基准面的要求，主轴箱体重要孔间要求，齿轮泵的端面等	普通机床导轨及主轴偏摆，机床重要支承面，液压传动轴瓦端面，刀具、量具的工作面和基准面
6、7、8	一般机床的基准面和工作面，一般刀具、量具、夹具等	机床一般轴承孔对基准面的要求，主轴箱一般孔间要求，主轴花键对定心直径的要求，刀具、量具、磨具等	普通精密机床主要基准面和工作面，回转工作台端面，一般导轨，主轴箱体孔、刀架、砂轮架、气缸配合面对基准轴线及活塞销孔对活塞轴线的垂直度，滚动轴承内、外圈端面对轴线的垂直度等
9、10	低精度零件，重型机械滚动轴承端盖等	柴油机、煤气发动机箱体曲轴孔，曲轴轴颈等	花键轴和轴肩端面，带式运输机法兰盘等端面对轴线的垂直度，手动卷扬机及传动装置中的轴承孔端面，减速器壳体平面等

表 4-26   同轴度、对称度和跳动公差常用等级的应用举例

公差等级	应用举例
5、6、7	这是应用范围较广的公差等级，用于几何精度要求较高、尺寸的标准公差等级为IT8及高于IT8的零件。 5级常用于机床主轴轴颈、计量仪器的测杆、涡轮机主轴、柱塞泵转子、高精度滚动轴承外圈、一般精度滚动轴承内圈 6、7级用于内燃机曲轴、凸轮轴、齿轮轴、水泵轴、汽车后轮输出轴，电动机转子、印刷机传墨辊的轴颈，键槽等
8、9	常用于几何精度要求一般、尺寸的标准公差等级为IT9～IT11的零件。 8级用于拖拉机发动机分配轴轴颈，与9级精度以下齿轮相配的轴、水泵叶轮、离心泵体、棉花精梳机前后滚子、键槽等。 9级用于内燃机气缸套配合面，自行车中轴等。

三、公差原则的选择

对同一零件上同一要素既有尺寸公差要求又有几何公差要求时，需要选择合适的公差原则。

1. 独立原则

独立原则是最基本的公差原则，应用较为普遍。当对零件有特殊功能要求时，采用独立

原则。例如，对测量用的平板要求其工作面平面度要好，因此提出平面度公差；对检验直线度误差用的刀口直尺，要求其刃口直线度在公差范围内。当在尺寸公差、几何公差两者要求都严、一严一松、两者要求都松的情况下，采用独立原则。例如，对滚动轴承进行精度设计时，为了保证轴承内圈与轴的旋转精度要求，对减速器轴颈分别提出了尺寸精度和圆柱度几何公差要求；打印机或印刷机的滚筒，其圆柱度精度要求较高，但尺寸精度要求较低，应分别提出要求。

2．包容要求

在需要严格保证配合性质的场合采用包容要求。例如，齿轮的内孔与轴的配合，如需严格地保证其配合性质时，则齿轮内孔与轴颈都应采用包容要求。

3．最大实体要求

对于无配合性质要求，仅需保证可装配性的场合采用最大实体要求。例如，法兰盘上或箱体盖上孔的位置度公差采用最大实体要求，螺钉孔与螺钉之间的间隙可以补偿给孔间位置度公差，从而降低了加工成本，利于装配。

4．最小实体要求

对于需要保证零件强度和最小壁厚的场合选用最小实体要求。

在不影响使用性能的前提下，为了充分利用图样上的公差带以提高经济效益，可将可逆要求应用于最大（最小）实体要求。

四、基准要素的选用

在确定被测要素的方向、位置和跳动公差时，必须同时确定基准要素。基准要素的选择主要根据零件的功能和设计要求，并兼顾基准统一原则和零件结构特征，通常可以从下面几方面来考虑。

1．从设计考虑

根据零件的功能要求及要素间的几何关系来选择基准。例如，对于回转类零件（轴或孔），常选用轴线或孔的中心线作为基准。

2．从加工、测量考虑

一般选择零件加工时夹具或测量时量具定位的要素作为基准，并考虑这些表面作基准时要便于设计工具、夹具和量具，尽量使测量基准与设计基准统一。

3．从装配考虑

一般选择相互配合或相互接触的表面作为基准，以保证零件的正确装配，如箱体的装配底面作为基准，应尽量使设计、加工、测量和装配基准统一。

4．多基准

采用多基准时，通常选择对被测要素影响最大的表面或定位最稳的表面作为第一基准。

五、几何精度设计实例

图 4-49 所示为某减速器输出轴的几何公差标注，其结构特征、使用要求和各轴颈的尺寸均已确定，几何公差设计过程如下。

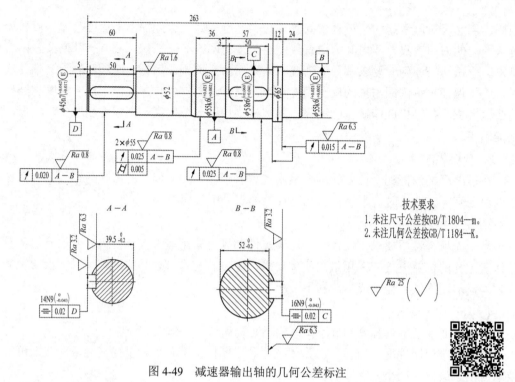

图 4-49 减速器输出轴的几何公差标注

技术要求
1. 未注尺寸公差按GB/T 1804—m。
2. 未注几何公差按GB/T 1184—K。

几何精度设计实例

1. 基准的确定

输出轴工作时以两轴颈处的轴承支承，就输出轴而言，轴上各要素的回转中心为两轴颈确定的公共轴线，因此轴颈的公共轴线为输出轴的主要基准。实际加工中往往以轴两端的中心孔作为基准，设计时也可采用两端中心孔确定的公共轴线为基准。

轴上键槽的基准采用键槽所处位置的圆柱的中心轴线。

2. 公差原则的确定

两轴颈 $\phi55k6$ 与滚动轴承内圈配合、$\phi58r6$ 轴颈与齿轮孔配合、$\phi45n7$ 轴颈与联轴器或传动件配合，配合性质要求严格，应采用包容要求。

其他地方采用独立原则。

3. 公差项目及公差值的确定

1）$2\times\phi55k6$ 轴颈

为使轴及轴承工作时运转灵活，$2\times\phi55k6$ 轴颈应有同轴度要求，但从检测的可能性和经济性分析，可用径向圆跳动公差代替同轴度公差，参照表 4-26 确定其公差等级为 7 级，查表 4-19，确定其公差值为 0.025 mm。$2\times\phi55k6$ 轴颈是与 0 级滚动轴承内圈配合的重要表面，为保证配合性质和轴承的几何精度，在保证包容要求的前提下，又进一步提出了圆柱度公差的要求。查表 4-24 和表 4-17 确定圆柱度公差等级为 6 级，公差值为 0.005 mm。

2）$\phi58r6$ 和 $\phi45n7$ 轴颈

$\phi58r6$ 和 $\phi45n7$ 轴颈的轴线分别是齿轮和联轴器或传动件的装配基准，为保证齿轮、联轴器或传动件的定位精度和装配精度，保证正确啮合及运转平稳，规定了对 $2\times\phi55k6$ 公共轴线的径向圆跳动公差，公差等级仍取 7 级，公差值分别是 0.025 mm 和 0.020 mm。

3）φ65 左右两轴肩

φ65 左右两轴肩分别是齿轮和滚动轴承的轴向定位基准，为保证轴向定位正确，设计人员规定了轴向圆跳动公差，根据《滚动轴承 配合》（GB/T 275—2015），取公差等级为 6 级，查表 4-19，其公差值为 0.015 mm。轴向圆跳动的基准原则应为各自的轴线，但为了便于检测，采用了统一的基准，即 2×φ55k6 公共轴线。

4）φ58r6 轴颈和 φ45n7 轴颈上键槽的两侧面

为使键槽中的键受力均匀和便于拆装，必须规定键槽的对称度公差。对称度公差数值参照表 4-26 均按 8 级给出，查表 4-19，其公差值为 0.02 mm。对称度的基准分别为键槽所在轴颈的轴线。

5）其他要素

图样上没有具体注明几何公差的要素，按未注几何公差来控制。这部分几何公差一般机床加工很容易保证，不必在图样上注出。可在右下角技术要求下面按照标注规定加注：未注几何公差按 GB/T 1184—K。

第五节　几何误差的评定与检测原则

一、几何误差的评定

在几何误差的测量中，以提取要素作为实际要素，根据提取要素来评定几何误差值。若几何误差值位于几何公差带内为合格，反之则不合格。

1. 形状误差的评定

形状误差是指被测提取要素的形状对其拟合要素的变动量，拟合要素的位置应符合最小条件。

当被测提取要素与其拟合要素继续比较以确定其变动量时，拟合要素相对于实际要素所处位置不同，得到的最大变动量也不同。因此，为了使评定实际要素形状误差的结果唯一，国家标准规定，评定形状误差的基本原则是"最小条件"，即被测提取要素对其拟合要素的最大变动量为最小。

最小条件可分为以下两种情况。

1）组成要素（线、面轮廓度除外）

最小条件就是拟合要素位于实体之外与实际要素接触，并使被测提取要素对拟合要素的最大变动量为最小。组成要素的最小条件如图 4-50 所示，在评定给定平面内的直线度误差时，通过被测提取要素可以有很多条不同方向的理想直线，如图中的 I、II、III，实际直线对理想直线的变动量相应为 f_1、f_2、f_3。这些理想直线中必有一条（也只有一条）理想直线能使实际被测直线对它的最大变动量为最小。在图 4-50 中直线 I 符合该条件，则被测直线的直线度误差为 f_1。

2）导出要素

导出要素包括轴线、中心线、中心平面等，其最小条件就是拟合要素应穿过实际导出要素，并使实际导出要素对拟合要素的最大变动量为最小。导出要素的最小条件如图 4-51 所示，图中的拟合轴线为 L_1，其最大变动量 ϕf_1 为最小，符合最小条件。

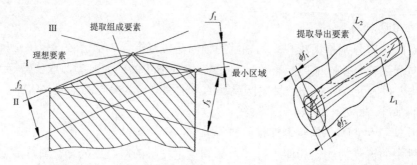

图 4-50 组成要素的最小条件   图 4-51 导出要素的最小条件

形状误差值用最小包容区域（简称最小区域）的宽度或直径表示。最小区域是指包容被测提取要素时，具有最小宽度 f 或直径 ϕf 的包容区域。各误差项目的最小区域的形状分别和相应的公差带形状一致，但宽度（或直径）由被测要素本身决定。图 4-52（a）、（b）、（c）分别为直线度、圆度和平面度的最小包容区域示例，最小包容区域 S 的宽度（或直径）即形状误差值 f。按最小包容区域评定形状误差的方法称为最小区域法。

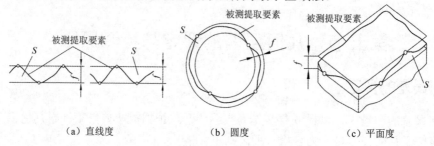

（a）直线度   （b）圆度   （c）平面度

图 4-52 最小包容区域示例

最小条件是评定形状误差的基本原则，在满足零件功能要求的前提下，允许采用近似方法评定形状误差。例如，常以两端点连线作为评定直线度误差的基准。按近似方法评定的误差值通常大于最小区域法评定的误差值，因而更能保证质量。当采用不同评定方法所获得的测量结果有争议时，应以最小区域法作为评定结果的仲裁依据。

2．方向误差的评定

方向误差是指被测提取要素对一具有确定方向的拟合要素的变动量，拟合要素的方向由基准确定。

方向误差值用定向最小包容区域（简称定向最小区域）的宽度或直径表示。定向最小包容区域是按拟合要素的方向来包容被测提取要素，且具有最小宽度 f 或直径 ϕf 的包容区域。各误差项目定向最小包容区域的形状分别和各自的公差带形状一致，但宽度（或直径）由被测提取要素本身决定。

方向误差包括平行度、垂直度和倾斜度三种。由于方向误差是相对于基准要素确定的，因此评定方向误差时，在拟合要素相对于基准方向保持图样上给定的几何关系（平行、垂直或倾斜某一理论正确角度）的前提下，应使被测提取要素对拟合要素的最大变动量为最小。

图 4-53（a）、（b）、（c）所示分别为直线的平行度、垂直度、倾斜度的定向最小包容区域示例。定向最小包容区域 S 的宽度（或直径）即方向误差值 f。

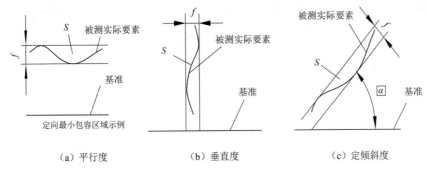

图 4-53 定向最小包容区域示例

3. 位置误差的评定

位置误差是被测提取要素对一具有确定位置的拟合要素的变动量，拟合要素的位置由基准和理论正确尺寸确定。对于同轴度和对称度，理论正确尺寸为零。

位置误差值用定位最小包容区域（简称定位最小区域）的宽度或直径表示。定位最小区域是指以拟合要素定位来包容被测提取要素时，具有最小宽度 f 或直径 ϕf 的包容区域。

评定位置误差时，在拟合要素位置确定的前提下，应使被测提取要素至拟合要素的最大距离为最小，来确定定位最小包容区域。该区域应以拟合要素为中心，因此被测提取要素与定位最小包容区域的接触点至拟合要素所在位置的距离的两倍等于位置误差值。

图 4-54（a）所示为评定平面上一条线的位置度误差的例子。理想直线的位置由基准线 A 和理想正确尺寸 $\boxed{L}$ 决定，即有一平行于基准线 A 且距离为 $\boxed{L}$ 的直线 P，定位最小区域 S 由以理想直线 P 为对称中心的两条平行直线构成。被测实际要素 F 上至少有一点与该两平行直线之一接触[见图 4-54（a）]，该点与 P 的距离为 h_1，则定位最小区域的宽度 f（$=2h_1$）为被测实际要素 F 的位置度误差值。图 4-54（b）所示为评定平面上一个点 P 的位置度误差，定位最小区域 S 由一个圆构成。该圆的圆心 O（被测点的理想位置）由基准线 A、B 和理论正确尺寸 $\boxed{L_x}$ 及 $\boxed{L_y}$ 确定。直径 ϕf 由 OP 确定。$\phi f = 2OP$ 即点的位置度误差值。

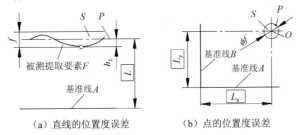

（a）直线的位置度误差　　　（b）点的位置度误差

图 4-54 定位最小包容区域示例

评定位置误差的基准，理论上应是理想基准要素。由于基准实际要素存在形状误差，所以就应以该基准实际要素的拟合要素作为基准，该拟合要素的位置应符合最小条件。对于基准的建立和体现问题，参见国家标准中的相关说明。

应注意最小包容区域、定向最小包容区域和定位最小包容区域三者的差异。最小包容区域的方向、位置一般可随被测提取要素的状态变动；定向最小包容区域的方向是固定不变的（由基准确定），而其位置则可随被测提取要素的状态变动；而定位最小包容区域，除个别情况外，其位置是固定不变的（由基准及理论正确尺寸确定），因而评定形状、方向和位置误差

的最小包容区域的大小一般是有区别的。评定形状、方向和位置误差的区别如图 4-55 所示，其关系是

$$f_{形状} \leqslant f_{方向} \leqslant f_{位置}$$

（a）形状、方向和位置公差标注示例：$t_1 < t_2 < t_3$ （b）形状、方向和位置误差评定的最小包容区域：$f_{形状} < f_{方向} < f_{位置}$

图 4-55 评定形状、方向和位置误差的区别

位置误差包含了同一基准的方向误差和形状误差，方向误差包含了形状误差。当零件上某要素同时有形状、方向和位置精度要求时，则设计中对该要素所给定的三种公差（$T_{形状}$、$T_{方向}$ 和 $T_{位置}$）应符合

$$T_{形状} \leqslant T_{方向} \leqslant T_{位置}$$

否则会产生矛盾。

二、几何误差的检测原则

由于被测零件的结构特点、尺寸大小和精度要求及检测设备条件等不同，对同一几何误差项目可以用不同的方法来检测。按检测原理将常用的几何误差检测方法归纳为下列五种检测原则。

1. 与拟合要素比较原则

与拟合要素比较原则是指测量时将被测提取要素与其拟合要素做比较，从中获得数据，以评定被测要素的几何误差值。这些检测数据可由直接法或间接法获得。该检测原则在几何误差测量中的应用最为广泛。

运用该检测原则时，必须要有拟合要素作为测量时的标准。拟合要素通常用模拟方法获得，可用的模拟方法较多。例如，刀口形直尺的刀口、平板的工作面、一束光线等都可以作为理想直线；平台或平板的工作面可体现理想平面；回转轴系与测量头组合体现一个理想圆；样板的轮廓等也都可作为拟合要素。图 4-56（a）所示为用刀口形直尺测量直线度误差，就是以刀口作为理想直线，被测要素与之比较，根据光隙（间隙）的大小来确定直线度误差值。图 4-56（b）所示为将实际被测平面与平板的工作面（模拟理想平面）相比较，检测时用指示表测出各测点的量值，然后按一定的规则处理测量数据，确定被测要素的平面度误差值。

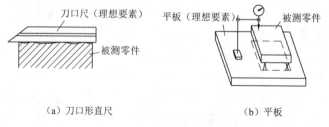

（a）刀口形直尺   （b）平板

图 4-56 与拟合要素比较示例

2．测量坐标值原则

测量坐标值原则是指利用计量器具的坐标系测出被测提取要素上各测点对该坐标系的坐标值（如直角坐标值、极坐标值、圆柱坐标值），并经过数据处理后可以获得几何误差值。

由于几何要素的特征总是可以在坐标系中反映出来，因此用坐标测量装置（如三坐标测量机、万能工具显微镜）测得被测要素上各测量点的坐标值后，经数据处理就可以获得几何误差值。该原则对轮廓度、位置度误差测量的应用更为广泛。

3．测量特征参数原则

测量特征参数原则是指测量被测提取要素上具有代表性的参数（即特征参数）来近似表示几何误差值。例如，用两点法测量圆柱面的圆度误差，就是在一个横截面内的几个方向测量直径，取最大和最小直径差值的二分之一作为该横截面的圆度误差值。这显然不符合圆度误差的最小区域的定义。

应用这种检测原则所得到的几何误差值与按定义确定的几何误差值相比，通常只是一个近似值。但应用该原则，往往可以简化测量过程和设备，也不需要复杂的数据处理，因此在满足功能要求的前提下，该方法仍具一定的使用价值。这类方法在生产现场用得较多。

4．测量跳动原则

测量跳动原则是指被测提取要素绕基准轴线回转的过程中，沿给定方向测量其对某参考点或线的变动量。变动量是指示器最大与最小示值之差。此原则仅限于跳动测量，由于这种测量方法简便，故生产中常采用。

图 4-57 所示为径向圆跳动和轴向圆跳动的测量示意图。被测零件以其基准孔安装在精度较高的心轴上（孔与轴之间采用无间隙配合），再将心轴安装在同轴度很高的两顶尖之间，被测零件的基准孔轴线用这两个顶尖的公共轴线模拟体现，作为测量基准。被测零件绕基准轴线回转一周，由于零件存在几何误差，使分别固定在径向和轴向位置的两个指示表的测头发生移动，则指示表最大与最小示值之差分别为径向和轴向圆跳动误差值。

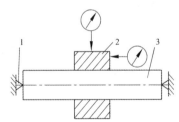

1—顶尖；2—被测零件；3—心轴

图 4-57 径向圆跳动和轴向圆跳动的测量示意图

5．控制实效边界原则

控制实效边界原则是指检验被测提取要素是否超过实效边界，以判断被测提取要素合格与否的原则。按包容要求或最大实体要求给出几何公差时，意味着给定了最大实体边界或最大实体实效边界，就要求被测要素的实际轮廓不得超出该边界。采用控制实效边界原则的有效方法是使用光滑极限量规的通规或功能量规的工作表面模拟体现图样上给定的理想边界，以检验被测提取要素的体外作用尺寸的合格性。若被测提取要素的实际轮廓能被量规通过，则表示该项几何公差合格，否则为不合格。

图 4-58（a）所示为一阶梯轴零件图样标注，其同轴度误差用图 4-58（b）所示的功能量规检验。零件被测要素的最大实体实效边界尺寸为 $\phi25.04$ mm，则量规测量部分（模拟被测要素的最大实体实效边界）孔径的公称尺寸也应为 $\phi25.04$ mm。零件基准要素本身遵守包容要求，其最大实体边界尺寸为 $\phi50$ mm，故量规定位部分孔的公称尺寸应同样为 $\phi50$ mm。显然，若零件的被测要素和基准要素的实际轮廓均未超出图样上给定的理想边界，则它们就能被功能量规通过。量规本身的制造公差可根据《功能量规》（GB/T 8069—1998）确定。

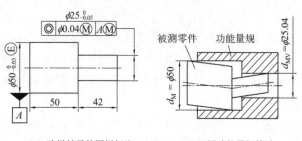

（a）阶梯轴零件图样标注　　　　（b）用功能量规检验

图 4-58　用功能量规检验同轴度误差

本章小结

第四章 测验题 1　　第四章 测验题 2

（1）几何误差的研究对象是几何要素，几何要素根据特征的不同可分为组成要素与导出要素、被测要素与基准要素及单一要素与关联要素等。要熟悉各几何公差特征项目的符号、有无基准要求等。

（2）几何公差包括形状公差、方向公差、位置公差和跳动公差。几何公差带具有形状、大小、方向和位置四个特征。几何公差带分为形状公差带、方向公差带、位置公差带和跳动公差带四类。应熟悉常用几何公差特征的公差带定义、特征（形状、大小、方向和位置），并能正确标注。

（3）公差原则是处理几何公差与尺寸公差关系的基本原则。应了解有关公差原则的术语及定义，公差原则的特点和适用场合，能熟练运用独立原则和包容要求。

（4）了解几何误差的评定方法。掌握形状误差（$f_{形状}$）、方向误差（$f_{方向}$）和位置误差（$f_{位置}$）之间的关系（$f_{形状} < f_{方向} < f_{位置}$），即位置误差包含了同一基准的方向误差和形状误差，方向误差包含了形状误差。当零件上某要素同时有形状、方向和位置精度要求时，则设计中对该要素所给定的三种公差（$T_{形状}$、$T_{方向}$和$T_{位置}$）应符合：$T_{形状} < T_{方向} < T_{位置}$。

各项几何公差的控制功能不尽相同，应建立某些方向和位置公差具有综合控制功能的概念。例如，平面的平行度公差带可以控制该平面的平面度和直线度误差；径向全跳动公差带可综合控制同轴度和圆柱度误差；轴向全跳动公差带可综合控制端面对基准轴线的垂直度误差和平面度误差等。

（5）正确选择几何公差对保证零件的功能要求及提高经济效益都十分重要。应了解几何公差的选择依据，初步具备几何公差特征、基准要素、公差等级（公差值）和公差原则的选择能力。

（6）几何误差的检测原则。

思考题与习题

4-1　几何公差项目有几项？其名称和符号是什么？

4-2　几何公差带有哪些典型形状？

4-3　哪些情况下在几何公差值前要加注符号"ϕ"和"$S\phi$"？

4-4　什么是理论正确尺寸？在图纸上如何标注？在几何公差中有何作用？

4-5　基准有哪几种？什么是三基面体系？基准字母代号的选用和书写有什么规定？

4-6　几何误差的最小包容区域与几何公差带有何区别与联系？

4-7　最小包容区域、定向最小包容区域与定位最小包容区域三者有何差异？若同一要素需同时规定形状公差、方向公差和位置公差时，三者的关系应如何处理？

4-8　如果某圆柱面的径向圆跳动误差为 15 μm，其圆度误差能否大于 15 μm？

4-9　如果某平面的平面度误差为 20 μm，其垂直度误差能否小于 20 μm？

4-10　说明图 4-59 所示零件的底面 *a*、端面 *b*、内孔表面 *c* 和孔的中心线 *d* 分别是什么要素（组成要素、导出要素、被测要素、基准要素、单一要素或关联要素）。

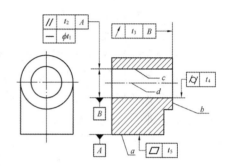

图 4-59　题 4-10 图

4-11　在不改变几何公差特征项目的前提下，改正图 4-60 中的标注错误。

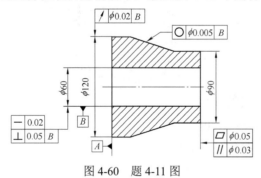

图 4-60　题 4-11 图

4-12　在不改变几何公差特征项目的前提下，改正图 4-61 中的标注错误。

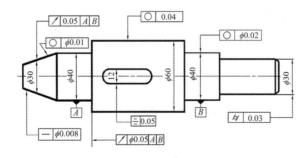

图 4-61　题 4-12 图

4-13 在不改变几何公差特征项目的前提下，改正图 4-62 中的标注错误。

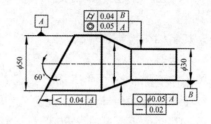

图 4-62　题 4-13 图

4-14 如图 4-63 所示，问：

（1）该零件遵守什么边界？

（2）求出边界尺寸。

（3）该零件均位于最大实体尺寸时的直线度公差值？

（4）该零件均位于最小实体尺寸时的直线度公差值？

（5）若已知加工后的齿轮孔 D_a 为 $\phi30.02$ mm，其轴线的直线度误差 f_- 为 0.01 mm，试判断该齿轮孔是否合格，为什么？

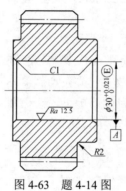

图 4-63　题 4-14 图

4-15 将下列要求标注在图 4-64 上：

（1）ϕd_2 的圆柱度公差为 6 μm；

（2）端面 A 的平面度公差为 10 μm；

（3）端面 B 对端面 A 的平行度公差为 20 μm；

（4）圆锥面的圆度公差为 10 μm；斜面对所在轴线的斜向圆跳动公差为 50 μm；

（5）ϕd_2 的键槽两个侧面的中心平面对所在轴的轴线对称度公差为 15 μm；

（6）ϕd_2 轴线对端面 A 的垂直度公差为 10 μm；

（7）ϕd_2 圆柱面对两个 ϕd_1 的公共轴线的径向圆跳动公差为 15 μm。

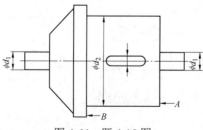

图 4-64　题 4-15 图

4-16　将下列要求标注在图 4-65 上：

（1）$\phi8$ 孔的中心线对 $\phi30H7$ 孔的中心线在任意方向的垂直度公差为 20 μm；

（2）底盘右端面 I 的平面度公差为 15 μm；

（3）$\phi30H7$ 表面圆柱度公差为 6 μm；

（4）$\phi50$ 圆柱面的圆度公差为 4 μm；

（5）$\phi50$ 轴线对 $\phi30H7$ 孔的中心线的同轴度公差为 12 μm；

（6）底盘左端面 II 对 $\phi30H7$ 孔的中心线的端面圆跳动公差为 25 μm；

（7）底盘右端面 I 对底盘左端面 II 的平行度公差为 30 μm；

（8）$\phi30H7$ 遵守包容要求。

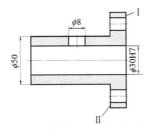

图 4-65　题 4-16 图

4-17　分析图 4-66 中的标注内容，按要求将有关内容填入表 4-27 中。

表 4-27　题 4-17 表格

图序	采用的公差原则或公差要求	理想边界名称	理想边界尺寸	MMC 时允许的几何误差值	LMC 时允许的几何误差值
a					
b					
c					
d					
e					

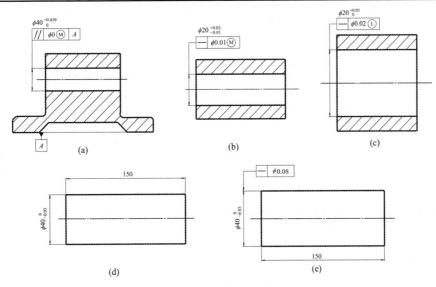

图 4-66　题 4-17 图

表面粗糙度精度设计

学习指导

学习目的：
掌握粗糙度轮廓的评定参数和标注，为合理进行表面粗糙度精度设计打下基础。
学习要求：
1. 从微观几何误差的角度理解表面粗糙度的概念及对机械零件使用性能的影响。
2. 理解规定取样长度及评定长度的目的及中线的作用。
3. 掌握粗糙度轮廓的评定参数及其选用原则和方法。
4. 熟练掌握表面粗糙度在零件图上标注的方法。
5. 掌握表面粗糙度的常用检测方法。

第一节　概述

机械精度设计除宏观的精度（尺寸精度和几何精度）设计外，还必须包括零件表面微观轮廓精度，即表面粗糙度的设计。表面粗糙度是指零件轮廓表面的微观峰谷特征，它对零件的功能要求、抗疲劳强度、耐磨、耐蚀的性能影响较大，因此必须对零件的表面粗糙度进行合理的设计。

为了正确测量和评定表面粗糙度和保证互换性，我国发布了《产品几何技术规范（GPS）表面结构 轮廓法 术语、定义及表面结构参数》（GB/T 3505—2009）、《产品几何技术规范（GPS）表面结构 轮廓法 评定表面结构的规则和方法》（GB/T 10610—2009）、《产品几何技术规范（GPS） 表面结构 轮廓法 表面粗糙度参数及其数值》（GB/T 1031—2009）、《产品几何技术规范（GPS）技术产品文件中表面结构的表示法》（GB/T 131—2006）、《产品几何量技术规范（GPS）表面结构 轮廓法 表面粗糙度 术语 参数测量》（GB/T 7220—2004）等国家标准。

第二节　表面粗糙度的概念及其对零件使用性能的影响

一、表面粗糙度的概念

在机械加工过程中，由于刀具或砂轮切削后遗留的刀痕、切削过程中切屑分离时的塑性变形，以及机床的振动等原因，会使加工后的零件表面存在间距很小的微小峰、谷所形成的微观几何误差，这种微观几何误差用表面粗糙度表示。

为了研究零件的表面结构，人们引进了轮廓的概念。一个指定平面与实际平面相交所得的轮廓，称为表面轮廓，如图 5-1 所示。通常用垂直于零件实际表面的平面与该零件实际表面相交所得到的轮廓作为评估对象，将它称为实际轮廓。

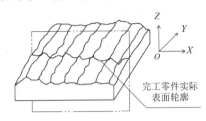

图 5-1　表面轮廓

在零件的实际轮廓上，除了粗糙度轮廓，还同时存在原始轮廓及介于粗糙度轮廓和原始轮廓之间的波纹度轮廓。粗糙度轮廓应该与原始轮廓和波纹度轮廓区别开，通常以波距 λ（两波峰或两波谷之间的距离）的大小来区分。通常波距小于 1 mm 的属于粗糙度轮廓，波距在 1～10 mm 的属于波纹度轮廓，波距大于 10 mm 的被认为是原始轮廓。完工零件实际轮廓及其组成如图 5-2 所示。

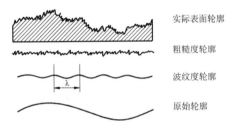

图 5-2　完工零件实际轮廓及其组成

二、表面粗糙度对零件使用性能的影响

表面粗糙度对机械零件使用性能及其寿命影响较大，尤其对在高温、高速和高压条件下工作的机械零件影响更大，其影响主要表现在以下几个方面。

1. 影响零件的耐磨性

具有表面粗糙度的两个零件，当它们接触并产生相对运动时，峰顶间的接触作用就会产生摩擦阻力，使零件磨损。零件越粗糙，阻力就越大，零件磨损也越快。

但需指出，零件表面越光滑，磨损量不一定越小。因为零件的耐磨性除受表面粗糙度影响外，还与磨损下来的金属微粒的刻划，以及润滑油被挤出和分子间的吸附作用等因素有关。因此，特别光滑的表面磨损量反而增大。实验证明，磨损量与表面粗糙度 Ra 之间的关系如图 5-3 所示。

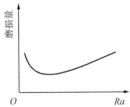

图 5-3　磨损量与表面粗糙度 Ra 之间的关系

2．影响配合性质的稳定性

对于间隙配合，相对运动的表面因其粗糙不平而迅速磨损，致使间隙增大，特别是对于尺寸小、公差小的配合，影响更大；对于过盈配合，表面轮廓峰顶在装配时易被挤平，实际有效过盈减小，致使连接强度降低。因此，表面粗糙度影响配合性质的稳定性。

3．影响抗疲劳强度

零件表面越粗糙，凹痕越深，波谷的曲率半径也越小，对应力集中越敏感，其疲劳强度越低。特别是当零件承受交变载荷时，由于应力集中的影响使疲劳强度降低，导致零件表面产生疲劳裂纹而损坏。

4．影响抗腐蚀性

粗糙的表面易使腐蚀性物质存积在表面的微观凹谷处，并渗入金属内部，致使腐蚀加剧。表面粗糙度对零件表面腐蚀性的影响如图 5-4 所示。

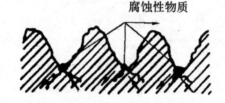

图 5-4　表面粗糙度对零件表面腐蚀性的影响

此外，表面粗糙度还影响零件结合的密封性、接触刚度、对流体流动的阻力及机器与仪器的外观质量等。因此，在零件精度设计中，对零件表面粗糙度提出合理的技术要求非常重要。

第三节　表面粗糙度的评定

经加工获得的零件表面的表面粗糙度是否满足使用要求，需要进行测量和评定，测量截面方向一般垂直于表面主要加工痕迹的方向。

一、一般术语及定义

1．轮廓滤波器

表面粗糙度是波距小于 1 mm 的零件表面微观轮廓，因此在实际工程评价时，应采用合理波长的滤波器提取需要的表面粗糙度轮廓，去除波纹度轮廓和原始轮廓的影响。

轮廓滤波器是将轮廓分成长波与短波成分的滤波器，包括 λs 轮廓滤波器、λc 轮廓滤波器和 λf 轮廓滤波器三种。

1）λs 轮廓滤波器

λs 轮廓滤波器是确定存在于表面上的粗糙度与比它更短的波的成分之间相交界限的滤波器。

2）λc 轮廓滤波器

λc 轮廓滤波器是确定粗糙度与波纹度成分之间相交界限的滤波器。

3）λf 轮廓滤波器

λf 轮廓滤波器是确定存在于表面上的波纹度与比它更长的波的成分之间相交界限的滤波器。

原始轮廓是通过 λs 轮廓滤波器后的总轮廓；粗糙度轮廓是对原始轮廓采用 λc 轮廓滤波器抑制长波成分后形成的轮廓，是经过人为修正的轮廓；波纹度轮廓是对原始轮廓连续采用 λf 轮廓滤波器和 λc 轮廓滤波器后形成的轮廓，采用 λf 轮廓滤波器抑制长波成分，而采用 λc 轮廓滤波器抑制短波成分，这是经过人为修正的轮廓。

2．传输带

传输带是指短波滤波器的截止波长 λs 至长波滤波器的截止波长 λc 之间的波长范围。

3．取样长度 lr

取样长度 lr 是指用于判断被评定轮廓不规则特征的 X 轴方向上的长度，是测量或评定表面粗糙度时所规定的一段基准线长度，它至少包含 5 个完整轮廓的峰和谷。

取样长度 lr 在数值上与 λc 轮廓滤波器的标志波长相等，X 轴方向与间距方向一致（见图 5-5）。

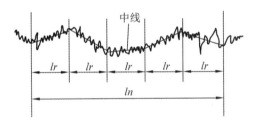

中线

lr—取样长度；ln—评定长度

图 5-5 取样长度和评定长度

规定取样长度的目的在于限制和减弱其他几何形状误差，特别是表面波纹度对测量、评定的影响。一般零件表面越粗糙，取样长度就越大。

4．评定长度 ln

评定长度 ln 用于判别被评定轮廓的 X 轴方向上的长度。由于零件表面粗糙度不均匀，为了合理地反映表面粗糙度特征，在测量和评定时所规定的一段最小长度称为评定长度 ln（见图 5-5）。

评定长度可包含一个或几个取样长度。一般情况下，取 ln=5lr，此时不需说明，否则应在有关技术文件中注明；若被测表面比较均匀，可选 ln<5lr；若均匀性差，可选 ln>5lr。标准取样长度和评定长度数值如表 5-1 所示。

表 5-1 标准取样长度和评定长度数值（摘自 GB/T 1031—2009、GB/T 6062—2009 和 GB/T 10610—2009）

Ra /μm	Rz /μm	Rsm /mm	传输带/mm λs～λc	lr /mm lr=λc	ln /mm（ln=5lr）
≥0.008～0.02	≥0.025～0.10	≥0.013～0.04	0.002 5～0.08	0.08	0.4
>0.02～0.10	>0.10～0.50	>0.04～0.13	0.002 5～0.25	0.25	1.25
>0.1～2.0	>0.50～10.0	>0.13～0.4	0.002 5～0.8	0.8	4.0
>2.0～10.0	>10.0～50.0	>0.4～1.3	0.008～2.5	2.5	12.5
>10.0～80.0	>50～320	>1.3～4	0.025～8	8.0	40.0

5．中线

中线是具有几何轮廓形状并划分轮廓的基准线。中线又分为粗糙度轮廓中线（用 λc 轮廓滤波器所抑制的长波轮廓成分对应的中线）、波纹度轮廓中线（用 λf 轮廓滤波器所抑制的长波轮廓成分对应的中线）和原始轮廓中线（对原始轮廓进行最小二乘拟合确定的中线）。评定表面粗糙度所使用的中线有两种确定方法。

1）轮廓最小二乘中线

轮廓最小二乘中线是指在取样长度内，使轮廓线上各点至该线的距离 Z_i 的平方和为最小的线，如图 5-6 所示。

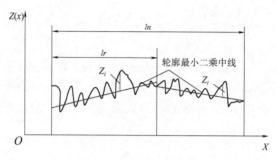

图 5-6　轮廓最小二乘中线

2）轮廓算术平均中线

轮廓算术平均中线是指在取样长度内，划分实际轮廓为上、下两部分，且使上部分的面积之和与下部分的面积之和相等的线，如图 5-7 所示。

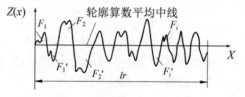

图 5-7　轮廓算术平均中线

最小二乘中线符合最小二乘原则，从理论上来讲是理想的基准线，但在轮廓图形上确定最小二乘中线的位置比较困难，可以借助计算机求最小数的方法确定其位置。因此微机化的表面粗糙度测量仪使用最小二乘中线作为基准线。光切法测量表面粗糙度可用轮廓算术平均中线作为基准线，一般用目测估计法来确定。

二、粗糙度轮廓的评定参数

为了满足对零件表面不同的功能要求，《产品几何技术规范（GPS）表面结构 轮廓法 术语、定义及表面结构参数》（GB/T 3505－2009）规定评定粗糙度轮廓的参数有幅度参数、间距参数、混合参数及曲线和相关参数。下面介绍其中几种主要评定参数。

1．幅度参数（高度参数）

常用的幅度参数有两个，分别是轮廓的算术平均偏差 Ra 和轮廓最大高度 Rz。

1）轮廓的算术平均偏差 Ra

在一个取样长度内，纵坐标值 $Z(X)$ 绝对值的算术平均值，用 Ra 表示。即

$$Ra = \frac{1}{lr} \int_0^{lr} |Z(x)| \, \mathrm{d}x \qquad (5\text{-}1)$$

或近似为

$$Ra = \frac{1}{n} \sum_{i=1}^{n} |Z_i| \qquad (5\text{-}2)$$

式中　Z——轮廓偏离最小二乘中线的距离；

　　　Z_i——第 i 点的"轮廓偏距"（i=1，2，3…）。

轮廓的算术平均偏差 Ra 如图 5-8 所示。

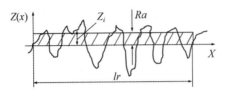

图 5-8　轮廓的算术平均偏差 Ra

一般来讲，测得的 Ra 值越大，则表面越粗糙；反之越光滑。Ra 能全面客观地反映表面微观几何形状误差，但因 Ra 值是采用接触式电感轮廓仪测量得到的，受触针半径和仪器测量原理的限制，不宜用作过于粗糙或太光滑表面的评定参数，一般适用于 Ra 值在 0.025～6.3 μm 的零件表面。

2）轮廓的最大高度 Rz

轮廓上各个高极点至中线的距离为轮廓峰高 Zp_i，最大的距离为最大轮廓峰高 Rp；轮廓上各个低极点至中线的距离为轮廓谷深 Zv_i，最大的距离为最大轮廓谷深 Rv。

轮廓的最大高度 Rz 是指在一个取样长度内，最大轮廓峰高 Rp 和最大轮廓谷深 Rv 之和的高度，如图 5-9 所示。Rz 越大，表面的加工痕迹越深。

$$Rz = Rp + Rv \qquad (5\text{-}3)$$

在计算时 Rp 和 Rv 都取正值。

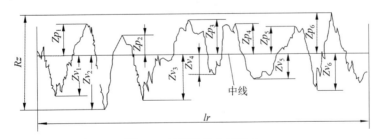

图 5-9　轮廓的最大高度 Rz

幅度参数（Ra、Rz）是标准规定必须标注的参数（二者只需取其一），故又称为基本参数。当零件表面比较粗糙时，采用轮廓的算术平均偏差 Ra 具有均化效应，而采用轮廓最大高度 Rz 可以将零件表面出现的较大波峰和波谷特性反映出来。

2．间距参数

新标准规定的间距参数只有一个——轮廓单元的平均宽度 Rsm。

某个轮廓峰与相邻轮廓谷的组合叫作轮廓单元。在一个取样长度内，中线与各个轮廓单元相交线段的长度叫作轮廓单元宽度，用符号 Xs_i 表示，如图 5-10 所示。

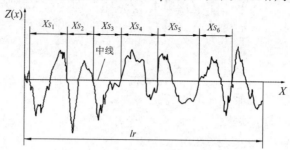

图 5-10　轮廓单元平均宽度

轮廓单元平均宽度 Rsm 的计算公式如下

$$Rsm = \frac{1}{m}\sum_{i=1}^{m} Xs_i \tag{5-4}$$

式中　m——取样长度范围内 Xs_i 的个数。

　　轮廓单元平均宽度的大小反映了轮廓表面峰谷的疏密程度，Rsm 数值越大，说明在相同的取样长度内出现较少的波峰和波谷，在波谷处出现裂纹和生锈腐蚀的概率越大，影响零件表面的抗裂纹和耐蚀性能。因此，轮廓单元的平均宽度 Rsm 主要用于零件有涂漆性能、密封性、抗腐蚀、抗裂纹要求的场合，如导轨、法兰等。

3. 混合参数

　　常用的混合参数是轮廓支承长度率 $Rmr(c)$。

　　轮廓支承长度率 $Rmr(c)$ 是指在给定水平截面高度 c 上轮廓的实体材料长度 $Ml(c)$ 与评定长度 ln 的比率，如图 5-11 所示。

$$Rmr(c) = Ml(c) / ln \tag{5-5}$$

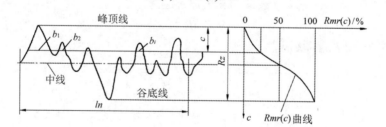

（a）支承长度率　　　　　　（b）支承长度率曲线

图 5-11　轮廓支承长度率

　　轮廓的实体材料长度 $Ml(c)$ 是指在评定长度 ln 内，一个给定水平截面高度 c 上用一条平行于 X 轴的线与轮廓单元相截所获得的各段截线长度之和，如图 5-11（a）所示。即

$$Ml(c) = b_1 + b_2 + \cdots + b_i + \cdots + b_n = \sum_{i=1}^{n} b_i \tag{5-6}$$

　　轮廓的水平截距 c 可用微米（μm）或用它占轮廓最大高度的百分比表示。由图 5-11（a）可以看出，支承长度率是随着水平截距 c 的大小而变化的，其关系曲线称为支承长度率曲线，如图 5-11（b）所示。支承长度率曲线对于反映表面耐磨性具有显著的功效，即从中可以明显看出支承长度的变化趋势，且比较直观。

轮廓支承长度率 $Rmr(c)$ 反映形状特性，当零件表面对耐磨性、接触刚度有要求时，适合采用轮廓支承长度率 $Rmr(c)$ 来评价，如轴瓦，但同时要给出 c 值。

要注意的是，轮廓单元的平均宽度 Rsm 与轮廓支承长度率 $Rmr(c)$ 相对基本参数而言，称为附加参数。它们是只有少数零件的重要表面有特殊使用要求时才选用的附加评定参数。

第四节 表面粗糙度的设计

一、评定参数的选用

幅度参数是标准规定的基本参数，可以独立使用。对于一般有表面粗糙度要求的零件表面，必须选用一个幅度参数，当只给出幅度参数不能满足零件的功能要求时，才需要选附加参数 Rsm 或 $Rmr(c)$。

选择表面粗糙度参数时应注意以下几点。

（1）对于光滑表面和半光滑表面，一般采用 Ra 作为评定参数。

Ra 值既能比较全面地反映被测表面微小峰谷的高度特征，又能反映形状特征，且用电感轮廓仪直接得到的参数就是 Ra，对于幅度方向的表面粗糙度参数值为 $0.025 \sim 6.3$ μm 的零件表面，国家标准推荐优先选用 Ra。

（2）对于极光滑和极粗糙表面，宜采用 Rz 作为评定参数。

Rz 只反映零件表面的局部特征，不如 Ra 对表面微观几何形状特性反映全面。但对某些不允许存在微观较深高度变化（如有疲劳强度要求）的表面和小零件（如仪器仪表中的零件、微小宝石轴承）的表面（Ra 值为 $6.3 \sim 100$ μm 的极粗糙表面和 Ra 值为 $0.008 \sim 0.025$ μm 的极光滑表面），Rz 比较适用。Rz 值通常用非接触式的光切显微镜测量。

（3）对于有特殊要求的零件表面，需要选附加参数 Rsm 或 $Rmr(c)$。

在图 5-12 所示的微观形状对质量的影响中，三种表面的轮廓最大高度参数相同，而使用质量显然不同。由此可见，只用幅度参数不能全面反映零件表面微观几何形状误差。此时需要附加参数 Rsm 或 $Rmr(c)$。

图 5-12　微观形状对质量的影响

轮廓单元的平均宽度 Rsm 与轮廓支承长度率 $Rmr(c)$ 一般不能作为独立参数选用，只能作为幅度参数的附加参数选用。对于有涂漆的均匀性、附着性、光洁性、抗裂纹、抗振性、耐蚀性、流体流动摩擦阻力（如导轨、法兰）等要求的零件表面，可以选用轮廓单元的平均宽度 Rsm 来控制表面微观横向间距的细密度；对于耐磨性、接触刚度要求较高的零件（如轴承、轴瓦）表面，可以选用轮廓支承长度率 $Rmr(c)$ 来控制加工表面的质量。

二、表面粗糙度参数值及其选用

1．表面粗糙度参数值

表面粗糙度的参数值已经标准化，设计时应按国家标准规定的参数值系列选取，如表 5-2

和表 5-3 所示。当表 5-2 和表 5-3 的系列值不能满足要求时，可参考国家标准选取补充系列值。

表 5-2　轮廓算术平均偏差 *Ra* 和最大高度 *Rz* 的数值　（摘自 GB/T1031—2009）

Ra/μm			*Rz*/μm		
0.012	0.4	12.5	0.025	1.6	100
0.025	0.8	25	0.05	3.2	200
0.05	1.6	50	0.1	6.3	400
0.1	3.2	100	0.2	12.5	800
0.2	6.3	—	0.4	25	1600
—	—	—	0.8	50	—

表 5-3　轮廓单元平均宽度 *Rsm* 和轮廓支承长度率 *Rmr(c)* 的数值（摘自 GB/T1031—2009）

Rsm/mm			*Rmr(c)*/mm		
0.006	0.1	1.6	10	30	70
0.012 5	0.2	3.2	15	40	80
0.025	0.4	6.3	20	50	90
0.05	0.8	12.5	25	60	—

注：选用轮廓支承长度率 *Rmr(c)* 时，应同时给出轮廓截面高度 *c* 值，它可用微米或 *Rz* 的百分数表示。*Rz* 的百分数系列为 5%、10%、15%、20%、25%、30%、40%、50%、60%、70%、80%、90%。

2. 表面粗糙度参数值的选用

合理选取表面粗糙度参数值的大小，对零件的性能、产品质量、使用寿命、制造工艺和加工成本具有重要意义。设计时应按标准规定的参数值系列选取各项参数的参数值，选用原则是在满足功能要求的前提下，幅度参数 *Ra*、*Rz* 及轮廓单元的平均宽度 *Rsm* 的数值应尽量大些，轮廓支承长度率 *Rmr(c)* 的数值应尽可能小些。

选用方法目前多采用类比法。根据类比法初步确定参数值时还需要考虑下列情况。

（1）同一零件上，工作表面的表面粗糙度参数值应比非工作表面小。

（2）摩擦表面比非摩擦表面、滚动摩擦表面比滑动摩擦表面的表面粗糙度参数值要小。

（3）相对运动速度高、单位面积压力大的表面，表面粗糙度参数值应小。

（4）承受交变应力作用的零件，在容易产生应力集中的部位，如圆角、沟槽处，表面粗糙度参数值应小。

（5）对于配合性质要求稳定且间隙较小的间隙配合和承受重载荷作用的过盈配合，它们的孔、轴表面粗糙度参数值应小。

（6）与尺寸公差、形状公差协调。通常，尺寸及形状公差小，表面粗糙度值也要小，同一尺寸公差的轴比孔的粗糙度数值要小。可参考表 5-4 所列出的表面粗糙度与尺寸公差、形状公差的一般关系和表 5-5 轴和孔的表面粗糙度推荐值来确定表面粗糙度参数值。

表 5-4　表面粗糙度与尺寸公差、形状公差的一般关系

形状公差 *t* 占尺寸公差 *T* 的百分比	表面粗糙度数值占尺寸公差值的百分比	
t/T（%）	*Ra/T*（%）	*Rz/T*（%）
约 60	≤5	≤20
约 40	≤2.5	≤10
约 25	≤1.2	≤5

表 5-5　轴和孔的表面粗糙度推荐值

表面特征			Ra / μm		
轻度装卸零件的配合表面（如交换齿轮、滚刀等）	公差等级	表面	公称尺寸/ mm		
			≤50	>50～500	
	IT5	轴	≤0.2	≤0.4	
		孔	≤0.4	≤0.8	
	IT6	轴	≤0.4	≤0.8	
		孔	≤0.4～0.8	≤0.8～1.6	
	IT7	轴	≤0.4～0.8	≤0.8～1.6	
		孔	≤0.8	≤1.6	
	IT8	轴	≤0.8	≤1.6	
		孔	≤0.8～1.6	≤1.6～3.2	
过盈配合的配合表面	公差等级	表面	公称尺寸/ mm		
			≤50	>50～120	>120～500
	装配按机械压入法 IT5	轴	≤0.1～0.2	≤0.4	≤0.4
		孔	≤0.2～0.4	≤0.8	≤0.8
	装配按机械压入法 IT6、IT7	轴	≤0.4	≤0.8	≤1.6
		孔	≤0.8	≤1.6	≤1.6
	装配按机械压入法 IT8	轴	≤0.8	≤0.8～1.6	≤1.6～3.2
		孔	≤1.6	≤1.6～3.2	≤1.6～3.2
	装配按热处理法	轴	≤1.6		
		孔	≤1.6～3.2		

表面特征	表面	径向跳动公差/μm					
精密定心用配合的零件表面	表面	2.5	4	6	10	16	25
		Ra（μm）					
	轴	≤0.05	≤0.1	≤0.1	≤0.2	≤0.4	≤0.8
	孔	≤0.1	≤0.2	≤0.2	≤0.4	≤0.8	≤1.6

表面特征	表面	公差等级		液体湿摩擦条件
滑动轴承的配合表面	表面	IT6～IT9	IT10～IT12	液体湿摩擦条件
		Ra / μm		
	轴	≤0.4～0.8	≤0.8～3.2	≤0.1～0.4
	孔	≤0.8～1.6	≤1.6～3.2	≤0.2～0.8

（7）要求防腐蚀、密封性能好或外表美观的零件的表面粗糙度数值应较小。

（8）凡有关标准已对表面粗糙度要求做出具体规定（如与滚动轴承配合的轴颈和外壳孔、与键配合的键槽、轮毂槽的工作面等），则应按该标准的规定确定表面粗糙度参数值，而且与标准件的配合面应按标准件要求标注。

（9）设计人员在实际工作经验不足的情况下，可参照表 5-6 和表 5-7。表 5-6 列出了表面粗糙度的表面微观特征、加工方法及应用举例，表 5-7 列出了各种加工方法可能达到的表面粗糙度数值，供读者使用类比法时参考。

表 5-6   表面粗糙度的表面微观特征、加工方法及应用举例

表面微观特性		$Ra/\mu m$	加工方法	应用举例
粗糙表面	微见刀痕	≤20	粗车、粗刨、粗铣、钻、毛锉、锯断	半成品粗加工过的表面,非配合的加工表面,如轴端面、倒角、钻孔、齿轮和皮带轮侧面、键槽底面、垫圈接触面
半光表面	微见加工痕迹	≤10	车、刨、铣、镗、钻、粗铰	轴上不安装轴承、齿轮处的非配合表面,紧固件的自由装配表面,轴和孔的退刀槽
	微见加工痕迹	≤5	车、刨、铣、镗、磨、拉、粗刮、滚压	半精加工表面,箱体、支架、盖面、套筒等和其他零件结合而无配合要求的表面,需要发蓝的表面等
	看不清加工痕迹	≤2.5	车、刨、铣、镗、磨、拉、刮、压、铣齿	接近于精加工表面,箱体上安装轴承的镗孔表面,齿轮的工作面
光表面	可辨加工痕迹方向	≤1.25	车、镗、磨、拉、刮、精铰、磨齿、滚压	圆柱销、圆锥销,与滚动轴承配合的表面,普通车床导轨面,内、外花键定心表面
	微辨加工痕迹方向	≤0.63	精铰、精镗、磨、刮、滚压	要求配合性质稳定的配合表面,工作时受交变应力的重要零件,较高精度车床的导轨面
	不可辨加工痕迹方向	≤0.32	精磨、珩磨、研磨、超精加工	精密机床主轴锥孔、顶尖圆锥面、发动机曲轴、凸轮轴工作表面,高精度齿轮齿面
极光表面	暗光泽面	≤0.16	精磨、研磨、普通抛光	精密机床主轴轴颈表面、一般量规工作表面、汽缸套内表面、活塞销表面
	亮光泽面	≤0.08	超精磨、精抛光、镜面磨削	精密机床主轴轴颈表面、滚动轴承的滚珠、高压油泵中的柱塞和柱塞套配合表面
	镜状光泽面	≤0.04		
	镜面	≤0.01	镜面磨削、超精研磨	高精度量仪、量块的工作表面,光学仪器中的金属镜面

表 5-7   各种加工方法可能达到的表面粗糙度数值

加工方法		表面粗糙度 $Ra/\mu m$												
		0.012	0.025	0.05	0.100	0.20	0.40	0.80	1.60	3.20	6.30	12.5	25	50	100
砂模铸造															
压力铸造															
模 锻															
挤 压															
刨削	粗														
	半精														
	精														

续表

加工方法		表面粗糙度 Ra /μm													
		0.012	0.025	0.05	0.100	0.20	0.40	0.80	1.60	3.20	6.30	12.5	25	50	100
插削								■	■	■	■	■	■		
钻孔								■	■	■	■	■	■	■	
金刚镗孔				■	■	■	■								
镗孔	粗									■	■	■	■		
	半精							■	■	■	■				
	精						■	■	■						
端面铣	粗								■	■	■	■	■		
	半精						■	■	■	■	■				
	精					■	■	■	■						
车外圆	粗									■	■	■	■		
	半精							■	■	■	■				
	精					■	■	■	■						
磨平面	粗							■	■	■					
	半精						■	■							
	精			■	■	■	■								
研磨	粗				■	■	■	■	■						
	半精			■	■	■	■								
	精		■	■	■	■									

第五节 表面粗糙度技术要求在零件图上的标注

确定了表面粗糙度的评定参数及其数值后，还应按国家标准中有关表面粗糙度轮廓技术要求符号、评定长度、判定合格方式、加工方法、纹理符号及其注法的规定，把对表面粗糙度的轮廓技术要求正确地标注在零件图上。

一、表面粗糙度的符号

在技术产品文件中对表面粗糙度的要求应按标准规定的图形符号表示。表面粗糙度的图形符号分为基本图形符号、扩展图形符号、完整图形符号和工件轮廓各表面的图形符号。表面粗糙度的符号及其含义如表 5-8 所示。

表 5-8 表面粗糙度的符号及其含义（摘自 GB/T 131—2006）

名 称	符 号	含 义
基本图形符号	√	未指定工艺方法获得的表面。仅用于简化代号标注，没有补充说明时不能单独使用
扩展图形符号	▽	用去除材料方法获得的表面，如通过机械加工方法（车、铣、磨、抛光等）获得的表面
	◁	用不去除材料方法获得的表面（如铸、锻、冲压等），也可用于表示保持上道工序形成的表面
完整图形符号	√ ▽ ◁	在上述三个图形符号的长边上加一横线，用于标注有关参数和说明
工件轮廓各表面的图形符号	√ ▽ ◁	在完整图形符号上加一圆圈，表示在图样某个视图上构成封闭轮廓的各表面有相同的表面粗糙度要求。它标注在图样中工件的封闭轮廓线上，如果标注会引起歧义，各表面应分别标注

二、表面粗糙度轮廓技术要求在完整符号的标注位置和内容

1. 表面粗糙度要求在完整符号的标注位置

为了表明表面粗糙度要求，除了标注表面粗糙度单一要求，必要时还应标注补充要求。单一要求是指表面粗糙度参数及其数值。补充要求是指传输带、取样长度、加工方法、加工纹理及方向、加工余量等。在完整的图形符号中，上述要求应标注书写在如图 5-13 表面粗糙度轮廓完整符号所示的指定位置上。表面粗糙度的标注示例如图 5-14 所示。

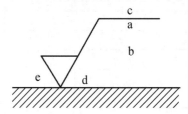

a—表面粗糙度的单一要求（单位为 μm，必须有）；b—第二个表面粗糙度要求（单位为 μm，不多见）；

c—加工方法；d—表面纹理和纹理方向；e—加工余量（单位为 mm）。

图 5-13 表面粗糙度轮廓完整符号

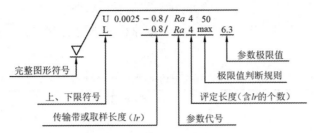

图 5-14　表面粗糙度的标注示例

2．表面粗糙度要求的标注内容

1）位置 a

注写表面粗糙度的单一要求，该要求不能省略。它包括上、下限符号，传输带或取样长度，表面粗糙度参数代号，评定长度，极限值判断规则和参数极限值。

（1）上、下限符号。

表示双向极限时应标注上限符号"U"和下限符号"L"。如果同一参数具有双向极限要求，在不引起歧义时，可省略"U"和"L"的标注。当只有单项极限要求时，若为单项上限值，则可省略"U"；若为单向下限值，则必须加注"L"。

（2）传输带或取样长度。

传输带是指短波滤波器的截止波长 λs 至长波滤波器的截止波长 λc 之间的波长范围。长波滤波器的截止波长值 λc 就是取样长度 lr。传输带标注时，短波滤波器 λs 值在前，长波滤波器 λc 值在后，中间用短线"–"隔开。在某些情况下只标注两个滤波器中的一个，应保留短线"–"，用来区分是短波滤波器还是长波滤波器，如图 5-14 中的"–0.8"。

（3）表面粗糙度参数代号。

表面粗糙度参数代号标注在传输带或取样长度后，它们之间用斜线"/"隔开。

（4）评定长度。

如果采用默认的评定长度，即 $ln=5lr$ 时，则评定长度可以省略。如果评定长度不等于 $5lr$ 时，则应在参数代号之后标注出取样长度 lr 的个数。如图 5-14 中的 $ln=4lr$。

（5）极限值判断规则。

极限值判断规则有"16%规则"和"最大规则"两种。"16%规则"是所有表面结构要求中标注的默认规则（省略标注），其含义是同一评定长度内幅度参数的所有实测值中，大于上限值的个数少于总数的16%，且小于下限值的个数少于总数的16%，则认为合格；"最大规则"是指整个被测表面上幅度参数所有的实测值均不大于最大允许值，且不小于最小允许值，则认为合格。采用"最大规则"时，应在参数代号后增加一个"max"的标记。图 5-14 中所示的上限采用"16%规则"，下限采用"最大规则"。

（6）参数极限值。

为了避免误解，在参数极限值之前应插入一个空格。

2）位置 b

在此位置标注第二个表面粗糙度要求，如果要注出第三个或更多的表面粗糙度要求时，图形符号应在垂直方向扩大，以空出足够空间。

3）位置 c

在此位置标注加工方法、表面处理、涂层或其他工艺要求，如车、铣、磨、镀等。

4）位置 d

在此位置标注表面加工纹理和纹理方向。国家标准规定的表面纹理和纹理方向如表 5-9 所示。

表 5-9　国家标准规定的表面纹理和纹理方向（摘自 GB/T 131—2006）

符号	解释和示例	
=	纹理平行于视图所在的投影面	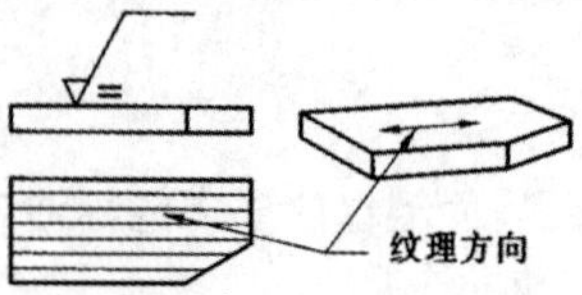= 纹理方向
⊥	纹理垂直于视图所在的投影面	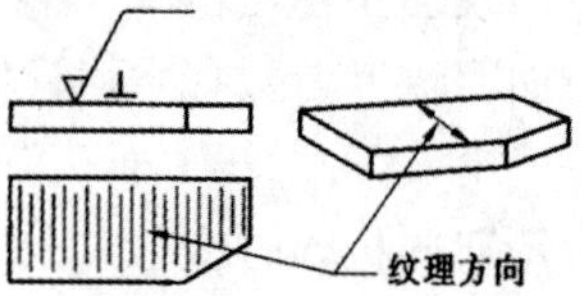⊥ 纹理方向
×	纹理呈两斜向交叉且与视图所在的投影面相交	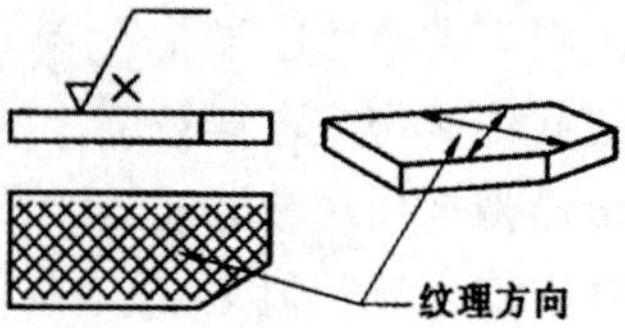× 纹理方向
C	纹理呈近似同心圆	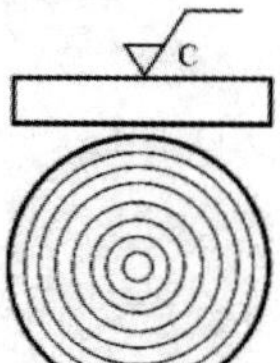C

5）位置 e

标注加工余量，单位为 mm。

根据国家标准的规定，表面粗糙度的标注示例如表 5-10 所示。

表 5-10　表面粗糙度的标注示例

序号	代号	意义
1	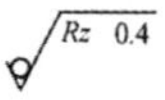Rz 0.4	表示不允许去除材料，单向上限值，默认传输带，轮廓的最大高度为 0.4 μm，评定长度为 5 个取样长度（默认），“16%规则”（默认）
2	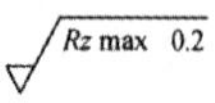Rz max 0.2	表示去除材料，单向上限值，默认传输带，轮廓最大高度的最大值为 0.2 μm，评定长度为 5 个取样长度（默认），“最大规则”
3	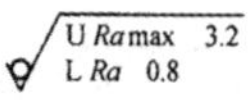U Ra max 3.2 L Ra 0.8	表示不允许去除材料，双向极限值，两极限值均使用默认传输带。上限值：算术平均偏差 3.2 μm，评定长度为 5 个取样长度（默认），“最大规则”。下限值：算术平均偏差为 0.8 μm，评定长度为 5 个取样长度（默认），“16%规则”（默认）

续表

序号	代号	意义
4	$\sqrt{\quad}$ L Ra 1.6	表示任意加工方法，单向下限值，默认传输带，算术平均偏差为 1.6 μm，评定长度为 5 个取样长度（默认），"16%规则"（默认）
5	$\sqrt{\quad}$ 0.008 − 0.8 /Ra 3.2	表示去除材料，单向上限值，传输带 0.008～0.8 mm，算术平均偏差为 3.2 μm，评定长度为 5 个取样长度（默认），"16%规则"（默认）
6	$\sqrt{\quad}$ −0.8 /Ra3 3.2	表示去除材料，单向上限值。传输带：根据国家标准，取样长度为 0.8 mm（λs 默认为 0.002 5 mm），算术平均偏差为 3.2 μm，评定长度包含 3 个取样长度（即 ln=0.8 mm×3=2.4 mm），"16%规则"（默认）
7	铣 $\sqrt{\quad}$ Ra 0.8 ⊥ −2.5 /Rz 3.2	表示去除材料，双向极限值。上限值：默认传输带和评定长度，算术平均偏差为 0.8 μm，"16%规则"（默认）。下限值：取样长度为 2.5 mm（λs 默认为 0.008 mm），默认评定长度，轮廓的最大高度为 3.2 μm，"16%规则"（默认）。表面纹理垂直于视图所在的投影面，加工方法为铣削
8	3 $\sqrt{\quad}$ 0.008 − 4 / Ra 50 / 0.008 − 4 / Ra 6.3	表示去除材料，双向极限值：上限值算术平均偏差为 50 μm，下限值算术平均偏差为 6.3 μm；上、下极限传输带均为 0.008～4 mm；默认的评定长度均为 ln=4×5=20 mm，"16%规则"（默认），加工余量为 3 mm
9	$\sqrt{\quad}$ $\sqrt{\quad}$ Y $\sqrt{\quad}$ Z	简化符号：符号及所加字母的含义由图样中的标注说明。

三、表面粗糙度在零件图中的标注示例

表面粗糙度在零件图中的标注示例如表 5-11 所示。

表面粗糙度标注改错题

表面粗糙度标注题

表 5-11　表面粗糙度在零件图中的标注示例

要求	图例	说明
表面粗糙度要求的标注方向	（图：矩形标注 Ra 0.8、Rz 3.2、Rz 12.5、Ra 1.6）	表面粗糙度的注写和读取方向与尺寸的注写和读取方向一致
表面粗糙度要求标注在轮廓线或指引线上	（图：Rz 12.5、Rz 6.3、Ra 1.6、Ra 1.6、Rz 12.5、Rz 6.3）	表面粗糙度要求可标注在轮廓线上，其符号应从材料外指向并接触表面

续表

要求	图例	说明
	铣 $\sqrt{\ Rz\ 3.2}$　　　　车 $\sqrt{\ Rz\ 3.2}$	必要时，表面粗糙度符号也可用箭头或黑点的指引线引出标注
表面粗糙度要求在特征尺寸线上的标注	$\phi 120\ H7\ \sqrt{\ Rz\ 12.5}$ $\phi 120\ h6\ \sqrt{\ Rz\ 6.3}$	在考虑不引起误解的情况下，表面粗糙度要求可以标注在给定的尺寸线上
表面粗糙度要求在几何公差框格上的标注	$\sqrt{\ Ra\ 1.6}$　$\boxed{□\ \|\ 0.1}$　　$\sqrt{\ Rz\ 6.3}$ $\phi 10\pm 0.1$　$\boxed{\oplus\ \|\ \phi 0.2\ \|\ A\ \|\ B}$	表面粗糙度可标注在几何公差框格的上方
表面粗糙度要求在延长线上的标注	$\sqrt{\ Ra\ 1.6}$　　$\sqrt{\ Rz\ 6.3}$　$\sqrt{\ Rz\ 6.3}$ $\sqrt{\ Rz\ 6.3}$　　　　$\sqrt{\ Ra\ 1.6}$	表面粗糙度可以直接标注在延长线上，或用带箭头的指引线引出标注
表面粗糙度在圆柱和棱柱表面上的标注	$\sqrt{\ Ra\ 3.2}$　$\sqrt{\ Rz\ 1.6}$　$\sqrt{\ Ra\ 6.3}$ $\sqrt{\ Ra\ 3.2}$	圆柱和棱柱表面的表面粗糙度要求只标一次。 　如果棱柱的每个表面有不同的表面粗糙度要求，则应分别单独标注

要求	图例	说明
大多数表面(包括全部)有相同表面粗糙度要求的简化标注	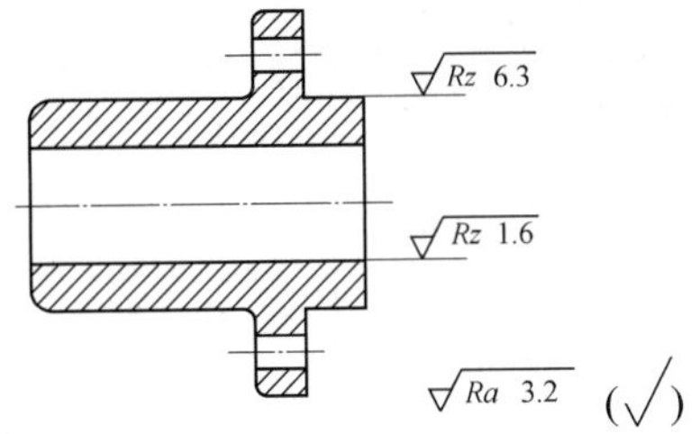 $\sqrt{}$ Rz 6.3　　$\sqrt{}$ Rz 1.6　　$\sqrt{}$ Ra 3.2 ($\sqrt{}$)	如果工件的多数表面有相同的表面粗糙度要求，则其要求可统一标注在标题栏附近。此时，表面粗糙度要求的符号后面要加上圆括号，并在圆括号内给出基本符号
	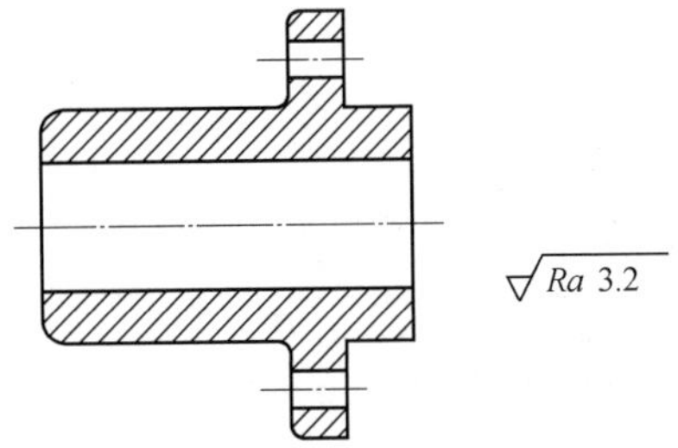 $\sqrt{}$ Ra 3.2	如果工件全部表面有相同的表面粗糙度要求，则其要求可统一标注在标题栏附近
当图纸空间有限时，表面粗糙度要求的注法	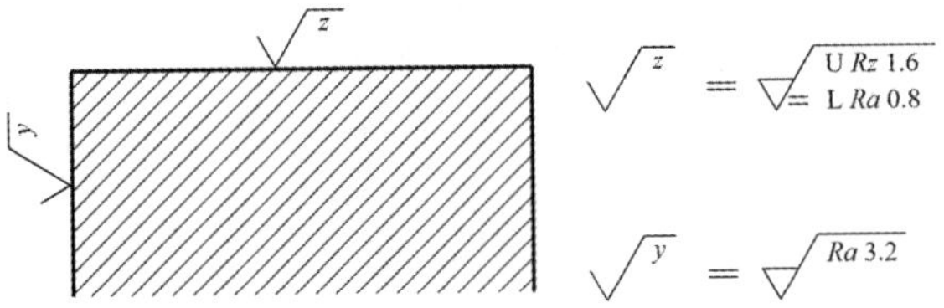 $\sqrt{}^z$　　$\sqrt{}^y$　$\sqrt{}^z = \sqrt{}\begin{smallmatrix}U\ Rz\ 1.6\\L\ Ra\ 0.8\end{smallmatrix}$　$\sqrt{}^y = \sqrt{}\ Ra\ 3.2$	用带字母的完整符号，以等式的形式，在图形或标题栏附近对有相同表面结构要求的表面进行简化标注
倒角、倒圆处的表面粗糙度要求的注法	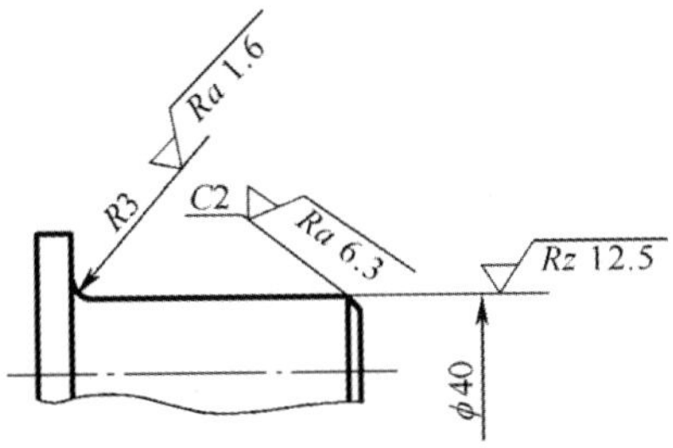 Ra 1.6　R3　C2　Ra 6.3　Rz 12.5　φ40	倒圆表面的表面粗糙度要求标注在带箭头的指引线上：单向上限 Ra=1.6 μm。倒角表面的表面粗糙度要求标注在轮廓延长线上：单向上限值 Ra=6.3 μm
两种或多种工艺获得的同一表面注法	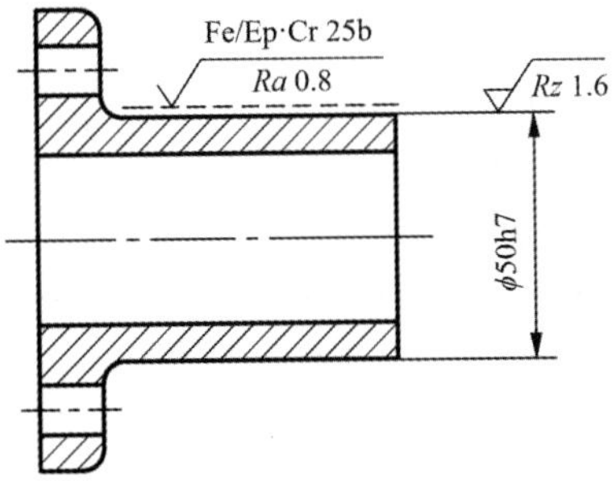 Fe/Ep·Cr 25b　$\sqrt{}$ Ra 0.8　$\sqrt{}$ Rz 1.6　φ50h7	由几种不同的工艺方法获得的同一表面，当需要明确每种工艺方法的表面粗糙度要求时，可按照左图进行标注

续表

要求	图例	说明
同一表面上有不同的表面粗糙度要求的注法		同一表面上有不同的表面粗糙度要求时，必须用细实线画出其分界线，并标注出相应的表面粗糙度代号和尺寸
不连续的同一表面的表面粗糙度要求的注法		对不连续的同一表面，可用细实线连接起来，表面结构代号只注一次。
键槽表面的表面粗糙度要求的注法		键槽宽度两侧面的表面粗糙度要求标注在键槽宽度的尺寸线上：单向上限值 $Ra = 3.2$ μm。键槽底面的表面粗糙度要求标注在带箭头的指引线上：单向上限值 $Ra = 6.3$ μm。（其他要求：极限值的判断原则、评定长度和传输带等均为默认）
螺纹表面的表面粗糙度要求的注法		螺纹表面粗糙度代号注在尺寸线或其延长线上

四、表面粗糙度设计实例

图 5-15 所示为某减速器的输出轴，表面粗糙度的轮廓技术要求均已标注齐全。读图时注意以下几点。

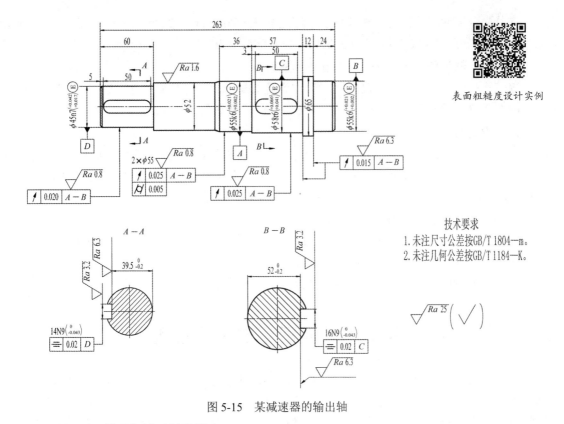

表面粗糙度设计实例

技术要求
1. 未注尺寸公差按GB/T 1804—m。
2. 未注几何公差按GB/T 1184—K。

图 5-15 某减速器的输出轴

1. 两 ϕ55k6 轴颈与滚动轴承配合

两 ϕ55k6 轴颈分别与相同规格的 0 级滚动轴承形成基孔制过盈配合，查表 5-5，对应尺寸公差等级 IT6、公称尺寸为 ϕ55 mm 的轴颈的表面粗糙度 $Ra \leq 0.8$ μm；同时查阅配合面的表面粗糙度相关标准可知，与 0 级滚动轴承相配合的轴颈为 IT6 级尺寸精度，并采用磨削加工工艺，因此表面粗糙度 $Ra \leq 0.8$ μm，结合表 5-2，以及考虑到参数值选用原则（在满足功能要求的前提下，幅度参数 Ra 的数值应尽量大些），因此确定图中两 ϕ55k6 轴颈取 Ra 极限值 0.8 μm，标注在几何公差框格上方，$2\times\phi55$ 后面。

2. ϕ58r6 轴与齿轮孔

ϕ58r6 轴与齿轮孔形成基孔制过盈配合，要求保证定心及配合特性，查阅表 5-5，对应尺寸公差等级为 IT6、公称尺寸为 ϕ58 mm 的轴颈的表面粗糙度 $Ra \leq 0.8$ μm，结合表 5-2，以及考虑到参数值选用原则，因此确定图中 ϕ58r6 齿轮安装处圆柱面取 Ra 极限值 0.8 μm，标注在几何公差框格上方。

3. ϕ45n7 轴与联轴器或传动件的孔

ϕ45n7 轴与联轴器或传动件的孔形成基孔制过渡配合，为了使其传动平稳，必须保证定心和配合性质，参照表 5-5，对应尺寸公差等级为 IT7、公称尺寸为 ϕ45 mm 的轴颈的表面粗糙度 $Ra \leq 0.4 \sim 0.8$ μm，结合表 5-2，以及参数值选用原则，取 Ra 极限值为 0.8 μm，标注在几何公差框格上方。

4. ϕ65 左右两轴肩

ϕ65 左右两轴肩为止推面，分别对齿轮和滚动轴承起定位作用。

参照配合面的表面粗糙度相关标准，应选取 $Ra \leqslant 6.3$ μm。结合表 5-2，以及参数值选用原则，取 Ra 极限值为 6.3 μm，标注在几何公差框格上方。

5. ϕ58r6 轴颈和 ϕ45n7 轴颈上键槽的两侧面

键一般是铣削加工，其精度较低，但作为键的配合面，应按相关标准选 Ra 为 3.2 μm。图中取 Ra 极限值为 3.2 μm，分别标注在各自键槽宽度的尺寸线上。

6. ϕ52 圆柱面

ϕ52 圆柱面虽然是非配合尺寸，没有标注尺寸公差等级，但属于轴上传递扭矩的主要受力段。当轴正反转动时承受交变应力，因此其表面粗糙度参数值应小，故参考表 5-2 和表 5-5，选取 Ra 极限值为 1.6 μm，图中标注在 ϕ52 圆柱面轮廓线上。

7. 轴上其他非配合表面

键槽底面应按相关标准选 Ra 为 6.3 μm。

端面属于不太重要的表面（已经标注表面以外的其余表面），故选取 Ra 极限值为 25 μm。标注在右下角的技术要求下面，按照标注规定加注一个基本符号。

第六节　表面粗糙度的检测

测量表面粗糙度参数值时，应注意不要将零件的表面缺陷（如气孔、划痕和沟槽等）包括进去。当图样上注明了表面粗糙度参数值的测量方向时，应按规定方向测量。若没有指定测量方向，工件的安放应使测量截面与得到粗糙度幅度参数（Ra、Rz）最大值的测量方向一致，该方向垂直于被测表面的加工纹理。对无方向性的表面，测量截面的方向可以是任意的。

目前，检测表面粗糙度比较常用的方法主要有比较法、光切法、针描法、干涉法、激光反射法、激光全息法、印模法和三维几何表面测量法等，其中针描法因其测量迅速方便、测量精度较高、使用成本较低等良好特性而得到广泛使用。

一、比较法

比较法是车间常用的方法。将被测表面与已知其评定参数值的粗糙度样板相比较，用肉眼判断或借助放大镜、比较显微镜进行比较，也可用手摸、指甲划动的感觉来判断被加工表面的粗糙度。比较样板的选择应使其材料、形状和加工方法与被测工件尽量相同。比较法使用简单，一般用于车间条件下判断较粗糙轮廓的表面。比较法的判断准确程度与检验人员的技术熟练程度有关。

二、光切法

光切法是利用"光切原理"测量表面粗糙度的方法，常采用的仪器是光切显微镜（也称双管显微镜）。该仪器适宜测量车、铣、刨或其他类似方法加工的金属零件的平面或外圆表面。光切法通常适用于测量 Rz=0.5～80 μm 的表面。

光切法测量原理示意图如图 5-16 所示，由光源发出的光线经狭缝后形成一个光带，此光带与被测表面以夹角为 45°的方向 A 与被测表面相截，被测表面的轮廓影像沿 B 向反射后可由显微镜观察得到图 5-16（b）。其光路系统如图 5-16（c）所示，光源 1 通过聚光镜 2、狭缝

3 和物镜 5,以 45°角的方向投射到工件表面 4 上,形成一窄细光带。光带边缘的形状,即光束与工作表面的交线,也就是工件在 45° 截面上的轮廓形状,此轮廓曲线的波峰在 S_1 点反射,波谷在 S_2 点反射,通过物镜 5,分别在分划板 6 上成像 S_1'' 和 S_2'' 点,其峰、谷影像高度差为 h''。由仪器的测微装置可读出此值,然后按定义测出评定参数 Rz 的数值。

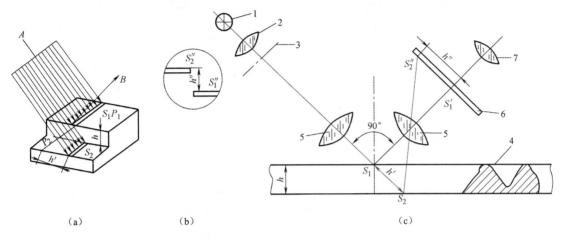

1—光源;2—聚光镜;3—狭缝;4—工件表面;5—物镜;6—分划板;7—目镜

图 5-16 光切法测量原理示意图

三、针描法

针描法是利用仪器的触针在被测表面上轻轻划过,被测表面的微观不平度将使触针作垂直方向的位移,再通过传感器将位移量转换成电量,经信号放大后送入计算机,在显示器上显示出被测表面粗糙度的评定参数值的方法。也可由记录器绘制出被测表面轮廓的误差图形,其测量原理如图 5-17 所示。

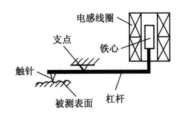

图 5-17 针描法测量原理

按针描法原理设计制造的表面粗糙度测量仪器通常称为轮廓仪。根据转换原理的不同,可以有电感式轮廓仪、电容式轮廓仪、压电式轮廓仪等。轮廓仪可测 Ra、Rz、Rsm 等多个参数。

除了上述轮廓仪,还有光学触针轮廓仪,它适用于非接触测量,以防止划伤零件表面,这种仪器通常直接显示 Ra 值,其测量范围为 0.02~5 μm。

四、干涉法

干涉法是利用光波干涉原理测量表面粗糙度的方法。根据干涉原理设计制造的仪器称为干涉显微镜,其基本光路系统如图 5-18(a)所示。由光源 1 发出的光线经平面镜 5 反射向上,至分光镜 9 后分成两束。一束向上射至被测表面 18 返回，另一束向左射至参考镜 13 返回。此两束光线会合后形成一组干涉条纹。干涉条纹的弯曲程度反映了被测表面不平度的状况，如图 5-18(b)所示。仪器的测微装置可按定义测出相应的评定参数 Rz 值，其测量范围为 0.025～0.8 μm。

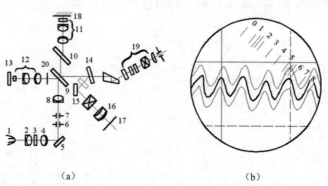

1—光源；2、4、8—聚光镜；3—滤色片；5、15—平面镜；6、7—孔径光阑；9—分光镜；10—补偿板；
11、12、16—物镜；13—参考镜；14、17、20—遮光板；18—被测表面；19—目镜

图 5-18　干涉法测量原理示意图

五、激光反射法

激光反射法的基本原理是激光束以一定的角度照射到被测表面，除了一部分光被吸收，大部分被反射和散射。反射光与散射光的强度及其分布与被照射表面的微观不平度状况有关。通常，反射光较为集中会形成明亮的光斑，散射光则分布在光斑周围形成较弱的光带。较为光洁的表面，光斑较强、光带较弱且宽度较小；较为粗糙的表面则光斑较弱，光带较强且宽度较大。

六、激光全息法

激光全息法的基本原理是以激光照射被测表面，利用相干辐射拍摄被测表面的全息照片，即一组表面轮廓的干涉图形，然后用硅光电池测量黑白条纹的强度分布，测出黑白条纹的反差比，从而评定被测量表面的粗糙程度。当激光波长 λ=632.8 nm 时，其测量范围为 0.05～0.8 μm。

七、印模法

印模法是利用一些无流动性和弹性的塑性材料，贴合在被测表面上，将被测表面的轮廓复制成模，然后再对印模进行测量，从而来评定被测表面的粗糙度。该方法适用于某些既不能使用仪器直接测量，也不便于用样板相对比的表面，如深孔、盲孔、凹槽、内螺纹等。

八、三维几何表面测量

表面粗糙度的一维和二维测量只能反映表面不平度的某些几何特征，把它作为表征整个表面的统计特征是很不充分的，只有用三维评定参数才能真实地反映被测表面的实际特征。目前，国内外都在研究开发三维几何表面测量技术，现已将光纤法、微波法和电子显微镜等测量方法成功地应用于三维几何表面的测量。

第五章　测验题

本章小结

（1）表面粗糙度的概念。在机械加工过程中，由于刀具切削或砂轮磨削后遗留的痕迹、切削过程中切屑分离时的塑性变形及机床的振动等原因，会使加工后的零件表面存在间距很小的微小峰、谷所形成的微观几何误差，这种微观几何误差用表面粗糙度表示。

（2）国家标准在评定表面粗糙度轮廓的参数时，规定了轮廓滤波器、传输带、取样长度 *lr*、评定长度 *ln* 和中线。

（3）表面粗糙度轮廓的评定参数有：幅度参数（轮廓的算术平均偏差 *Ra* 和轮廓最大高度 *Rz*）、间距特征参数（轮廓单元的平均宽度 *Rsm*）、混合参数［轮廓支承长度率 *Rmr(c)*］。

（4）通常只给出幅度参数 *Ra* 或 *Rz* 及允许值，必要时可规定轮廓其他的评定参数、表面加工纹理方向、加工方法或（和）加工余量等附加要求。

（5）国家标准规定了表面粗糙度轮廓的标注方法。

（6）表面粗糙度轮廓的主要检测方法有比较法、光切法、针描法、干涉法、激光反射法、激光全息法、印模法和三维几何表面测量法等。

思考题与习题

5-1　表面粗糙度的含义是什么？它与原始轮廓和表面波纹度有何区别？

5-2　表面粗糙度对零件的工作性能有何影响？

5-3　什么是轮廓中线？

5-4　轮廓最小二乘中线和轮廓算数平均中线有哪些区别？

5-5　为什么要规定取样长度？规定了取样长度，为什么还要规定评定长度？两者之间有什么关系？

5-6　表面粗糙度评定参数有哪些？说出其名称、代号及其应用场合。

5-7　表面粗糙度参数值是否选得越小越好？选用的原则是什么？如何选用？

5-8　在表面粗糙度的图样标注中，什么情况注出评定参数的上限值、下限值？什么情况要注出最大值？上限值和下限值与最大值如何标注？

5-9　试用类比法确定 ϕ80h5 和 ϕ80H6 的表面粗糙度 *Ra* 的上限值。

5-10　一般情况下，ϕ60H7 和 ϕ10H7 相比，谁的表面要求精度高，为什么？

5-11　一般情况下，ϕ60H7/d6 和 ϕ60H7/s6 相比，谁的表面要求精度高，为什么？

5-12　解释图 5-19 上表面粗糙度标注符号的含义。

5-13　今需要切削加工一个零件，试将下列技术要求标注在图 5-20 上（未注明要求的项目皆为默认的标准化值）。

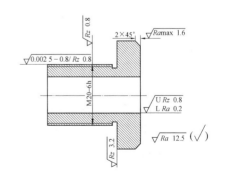

图 5-19　题 5-12 图

（1）大端圆柱面尺寸要求为 ϕ45h7 mm，并采用包容要求；表面粗糙度值 Ra 的上限值为 0.8 μm。

（2）小端圆柱面轴线对大端圆柱面轴线的同轴度公差为 ϕ30 μm。

（3）小端圆柱面：尺寸为 ϕ25±0.007 mm，圆度公差为 0.01 mm，Ra 的最大值为 1.6 μm，其余表面 Ra 的上限值均为 6.3 μm。

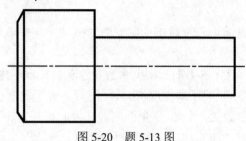

图 5-20　题 5-13 图

5-14　将下列表面粗糙度轮廓要求标注在图 5-21 上（未注明要求的项目皆为默认的标准化值）。

（1）直径为 ϕ50 的圆柱外表面粗糙度 Ra 的上限值为 3.2 μm。

（2）左端面的表面粗糙度 Ra 的上限值为 1.6 μm。

（3）直径 ϕ50 的圆柱右端面的表面粗糙度 Ra 的上限值为 3.2 μm。

（4）内孔表面粗糙度 Rz 的上限值为 3.2 μm。

（5）螺纹工作面的表面粗糙度 Ra 的上限值为 1.6 μm，下限值为 0.8 μm。

（6）其余各加工面的表面粗糙度 Ra 的最大值为 25 μm。

（7）各加工面均采用去除材料的方法获得。

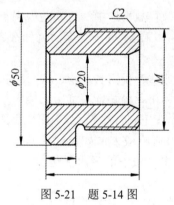

图 5-21　题 5-14 图

5-15　将下列表面粗糙度轮廓要求标注在图 5-22 上（未注明要求的项目皆为默认的标准化值）。

（1）齿顶圆 a 的表面粗糙度参数 Ra 的上限值为 3.2 μm。

（2）端面 c 和端面 b 的表面粗糙度参数 Ra 的最大值为 3.2 μm。

（3）ϕ30 mm 孔采用拉削加工，表面粗糙度参数 Rz 的上限值为 3.2 μm，并标注加工纹理方向。

（4）（8±0.018）mm 键槽两侧面的表面粗糙度参数 Ra 的上限值为 3.2 μm，键槽底面的表

面粗糙度参数 Ra 的上限值为 6.3 μm。

（5）其余表面的表面粗糙度参数 Ra 的上限值为 25 μm。

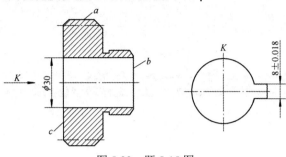

图 5-22　题 5-15 图

光滑工件尺寸检验和光滑极限量规的设计

学习目的：

掌握工件验收极限的规定、通用计量器具的选择方法及光滑极限量规的设计方法。

学习要求：

1. 了解工件在验收时产生误收和误废的原因。

2. 掌握工件验收极限的确定及计量器具的选择方法。

3. 掌握光滑极限量规公差带分布的特征、光滑极限量规工件尺寸的计算方法及光滑极限量规的选择。

第一节 概述

为了保证最终产品质量，除了必须在图样上规定尺寸公差与配合、形状、位置、表面粗糙度要求，还必须规定相应的检验原则作为技术保证。只有按测量检验标准规定的方法确认合格的零件，才能满足设计要求。

由于被测工件的形状、大小、精度要求和使用场合不同，采用的计量器具也不同。对于单件或小批量生产，常采用通用计量器具（如游标卡尺、千分尺等）来测量；对于大批量生产，为了提高检测效率，常采用光滑极限量规检验。国家标准《产品几何技术规范（GPS） 光滑工件尺寸的检验》（GB/T 3177—2009）和《光滑极限量规 技术条件》（GB/T 1957—2006）规定了这两类计量器具的检测方法。

第二节 用通用计量器具测量工件

《产品几何技术规范（GPS） 光滑工件尺寸的检验》（GB/T 3177—2009）规定了光滑工件尺寸检验的验收原则、验收极限、检验尺寸、计量器具的测量不确定度允许值和计量器具的选用原则。该标准适用于车间现场的通用计量器具，图样上标注的公差等级为 IT6～IT8、公称尺寸至 500 mm 的光滑工件尺寸的检验和一般公差尺寸的检验。

一、工件验收原则、安全裕度与尺寸验收极限

1. 工件验收原则

由于各种测量误差的存在，若按零件的上、下极限尺寸验收，当零件的实际尺寸处于上、下极限尺寸附近时，有可能将本来处于零件公差带内的合格品判为废品，或将本来处于零件公差带以外的废品误判为合格品，前者称为"误废"，后者称为"误收"。在车间一般只按一次测量的结果来判断工件合格与否。对于温度、压陷效应，以及计量器具和标准量器的系统误差等均不进行修正，因此任何检验都可能存在误判，即产生"误废"或"误收"。

国家标准规定的工件验收原则是：只接收位于规定的尺寸极限之内的工件，即只允许有误废而不允许有误收。

2. 安全裕度

为了保证上述验收原则（防止误收）的实施，一般实际生产中采取规定验收极限的方法，即采用安全裕度抵消测量的不确定度。验收极限是检验工件尺寸时判断合格与否的尺寸界限。

国家标准规定光滑工件尺寸验收方法可以选择下列两种之一。

1）内缩方式

验收极限是从规定的最大实体尺寸（MMS）和最小实体尺寸（LMS）分别向工件公差带内移动一个安全裕度（A）来确定。光滑工件尺寸验收方法如图 6-1 所示。A 的数值按工件公差的 1/10 确定，IT6～IT13 的安全裕度 A 值和计量器具的测量不确定度允许值 u_1 如表 6-1 所示，对 IT6～IT11 的 u_1 值分为 Ⅰ、Ⅱ、Ⅲ 三挡；对 IT12～IT13 的 u_1 值分为 Ⅰ、Ⅱ 两挡。选用时，一般情况下优先选用 Ⅰ 挡，其次选用 Ⅱ 挡、Ⅲ 挡。

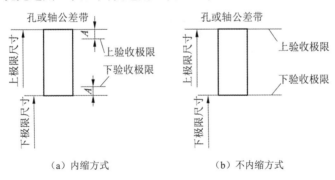

（a）内缩方式　　　　　　　　　　（b）不内缩方式

图 6-1　光滑工件尺寸验收方法

表 6-1　IT3～IT13 的安全裕度 A 值与计量器具的测量不确定度允许值 u_1（摘自 GB/T 3177－2009）

公差等级	IT6					IT7					IT8					IT9				
公称尺寸 /mm	T/μm	A/μm	u_1/μm			T/μm	A/μm	u_1/μm			T/μm	A/μm	u_1/μm			T/μm	A/μm	u_1/μm		
大于　至			Ⅰ	Ⅱ	Ⅲ			Ⅰ	Ⅱ	Ⅲ			Ⅰ	Ⅱ	Ⅲ			Ⅰ	Ⅱ	Ⅲ
—　3	6	0.6	0.54	0.9	1.4	10	1.0	0.9	1.5	2.3	14	1.4	1.3	2.1	3.2	25	2.5	2.3	3.8	5.6
3　6	8	0.8	0.72	1.2	1.8	12	1.2	1.1	1.8	2.7	18	1.8	1.6	2.7	4.1	30	3.0	2.7	4.5	6.8

续表

公差等级	IT6					IT7					IT8					IT9				
公称尺寸/mm	$T/\mu m$	$A/\mu m$	$u_1/\mu m$			$T/\mu m$	$A/\mu m$	$u_1/\mu m$			$T/\mu m$	$A/\mu m$	$u_1/\mu m$			$T/\mu m$	$A/\mu m$	$u_1/\mu m$		
大于　至			I	II	III			I	II	III			I	II	III			I	II	III
6　10	9	0.9	0.81	1.4	2.0	15	1.5	1.4	2.3	3.4	22	2.2	2.0	3.3	5.0	36	3.6	3.3	5.4	8.1
10　18	11	1.1	1.0	1.7	2.5	18	1.8	1.7	2.7	4.1	27	2.7	2.4	4.1	6.1	43	4.3	3.9	6.5	9.7
18　30	13	1.3	1.2	2.0	2.9	21	2.1	1.9	3.2	4.7	33	3.3	3.0	5.0	7.4	52	5.2	4.7	7.8	12
30　50	16	1.6	1.4	2.4	3.6	25	2.5	2.3	3.8	5.6	39	3.9	3.5	5.9	8.8	62	6.2	5.6	9.3	14
50　80	19	1.9	1.7	2.9	4.3	30	3.0	2.7	4.5	6.8	46	4.6	4.1	6.9	10	74	7.4	6.7	11	17
80　120	22	2.2	2.0	3.3	5.0	35	3.5	3.2	5.3	7.9	54	5.4	4.9	8.1	12	87	8.7	7.8	13	20
120　180	25	2.5	2.3	3.8	5.6	40	4.0	3.6	6.0	9.0	63	6.3	5.7	9.5	14	100	10	9.0	15	23
180　250	29	2.9	2.6	4.4	6.5	46	4.6	4.1	6.9	10	72	7.2	6.5	11	16	115	12	10	17	26
250　315	32	3.2	2.9	4.8	7.2	52	5.2	4.7	7.8	12	81	8.1	7.3	12	18	130	13	12	19	29
315　400	36	3.6	3.2	5.4	8.1	57	5.7	5.1	8.4	13	89	8.9	8.0	13	20	140	14	13	21	32
400　500	40	4.0	3.6	6.0	9.0	63	6.3	5.7	9.5	14	97	9.7	8.7	15	22	155	16	14	23	35

公差等级	IT10					IT11					IT12				IT13			
公称尺寸/mm	$T/\mu m$	$A/\mu m$	$u_1/\mu m$			$T/\mu m$	$A/\mu m$	$u_1/\mu m$			$T/\mu m$	$A/\mu m$	$u_1/\mu m$		$T/\mu m$	$A/\mu m$	$u_1/\mu m$	
大于　至			I	II	III			I	II	III			I	II			I	II
—　3	40	4.0	3.6	6.0	9.0	60	6.0	5.4	9.0	14	100	10	9.0	15	140	14	13	21
3　6	48	4.8	4.3	7.2	11	75	7.5	6.8	11	17	120	12	11	18	180	18	16	27
6　10	58	5.8	5.2	8.7	13	90	9.0	8.1	14	20	150	15	14	23	220	22	20	33
10　18	70	7.0	6.3	11	16	110	11	10	17	25	180	18	16	27	270	27	24	41
18　30	84	8.4	7.6	13	19	130	13	12	20	29	210	21	19	32	330	33	30	50
30　50	100	10	9.0	15	23	160	16	14	24	36	250	25	23	38	390	39	35	59
50　80	120	12	11	18	27	190	19	17	29	43	300	30	27	45	460	46	41	69
80　120	140	14	13	21	32	220	22	20	33	50	350	35	32	53	540	54	49	81
120　180	160	16	15	24	36	250	25	23	38	56	400	40	36	60	630	63	57	95
180　250	185	19	17	28	42	290	29	26	44	65	460	46	41	69	720	72	65	110
250　315	210	21	19	32	47	320	32	29	48	72	520	52	47	78	810	81	73	120
315　400	230	23	21	35	52	360	36	32	54	81	570	57	51	86	890	89	80	130
400　500	250	25	23	38	56	400	40	36	60	90	630	63	57	95	970	97	87	150

2）不内缩方式

验收极限等于规定的最大实体尺寸（MMS）和最小实体尺寸（LMS），即 A 值等于零，也就是上极限尺寸和下极限尺寸。

验收方法的选择要结合尺寸功能要求及其重要程度、尺寸公差等级、测量不确定度允许值和工艺能力等因素综合考虑。

3. 尺寸验收极限

尺寸验收极限是检验工件尺寸时判断合格与否的尺寸界限。

1）采用内缩方式验收时的尺寸验收极限

孔尺寸的验收极限：

$$上验收极限＝最小实体尺寸（LMS）－安全裕度（A）=D_{max}-A$$

$$下验收极限＝最大实体尺寸（MMS）＋安全裕度（A）=D_{min}+A$$

轴尺寸的验收极限：

$$上验收极限＝最大实体尺寸（MMS）－安全裕度（A）=d_{max}-A$$

$$下验收极限＝最小实体尺寸（LMS）＋安全裕度（A）=d_{min}+A$$

显然，内缩方式可以减少误收，但增加了误废，因此从保证产品质量方面着眼是必要的。其主要适用于如下情况：

（1）对遵守包容要求的尺寸、公差等级高的尺寸，应选用内缩方式确定验收极限。

（2）对遵守包容要求的尺寸，当工艺能力指数 $C_p > 1$ 时[$C_p =T/(6\sigma)$]，在最大实体尺寸一侧仍应按内缩方式确定验收极限。$C_p > 1$，采用包容要求时的验收极限如图 6-2 所示。

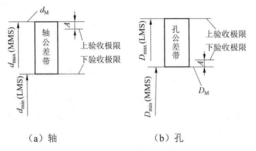

（a）轴　　　　　（b）孔

图 6-2　$C_p > 1$，采用包容要求时的验收极限

（3）当工件的实际尺寸服从偏态分布时，可以只对尺寸偏向的一侧（如生产批量不大，用试切法获得尺寸时，尺寸会偏向 MMS 一边）按内缩方式确定验收极限。偏态分布时的验收极限如图 6-3 所示。

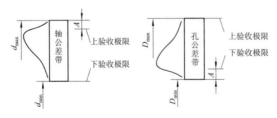

图 6-3　偏态分布时的验收极限

2）采用不内缩方式验收时的尺寸验收极限

验收极限等于规定的最大实体尺寸（MMS）和最小实体尺寸（LMS），即 A 值等于零。不内缩方式验收比较宽松，适用于如下情况。

（1）当工艺能力指数 $C_p > 1$ 时，其验收极限可以按不内缩的方式确定。

（2）当工件的实际尺寸服从偏态分布时，对尺寸非偏向的一侧按不内缩方式确定验收极限。

（3）对遵守包容要求的尺寸，在最小实体尺寸一侧按不内缩方式确定验收极限。

（4）对于非配合尺寸和一般公差尺寸，可按不内缩的方式确定验收极限。

二、计量器具的选择

测量工件产生误收与误废的原因是存在测量极限误差（不确定度 U）。而测量极限误差主要由计量器具的测量不确定度允许值 u_1 和温度、压陷效应及工件形状误差引起的测量不确定度允许值 u_2 两部分构成，符合关系式：

$$U = \sqrt{u_1^2 + u_2^2}$$

（6-1）

据统计分析，$u_2=0.45U$，$u_1=0.9U$，显然计量器具的测量不确定度允许值 u_1 是产生误收误废的主要因素。在尺寸验收极限一定的情况下，计量器具的测量极限误差（测量不确定度允许值 u_1）越大，则产生误收与误废的概率也越大；反之，计量器具的测量不确定度允许值 u_1 越小，则产生误收与误废的概率也越小。因此，使用一般通用的计量器具测量工件时，依据计量器具的测量不确定度允许值 u_1 来正确地选择计量器具就很重要。

计量器具的具体选用方法如下。

1）$u_1' \le u_1$ 原则

按照计量器具所引起的测量不确定度允许值 u_1 来选择计量器具，以保证测量结果的可靠性。在选择计量器具时，应使所选用的计量器具的测量不确定度允许值 u_1' 小于或等于计量器具的测量不确定度允许值 u_1，即 $u_1' \le u_1$。常用的千分尺、游标卡尺、比较仪和指示表的测量不确定度允许值 u_1' 列于表 6-2、表 6-3 和表 6-4 中。

表 6-2　千分尺和游标卡尺的测量不确定度允许值 u_1'

尺寸范围/mm		计量器具类型			
		分度值为 0.01mm 的外径千分尺	分度值为 0.01mm 的内径千分尺	分度值为 0.02mm 的游标卡尺	分度值为 0.05mm 的游标卡尺
大于	至	不确定度/mm			
0	50	0.004	0.008	0.020	0.05
50	100	0.005			
100	150	0.006			
150	200	0.007			
200	250	0.008	0.013		0.100
250	300	0.009			
300	350	0.010			
350	400	0.011	0.020		
400	450	0.012		—	
450	500	0.013	0.025		
500	600	—	0.030		
600	700				
700	800				0.150

注：当采用比较测量法测量时，千分尺和游标卡尺的测量不确定度允许值 u_1' 可减小至表中数值的 60%。

表 6-3　比较仪的测量不确定度允许值 u_1'

尺寸范围 /mm		所使用的计量器具			
		分度值为 0.000 5（相当于放大倍数 2 000 倍）的比较仪	分度值为 0.001（相当于放大倍数 1 000 倍）的比较仪	分度值为 0.002（相当于放大倍数 500 倍）的比较仪	分度值为 0.005（相当于放大倍数 200 倍）的比较仪
大于	至	不确定度/mm			
—	25	0.000 6	0.001 0	0.001 7	0.003 0

续表

尺寸范围 /mm		所使用的计量器具			
		分度值为 0.000 5（相当于放大倍数 2 000 倍）的比较仪	分度值为 0.001（相当于放大倍数 1 000 倍）的比较仪	分度值为 0.002（相当于放大倍数 500 倍）的比较仪	分度值为 0.005（相当于放大倍数 200 倍）的比较仪
25	40	0.000 7	0.001 0	0.001 8	0.003 0
40	65	0.000 8	0.001 1	0.001 8	0.003 0
65	90	0.000 8	0.001 1	0.001 8	0.003 0
90	115	0.000 9	0.001 2	0.001 9	0.003 0
115	165	0.001 0	0.001 3	0.001 9	0.003 0
165	215	0.001 2	0.001 4	0.002 0	0.003 5
215	265	0.001 4	0.001 6	0.002 1	0.003 5
265	315	0.001 6	0.001 7	0.002 2	0.003 5

注：测量时，使用的标准量器由 4 块 1 级（或 4 等）量块组成。

表 6-4　指示表的测量不确定度允许值 u'_1

尺寸范围/mm		所使用的计量器具			
		分度值为 0.001 的千分表（0 级在全程范围内、1 级在 0.2 mm 内）、分度值为 0.002 的千分表（在 1 转范围内）	分度值为 0.001、0.002、0.005 的千分表（1 级在全程范围内）、分度值为 0.01 的百分表（0 级在任意 1 mm 内）	分度值为 0.01 的百分表（0 级在全程范围内，1 级在任意 1 mm 内）	分度值为 0.01 的百分表（1 级在全程范围内）
大于	至	不确定度/mm			
—	25	0.005	0.010	0.018	0.030
25	40	0.005	0.010	0.018	0.030
40	65	0.005	0.010	0.018	0.030
65	90	0.005	0.010	0.018	0.030
90	115	0.005	0.010	0.018	0.030
115	165	0.006	0.010	0.018	0.030
165	215	0.006	0.010	0.018	0.030
215	265	0.006	0.010	0.018	0.030
265	315	0.006	0.010	0.018	0.030

但是如果没有所选的精度高的仪器，或是现场器具的测量不确定度允许值大于 u_1 值，可以采用比较测量法以提高现场器具的使用精度。

2）$0.4u'_1 \leq u_1$ 原则

当使用形状与工件形状相同的标准量器进行比较测量时，千分尺的测量不确定度允许值 u'_1 降为原来的 40%。

3）$0.6u'_1 \leq u_1$ 原则

当使用形状与工件形状不相同的标准量器进行比较测量时，千分尺的测量不确定度允许值 u'_1 降为原来的 60%，见表 6-2 注。

例 6-1 被检验的孔零件尺寸为 $\phi140H11Ⓔ$，试确定其验收极限并选择适当的计量器具。

解： ① 确定安全裕度 A 和验收极限。

查表 3-4 确定 $\phi140H11$ 公差带的上、下偏差分别为 $+0.250$ mm 和 0 mm 。

查表 6-1 得 $A=0.025$ mm，$u_1=0.023$ mm（Ⅰ档）。

因为工件尺寸遵守包容要求，应按照内缩验收极限方法确定验收极限，则

$$上验收极限=D_{max}-A=140+0.25-0.025=\phi140.225\ mm$$
$$下验收极限=D_{min}+A=140+0+0.025=\phi140.025\ mm$$

② 选择计量器具。

查表 6-2 选用分度值为 0.02 mm 的游标卡尺，它的测量不确定度为 $0.020<u_1=0.023$，且数值最接近，故可以满足要求。

例 6-2 试确定测量 $\phi75js8(\pm0.023)Ⓔ$ 轴时的验收极限，选择相应的计量器具，并分析该轴可否使用分度值为 0.01 mm 的外径千分尺进行比较法测量验收。

计量器具的选择

解： ① 确定安全裕度 A 和验收极限。

查表 6-1 得 $A=0.004\ 6$ mm，$u_1=0.004\ 1$ mm（Ⅰ档）。

$\phi75js8(\pm0.023)Ⓔ$ 采用包容要求，应按照内缩验收极限方法确定验收极限，则

$$上验收极限=d_{max}-A=75+0.023-0.004\ 6=\phi75.018\ 4\ mm$$
$$下验收极限=d_{min}+A=75-0.023+0.004\ 6=\phi74.981\ 6\ mm$$

② 选择计量器具。

查表 6-3 选用分度值为 0.005 mm 的比较仪，它的测量不确定度为 $0.003<u_1=0.004\ 1$，且数值最接近，故可以满足要求。

③ 当没有比较仪时，由表 6-2 选用分度值为 0.01 mm 的外径千分尺，其测量不确定度为 $0.005>u_1=0.004\ 1$，显然用分度值为 0.01 mm 的外径千分尺进行绝对测量法，不能满足测量要求。

④ 用分度值为 0.01 mm 的外径千分尺进行比较测量，为了提高千分尺的测量精度，采用比较测量法，可使千分尺的测量不确定度减小至表 6-2 中数值的 60%。在此，使用 75 mm 量块组作为标准量器（标准量器形状与轴的形状不相同）改绝对测量法为相对测量法，可使千分尺的测量不确定度由 0.005 mm 降至 0.003 mm（0.005 mm×60%），显然小于测量不确定度的允许值 u_1（符合 $0.6u'_1\leqslant u_1$ 原则），因此用分度值为 0.01 mm 的外径千分尺进行比较测量能满足测量要求。

结论：若有比较仪，该轴可使用分度值为 0.005 mm 的比较仪进行比较法测量验收；若没有比较仪，该轴还可以使用分度值为 0.01 mm 的外径千分尺进行比较法测量验收。

第三节　用光滑极限量规检验工件

量规是一种无刻度（不可读数）的定值专用检验工具。用量规检验零件，只能判断零件是否在规定的检验极限范围内，而不能得出零件的实际尺寸、几何误差的具体数值。它结构简单，使用方便、可靠，检验效率高，因此一般用于大批量生产、遵守包容要求的孔

和轴检验。

量规的种类根据检验对象不同可分为光滑极限量规、光滑圆锥量规、位置量规、花键量规及螺纹量规等，这里仅介绍光滑极限量规。《光滑极限量规　技术条件》(GB/T 1957-2006)规定了光滑极限量规的设计原则、公差带及其他技术要求。

一、光滑极限量规的作用和分类

1．光滑极限量规的作用

光滑极限量规（以下简称量规）是指被检工件为光滑孔或光滑轴时所用的极限量规的总称。它是用模拟装配状态的方法来检验工件的，因此检验孔径的光滑极限量规可做得和轴一样，称为塞规；检验轴径的光滑极限量规可做得和孔一样，称为环规或卡规。

量规有通规（或通端）和止规（或止端），其中一个按被测孔或轴的上极限尺寸制造，另一个按被测孔或轴的下极限尺寸制造。光滑极限量规如图 6-4 所示。它们应成对使用。

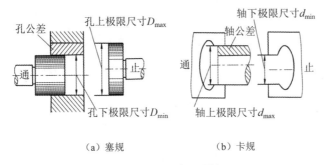

（a）塞规　　　　　　（b）卡规

图 6-4　光滑极限量规

能被合格品通过的量规叫通规。因此孔用量规的通规的理想尺寸为孔的下极限尺寸 $D_{\min}$(D_M)，合格品都应该被该量规通过；轴用量规的通规的理想尺寸为轴的上极限尺寸 $d_{\max}$(d_M)，合格品都应该被该量规通过。由此得出，通规的理想尺寸就是孔或轴的最大实体尺寸（MMS）。

不能被合格品通过的量规叫止规。因此孔用量规的止规理想尺寸为孔的上极限尺寸 $D_{\max}$(D_L)，合格品应该不被该量规通过；轴用量规的止规的理想尺寸为轴的下极限尺寸 $d_{\min}$(d_L)，合格品应该不被该量规通过。由此得出，止规的理想尺寸就是孔或轴的最小实体尺寸（LMS）。

用量规检验零件时，只要通规通过，止规不通过，就可确定被检工件是合格品。

2．量规的分类

根据量规的使用场合不同，量规可分为以下三类。

1）工作量规

在零件制造过程中，操作者对零件进行检验所使用的量规称为工作量规。

通规用"T"表示，止规用"Z"表示。为了保证加工零件的精度，操作者应该使用新的或磨损较小的通规。

2）验收量规

检验部门或用户代表在验收产品时所使用的量规称为验收量规。

验收量规的型式与工作量规相同，只是其磨损较多，但未超过磨损极限。这样，由操作者自检合格的零件，检验人员或用户代表验收时也一定合格，从而保证了零件的合格率。

3）校对量规

检验轴用量规（环规或卡规）在制造时是否符合制造公差，在使用中是否已达到磨损极限的量规称为校对量规。

由于轴用量规是内尺寸，不易检验，所以才设立校对量规。校对量规是外尺寸，可以用通用量仪检测。孔用量规本身是外尺寸，可以较方便地用通用量仪检测，因此不设校对量规。校对量规又可分为以下三类。

（1）"校通—通"量规（"TT"）。

它是检验轴用工作量规通规的校对量规。检验时应通过轴用工作量规的通规，否则通规不合格。

（2）"校止—通"量规（"ZT"）。

它是检验轴用工作量规止规的校对量规。检验时应通过轴用工作量规的止规，否则止规不合格。

（3）"校通—损"量规（"TS"）。

它是检验轴用工作量规通规是否达到磨损极限的校对量规。检验时不应通过轴用工作量规的通规，否则该通规已达到或超过磨损极限，不应再使用。

二、光滑极限量规的设计

由于零件存在形状误差，同一零件表面各处的实际尺寸往往是不同的。因此，对于要求遵守包容要求的孔和轴，在用量规检验时，为了正确地评定被测零件的合格性，应按极限尺寸判断原则（泰勒原则）验收，即光滑极限量规应遵循泰勒原则来设计。

1. 量规尺寸的确定

泰勒原则要求：工件的体外作用尺寸不允许超过最大实体尺寸，任何部位的实际尺寸不允许超过最小实体尺寸。

$$D_{fe} \geq D_{min(M)} \qquad 且 \qquad D_a \leq D_{max(L)}$$
$$d_{fe} \leq d_{max(M)} \qquad 且 \qquad d_a \geq d_{min(L)}$$

2. 量规的设计要求

通规的测量面应是与孔或轴形状相同的完整表面（全形通规），且量规长度等于配合长度；止规的测量面应是点状的，具有与被测孔、轴成两个点接触的形式（不全形止规）。

3. 实际生产中量规的形状

严格遵守泰勒原则设计的量规具有既能控制零件尺寸，同时又能控制零件形状误差的优点。但是，在实际设计中，由于量规制造和使用等方面的原因，量规常常偏离泰勒原则。国家标准规定，允许在被检工件的形状误差不影响配合性质的条件下，使用偏离泰勒原则的量规。

例如，为了量规的标准化，量规厂供应的标准通规的长度通常不等于工件的配合长度，对大尺寸的孔或轴通常使用非全形的通规（或杆规）和卡规检验，以代替笨重的全形通规；对曲轴轴径无法使用全形环规通过的情况，允许用卡规代替；为了减少磨损，止规也可不用点接触工件，一般作为小平面、圆柱面或球面；检验小孔时，止规常常制成全形塞规。

为了尽量避免在使用偏离泰勒原则的量规检验时造成的误判，操作时一定要注意。例如，使用非全形的通端塞规时，应在被检孔的全长上沿圆周的几个位置上检验；使用卡规时，应在被检轴的配合长度内的几个部位及围绕被检轴的圆周的几个位置上检验。

4. 量规型式的选择

量规的型式很多，合理地选择和使用量规型式对正确判断测量结果影响很大。按照国家标准推荐，测孔量规的型式及应用范围如图 6-5（a）所示；测轴量规的型式及应用范围如图 6-5（b）所示。

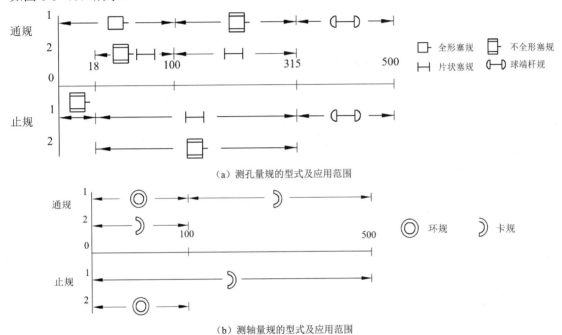

（a）测孔量规的型式及应用范围

（b）测轴量规的型式及应用范围

图 6-5 量规的型式及应用范围

5. 量规公差带及其工作尺寸的计算

1）量规公差带

量规是一种精密检验工具，制造量规和制造工件一样，不可避免地会产生误差，尺寸不可能恰好等于被检工件的极限尺寸，故必须规定制造公差 T_1。为了保证量规验收工件的质量，防止误收，国家标准规定量规公差带位于被检工件的公差带内，即采用内缩方案。工作量规、校对量规的公差带图如图 6-6 所示。

图 6-6 中止端公差带紧靠在最小实体尺寸线上，而通端公差带距最大实体尺寸线有一段距离。这是因为通端检测时频繁通过工件，容易磨损，为了保证其有合理的使用寿命，必须给出一定的最小备磨量，其大小就是上述距离值，它由图中通规公差带中心与工件最大实体尺寸之间的距离 Z_1 的大小确定。Z_1 为通端位置要素值。T_1 值和 Z_1 值均与被检工件尺寸公差大小有关，按相关国家标准的规定取值。工作量规制造公差 T_1 和通规公差带的位置要素 Z_1 如表 6-5 所示。

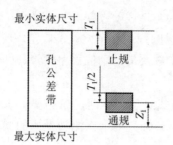
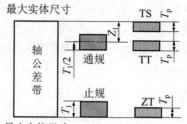

（a）孔用工作量规　　　　　　　（b）轴用工作量规、校对量规

图 6-6　工作量规、校对量规的公差带图

表 6-5　工作量规制造公差 T_1 和通规公差带的位置要素 Z_1

工件公称尺寸/mm		IT6/μm			IT7/μm			IT8/μm			IT9/μm			IT10/μm			IT11/μm			IT12/μm		
大于	至	IT6	T_1	Z_1	IT7	T_1	Z_1	IT8	T_1	Z_1	IT9	T_1	Z_1	IT10	T_1	Z_1	IT11	T_1	Z_1	IT12	T_1	Z_1
—	3	6	1	1	10	1.2	1.6	14	1.6	2	25	2	3	40	2.4	4	60	3	6	100	4	9
3	6	8	1.2	1.4	12	1.4	2	18	2	2.6	30	2.4	4	48	3	5	75	4	8	120	5	11
6	10	9	1.4	1.6	15	1.8	2.4	22	2.4	3.2	36	2.8	5	58	3.6	6	90	5	9	150	6	13
10	18	11	1.6	2	18	2	2.8	27	2.8	4	43	3.4	6	70	4	8	110	6	11	180	7	15
18	30	13	2	2.4	21	2.4	3.4	33	3.4	5	52	4	7	84	5	9	130	7	13	210	8	18
30	50	16	2.4	2.8	25	3	4	39	4	6	62	5	8	100	6	11	160	8	16	250	10	22
50	80	19	2.8	3.4	30	3.6	4.6	46	4.6	7	74	6	9	120	7	13	190	9	19	300	12	26
80	120	22	3.2	3.8	35	4.2	5.4	54	5.4	8	87	7	10	140	8	15	220	10	22	350	14	30

2）量规工作尺寸和标注尺寸

由图 6-6 所示的几何关系，可以得出工作量规、校对量规的极限偏差计算公式，如表 6-6 所示。通规、止规的极限尺寸可由被检工件的实体尺寸与通规和止规的上、下偏差的代数和求得。

表 6-6　工作量规、校对量规的极限偏差计算公式

量规类型		极限偏差	极限偏差计算公式
孔用塞规	通规（T）	上极限偏差	$EI+Z_1+T_1/2$
		下极限偏差	$EI+Z_1-T_1/2$
	止规（Z）	上极限偏差	ES
		下极限偏差	$ES-T_1$
轴用卡规	通规（T）	上极限偏差	$es-Z_1+T_1/2$
		下极限偏差	$es-Z_1-T_1/2$
	止规（Z）	上极限偏差	$ei+T_1$
		下极限偏差	ei
轴用卡规的校对量规	"校通–通"量规（TT）	上极限偏差	$es-Z_1-T_1/2+T_p$
		下极限偏差	$es-Z_1-T_1/2$
	"校通–损"量规（TS）	上极限偏差	es
		下极限偏差	$es-T_p$
	"校止–通"量规（ZT）	上极限偏差	$ei+T_p$
		下极限偏差	ei

在图样标注中，为了有利于制造，量规通、止端工作尺寸的标注推荐采用"入体原则"，即塞规按基本偏差 h 对应的公差带标注上、下偏差；卡规（环规）按基本偏差 H 对应的公差带标注上、下偏差。

6. 量规的技术要求

量规测量面一般用淬硬钢（合金工具钢、碳素工具钢、渗碳钢）和硬质合金钢等材料制造，通常用淬硬钢制造的量规，其测量面的硬度应为 58～65 HRC，以保证其耐磨性。

1）工作量规

工作量规的尺寸公差与几何公差间的关系应遵守包容要求。

国家标准规定工作量规的几何误差应在工作量规的制造公差范围内，其公差为量规制造公差的 50%，即 $t = T_1/2$，但当 $T_1 \leqslant 0.002$ mm 时，取 $t = 0.001$ mm。

量规测量面的表面粗糙度 Ra 值如表 6-7 所示。

表 6-7　量规测量面的表面粗糙度 Ra 值

工作量规	量规测量面公称尺寸/mm		
	≤120	>120～135	>135～500
	表面粗糙度 Ra 值/μm		
IT6 级孔用工作量规	≤0.05	≤0.10	≤0.20
IT7～IT9 级孔用工作量规	≤0.10	≤0.20	≤0.40
IT10～IT12 级孔用工作量规	≤0.20	≤0.40	≤0.80
IT13～IT16 级孔用工作量规	≤0.40	≤0.80	≤0.80
IT6～IT9 级轴用工作量规	≤0.10	≤0.20	≤0.40
IT10～IT12 级轴用工作量规	≤0.20	≤0.40	≤0.80
IT13～IT16 级轴用工作量规	≤0.40	≤0.80	≤0.80
IT6～IT9 级轴用工作环规的校对量规	≤0.05	≤0.10	≤0.20
IT10～IT12 级轴用工作环规的校对量规	≤0.10	≤0.20	≤0.40
IT13～IT16 级轴用工作环规的校对量规	≤0.20	≤0.40	≤0.40

注：校对量规测量面的表面粗糙度值比被校对的轴用量规测量面的粗糙度数值略小一点。

2）校对量规

校对量规的几何公差与其尺寸公差间的关系遵守包容要求。

校对量规的表面粗糙度 Ra 值比工作量规要小，约占工作量规表面粗糙度 Ra 值的 1/2。

7. 光滑极限量规的设计步骤

（1）确定量规的形式。

（2）由标准公差数值表和孔、轴极限偏差表查出被测工件的上极限偏差与下极限偏差。

（3）由表 6-5 查出工作量规的 T_1 值和 Z_1 值，画出工作量规及校对量规的公差带图。

（4）计算所有量规的极限偏差和工作尺寸。

（5）按"入体原则"，写出量规的标注尺寸，即孔型的 EI=0，ES>0；轴型的 es=0，ei<0。

（6）绘制工作量规及校对量规的工作图，并正确标注各项技术要求。

例 6-3 试设计 $\phi 40H8/g7$ 配合中的孔用工作量规、轴用工作量规及其校对量规。

光滑极限量规的设计

解：① 确定量规的形式。

由图 6-5 确定测孔量规的型式为全形塞规，测轴量规的型式为卡规。

② 由标准公差数值表和孔、轴极限偏差表查出被测工件的上极限偏差与下极限偏差。

由表 3-4、表 3-7 查出孔与轴的上极限偏差与下极限偏差为

ϕ40H8　ES=+0.039 mm，EI=0 mm

ϕ40g7　es=−0.009 mm，ei=−0.034 mm

③ 由表 6-5 查出工作量规的 T_1 和 Z_1，画出工作量规及校对量规的公差带图。

孔用量规（塞规）T_1=0.004 mm，Z_1=0.006 mm

轴用量规（卡规）T_1=0.003 mm，Z_1=0.004 mm

轴用校对量规公差 $T_p=T_1/2$=0.001 5 mm

画出 ϕ40H8 孔、ϕ40g7 轴及其所有工件量规和校对量规的公差带图，并标出所有的极限偏差值，如图 6-7 所示。

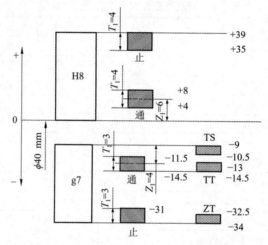

图 6-7　ϕ40H8/g7 工件量规和校对量规的公差图

④ 计算所有量规的极限偏差和工作尺寸。

由表 6-7 中所列极限偏差的计算公式得以下结果。

第一，ϕ40H8 孔用塞规。

通规（T）：

上极限偏差＝EI+Z_1+T_1/2=0+0.006+0.002=+0.008 mm

下极限偏差＝EI+Z_1−T_1/2=0+0.006−0.002=+0.004 mm

工作尺寸 = $\phi40^{+0.008}_{+0.004}$ mm

通规的磨损极限尺寸 D_M=ϕ40 mm

止规（Z）：

上极限偏差＝ES＝＋0.039 mm

下极限偏差＝ES−T_1＝(+0.039)−0.004＝+0.035 mm

工作尺寸 = $\phi40^{+0.039}_{+0.035}$ mm

第二，ϕ40g7 轴用卡规。

通规（T）：

上极限偏差=es$-Z_1+T_1/2$=（-0.009）$-0.004+0.001\,5=-0.011\,5$ mm

下极限偏差=es$-Z_1-T_1/2$=（-0.009）$-0.004-0.001\,5=-0.014\,5$ mm

工作尺寸 = $\phi 40^{-0.011\,5}_{-0.014\,5}$ mm

通规的磨损极限尺寸 $d_M=d+$es$=\phi 40+(-0.009)=\phi 39.991$ mm

止规（Z）：

上极限偏差=ei$+T_1$=（-0.034）$+0.003=-0.031$ mm

下极限偏差=ei$=-0.034$ mm

工作尺寸 = $\phi 40^{-0.031}_{-0.034}$ mm

第三，轴用卡规的校对量规。

"校通—通"量规（TT）：

上极限偏差=es$-Z_1-T_1/2+T_p$=（-0.009）$-0.004-0.001\,5+0.001\,5=-0.013$ mm

下极限偏差=es$-Z_1-T_1/2$=（-0.009）$-0.004-0.0015=-0.014\,5$ mm

工作尺寸 = $\phi 40^{-0.013\,0}_{-0.014\,5}$ mm

"校通—损"量规（TS）：

上极限偏差=es$=-0.009$ mm

下极限偏差=es$-T_p$=（-0.009）$-0.001\,5=-0.010\,5$ mm

工作尺寸 = $\phi 40^{-0.009\,0}_{-0.010\,5}$ mm

"校止—通"量规（ZT）：

上极限偏差=ei$+T_p$=（-0.034）$+0.001\,5=-0.032\,5$ mm

下极限偏差=ei$=-0.034$ mm

工作尺寸 = $\phi 40^{-0.032\,5}_{-0.034\,0}$ mm

⑤ 按"入体原则"，写出量规的标注尺寸。

以工件的公称尺寸线为零线，将所有工作量规、校对量规的极限尺寸转换成标注尺寸，如表 6-8 所示。

表 6-8　将所有工作量规、校对量规的极限尺寸转换成标注尺寸

类型	$\phi 40\text{H}8^{+0.039}_{0}$ 孔用塞规		$\phi 40\text{g}7^{-0.009}_{-0.034}$ 轴用卡规		$\phi 40\text{g}7^{-0.009}_{-0.034}$ 轴用卡规的校对量规		
	通规	止规	通规	止规	"校通—通"量规	"校通—损"量规	"校止—通"量规
通规的磨损极限	$\phi 40$	—	$\phi 39.991$	—	—	—	—
量规的极限尺寸	$\phi 40^{+0.008}_{+0.004}$	$\phi 40^{+0.039}_{+0.035}$	$\phi 40^{-0.0115}_{-0.0145}$	$\phi 40^{-0.031}_{-0.034}$	$\phi 40^{-0.013\,0}_{-0.014\,5}$	$\phi 40^{-0.009\,0}_{-0.010\,5}$	$\phi 40^{-0.032\,5}_{-0.034\,0}$
标注尺寸	$\phi 40.008^{0}_{-0.004}$	$\phi 40.039^{0}_{-0.004}$	$\phi 39.985\,5^{+0.003}_{0}$	$\phi 39.966^{+0.003}_{0}$	$\phi 39.987^{0}_{-0.001\,5}$	$\phi 39.991^{0}_{-0.001\,5}$	$\phi 39.967\,5^{0}_{-0.001\,5}$

⑥ 绘制工作量规及校对量规的工作图，并正确标注各项技术要求。

工作量规及校对量规的工作图及标注如图 6-8 所示。

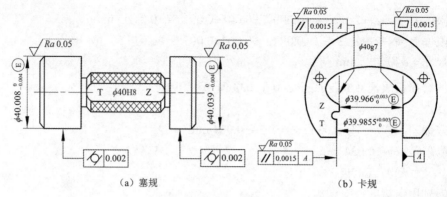

（a）塞规　　　　　　　　　　（b）卡规

图 6-8　工作量规及校对量规的工作图及标注

第六章 测验题

本章小结

由于被测工件的形状、大小、精度要求和使用场合不同，采用的计量器具也不同。对于单件或小批量生产，常采用通用计量器具来测量；对于大批量生产，为了提高检测效率，常采用光滑极限量规检验。

1. 用通用计量器具测量工件

国家标准规定的工件验收原则是：只接收位于规定的尺寸极限之内的工件，即只允许有误废而不允许有误收。

依据计量器具的测量不确定度允许值 u_1 来选择计量器具。计量器具的具体选用方法包括：

（1）$u'_1 \leqslant u_1$ 原则；

（2）$0.4u'_1 \leqslant u_1$ 原则；

（3）$0.6u'_1 \leqslant u_1$ 原则。

验收极限可采用内缩和不内缩两种方式来确定。验收极限的确定如表 6-9 所示。

表 6-9　验收极限的确定

	确定验收极限的方式	验收极限	应用
内缩方式	将工件的验收极限从工件的极限尺寸向工件的公差带内缩一个安全裕度 A	上验收极限尺寸＝上极限尺寸－A 下验收极限尺寸＝下极限尺寸＋A	主要用于采用包容要求的尺寸和公差等级较高的尺寸
不内缩方式	安全裕度 $A=0$	上验收极限尺寸＝上极限尺寸 下验收极限尺寸＝下极限尺寸	主要用于非配合尺寸和一般公差尺寸

2. 用光滑极限量规检验工件

用量规检验零件时，只要通规通过，止规不通过，就可确定被检工件是合格品。

根据量规的使用场合不同，量规可分为：

（1）工作量规；

（2）验收量规；

（3）校对量规。

只有轴用量规才有校对量规。

光滑极限量规应遵循泰勒原则来设计，即通规的测量面应是与孔或轴形状相同的完整表面（全形通规），且量规长度等于配合长度；止规的测量面应是点状的，具有与被测孔、轴成两个点接触的形式（不全形止规）。但在实际生产中，由于制造和使用上的原因，光滑极限量往往偏离泰勒原则。

工作量规、校对量规的极限偏差计算公式如表 6-6 所示。

思考题与习题

6-1 在尺寸检测中，误收与误废是如何产生的？为什么规定安全裕度和验收极限？

6-2 用光滑极限量规检验工件时，通规和止规分别用来检验什么尺寸？被检测的工件的合格条件是什么？

6-3 尺寸呈现正态分布和偏态分布时其验收极限有何不同？

6-4 为保证泰勒原则，如何确定光滑极限量规的尺寸和形状？

6-5 为什么只对轴用量规设校对量规，而孔用量规不用？

6-6 用普通计量器具测量下列孔和轴，试分别确定它们的安全裕度、验收极限及使用的计量器具。

（1）$\phi 95p6$。

（2）$\phi 140H10$。

（3）$\phi 35e9$。

（4）一般公差尺寸（GB/T1804—f）的孔 $\phi 110$。

6-7 计算 $\phi 45H7/k6$ 孔和轴用量规的极限偏差和工作尺寸，并画出孔、轴工作量规和校对量规的公差带图。

滚动轴承结合的精度设计

学习指导

学习目的:

掌握滚动轴承的公差与配合标准,为合理进行滚动轴承的精度设计打下基础。

学习要求:

1. 熟悉滚动轴承的作用、分类和结构。

2. 了解滚动轴承的公差等级及其应用。

3. 掌握滚动轴承内径和外径的公差带特点。

4. 了解与滚动轴承配合的轴颈和外壳孔的常用公差带。

5. 掌握滚动轴承与轴颈和外壳孔的配合的选用方法。

6. 学会轴颈和外壳孔的尺寸公差、几何公差和表面粗糙度数值的选用及其在图样上的标注。

第一节　概述

轴承——工业的心脏

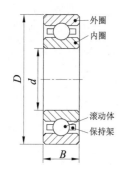

图 7-1　滚动轴承结构

滚动轴承是现代机械设备中应用很广泛的标准件之一,由专门的轴承厂生产。滚动轴承工作时,要求运转平稳、运转精度高、噪声小。滚动轴承由内圈、外圈、滚动体和保持架组成。滚动轴承结构如图 7-1 所示。轴承的内圈内径 d 与轴颈结合,外圈外径 D 与外壳孔结合,滚动体承受载荷并形成滚动摩擦,保持架将滚动体均匀分开,使每个滚动体轮流承载并在内外滚道上滚动。

滚动轴承的工作质量直接影响机械产品转动部分的运动精度、旋转平稳性与灵活性,这些特性直接与产品的振动、噪声及寿命等有关。为了提高滚动轴承的承载能力、运转精度及互换性等,相关部门已对它的结构、尺寸、材料、制造精度与技术条件等制定出国家标准。滚动轴承与孔、轴结合的精度设计就是根据滚动轴承的精度合理确定滚动轴承的外圈及内圈与相配合的外壳孔及轴颈之间的尺寸精度、配合表面的几何精度与表面粗糙度,从而保证滚动轴承的工作性能和使用寿命。

我国制定的有关滚动轴承的公差标准有《滚动轴承 向心轴承 产品几何技术规范(GPS)

和公差值》（GB/T 307.1—2017）、《滚动轴承 通用技术规则》（GB/T 307.3—2017）和《滚动轴承 配合》（GB/T 275—2015）。

第二节　滚动轴承的公差等级及其应用

一、滚动轴承的公差等级

滚动轴承的公差等级是根据其外形尺寸精度和旋转精度确定的。尺寸精度是指轴承内圈内径 d、外圈外径 D 和宽度 B 的尺寸公差；旋转精度是指轴承内、外圈做相对旋转运动时的跳动程度，包括成套轴承内、外圈的径向跳动，内圈基准端面对内孔的跳动等。

GB/T 307.3—2017 把向心轴承（圆锥滚子轴承除外）的公差等级分为 0、6、5、4、2 五级；圆锥滚子轴承的公差等级分为 0、6X、5、4、2 五级；其中 6X 级和 6 级轴承的内径公差、外径公差和径向跳动公差都相同，唯一不同的是前者装配宽度要求更为严格。推力轴承的公差等级分为 0、6、5、4 四级。2 级和 0 级轴承内圈内径公差数值分别与 GB/T 1800.1—2020 中 IT3 和 IT5 的公差数值相近，而外圈外径公差数值分别与 IT2 和 IT5 的公差数值相近，可见轴承加工精度之高。

二、各个公差等级的应用

各个公差等级的滚动轴承的应用范围如表 7-1 所示。

表 7-1　各个公差等级的滚动轴承的应用范围

轴承公差等级	应用示例
0 级	通常称为普通级。应用于旋转精度要求不高和中等转速的一般机构中，它在机械产品中应用十分广泛，如普通机床中的变速机构、进给机构、水泵、普通电动机、压缩机等一般通用机器中所用的轴承
6、6X 级	应用于旋转精度要求较高和转速较高的旋转机构中，如普通机床的后轴承、精密机床传动轴使用的轴承
5、4 级	应用于旋转精度要求高和转速高的旋转机构中，如精密机床的主轴轴承、精密仪器和机械中使用的轴承
2 级	应用于旋转精度要求很高和转速很高的旋转机构中，如齿轮磨床、精密坐标镗床的主轴轴承与高精度仪器和高转速机构中使用的轴承

第三节　滚动轴承和相配件的公差带及其特点

一、滚动轴承的内、外径公差带

由于滚动轴承是标准件，所以轴承内圈孔径与轴颈的配合采用基孔制，轴承外圈轴径与外壳孔的配合采用基轴制。但这里的基孔制和基轴制与 GB/T 1800.1—2020 中的基孔制和基轴制有所区别，这是由滚动轴承配合的特殊需要所决定的。

通常情况下，轴承内圈是随轴一起旋转的，为了防止内圈和轴颈的配合因产生相对滑动而发生磨损，影响轴承的工作性能，因此要求配合面之间具有一定的过盈量，同时考虑到内圈是薄壁件，且需经常拆卸，如果作为基准孔的轴承内圈仍采用 GB/T 1800.1—2020 中基本偏差代号为 H 的基准孔公差带，即下极限偏差为零，轴颈也选用 GB/T 1800.1—2020 中的公差带，那么在配合时，无论选过渡配合（过盈量偏小）还是过盈配合（过盈量过大）都不能满足轴承工作的需要。若轴颈采用非标准的公差带，则又违反了标准化与互换性的原则。因此，GB/T 307.1—2017 规定：轴承内圈的基准孔公差带位于零线下方，且上极限偏差为零，下极限偏差为负值。各公差等级轴承的内、外径公差带如图 7-2 所示。

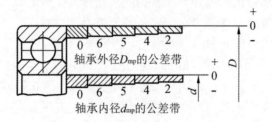

图 7-2 各公差等级轴承的内、外径公差带

轴承外圈安装在外壳孔中，通常不旋转，考虑到工作时温度升高会使轴膨胀，从而产生轴向移动，因此两端轴承中有一端应是游动支承，可使外圈与外壳孔的配合稍微松一些，使之能补偿轴的热胀伸长量，不至于使轴变弯而被卡住，影响正常运转。为此规定轴承外圈的公差带位于零线的下方，与 GB/T 1800.1—2020 中基本偏差代号为 h 的基准轴公差带类似，即上极限偏差是零，下极限偏差是负值，但两者的公差值不同，从而使轴承外圈与外壳孔形成的配合比普通基轴制形成的配合稍微松一些。

轴承内、外圈为薄壁零件，在制造后自由状态存放时易变形（常呈椭圆形），但当轴承内圈与轴颈，外圈与外壳孔装配后，如果这种变形不大，便可得到矫正。为了便于制造，允许有一定的变形。同时为了保证轴承和相配件的配合性质，必须限制内、外圈在其单一平面内的平均直径。国家标准对精度较高的 2 级、4 级向心轴承的内圈和外圈直径，不仅规定了单一平面平均内径偏差 Δd_{mp} 和单一平面平均外径偏差 ΔD_{mp}，还规定了单一内径偏差 Δd_s 和单一外径偏差 ΔD_s，在制造和验收过程中，它们的 Δd_s 和 ΔD_s 也不能超过其极限尺寸；而对 5 级、6 级、0 级轴承仅用单一平面平均内径偏差 Δd_{mp}、单一平面平均外径偏差 ΔD_{mp} 来限制其单一内径和单一外径。对于轴承宽度尺寸精度，规定了内圈单一宽度偏差 ΔB_s、外圈单一宽度偏差 ΔC_s 及外圈凸缘单一宽度偏差 ΔC_{ls}。

用于滚动轴承旋转精度评定的参数包括：成套轴承内圈的径向跳动 K_{ia}、内圈端面对内孔的垂直度 S_d、成套轴承内圈的轴向跳动 S_{ia}、成套轴承外圈的径向跳动 K_{ea}、外圈外表面对端面的垂直度 S_D、外圈外表面对凸缘背面的垂直度 S_{D1}、成套轴承外圈的轴向跳动 S_{ea}、成套轴承外圈凸缘背面的轴向跳动 S_{ea1}。对于 6 级和 0 级向心轴承，国家标准仅规定了成套轴承内圈和外圈的径向跳动 K_{ia} 和 K_{ea}。

各公差等级向心轴承（圆锥滚子与轴承除外）的外形尺寸公差如表 7-2 所示。

表 7-2　各公差等级向心轴承（圆锥滚子轴承除外）的外形尺寸公差（摘自 GB/T 307.1—2017）

内圈技术条件

外形尺寸公差/μm

公称内径/mm 大于	到	Δd_mp 0 上偏差	0 下偏差	Δd_mp 6 上偏差	6 下偏差	Δd_mp 5 上偏差	5 下偏差	Δd_mp 4 上偏差	4 下偏差	Δd_s 4 上偏差	4 下偏差	Δd_s 2 上偏差	2 下偏差	宽度 ΔB_s (0 6 5 4 2) 上偏差	ΔB_s 下偏差
18	30	0	−10	0	−8	0	−6	0	−5	0	−5	0	−2.5	0	−120
30	50	0	−12	0	−10	0	−8	0	−6	0	−6	0	−2.5	0	−120
50	80	0	−15	0	−12	0	−9	0	−7	0	−7	0	−4	0	−150
80	120	0	−20	0	−15	0	−10	0	−8	0	−8	0	−5	0	−200
120	150	0	−25	0	−18	0	−13	0	−10	0	−10	0	−7	0	−250
150	180	0	−25	0	−18	0	−13	0	−10	0	−10	0	−7	0	−250
180	250	0	−30	0	−22	0	−15	0	−12	0	−12	0	−8	0	−300

旋转精度/μm

公称内径/mm 大于	到	K_{ia} 0	K_{ia} 6	K_{ia} 5	K_{ia} 4	K_{ia} 2	S_d 5 (max)	S_d 4	S_d 2	S_{ia} 5	S_{ia} 4	S_{ia} 2
18	30	13	8	4	3	2.5	8	4	1.5	8	4	2.5
30	50	15	10	5	4	2.5	8	4	1.5	8	4	2.5
50	80	20	10	5	4	2.5	8	5	1.5	8	5	2.5
80	120	25	13	6	5	2.5	9	5	2.5	9	5	2.5
120	150	30	18	8	6	2.5	10	6	2.5	10	7	2.5
150	180	30	18	10	6	5	10	6	4	10	7	5
180	250	40	20	11	8	5	13	7	5	13	8	5

外圈技术条件

外形尺寸公差/μm

公称外径/mm 超过	到	ΔD_mp 0 上偏差	0 下偏差	ΔD_mp 6 上偏差	6 下偏差	ΔD_mp 5 上偏差	5 下偏差	ΔD_mp 4 上偏差	4 下偏差	ΔD_mp 2 上偏差	2 下偏差	ΔD_s 4 上偏差	4 下偏差	ΔD_s 2 上偏差	2 下偏差	宽度 ΔC_s (ΔC_1s) (0 6 5 4 2) 上偏差	ΔC_s 下偏差
30	50	0	−11	0	−9	0	−7	0	−6	0	−4	0	−6	0	−4	与同一轴承内圈的ΔB_s相同	
50	80	0	−13	0	−11	0	−9	0	−7	0	−4	0	−7	0	−4		
80	120	0	−15	0	−13	0	−10	0	−8	0	−5	0	−8	0	−5		
120	150	0	−18	0	−15	0	−11	0	−9	0	−5	0	−9	0	−5		
150	180	0	−25	0	−18	0	−13	0	−10	0	−7	0	−10	0	−7		
180	250	0	−30	0	−20	0	−15	0	−11	0	−8	0	−11	0	−8		
250	315	0	−35	0	−25	0	−18	0	−13	0	−8	0	−13	0	−8		

旋转精度/μm

公称外径/mm 超过	到	K_{ea} 0	K_{ea} 6	K_{ea} 5	K_{ea} 4	K_{ea} 2	S_D / S_{D1} 5 (max)	S_D/S_{D1} 4	S_D/S_{D1} 2	S_{ea} 5	S_{ea} 4	S_{ea} 2	S_{ea1} 5	S_{ea1} 4	S_{ea1} 2
30	50	20	10	7	5	2.5	8	4	1.5	8	5	2.5	11	7	4
50	80	25	13	8	5	4	10	4	1.5	10	5	4	14	7	6
80	120	35	18	10	6	5	11	5	2.5	11	6	5	16	8	7
120	150	40	20	11	7	5	13	5	2.5	13	7	5	18	10	7
150	180	45	23	13	8	5	14	7	2.5	14	8	5	20	11	7
180	250	50	25	15	10	7	15	7	4	15	10	7	21	14	10
250	315	60	30	18	11	7	18	8	5	18	10	7	25	14	10

二、与滚动轴承配合的孔、轴的公差带

滚动轴承内圈内径和外圈外径的公差带在生产轴承时已经确定，因此轴承在使用时，与轴颈和外壳孔的配合性质要由轴颈和外壳孔的公差带确定。为了实现松紧程度不同的配合，GB/T 275—2015 规定了 0 级和 6 级滚动轴承与外壳孔相配合的 16 种常用公差带，以及与轴颈相配合的 17 种常用公差带（见图 7-3），它们都是从 GB/T 1800.1—2009（现已被 GB/T 1800.1—2020 替代）中的常用孔、轴公差带中选取的。

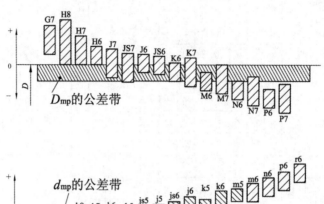

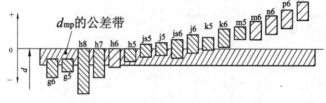

图 7-3　轴承与孔、轴配合的常用公差带

由图 7-3 可见，滚动轴承的内圈孔与轴颈的配合比 GB/T 1800.1—2020 中的基孔制同名配合偏紧，与 h5、h6、h7、h8 轴颈配合由间隙配合变成过渡配合；与 k5、k6、m5、m6、n6 轴颈配合由过渡配合变成具有小过盈量的过盈配合，其余配合也有所偏紧。

标准规定的外壳孔和轴颈的公差带适用条件如下：

（1）对轴承的旋转精度和运转平稳性无特殊要求；

（2）轴为实体或厚壁空心的；

（3）轴与外壳孔的材料为钢或铸铁；

（4）轴承的工作温度不超过 100℃。

轴颈与外壳孔的标准公差等级与轴承本身公差等级密切相关。例如，与 0 级、6 级轴承配合的轴一般取 IT6，外壳孔一般取 IT7；对旋转精度和运转平稳有较高要求的场合，轴取 IT5，外壳孔取 IT6。与 5 级轴承配合的轴和外壳孔均取 IT6，要求高的场合取 IT5。与 4 级轴承配合的轴取 IT5，外壳孔取 IT6；要求更高的场合轴取 IT4，外壳孔取 IT5。

第四节　滚动轴承配合的精度设计

滚动轴承配合的精度设计包括：

（1）与滚动轴承配合的轴颈、外壳孔公差带的选用；

（2）轴颈、外壳孔的几何公差的选用；

（3）轴颈、外壳孔的表面粗糙度的选用。

一、与滚动轴承配合的轴颈、外壳孔公差带的选用

正确合理地选用滚动轴承与轴颈和外壳孔的配合，可以保证机器正常运转，提高轴承的使用寿命并充分发挥其承载能力。因此，选用轴颈与外壳孔公差带时，要以载荷类型、载荷大小、径向游隙及其他因素等为依据。

1．载荷类型

轴承在运转时，作用在轴承套圈上的径向载荷一般是由固定载荷和旋转载荷合成的。根据合成径向载荷相对套圈的旋转情况，可将所受载荷分为固定载荷、旋转载荷和摆动载荷三种。轴承套圈承受的载荷类型如图 7-4 所示。

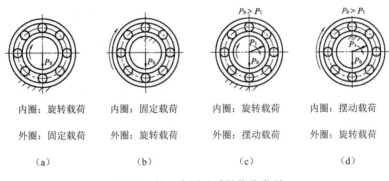

内圈：旋转载荷	内圈：固定载荷	内圈：旋转载荷	内圈：摆动载荷
外圈：固定载荷	外圈：旋转载荷	外圈：摆动载荷	外圈：旋转载荷
（a）	（b）	（c）	（d）

图 7-4 轴承套圈承受的载荷类型

1）固定载荷

当轴承运转时，若作用在轴承上的合成径向载荷与某套圈相对静止，且该载荷的方向不变，则该套圈所承受的载荷为固定载荷。图 7-4（a）中的轴承外圈和图 7-4（b）中的轴承内圈所承受的都是径向固定载荷，如减速器转轴两端轴承外圈、汽车与拖拉机前轮（从动轮）轴承内圈。其特点是载荷作用集中，套圈滚道局部区域容易产生磨损。

当套圈受固定载荷时，其配合应选得松一些，以便在滚动体摩擦力矩的作用下，使套圈有可能产生少许转动，从而改变受力状态使滚道磨损均匀，延长轴承的使用寿命，还可以使装配和拆卸方便。

2）旋转载荷

当轴承运转时，若作用在轴承上的合成径向载荷向量与某套圈相对旋转，并顺次作用在该套圈的整个圆周滚道上，则该套圈所承受的载荷为旋转载荷。图 7-4 中（a）和（c）的轴承内圈、图 7-4（b）和（d）中的轴承外圈所承受的径向载荷都是旋转载荷，如减速器转轴两端轴承内圈、汽车与拖拉机前轮（从动轮）轴承外圈。其特点是载荷呈周期作用，套圈滚道产生均匀磨损。

当套圈受旋转载荷时，其配合应选得紧一些，从而防止套圈在轴颈上或外壳孔的配合表面上打滑，引起表面发热、磨损。

3）摆动载荷

当轴承运转时，若作用在轴承上的合成径向载荷向量在某套圈滚道的一定区域内相对摆

动，则它连续摆动地作用在该套圈的局部滚道上，该套圈所承受的载荷为摆动载荷。图 7-4 （c）中的轴承外圈和图 7-4（d）中的轴承内圈所承受的载荷为摆动载荷。

当套圈受摆动载荷时，其配合的松紧程度一般选得与受旋转载荷的配合相同或稍松些。

综上所述，当套圈相对于载荷方向旋转或摆动时，应选择过盈配合；当套圈相对于载荷方向固定时，可选择间隙配合；当载荷方向难以确定时，宜选择过盈配合。

2. 载荷大小

滚动轴承套圈与轴颈或外壳孔配合的最小过盈量，取决于载荷的大小。载荷越大，选择的配合过盈量应越大。对于向心轴承，国家标准 GB/T 275—2015 按其径向当量动载荷 P_r 与径向额定动载荷 C_r 的关系，将载荷大小分为轻载荷、正常载荷和重载荷三种类型。向心轴承载荷大小如表 7-3 所示。

表 7-3 向心轴承载荷大小

载荷大小	P_r/C_r
轻载荷	≤0.06
正常载荷	>0.06～0.12
重载荷	>0.12

在轴承在重载荷作用下，轴承套圈容易产生变形，会使该套圈与轴颈或外壳孔配合的实际过盈量减小，从而可能引起松动，影响轴承的工作性能。因此，对于承受轻载荷、正常载荷、重载荷的轴承与轴颈或外壳孔的配合，应依次越来越紧。当承受冲击载荷时，一般应选择比承受正常载荷、轻载荷时更紧的配合。

3. 径向游隙

《滚动轴承 游隙 第 1 部分：向心轴承的径向游隙》（GB/T 4604.1—2012）规定向心轴承的径向游隙分为五组：2 组、N 组、3 组、4 组、5 组。游隙的大小依次由小到大。其中，N 组为基本游隙组。

轴承的径向游隙应适中。游隙过小，轴承滚动体与套圈产生较大的接触应力，会加剧轴承工作时的摩擦发热，致使轴承寿命降低；游隙过大，将引起较大的径向圆跳动和轴向圆跳动，使轴承产生较大的振动和噪声。

4. 其他因素

1）温度

当轴承运转时，受摩擦发热和其他热源的影响，轴承套圈的温度经常高于相配件的温度，导致轴承内圈因热膨胀而与轴颈的配合可能松动，外圈因热膨胀而与外壳孔的配合可能变紧。因此，当轴承温度高于 100℃时，应对所选用的配合进行适当修正（减小外圈与外壳孔的过盈量，增大内圈与轴颈的过盈量）。

2）旋转精度及速度

对旋转精度和运转平稳性有较高要求的场合，一般不采用间隙配合。在提高轴承公差等级的同时，轴承相配件也应相应提高精度。

当其他条件相同时，轴承的旋转速度越高，配合应越紧。

3）轴颈和外壳孔的结构与材料

剖分式壳体比整体式壳体采用的配合要松些，以免过盈将轴承外圈夹扁，甚至将轴卡住。

空心轴颈比实心轴颈、薄壁壳体比厚壁壳体、轻合金壳体比钢或铸铁壳体采用的配合要紧些，以保证足够的连接强度。

4）安装和拆卸轴承的条件

为便于轴承的安装和装卸，宜采用较松的配合。若要求装拆方便但又要紧配合，可采用分离型轴承或内圈带锥孔、紧定套或退卸套的轴承。

总之，滚动轴承与轴颈和外壳孔的配合，常常综合考虑上述因素用类比法选取，可参考表 7-4～表 7-7，根据表中所列条件进行选用。

表 7-4　与向心轴承配合的轴颈的公差带（摘自 GB/T 275—2015）

圆柱孔轴承					
载荷情况		举例	深沟球轴承、调心球轴承和角接触球轴承	圆柱滚子轴承和圆锥滚子轴承	调心滚子轴承	公差带
			轴承公称内径/mm			
内圈承受旋转载荷或方向不定载荷	轻载荷	输送机、轻载齿轮箱	≤18	—	—	h5
			>18～100	≤40	≤40	j6[①]
			>100～200	>40～140	>40～100	k6[①]
			—	>140～200	>100～200	m6[①]
	正常载荷	一般通用机械、电动机、泵、内燃机、正齿轮传动装置	≤18	—	—	j5、js5
			>18～100	≤40	≤40	k5[②]
			>100～140	>40～100	>40～65	m5[②]
			>140～200	>100～140	>65～100	m6
			>200～280	>140～200	>100～140	n6
			—	>200～400	>140～280	p6
			—	—	>280～500	r6
	重载荷	铁路机车车辆轴箱、牵引电机、破碎机等	>50～140	>50～100		n6[③]
			>140～200	>100～140		p6[③]
			>200	>140～200		r6[③]
				>200		r7[③]
内圈承受固定载荷	所有载荷	内圈需在轴向易移动	非旋转轴上的各种轮子	所有尺寸		f6 g6
		内圈不需在轴向易移动	张紧轮、绳轮			h6 j6
仅有轴向载荷			所有尺寸			j6、js6
圆锥孔轴承						
所有载荷	铁路机车、车辆轴箱	装在退卸套上	所有尺寸			h8(IT6)[④⑤]
	一般机械传动	装在紧定套上	所有尺寸			h9(IT7)[④⑤]

注：1. 凡对精度有较高要求的场合，用 j5、k5、m5 代替 j6、k6、m6；

　　2. 圆锥滚子轴承、角接触球轴承配合对游隙影响不大，可用 k6、m6 代替 k5、m5；

　　3. 重载荷下轴承游隙应选大于 N 组的游隙；

4．凡精度要求较高或转速要求较高的场合，应选用 h7（IT5）代替 h8（IT6）等；

5．IT6、IT7 表示圆柱度公差数值。

表 7-5　与向心轴承配合的外壳孔的公差带（摘自 GB/T 275—2015）

载荷情况		举例	其 他 状 况	公差带[1]	
				球轴承	滚子轴承
外圈承受固定载荷	轻、正常、重	一般机械、铁路机车车辆轴箱	轴向易移动，可采用剖分式轴承座	H7、G7[2]	
	冲击		轴向能移动，可采用整体式或剖分式轴承座	J7、JS7	
方向不定载荷	轻、正常	电动机、泵、曲轴主轴承			
	正常、重		轴向不移动，可采用整体式外壳	K7	
	重、冲击	牵引电机		M7	
外圈承受旋转载荷	轻	皮带张紧轮		J7	K7
	正常	轮毂轴承		M7	N7
	重			—	N7、P7

注：1．并列公差带随尺寸的增大从左至右选择，对旋转精度有较高要求时，可相应提高一个公差等级；

　　2．不适用于剖分式轴承座。

表 7-6　推力轴承和轴颈的配合——轴公差带（摘自 GB/T 275—2015）

载荷情况		轴承类型	轴承公称内径/mm	公差带
仅有轴向负荷		推力球轴承、推力滚子轴承	所有尺寸	j6、js6
径向和轴向联合载荷	轴圈承受固定载荷	推力调心滚子轴承、推力角接触轴承、推力圆锥滚子轴承	≤250	j6
			>250	js6
	轴圈承受旋转载荷或方向不定载荷		≤200	k6[1]
			>200～400	m6
			>400	n6

注：1．要求较小过盈时，可分别用 j6、k6、m6 代替 k6、m6、n6；

　　2．不适用于部分式轴承座。

表 7-7　推力轴承和外壳孔的配合——孔公差带（摘自 GB/T 275—2015）

载荷情况		轴承类型	公差带
仅有轴向载荷		推力球轴承	H8
		推力圆柱、圆锥滚子轴承	H7
		推力调心滚子轴承	—[1]
径向和轴向联合载荷	座圈承受固定载荷	推力角接触球轴承、推力调心滚子轴承、推力圆锥滚子轴承	H7
	座圈承受旋转载荷或方向不定载荷		K7[2]
			M7[3]

注：1．外壳孔与座圈间的间隙为 0.001D（D 为轴承公称外径）；

　　2．一般工作条件；

　　3．有较大径向载荷时。

为了保证轴承正常运转，在正确选择轴颈和外壳孔的公差等级及其配合的同时，还应对轴颈及外壳孔的配合表面几何公差及表面粗糙度提出要求。

二、轴颈、外壳孔的几何公差的选用

为了保证轴承与轴颈、外壳孔的配合性质，轴颈和外壳孔应分别采用包容要求Ⓔ和最大实体要求的零几何公差 $\phi0$ Ⓜ 。

对于轴颈，在采用包容要求Ⓔ的同时，为了保证同一根轴上两个轴颈的同轴度，还应规定这两个轴颈的轴线分别对它们的公共轴线的同轴度公差。

对于外壳孔上支承同一根轴的两个轴承孔，应按关联要素采用最大实体要求的零几何公差 $\phi0$ Ⓜ 来规定这两个轴承孔的轴线分别对它们公共轴线的同轴度公差，以同时保证指定的配合性质和同轴度精度。

此外，无论是轴颈还是外壳孔，若存在较大的形状误差，则轴承与它们安装后，套圈会产生变形，为保证轴承正常工作，必须对轴颈和外壳孔规定严格的圆柱度公差。

轴肩和外壳孔肩的端面是安装轴承的轴向定位面，为了保证轴承工作时有较高的旋转精度，应限制轴肩及外壳孔肩端面的倾斜，以避免轴承装配后滚道位置不正而导致旋转不平稳。因此，应规定轴肩和外壳孔肩的端面对基准轴线的轴向圆跳动公差。

轴颈和外壳孔的几何公差可通过查表 7-8 选择。

表 7-8　轴颈和外壳孔的几何公差（摘自 GB/T 275—2015）

公称尺寸/mm		圆柱度 t/μm				轴向圆跳动 t_1/μm			
		轴颈		外壳孔		轴肩		外壳孔肩	
		轴承公差等级							
>	≤	0	6(6X)	0	6(6X)	0	6(6X)	0	6(6X)
—	6	2.5	1.5	4	2.5	5	3	8	5
6	10	2.5	1.5	4	2.5	6	4	10	6
10	18	3	2.0	5	3	8	5	12	8
18	30	4.0	2.5	6	4	10	6	15	10
30	50	4.0	2.5	7	4	12	8	20	12
50	80	5.0	3	8	5	15	10	25	15
80	120	6	4	10	6	15	10	25	15
120	180	8	5	12	8	20	12	30	20
180	250	10	7	14	10	20	12	30	20

三、轴颈、外壳孔的表面粗糙度的选用

表面粗糙度的大小不仅影响配合的性质，还会影响连接强度。因此，与轴承内圈、外圈配合的表面通常对表面粗糙度有更高的要求。轴颈和外壳孔的表面粗糙度设计包括配合面和端面两处，配合面的表面粗糙度可通过查表 7-9 选择。

表 7-9　配合面的表面粗糙度（摘自 GB/T 275—2015）

轴颈或外壳孔直径/mm		轴颈或外壳孔配合表面直径公差等级								
		IT7			IT6			IT5		
		表面粗糙度/μm								
>	≤	Rz	Ra		Rz	Ra		Rz	Ra	
			磨	车		磨	车		磨	车
—	80	≤10	≤1.6	≤3.2	≤6.3	≤0.8	≤1.6	≤4	≤0.4	≤0.8
80	500	≤16	≤1.6	≤3.2	≤10	≤1.6	≤3.2	≤6.3	≤0.8	≤1.6
端面		≤25	≤3.2	≤6.3	≤25	≤6.3	≤6.3	≤10	≤6.3	≤3.2

四、滚动轴承配合的图样标注

在装配图上不用标注轴承的公差等级代号，只需标注与之相配合的轴颈和外壳孔的公差等级代号。装配图标注实例如图 7-5 所示。零件标注实例如图 7-6 所示。

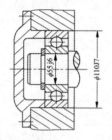

图 7-5　装配图标注实例

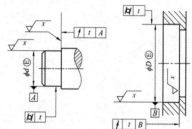

图 7-6　零件图标注实例

五、滚动轴承精度设计实例

例 7-1 图 7-7（a）所示为某一级齿轮减速器的小齿轮轴的部分装配图。已知该减速器的功率为 5 kW，输出轴转速为 83 r/min，其两端的轴承为 6 级单列向心轴承（$d×D×B=\phi40×\phi90×23$），减速器工作时，轴承承受一定的冲击载荷。已知该轴承的径向当量动载荷 $P_r=4\,000$ N，径向额定动载荷 $C_r=40\,800$ N。试确定：

滚动轴承设计实例

（1）与该轴承内圈、外圈配合的轴颈与外壳孔的公差带代号；

（2）画出轴承、轴颈和外壳孔的公差带图；

（3）确定轴颈、外壳孔的几何公差值和表面粗糙度值，并将设计结果标注在装配图和零件图上。

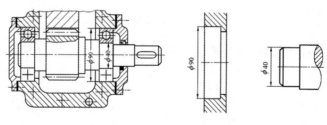

（a）装配图　　　　（b）外壳孔零件图　　　（c）轴零件图

图 7-7　滚动轴承精度设计

解： ① 确定轴颈和外壳孔的公差带代号。

该轴承承受固定载荷的作用，内圈与轴一起旋转，外圈固定，安装在剖分式外壳的孔中。因此，内圈相对于载荷方向旋转，与轴颈的配合应较紧，外圈相对于载荷方向固定，它与外壳孔的配合应较松。

$0.06 < P_r/C_r = 0.098 < 0.12$，通过查表 7-3 可以知道该轴承的载荷类型属于正常载荷。此外，已知减速器工作时该轴承有时会承受冲击载荷。按轴承工作条件，根据表 7-4 和表 7-5 分别取轴颈公差带为 $\phi 40 k5 \textcircled{E}$（基孔制配合），外壳孔的公差带为 $\phi 90 J7 \textcircled{E}$（基轴制配合）。

由于齿轮对旋转精度的要求较高，因此外壳孔可提高一个公差等级，取 $\phi 90 J6$。

② 确定轴承、轴颈和外壳孔的尺寸公差。

查表 7-2 得轴承的极限偏差：轴承内圈极限偏差为 ES=0，EI=−10 μm；轴承外圈极限偏差为 es=0，ei=−13 μm。

查表 3-4 和表 3-7 得 k5 的上、下极限偏差分别为+13 μm、+2 μm，J6 的上、下极限偏差分别为+16 μm、−6 μm。

轴承、轴颈和外壳孔的公差带图如图 7-8 所示。

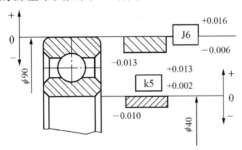

图 7-8　轴承、轴颈和外壳孔的公差带图

③ 确定轴颈和外壳孔的几何公差值和表面粗糙度值。

由表 7-8 得轴颈和外壳孔的圆柱度公差分别为 2.5 μm、6 μm，轴向圆跳动公差分别为 8 μm、15 μm。

查表 7-9，轴颈和外壳孔表面最后精加工均采用磨削。其表面粗糙度参数值：轴颈表面及端面 Ra 的上限值分别为 0.4 μm 和 6.3 μm；外壳孔的孔径表面及端面 Ra 的上限值分别为 1.6 μm 和 6.3 μm。

④ 将上述设计好的各项公差和表面粗糙度值标注在装配图和零件图上（见图 7-9）。

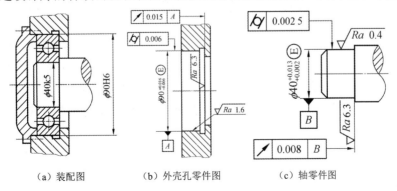

（a）装配图　　　　（b）外壳孔零件图　　　　（c）轴零件图

图 7-9　滚动轴承配合装配图及其零件图的标注

本章小结

第七章 测验题

（1）滚动轴承的公差等级由其外形尺寸精度和旋转精度确定。公差等级分为 2、4、5、6（6X 圆锥滚子轴承）、0 共 5 级，它们依次自高到低，2 级最高，0 级最低。其中 0 级为普通级，应用最广。

（2）滚动轴承内圈与轴颈的配合采用基孔制，外圈与外壳孔的配合采用基轴制。要注意的是：轴承内圈的基准孔公差带位于零线下方，且上极限偏差为零，下极限偏差为负值。轴承外圈的公差带位于零线的下方，与 GB/T 1800.1—2020 中基本偏差代号为 h 的基准轴公差带类似，即上极限偏差是零，下极限偏差是负值，但两者的公差值不同，从而使轴承外圈与壳体孔形成的配合比普通基轴制形成的配合稍微松一些。

（3）与滚动轴承相配合的轴颈和壳体孔的公差带是从 GB/T 1800.1—2020 常用孔、轴公差带中选出的，具体参见图 7-3。

（4）滚动轴承与轴颈和外壳孔的配合一般采用类比法，选择时需要考虑的因素较多，可根据轴承所受载荷的类型，先大致确定配合类别，具体选择可参考表 7-4～表 7-7。

（5）对滚动轴承配合的精度设计。轴颈和外壳孔的尺寸公差、几何公差和表面粗糙度的选择可参见表 7-8 和表 7-9，上述要求在装配图和零件图上的标注如图 7-5 和图 7-6 所示。

思考题与习题

7-1 GB/T 307.3—2017 对轴承公差等级分别规定了哪些级别？哪种级别应用得最广？

7-2 某滚动轴承内圈的尺寸公差为 10 μm，请问其上、下偏差分别是多少？

7-3 试述滚动轴承在装配图中的公差标注有哪些要求？

7-4 滚动轴承承受载荷的类型与选择配合有何关系？

7-5 滚动轴承与孔、轴配合的特点是什么？

7-6 某 0 级向心轴承 $d=\phi 55$ mm，$D=\phi 100$ mm。

问：轴颈的圆柱度是多少？轴肩的轴向圆跳动是多少？外壳孔的圆柱度是多少？外壳孔肩的轴向圆跳动是多少？

7-7 与某滚动轴承内圈配合的轴颈公差带为 $\phi 45h6$，与外圈配合的外壳孔公差带为 $\phi 100J7$。试确定轴颈的表面粗糙度是多少？端面的表面粗糙度是多少？外壳孔的表面粗糙度是多少？端面的表面粗糙度是多少？

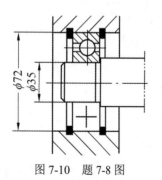

图 7-10 题 7-8 图

7-8 图 7-10 所示为应用在某减速器中的 0 级 6207 滚动轴承的部分装配图，$d=\phi 35$ mm，$D=\phi 72$ mm。其径向当量动载荷 $P_r=1\,300$ N，径向额定动载荷 $C_r=25\,500$ N。试确定：

（1）与该轴承内圈、外圈配合的轴颈和外壳孔的公差带代号；

（2）画出轴承、轴颈和外壳孔的公差带图；

（3）确定轴颈、外壳孔的几何公差值和表面粗糙度值，并将设计结果标注在装配图和零件图上。

第八章

键和花键联结的精度设计

 **学习指导**

学习目的：

掌握普通平键和矩形花键的公差与配合标准，为合理进行普通平键和矩形花键的精度设计打下基础。

学习要求：

1. 了解普通平键和矩形花键的公差与配合标准。
2. 掌握普通平键和矩形花键的精度设计。
3. 掌握普通平键和矩形花键公差在图样上的标注。

第一节　概述

键和花键广泛用于轴和轴上零件（齿轮、带轮、联轴器等）之间的可拆联结，以传递转矩。当轴和轴上零件之间有轴向相对运动要求时，键和花键联结还能起导向作用，如变速箱中变速齿轮花键孔与花键轴的联结。

键分为单键和花键两大类。其中，单键分为平键、半圆键、楔键和切向键，而平键又可分为普通平键、薄平键、导向平键和滑键，楔键又可分为普通楔键和钩头楔键；花键分为矩形花键和渐开线花键两种。其中普通平键和矩形花键应用比较广泛。

本章只讨论普通平键联结和矩形花键联结的精度设计。目前我国制定的有关键联结的国家标准有《平键　键槽的剖面尺寸》（GB/T 1095—2003）、《普通型　平键》（GB/T 1096—2003）和《矩形花键尺寸、公差和检验》（GB/T 1144—2001）。

第二节　普通平键联结的精度设计

一、普通平键联结的结构和几何参数

普通平键联结通过键的侧面与轴键槽和轮毂键槽的侧面相互挤压来传递转矩，键的上表面和轮毂键槽间留有一定的间隙，其结构和几何参数如图 8-1 所示。因此，键的两个侧面是工作面，键联结的主参数是键宽 b，要规定较严格的公差，而键的高度 h 和长度 L、轴键槽的

深度 t_1 和长度、轮毂键槽的深度 t_2 和长度皆是非配合尺寸，可以给予较松的公差。

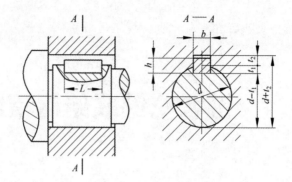

b—键、轴键槽和轮毂键槽的宽度；t_1—轴键槽的深度；t_2—轮毂键槽的深度；L—键的长度；h—键的高度；

d—轴和轮毂的直径

图 8-1　普通平键联结的结构和几何参数

在其剖面尺寸中，普通平键、键槽尺寸及极限偏差如表 8-1 所示。

表 8-1　普通平键、键槽尺寸及极限偏差（摘自 GB/T 1095—2003 和 GB/T 1096—2003）

键尺寸 $b \times h$	键		键槽									
	宽度	高度	宽度 b						深度			
	极限偏差		极限偏差						轴 t_1		毂 t_2		公称直径 d[2]
			正常联结		紧密联结	松联结			公称尺寸	极限偏差	公称尺寸	极限偏差	
	b：h8	h：h11 (h8)[1]	轴 N9	毂 JS9	轴和毂 P9	轴 H9	毂 D10						
2×2	0 −0.014	0 −0.014	−0.004 −0.029	±0.0125	−0.006 −0.031	+0.025 0	+0.060 +0.020		1.2	+0.1 0	1.0	+0.1 0	自 6～8
3×3									1.8		1.4		>8～10
4×4	0 −0.018	0 −0.018	0 −0.030	±0.015	−0.012 −0.042	+0.030 0	+0.078 +0.030		2.5		1.8		>10～12
5×5									3.0		2.3		>12～17
6×6									3.5		2.8		>17～22
8×7	0 −0.022	0 −0.090	0 −0.036	±0.018	−0.015 −0.051	+0.036 0	+0.098 +0.040		4.0		3.3		>22～30
10×8									5.0		3.3		>30～38
12×8	0 −0.027	0 −0.110	0 −0.043	±0.0215	−0.018 −0.061	+0.043 0	+0.120 +0.050		5.0	+0.2 0	3.3	+0.2 0	>38～44
14×9									5.5		3.8		>44～50
16×10									6.0		4.3		>50～58
18×11									7.0		4.4		>58～65
20×12	0 −0.033	0 −0.130	0 −0.052	±0.026	−0.022 −0.074	+0.052 0	+0.149 +0.065		7.5		4.9		>65～75
22×14									9.0		5.4		>75～85
25×14									9.0		5.4		>85～95
28×16									10.0		6.4		>95～110

注：1．普通平键的截面形状为矩形时，高度 h 公差带为 h11；截面形状为方形时，高度 h 公差带为 h8；

　　2．公称直径 d 标准中未给，此处给出供读者参考。

二、普通平键联结的精度设计

1. 普通平键联结的公差与配合

1）配合尺寸的公差带与配合

键是标准件，由型钢制成，相当于 GB/T 1800.1—2020 中的轴。由于键和键槽是依据由键宽 b 决定的键侧来工作的，因此键宽和键槽宽采用基轴制配合。

国家对键宽规定 h8 一种公差带，对轴槽宽和轮毂槽宽各规定三种公差带，构成三组配合，分别为松联结、正常联结和紧密联结，以满足各种不同用途的需要。普通平键和键槽宽度 b 的公差带如图 8-2 所示。普通平键联结的三组配合及其应用如表 8-2 所示。

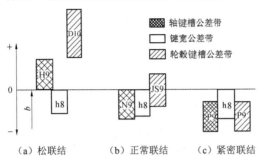

图 8-2　普通平键和键槽宽度 b 的公差带

表 8-2　普通平键联结的三组配合及其应用

配合种类	宽度 b 的公差带			配合性质及应用
	键	轴键槽	轮毂键槽	
松联结	h8	H9	D10	主要用于导向平键，轮毂在轴上移动
正常联结		N9	JS9	键在轴键槽中和轮毂键槽中均固定，用于载荷不大的场合
紧密联结		P9	P9	键在轴键槽和轮毂键槽中均牢固地固定，而比上一种配合更紧，主要用于载荷较大、载荷具有冲击性及双向传递扭矩的场合

对于起导向作用的普通平键应选用松联结。因为在这种方式中，由于几何误差的影响，键（h8）和轴键槽（H9）的配合实际上为不可动联结，而键与轮毂键槽（D10）的配合间隙较大，因此轮毂可以相对轴运动。

对于承受重载荷、冲击载荷或双向转矩的情况，应选用紧密联结，因为这时键（h8）和轴键槽（P9）配合较紧，再加上几何误差的影响，使之结合更紧密、更可靠。

除了上述两种情况，对于承受一般载荷的场合，考虑拆装方便，应选用正常联结。

2）非配合尺寸的公差带与配合

普通平键的高度 h 的公差带采用 h11（矩形普通平键）和 h8（方形普通平键），平键长度 L 的公差带采用 h14，轴键槽长度的公差带采用 H14。GB/T 1095—2003 对轴键槽深度 t_1 和轮毂键槽深度 t_2 的极限偏差做了专门规定（见表 8-1）。

为了便于测量，在图样上对轴键槽深度和轮毂键槽深度分别标注 "$d-t_1$" 和 "$d+t_2$"（此处 d 为孔、轴的公称尺寸），其极限偏差分别按 t_1 和 t_2 的极限偏差选取，但 "$d-t_1$" 的上极限偏差为零，"$d+t_2$" 的下极限偏差为零。

2．普通平键联结的几何公差

键与键槽配合的松紧程度不仅取决于它们的配合尺寸的公差带，还与它们的配合表面的几何误差有关，因此需要规定相应的几何公差，从而保证键侧面与键槽侧面之间有足够的接触面积并避免装配困难。

普通平键结合精度设计

（1）分别规定轴槽和轮毂槽的对称度公差。对称度公差按《形状和位置公差 未注公差值》（GB/T 1184—1996）确定，一般取 7～9 级。对称度公差的公称尺寸是指键宽 b。

（2）当普通平键的长度与宽度之比（L/b）大于或等于 8 时，应规定普通平键两侧面在长度方向上的平行度公差。

平行度公差的等级可按 GB/T 1184—1996 选取：当 $b<6$ mm 时，取 7 级；当 $b\geqslant8\sim36$ mm 时，取 6 级；当 $b\geqslant40$ mm 时，取 5 级。

3．普通平键联结的表面粗糙度

键槽配合表面的表面粗糙度 Ra 的上限值一般取 1.6～3.2 μm，非配合表面取 6.3 μm。

4．普通平键联结的精度设计实例

例 8-1 某减速器的齿轮与轴采用普通平键联结，传递中等转矩，稍有冲击。已知该齿轮与轴的配合为 ϕ25H8/h7，平键长度为 28 mm。试确定该平键联结的配合种类，并查表确定轴槽和轮毂槽剖面尺寸及其极限偏差、键槽对称度公差和表面粗糙度，并将上述各项公差标注在零件图上。

解： ① 平键的配合类型。

根据已知条件，传递中等转矩，稍有冲击，选正常联结即可满足使用工况。

② 平键的尺寸精度设计。

根据该平键为正常联结，D（d）＝ϕ25 mm，查表 8-1 得到以下参数。

轴：槽宽 $b=8$N9$=8_{-0.036}^{0}$ mm；槽深 $t_1=4_{0}^{+0.2}$ mm，即 $(d-t_1)_{-0.2}^{0}=21_{-0.2}^{0}$ mm。

孔：槽宽 $b=8$JS9$=8\pm0.018$ mm；槽深 $t_2=3.3_{0}^{+0.2}$ mm，即 $(d+t_2)_{0}^{+0.2}=28.3_{0}^{+0.2}$ mm。

查表 3-4 得孔、轴的尺寸分别为 ϕ25H8$=\phi25_{0}^{+0.033}$ Ⓔ 和 ϕ25h7$=\phi25_{-0.021}^{0}$ Ⓔ。

③ 平键的几何精度设计。

键槽两侧面的中心平面对孔、轴的轴线对称度公差选 8 级，查表 4-19 得其公差值为 0.015 mm。

④ 平键的表面粗糙度设计。

键槽两侧面为配合表面，其表面粗糙度 Ra 的上限值取 3.2 μm，底面的表面粗糙度 Ra 的上限值取 6.3 μm。

⑤ 平键零件图的精度标注如图 8-3 所示。

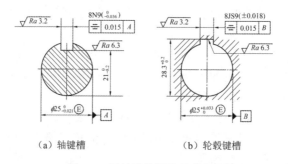

（a）轴键槽 　　　　　　　　　（b）轮毂键槽

图 8-3　平键零件图的精度标注

三、普通平键的检测

对键联结来说，需要检测的项目通常是键宽，轴键槽和轮毂键槽的宽度、深度，以及键槽的对称度。

1．尺寸的检测

键宽和键槽宽是单一尺寸，在小批量生产时，可用游标卡尺、千分尺等通用计量器具检测；大批量生产时，可用量块或光滑极限量规来检测。

轴键槽和轮毂键槽深度也为单一尺寸，在小批量生产时，多用游标卡尺或外径千分尺检测轴尺寸（$d-t_1$），用游标卡尺或内径千分尺检测轮毂尺寸（$d+t_2$）；在大批量生产时，需用专用量规检测，键及键槽尺寸量规如图 8-4 所示，各量规都有通端和止端。

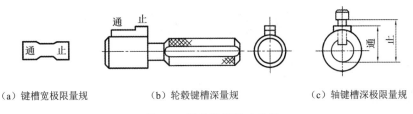

（a）键槽宽极限量规　　　　（b）轮毂键槽深量规　　　　（c）轴键槽深极限量规

图 8-4　键及键槽尺寸量规

2．对称度误差的检测

如图 8-5（a）所示，轴键槽中心平面对基准轴线的对称度公差采用独立原则。这时键槽对称度误差可用通用计量器具检测，如图 8-5（b）所示。

如图 8-5（c）所示，当轴键槽对称度公差与键槽宽度公差的关系采用最大实体要求，与轴尺寸公差的关系采用独立原则时，该键槽的对称度公差可用如图 8-5（d）所示的量规来检测，它是按一次检验方式设计的功能量规，用于检测实际被测键槽的轮廓是否超出其最大实体实效边界。

如图 8-5（e）所示，当轴键槽对称度公差与键槽宽度公差及基准孔尺寸公差的关系均采用最大实体要求时，该键槽的对称度公差可用如图 8-5（f）所示的量规来检测，它是按共同检验方式设计的功能量规。

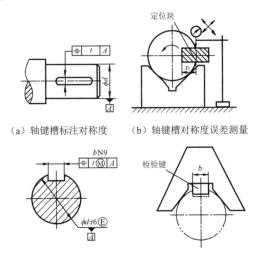

（a）轴键槽标注对称度　　　（b）轴键槽对称度误差测量

（c）轴键槽标注对称度（最大实体要求）　（d）轴键槽的对称度量规

图 8-5　单键轴键槽与轮毂键槽的检测

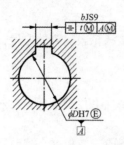

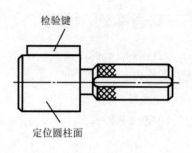

（e）轮毂键槽标注对称度（被测与基准均符合最大实体要求） （f）轮毂键槽的对称度量规

图 8-5　单键轴键槽与轮毂键槽的检测（续）

第三节　矩形花键联结的精度设计

一、矩形花键联结的尺寸系列

与普通平键相比，矩形花键有以下优点：

（1）承载能力强，载荷分布均匀，强度高；

（2）导向性好；

（3）定性精度高。

但矩形花键加工成本高，检测难度大，因此为了便于加工与检测，矩形花键的键数 N 通常取偶数，常用 6、8、10 三种。

按照承载能力不同，矩形花键分为轻、中两个系列。中系列的键高尺寸较大，承载能力强；轻系列的键高尺寸较小，承载能力相对较低。矩形花键的公称尺寸系列如表 8-3 所示。

表 8-3　矩形花键的公称尺寸系列（摘自 GB/T 1144—2001）

小径 d/mm	轻系列				中系列			
	规格（$N×d×D×B$）/mm	键数 N	大径 D/mm	键宽 B/mm	规格（$N×d×D×B$）/mm	键数 N/mm	大径 D/mm	键宽 B/mm
11	—	—	—	—	6×11×14×3	6	14	3
13					6×13×16×3.5		16	3.5
16					6×16×20×4		20	4
18					6×18×22×5		22	5
21					6×21×25×5		25	
23	6×23×26×6	6	26	6	6×23×28×6		28	6
26	6×26×30×6		30		6×26×32×6		32	
28	6×28×32×7		32	7	6×28×34×7		34	7

续表

小径 d/mm	轻系列				中系列			
	规格（N×d×D ×B）/mm	键数 N	大径 D /mm	键宽 B /mm	规格（N×d×D ×B）/mm	键数 N	大径 D /mm	键宽 B /mm
32	8×32×36×6		36	6	8×32×38×6		38	6
36	8×36×40×7		40	7	8×36×42×7		42	7
42	8×42×46×8		46	8	8×42×48×8		48	8
46	8×46×50×9	8	50	9	8×46×54×9	8	54	9
52	8×52×58×10		58		8×52×60×10		60	
56	8×56×62×10		62	10	8×56×65×10		65	10
62	8×62×68×12		68		8×62×72×12		72	
72	10×72×78×12		78	12	10×72×82×12		82	12
82	10×82×88×12	10	88		10×82×92×12	10	92	
92	10×92×98×14		98	14	10×92×102×14		102	14

二、矩形花键联结的几何参数和定心方式

矩形花键联结由内花键与外花键构成。《矩形花键尺寸、公差和检验》（GB/T 1144—2001）规定了矩形花键的主要尺寸有大径 D、小径 d 和键宽（键槽宽）B，如图 8-6 所示，其表示方法为 $N×d×D×B$。

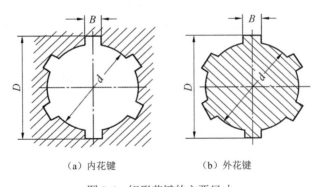

（a）内花键　　　　　（b）外花键

图 8-6　矩形花键的主要尺寸

矩形花键联结的使用要求：保证联结及传递一定的转矩；保证内花键（孔）和外花键（轴）联结后的同轴度；滑动联结还要求导向精度及移动灵活性，固定联结要求可装配性，因此必须保证具有一定的配合性质。

矩形花键联结中有三个参数，分别是大径、小径和键宽。确定配合性质的结合面称为定心表面，理论上每个结合面都可作为定心表面，即花键联结有三种定心方式：①按大径 D 定心；②按小径 d 定心；③按键宽 B 定心。GB/T 1144—2001 规定，矩形花键采用小径定心方式（见图 8-7）。因此，对小径有较高的精度要求，而对非定心表面的大径 D 的精度要求较低，且有较大间隙。对非定心的键和键槽侧面（键宽 B）也有较高的精度要求，因为它们要起传递扭矩和导向的作用。

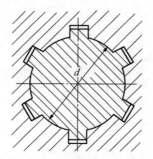

图 8-7 矩形花键联结的定心方式

矩形花键采用小径定心的原因：随着科学技术的发展，现代工业对机械零件的质量要求不断提高，对花键联结的机械强度、硬度、耐磨性和精度的要求都提高了。例如，工作时每小时相对滑动 15 次以上的内、外花键，要求硬度在 40HRC 以上；相对滑动频繁的内、外花键，则要求硬度为 56～60HRC，这样在进行内、外花键制造时需通过热处理（淬火）来提高硬度和耐磨性。为了保证定心表面的精度要求，淬硬后该表面需进行磨削加工。从加工工艺性来看，小径便于磨削（内花键小径表面可在内圆磨床上磨削，外花键小径表面可用成形砂轮磨削），且通过磨削可达到高精度要求，因此矩形花键联结采用小径定心可以获得更高的定心精度，且使用寿命长，并能保证和提高花键的表面质量。

三、矩形花键联结的精度设计

1. 矩形花键联结的公差与配合

矩形花键的公差与配合分为两种精度类型：一种为一般用途的矩形花键联结；另一种为精密传动用的矩形花键联结。每一种精度类型的装配形式又分为滑动、紧滑动和固定三种，前两种装配形式用于内、外花键之间工作要求相对移动的情况，而后者用于内、外花键无轴向相对运动的情况。内、外花键的公差带如表 8-4 所示。

表 8-4 内、外花键的公差带（摘自 GB/T 1144—2001）

内花键				外花键			装配方式
d	D	B		d	D	B	
		拉削后不热处理	拉削后热处理				
一般用途							
H7	H10	H9	H11	f7	a11	d10	滑动
				g8		f9	紧滑动
				h7		h10	固定
精密传动用							
H5	H10	H7、H9		f5	a11	d8	滑动
				g5		f7	紧滑动
				h5		h8	固定
H6				f6		d8	滑动
				g6		f7	紧滑动
				h6		d8	固定

注：1. 精密传动用的内花键，当需要控制键侧配合间隙时，键槽宽可选用 H7，一般情况下可选用 H9；

2. d 为 H6⑤ 和 H7⑤ 的内花键，允许与高一级的外花键配合。

1）基准制

为了减少加工和检验内花键用的花键拉刀和花键量规的规格与数量，矩形花键联结采用基孔制配合。

2）标准公差等级

（1）一般用途。

一般传动用内花键拉削后再进行热处理，其键槽宽 B 的变形不易修正，故公差要降低要求（由 H9 降为 H11）。

（2）精密传动用。

对于精密传动用内花键，当联结要求键侧配合精度较高时，键槽宽公差带选用 H7，一般情况下选用 H9。

一般情况下内、外花键定心直径 d 的公差带取相同的公差等级。因为是小径定心，所以加工内、外花键小径 d 的难易程度是一样的。但在某些情况下，内花键允许与高一级的外花键配合，如公差带为 H7 的内花键可以与公差带为 f6、g6、h6 的外花键配合；公差带为 H6 的内花键可以与公差带为 f5、g5、h5 的外花键配合，这主要是考虑矩形花键常用来作为齿轮的基准孔，在贯彻齿轮标准的过程中，有可能出现外花键的定心直径公差等级高于内花键定心直径公差等级的情况。

3）公差与配合的选用

矩形花键联结的公差与配合的选用主要是确定联结精度和装配形式。

（1）联结精度的选用。

联结精度主要根据定心精度要求和传递扭矩大小选用。

精密传动用花键联结定心精度高、传递扭矩大而且平稳，多用于精密机床主轴变速箱，以及各种减速器中轴与齿轮花键孔（内花键）的联结。

一般花键联结适用于定心精度要求不高但传递扭矩较大的场合，如载重汽车、拖拉机的变速箱。

（2）装配形式的选用。

在选用装配形式时根据内、外花键之间是否有轴向移动，来确定是选固定联结，还是选滑动联结。

对于内、外花键之间要求有相对移动，而且要求移动距离长、移动频率高的情况，应选用配合间隙较大的滑动联结，以保证运动灵活性及配合面间有足够的润滑油层，如汽车、拖拉机等机器的变速箱中的齿轮与轴的联结。

对于内、外花键定心精度要求高，传递扭矩大或经常有反向转动的情况，应选用配合间隙较小的紧滑动联结。

对于内、外花键间无须在轴向移动，只用来传递转矩的情况，应选用固定联结。

2. 几何公差

矩形内、外花键是具有复杂表面的相配件，并且键长与键宽的比值较大，几何误差对花键联结的影响如图 8-8 所示，当花键联结采用小径定心时，假设内、外花键各部分的实际尺寸合格，内花键（粗实线）定心表面和键槽侧面的形状和位置都正确，而外花键（细实线）各键不等分或不对称，则会造成它与内花键干涉，从而使该内花键与外花键装配后不能获得配合代号表示的配合性质，甚至可能无法装配，并且使键（键槽）侧面受载不均匀。同样，内花键若存在分度误差，也会造成它与外花键干涉。因此，对内、外花键的几何误差必须加以控制，以保证花键联结精度和强度的要求。

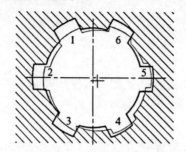

1—键位置正确；2、3、4、5、6—键位置不正确

图 8-8　几何误差对花键联结的影响

为了保证内、外花键小径定心表面的配合性质，该表面的几何公差和尺寸公差的关系遵守包容要求Ⓔ。

除了小径定心表面的形状误差，还有内、外花键的方向及位置误差影响装配和精度，包括键（键槽）两侧面的中心平面对小径定心表面轴线的对称度误差、键（键槽）的分度误差及键（键槽）侧面对小径定心表面轴线的平行度误差和大径表面轴线对小径定心表面轴线的同轴度误差。其中，以花键的对称度误差和分度误差的影响最大。因此，为控制内、外花键的对称度误差和分度误差，采用位置度公差予以综合控制，并注意键宽的位置度公差与小径定心表面的尺寸公差应符合最大实体要求，用综合量规检测。矩形花键的位置度公差标注如图 8-9 所示，位置度、对称度公差如表 8-5 所示。

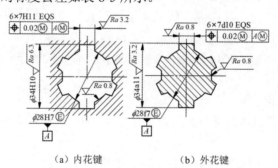

（a）内花键　　　　　（b）外花键

图 8-9　矩形花键的位置度公差标注

表 8-5　位置度、对称度公差（摘自 GB/T 1144—2001）

键槽宽或键宽 B/mm			3	3.5～6	7～10	12～18
位置度公差 t_1/mm	键槽宽		0.010	0.015	0.020	0.025
	键宽	滑动、固定	0.010	0.015	0.020	0.025
		紧滑动	0.006	0.010	0.013	0.016
对称度公差 t_2/mm	一般用		0.010	0.012	0.015	0.018
	精密传动用		0.006	0.008	0.009	0.011

在单件、小批量生产，采用单项检验法测量时，一般要明确规定键或键槽两侧面的中心平面对定心表面轴线的对称度公差和等分度公差，并遵守独立原则。花键对称度公差标注如

图 8-10 所示。花键各键（键槽）沿 360° 圆周均匀分布为它们的理想位置，允许它们偏离理想位置的最大值为花键均匀分度公差值，其值等于对称度公差值，所以花键均匀分度公差在图样上不必标注。其对称度公差值如表 8-5 所示。

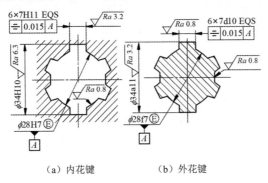

（a）内花键　　　　　（b）外花键

图 8-10　花键对称度公差标注

对于较长的长键，应规定内花键各键槽侧面和外花键各键槽侧面对定心表面轴线的平行度公差，其公差值应根据产品性能来确定。

3．表面粗糙度

矩形花键的表面粗糙度推荐值如表 8-6 所示。

表 8-6　矩形花键的表面粗糙度推荐值

加工表面	内花键/μm	外花键/μm
	Ra 不大于	
小径表面	0.8	0.8
键侧表面	3.2	0.8
大径表面	6.3	3.2

4．矩形花键联结的标注

矩形花键联结在图样上标注代号，按顺序包括键数 N、小径 d、大径 D、键（槽）宽 B，以及相应的公差带或配合代号，并注明矩形花键标准号 GB/T 1144—2001。

如有一个花键联结，键数 N 为 6，小径 d 的配合为 23H7/f7，大径 D 的配合为 26H10/a11，键宽 B 的配合为 6H11/d10，则在图样上的标注代号如下：

（1）矩形花键规格 $N×d×D×B$，应标记为

$$6×23×26×6$$

（2）矩形花键副的配合代号，标注在装配图上为

6×23H7 / f7 ×26H10 / a11×6H11 / d10　　　　GB/T 1144—2001

（3）内花键的公差带代号，标注在零件图上为

6×23H7×26H10×6H11　　　GB/T 1144—2001

（4）外花键的公差带代号，标注在零件图上为

6×23f7×26a11×6d10　　　GB/T 1144—2001

矩形花键标注示例如图 8-11 所示。

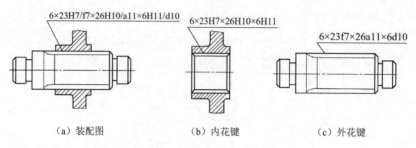

图 8-11　矩形花键标注示例

　　此外，在零件图上，对内、外花键除了标注公差带代号（或极限偏差），还应标注几何公差和公差原则的要求，标注示例如图 8-9 和图 8-10 所示。

花键结合精度设计实例

5. 矩形花键联结的精度设计实例

　　例 8-2　图 8-12 所示为减速器装配图，其工作原理是动力先经主动齿轮 4 传到齿轮轴 3，再经双联齿轮 6 将动力经花键轴 1 输出。为了能起离合作用，滑动齿轮 2 可沿花键轴做轴向滑动（双点画线为分离时位置，此时花键轴不转动），滑动齿轮与轴采用矩形花键联结，花键的公称尺寸为 $6×23×26×6$（$N×d×D×B$）。工作时，中间轴 7 固定，不得转动，双联齿轮则在其上滑动旋转。此减速器属于一般精度，大批量生产，齿轮内孔不需进行热处理。试查表确定：

　　（1）花键的大径、小径和键宽的公差带代号，并画出其公差带图；

　　（2）花键的几何公差和表面粗糙度；

　　（3）将上述尺寸公差、几何公差和表面粗糙度标注在装配图和零件图上。

　　解：　①　确定内、外花键的公差带。

　　根据已知条件，减速器为一般精度，经常有相对滑动，故选一般用途的滑动联结。

　　查表 8-4 得各个尺寸的公差带及配合如下。

内花键：$6×23H7×26H10×6H9$　　　　　GB/T 1144—2001

外花键：$6×23f7×26a11×6d10$　　　　　GB/T 1144—2001

配合：$6×23H7 / f7×26H10 / a11×6H9 / d10$　　GB/T 1144—2001

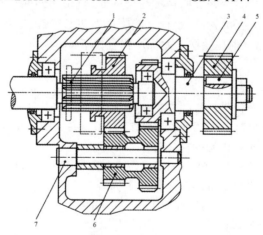

1—花键轴；2—滑动齿轮；3—齿轮轴；4—主动齿轮；5—平键；6—双联齿轮；7—中间轴

图 8-12　减速器装配图

② 确定几何公差。

由题目已知，该减速器大批量生产，因此选择位置度公差来综合控制内、外花键的分度误差和对称度误差，并且键宽的位置度公差与小径定心表面的尺寸公差符合最大实体要求。

查表 8-5 得位置度公差 t_1 为 0.015 mm。

③ 确定表面粗糙度。

查表 8-6 得各部位表面粗糙度如下。

内花键：大径表面为 $Ra\,6.3$；小径表面为 $Ra\,0.8$；键侧表面为 $Ra\,3.2$。

外花键：大径表面为 $Ra\,3.2$；小径表面为 $Ra\,0.8$；键侧表面为 $Ra\,0.8$。

④ 装配图及零件图的尺寸精度标注如图 8-13 所示。

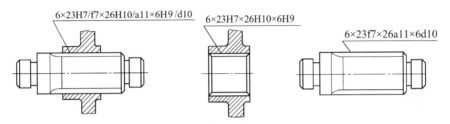

图 8-13　装配图及零件图的尺寸精度标注

⑤ 几何精度和表面粗糙度的标注如图 8-14 所示。

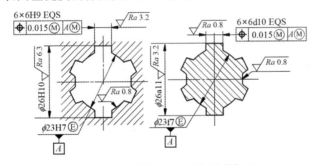

图 8-14　几何精度和表面粗糙度标注

⑥ 内、外花键的小径、大径和键宽公差带图如图 8-15 所示。

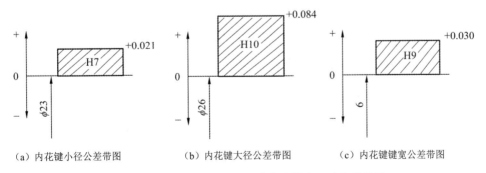

（a）内花键小径公差带图　（b）内花键大径公差带图　（c）内花键键宽公差带图

图 8-15　内、外花键的小径、大径和键宽尺寸公差带图

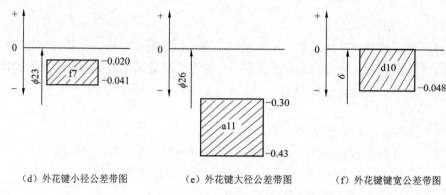

（d）外花键小径公差带图　　　　（e）外花键大径公差带图　　　　（f）外花键键宽公差带图

图 8-15　内、外花键的小径、大径和键宽尺寸公差带图（续）

四、矩形花键的检测

矩形花键的检测有单项测量和综合检验两类。

1. 单项测量

对于单件小批量生产的内、外花键可用通用量具（千分尺、游标卡尺、指示表等）按独立原则对小径 d、大径 D、键（槽）宽 B 进行尺寸误差单项测量；对键（槽）的对称度及等分度分别进行几何误差测量。

2. 综合检验

对于大批量生产的内、外花键，一般都采用量规进行检验。用综合通规（对内花键为塞规，对外花键为环规，见图 8-16 和图 8-17）同时检验花键的小径 d、大径 D、键（槽）宽 B 的作用尺寸，以及大、小径的同轴度误差，各键（键槽）的位置度误差等。综合通规只有通端，故还需用单项止端量规（或其他量具）分别检验小径 d、大径 D、键（槽）宽 B 是否超越其最小实体尺寸。合格的标志是综合通规能通过，而单项止端量规不通过。

矩形花键的检测规定可参阅 GB/T 1144—2011 的附录。

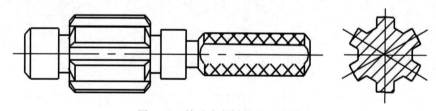

图 8-16　检验内花键的综合塞规

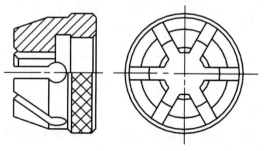

图 8-17　检验外花键的综合环规

第八章　测验题

本章小结

（1）平键联结采用基轴制。国家标准对键宽规定了一种公差带（h8），对轴和轮毂的键槽宽各规定了三种公差带。由这些公差带构成三组配合，分别得到规定的三种联结类型，即松联结、正常联结和紧密联结。设计人员应根据使用要求和应用场合确定其配合类别。

（2）矩形花键联结采用基孔制。矩形花键联结采用小径定心。矩形花键的公差与配合分为两种精度类型：一种为一般用途的矩形花键联结；另一种为精密传动用的矩形花键联结。每一种精度类型的装配形式又分为滑动、紧滑动和固定三种。矩形花键联结的公差与配合的选用主要是确定联结精度和装配形式。

（3）键槽和花键的几何公差和表面粗糙度及其在图样上的标注。

键槽的几何公差有键槽对轴线的对称度、键槽两个工作侧面的平行度。键槽的两个工作侧面为配合面，其表面粗糙度 Ra 值要小于槽底的表面粗糙度 Ra 值。

矩形花键小径 d 表面的几何公差应遵守包容要求，矩形花键的位置度公差应遵守最大实体要求。矩形花键各结合表面的表面粗糙度推荐值如表 8-6 所示。

（4）普通平键及矩形花键的检测见本章相关内容。

思考题与习题

8-1　平键联结的主要几何参数有哪些？配合尺寸是哪个？

8-2　平键与键槽和轮毂键槽的配合为何采用基轴制?平键与键槽的配合类型有哪几种？各适用于哪种场合？

8-3　矩形花键联结结合面有哪些？定心表面是哪个？矩形花键联结采用何种配合制？

8-4　某减速器中输出轴的伸出端与相配件孔的配合为 $\phi45H7/m6$，并采用了正常联结平键。试确定轴槽和轮毂槽的剖面尺寸及其极限偏差、键槽对称度公差和键槽表面粗糙度 Ra 的上限值，并将各项公差值标注在零件图上。

8-5　查表确定矩形花键配合 6×28H7/g7×32H10/a11×7H11/f9 中的内、外花键的极限偏差，画出公差带，并指出该矩形花键配合的用途及装配形式。

8-6　某车床床头箱中有一个变速滑动齿轮与轴的结合，采用矩形花键固定联结，花键尺寸为 8×32×36×7。齿轮内孔不需要进行热处理。查表确定花键的大径、小径和键宽的公差带及位置度公差和表面粗糙度，并将其标注在图上。

螺纹结合的精度设计

学习指导

学习目的：

掌握普通螺纹互换性的特点及其公差标准的应用，为合理进行普通螺纹结合的精度设计打下基础。

学习要求：

1．了解螺纹的种类及主要几何参数。

2．理解普通螺纹几何参数误差对互换性的影响，作用中径的概念，以及螺纹的合格条件。

3．了解螺纹结合的公差配合要求。

4．掌握螺纹在图样上的标注。

5．了解普通螺纹的检测方法。

6．了解影响机床丝杠位移精度的因素。

7．掌握丝杠与螺母的公差与配合及丝杠公差在图样上的标注。

第一节　概述

螺纹结合在机械行业中的应用十分广泛。按结合性质和使用要求不同，螺纹可分为以下三类。

1．紧固螺纹

紧固螺纹也称为普通螺纹，其牙型为三角形，可分为粗牙和细牙两种，主要用于紧固和连接零件，在使用中要求具有良好的旋合性和可靠的连接强度。良好的旋合性是指内、外螺纹易于旋入和拧出，以便于装配和拆换的性质。可靠的连接强度是指螺纹具有一定的连接强度，螺牙不得过早损坏和自动松脱。

2．传动螺纹

传动螺纹用于传递动力或实现精确位移，如机床中的丝杠和螺母、千斤顶的起重螺杆、量仪的测微螺杆等。传动螺纹在使用中要求传递动力的可靠性和传递位移的准确性，因此这类螺纹的螺距误差要小，而且应有足够的最小间隙。

3. 紧密螺纹

紧密螺纹又称密封螺纹，主要用于密封，如连接管道用的螺纹。紧密螺纹在使用中要求结合紧密，在一定的压力下不漏介质。这类螺纹结合必须有一定的过盈量，相当于圆柱体配合中的过盈配合。

本章主要介绍应用较广泛的米制普通螺纹、梯形螺纹及机床梯形传动丝杠和滚珠丝杠副的精度设计和检测。

有关普通螺纹的国家标准有《螺纹　术语》（GB/T 14791—2013）、《普通螺纹　基本牙型》（GB/T 192—2003）、《普通螺纹　直径与螺距系列》（GB/T 193—2003）、《普通螺纹　基本尺寸》（GB/T 196—2003）、《普通螺纹　公差》（GB/T 197—2018）、《普通螺纹　优选系列》（GB/T 9144—2003）、《普通螺纹　极限偏差》（GB/T 2516—2003）和《普通螺纹量规　技术条件》（GB/T 3934—2003）。

有关梯形螺纹的国家标准有《梯形螺纹　第 1 部分：牙型》（GB/T 5796.1—2005）、《梯形螺纹　第 2 部分：直径与螺距系列》（GB/T 5796.2—2005）、《梯形螺纹　第 3 部分：基本尺寸》（GB/T 5796.3—2005）和《梯形螺纹　第 4 部分：公差》（GB/T 5796.4—2005）。

有关机床梯形丝杠、螺母的机械行业标准有《机床梯形丝杠、螺母　技术条件》（JB/T 2886—2008）。

有关滚珠丝杠副的国家标准有《滚珠丝杠副　第 1 部分：术语和符号》（GB/T 17587.1—2017）、《滚珠丝杠副　第 2 部分：公称直径和公称导程　公制系列》（GB/T 17587.2—1998）、《滚珠丝杠副　第 3 部分：验收条件和验收检验》（GB/T 17587.3—2017）、《滚珠丝杠副　第 4 部分：轴向静刚度》（GB/T 17587.4—2008）和《滚珠丝杠副　第 5 部分：轴向额定静载荷和动载荷及使用寿命》（GB/T 17587.5—2008）。

第二节　螺纹几何参数偏差对互换性的影响

一、普通螺纹的基本牙型和主要几何参数

1. 基本牙型

米制普通螺纹的基本牙型如图 9-1 中的粗实线所示，其是在螺纹轴向剖面内，在高为 H 的等边三角形（原始三角形）中截去 $H/8$ 的顶部和 $H/4$ 的底部形成的，该牙型具有螺纹的基本尺寸。

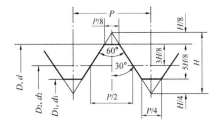

图 9-1　米制普通螺纹的基本牙型（摘自 GB/T 192—2003）

2. 普通螺纹的主要几何参数

1）大径

大径（D、d）是指与外螺纹牙顶或内螺纹牙底相切的假想圆柱的直径。

用 D 表示内螺纹的大径，即内螺纹牙底直径；用 d 表示外螺纹的大径，即外螺纹牙顶直径。国家标准规定普通螺纹大径为螺纹的公称直径。相配合的螺纹 $D=d$。

2）小径

小径是指与内螺纹牙顶或外螺纹牙底相切的假想圆柱的直径，分别用 D_1 和 d_1 表示内、外螺纹的小径。相配合的螺纹 $D_1=d_1$。

内螺纹小径（D_1）和外螺纹大径（d）又称为顶径；内螺纹大径（D）和外螺纹小径（d_1）又称为底径。

3）中径

中径是一个假想圆柱的直径，该圆柱的母线通过螺纹牙型上沟槽和凸起宽度相等的地方，分别用 D_2 和 d_2 表示内、外螺纹的中径。相配合的螺纹 $D_2=d_2$。

中径的大小决定了螺纹牙侧相对于轴线的径向位置，它的大小直接影响螺纹的使用。因此，中径是螺纹公差与配合中的主要参数之一。中径的大小不受大径、小径尺寸变化的影响，也不是大径和小径的平均值。

4）单一中径

单一中径是指一个假想圆柱的直径，该圆柱的母线通过实际螺纹上牙槽宽度等于半个基本螺距（$P/2$）的地方。内螺纹和外螺纹的单一中径分别用 D_{2s} 和 d_{2s} 表示。普通螺纹中径与单一中径如图 9-2 所示。

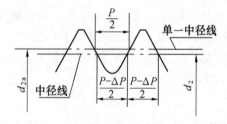

P—基本螺距；ΔP—螺距偏差

图 9-2　普通螺纹中径与单一中径

单一中径是按三针法测量中径定义的，单一中径有时也称为实际中径（D_{2a} 或 d_{2a}）。当螺距没有偏差时，中径就是单一中径；当螺距有偏差时，中径不等于单一中径（注：GB/T 14791—2013 规定"螺距偏差"为标准名词，表示实际值与其基本值之差）。

5）螺距和导程

螺距 P 是指相邻两牙在中径线上对应两点的轴向距离。螺距 P 应按国家标准规定的系列选用。普通螺纹的基本参数如表 9-1 所示。普通螺纹的螺距分为细牙和粗牙两种。

表 9-1　普通螺纹的基本参数（摘自 GB/T 193—2003）

公称直径（大径）D、d/mm			螺距 P/mm	中径 D_2、d_2/mm	小径 D_1、d_1/mm
第一系列	第二系列	第三系列			
8	—	—	**1.25**	7.188	6.647
			1	7.350	6.917
			0.75	7.513	7.188

续表

公称直径（大径）D、d/mm			螺距 P/mm	中径 D₂、d₂/mm	小径 D₁、d₁/mm
第一系列	第二系列	第三系列			
—	—	9	（1.25）	8.188	7.647
			1	8.350	7.917
			0.75	8.513	8.188
10	—	—	**1.5**	9.026	8.376
			（**1.25**）	9.188	8.647
			1	9.350	8.917
			0.75	9.513	9.188
—	—	11	（1.5）	10.026	9.376
			1	10.350	9.917
			0.75	10.513	10.188
12	—	—	**1.75**	10.863	10.106
			1.5	11.026	10.376
			（**1.25**）	11.188	10.647
			1	11.350	10.917
—	**14**	—	**2**	12.071	11.835
			1.5	13.026	12.376
			1.25*	13.188	12.647
			1	13.350	12.917
—	—	15	1.5	14.026	13.376
			（1）	14.350	13.917
16	—	—	**2**	14.701	13.835
			1.5	15.026	14.376
			1	15.350	14.917
—	—	17	1.5	16.026	15.376
			（1）	16.350	15.917
—	**18**	—	**2.5**	16.376	15.294
			2	16.701	15.835
			1.5	17.026	16.376
			1	17.350	16.917
20	—	—	**2.5**	18.376	17.294
			2	18.701	17.835
			1.5	19.026	18.376
			1	19.350	18.917
—	**22**	—	**2.5**	20.376	19.294
			2	20.701	19.835
			1.5	21.026	20.376
			1	21.350	20.917

公称直径（大径）D、d/mm			螺距 P/mm	中径 D_2、d_2/mm	小径 D_1、d_1/mm
第一系列	第二系列	第三系列			
24	—	—	3	22.051	20.752
			2	22.701	21.835
			1.5	23.026	22.376
			1	23.350	22.917
—		25	2	23.701	22.835
			1.5	24.026	23.376
			（1）	24.350	23.917
—	—	26	1.5	25.026	24.376
—	**27**	—	3	25.051	23.752
			2	25.701	24.835
			1.5	26.026	25.376
			1	26.350	25.917
—	—	28	2	26.701	25.835
			1.5	27.026	26.376
			1	27.350	26.917

注：1. 选择螺纹公称直径时，优先选用第一系列，其次选用第二系列，最后选择第三系列；

2. 带括号的螺距尽可能避免选用；

3. *M14×1.25 仅用于发动机的火花塞；

4. 粗体字表示的公称直径和螺距，是《普通螺纹　优先系列》（GB/T 9144—2003）中固定的紧固件的普通螺纹选用系列。

导程 Ph 是指同一条螺旋线上的相邻两牙在中径线上对应两点间轴向的距离。对单线螺纹，$Ph = P$；对 n 线螺纹，$Ph = n \times P$。

6）牙型角与牙侧角

牙型角 α 是指在螺纹牙型上，两相邻牙侧间的夹角。普通螺纹的理论牙型角为 60°。牙型角的一半为牙型半角，其理论值为 30°。

牙侧角是指某一牙侧与螺纹轴线的垂线之间的夹角，左、右牙侧角分别用符号 α_1 和 α_2 表示。普通螺纹的牙侧角基本值为 30°。

实际螺纹的牙型角正确并不一定说明牙侧角正确。牙型角、牙型半角与牙侧角如图 9-3 所示。牙侧角的大小和方向都会影响螺纹的旋合性和接触面积。因此，牙侧角也是螺纹公差与配合的主要参数之一。

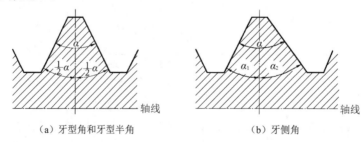

（a）牙型角和牙型半角　　　　（b）牙侧角

图 9-3　牙型角、牙型半角与牙侧角

7）螺纹升角

在中径圆柱上，螺旋线的切线与垂直于螺纹轴线平面间的夹角为螺纹升角，如图 9-4 所示。螺纹升角的计算公式如下：

$$\tan\phi = \frac{Ph}{\pi d_2} = \frac{nP}{\pi d_2} \tag{9-1}$$

式中　　n——螺纹线数。

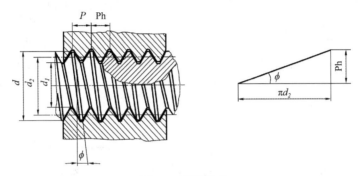

图 9-4　螺纹升角

8）螺纹旋合长度

螺纹旋合长度（L_E）是指两个相互配合的螺纹沿螺纹轴线方向相互旋合部分的长度，如图 9-5 所示。

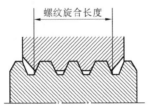

图 9-5　螺纹旋合长度

二、影响螺纹结合精度的因素

为了实现普通螺纹的互换性，保证螺纹结合精度，要求螺纹连接必须具有良好的旋合性和可靠的连接强度。在内、外螺纹大径和小径处一般都留有一定的间隙，因而不会影响螺纹的配合性质。而内、外螺纹连接是依靠旋合后的牙侧面接触的均匀性来实现的，因此影响螺纹旋合性及连接强度的主要因素是中径偏差、螺距偏差和牙侧角偏差。其中，中径偏差为单一中径的尺寸偏差，螺距偏差和牙侧角偏差属于几何误差（均可转换为中径当量）。

1．中径偏差的影响

中径偏差是指螺纹加工后的中径的实际尺寸与其公称尺寸之差，即单一中径与其公称中径之差。

由于内、外螺纹的相互作用集中在牙侧面，因此内、外螺纹中径尺寸不相同会直接影响牙侧面的接触状态。若外螺纹的中径小于内螺纹的中径，则能保证内、外螺纹的旋合性；若外螺纹的中径大于内螺纹的中径，则会产生干涉而难以旋合；若外螺纹的中径过小、内螺纹的中径过大，则会削弱其连接强度。因此，在加工螺纹时应当控制中径偏差。

2. 螺距偏差的影响

螺距偏差主要是由加工机床运动链的传动误差引起的。

螺距偏差包括螺距局部偏差（单个螺距偏差 ΔP）和螺距累积偏差（ΔP_Σ）两种。ΔP 是指螺距的实际值与其公称值之差，与旋合长度无关；ΔP_Σ 是指在规定长度内，任意两个牙体的同牙侧的实际轴向距离与其公称值之差绝对值最大的那个偏差。ΔP 与旋合长度无关，ΔP_Σ 与旋合长度有关，而且对螺纹的旋合性影响最大，因此必须加以控制。

假设仅有螺距累积偏差 ΔP_Σ 的一个外螺纹与一个没有任何偏差的理想内螺纹结合，这会造成理想内螺纹在牙侧部位发生干涉，如图 9-6（a）中的阴影部分。为消除此干涉区，可将外螺纹中径减小一个数值 f_P，或将内螺纹增大一个数值 f_P，这个 f_P 就是补偿螺距偏差折算到中径上的数值，被称为螺距偏差的中径当量。由图 9-6（b）中的几何关系可得

$$f_P = |\Delta P_\Sigma| \cdot \cot(\alpha/2) \tag{9-2}$$

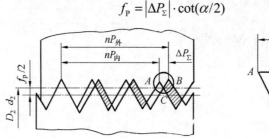

（a）螺距累积偏差   （b）螺距累积偏差的中径当量

图 9-6　螺距偏差

对于普通螺纹 $\alpha/2 = 30°$，则有

$$f_P = |\Delta P_\Sigma| \cdot \cot 30° \approx 1.732 |\Delta P_\Sigma| \tag{9-3}$$

3. 牙侧角偏差的影响

牙侧角偏差是指牙侧角的实际值与其公称值之差，它包括螺纹牙侧角的形状误差和牙侧相对于螺纹轴线的垂线的方向误差。牙侧角偏差直接影响螺纹的旋合性和牙侧接触面积，因此对其也应加以控制。

图 9-7 所示为牙侧角偏差对旋合性的影响，相互结合的内、外螺纹的牙侧角的公称值为 30°。假设内螺纹 1（粗实线）为理想螺纹，而外螺纹 2（细实线）仅存在牙侧角偏差（左牙侧角偏差 $\Delta\alpha_1 < 0$，右牙侧角偏差 $\Delta\alpha_2 > 0$），使内、外螺纹牙侧产生干涉而不能旋合，如图 9-7 中的阴影部分。

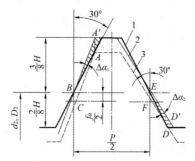

图 9-7　牙侧角偏差对旋合性的影响

为了消除此干涉区，可将外螺纹牙型径向移至虚线 3 处，即外螺纹中径减小一个数值 f_α。

同理，若内螺纹存在牙侧角偏差，为了保证旋合性，应将内螺纹中径增大一个数值 f_α。f_α 为补偿牙侧角偏差折算到中径上的数值，被称为牙侧角偏差的中径当量。

由图 9-7 可以看出，由于牙侧角偏差 $\Delta\alpha_1$ 和 $\Delta\alpha_2$ 的大小与方向各不相同，因此左、右牙侧干涉区的最大径向干涉量不同，即 $AA' \neq DD'$，通常取它们的平均值作为 $f_\alpha/2$，即

$$\frac{f_\alpha}{2} = \frac{AA' + DD'}{2} \tag{9-4}$$

当牙型半角为 30° 时，考虑到左、右牙侧角偏差均有可能为正值或负值，f_α 的计算式如下：

$$f_\alpha = 0.073P\left(k_1|\Delta\alpha_1| + k_2|\Delta\alpha_2|\right) \tag{9-5}$$

式中　f_α——牙侧角偏差的中径当量，单位为 μm；

　　　P——螺距公称值，单位为 mm；

　　　$\Delta\alpha_1$、$\Delta\alpha_2$——牙侧角偏差；

　　　k_1、k_2——修正系数，（修正系数的值：对外螺纹，当 $\Delta\alpha_1$ 或 $\Delta\alpha_2$ 为正值时取 k_1 或 k_2 为 2，当 $\Delta\alpha_1$ 或 $\Delta\alpha_2$ 为负值时取 k_1 或 k_2 为 3；对内螺纹，当 $\Delta\alpha_1$ 或 $\Delta\alpha_2$ 为正值时取 k_1 或 k_2 为 3，当 $\Delta\alpha_1$ 或 $\Delta\alpha_2$ 为负值时取 k_1 或 k_2 为 2）。

此外应指出的是，上述的 f_P 与 f_α 的计算是从理论上推导出来的，实际上内、外螺纹的相互结合是比较复杂的，它们彼此间的真正关系还有待进一步深入研究。

4．螺纹的作用中径和中径的合格性判断原则

1）作用中径

如上所述，螺距偏差或牙侧角偏差对内、外螺纹旋合性的影响相当于螺纹中径增大一个相应补偿值的影响。例如，具有螺距偏差或牙侧角偏差的外螺纹，只能与一个中径较大的内螺纹旋合，螺距偏差或牙侧角偏差的效果相当于中径增大了。这个假想的、恰好包容实际外螺纹的、具有基本牙型的内螺纹中径，就称为外螺纹的体外作用中径 d_{2fe}，如图 9-8（a）所示。

同理，具有螺距偏差或牙侧角偏差的内螺纹，只能与一个中径较小的外螺纹旋合，螺距偏差或牙侧角偏差的效果相当于中径减小了。这个假想的、恰好包容实际内螺纹的、具有基本牙型的外螺纹中径，也称为内螺纹的体外作用中径 D_{2fe}，如图 9-8（b）所示。

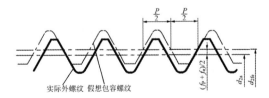

（a）外螺纹的作用中径 d_{2fe}

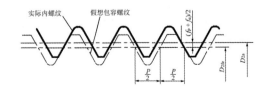

（b）内螺纹的作用中径 D_{2fe}

图 9-8　螺纹作用中径

外螺纹的作用中径 d_{2fe} 及内螺纹的作用中径 D_{2fe} 可按以下公式计算：

$$d_{2fe} = d_{2a} + (f_P + f_\alpha) \tag{9-6}$$

$$D_{2fe} = D_{2a} - (f_P + f_\alpha) \tag{9-7}$$

式中　d_{2a}、D_{2a}——外螺纹、内螺纹的单一中径（d_{2s}、D_{2s}）。

对于普通螺纹零件，为了加工和检测方便，国家标准没有单独规定螺距公差和牙侧角公差，只规定了内、外螺纹的中径（综合）公差（T_{d2}、T_{D2}），用这个中径（综合）公差同时控制中径、螺距及牙侧角三项参数的偏差，即

$$T_{d2} \geqslant f_{d2} + f_P + f_\alpha \tag{9-8}$$

$$T_{D2} \geqslant f_{D2} + f_P + f_\alpha \tag{9-9}$$

式中　T_{d2}、T_{D2}——外、内螺纹中径（综合）公差；

　　　f_{d2}、f_{D2}——外、内螺纹中径偏差。

2）中径的合格性判断原则

作用中径的大小影响旋合性，实际中径的大小影响连接可靠性。相关国家标准规定：判断螺纹中径的合格性应该遵循泰勒原则，即实际螺纹的作用中径应不超越最大实体牙型的中径，实际螺纹的单一中径不超越最小实体牙型的中径。用公式表示普通螺纹中径的合格条件如下。

对外螺纹：

$$d_{2fe} \leqslant d_{2M} = d_{2max}; \quad d_{2a} \geqslant d_{2L} = d_{2min} \tag{9-10}$$

对内螺纹：

$$D_{2fe} \geqslant D_{2M} = D_{2min}; \quad D_{2a} \leqslant D_{2L} = D_{2max} \tag{9-11}$$

第三节　普通螺纹的公差与配合

一、普通螺纹公差标准的基本结构

在《普通螺纹　公差》（GB/T 197—2018）中，只对中径和顶径（内螺纹小径和外螺纹大径）规定了公差，而对底径（内螺纹大径和外螺纹小径）没给出公差要求，由加工的刀具控制。

在螺纹加工过程中，由于旋合长度不同，因此加工难易程度也不同。通常短旋合长度容易加工和装配；长旋合长度加工较难保证精度，在装配时由于弯曲和螺距偏差的影响，也较难保证配合性质，因此普通螺纹公差精度由公差带（公差大小和位置）及旋合长度构成。普通螺纹公差标准的基本结构如图 9-9 所示。

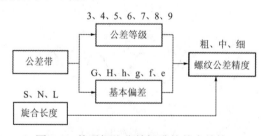

图 9-9　普通螺纹公差标准的基本结构

二、普通螺纹的公差带

普通螺纹的公差带是沿基本牙型的牙侧、牙顶和牙底分布的，由公差（公差带大小）和基本偏差（基本牙型位置）两个要素构成，在垂直于螺纹轴线方向上计量其基本大径（公称直径）、中径和小径的极限偏差及公差。

1. 普通螺纹的公差

普通螺纹的公差带大小由公差值确定，而公差值大小取决于公差等级和公称直径。内、外螺纹的公差等级如表 9-2 所示，其中 6 级为基本级。各级中径公差和顶径公差的数值如表 9-3 和表 9-4 所示。

表 9-2　内、外螺纹的公差等级（摘自 GB/T 197—2018）

类别	螺纹直径		公差等级
内螺纹	中径	D_2	4、5、6、7、8
	小径（顶径）	D_1	
外螺纹	中径	d_2	3、4、5、6、7、8、9
	大径（顶径）	d	4、6、8

表 9-3　内、外螺纹中径公差（摘自 GB/T 197—2018）

公称直径/mm		螺距 P/mm	内螺纹中径公差 T_{D2}/μm				外螺纹中径公差 T_{d2}/μm			
			公差等级							
>	≤		5	6	7	8	5	6	7	8
5.6	11.2	1	118	150	190	236	90	112	140	180
		1.25	125	160	200	250	95	118	150	190
		1.5	140	180	224	280	106	132	170	212
11.2	22.4	1	125	160	200	250	95	118	150	190
		1.25	140	180	224	280	106	132	170	212
		1.5	150	190	236	300	112	140	180	224
		1.75	160	200	250	315	118	150	190	236
		2	170	212	265	335	125	160	200	250
		2.5	180	224	280	355	132	170	212	265
22.4	45	1	132	170	212	—	100	125	160	200
		1.5	160	200	250	315	118	150	190	236
		2	180	224	280	355	132	170	212	265
		3	212	265	335	425	160	200	250	315
		3.5	224	280	355	450	170	212	265	335

表 9-4　内、外螺纹顶径公差（摘自 GB/T 197—2018）

螺距 P/mm	内螺纹顶径（小径）公差 T_{D1}/μm				外螺纹顶径（大径）公差 T_d/μm		
	公差等级						
	5	6	7	8	4	6	8
0.75	150	190	236	—	90	140	—
0.8	160	200	250	315	95	150	236
1	190	236	300	375	112	180	280

螺距	内螺纹顶径（小径）公差 T_{D1}/μm				外螺纹顶径（大径）公差 T_d/μm		
P/mm	公差等级						
	5	6	7	8	4	6	8
1.25	212	265	335	425	132	212	335
1.5	236	300	375	475	150	236	375
1.75	265	335	425	530	170	265	425
2	300	375	475	600	180	280	450
2.5	355	450	560	710	212	335	530
3	400	500	630	800	236	375	600

2. 螺纹的基本偏差

普通螺纹公差带的位置由其基本偏差确定。国家标准对内螺纹规定有 H、G 两种基本偏差。内螺纹公差带位置如图 9-10 所示。而对外螺纹规定有 h、g、f 和 e 四种基本偏差。外螺纹公差带位置如图 9-11 所示。内、外螺纹的基本偏差如表 9-5 所示。

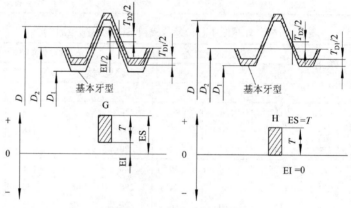

图 9-10　内螺纹公差带位置

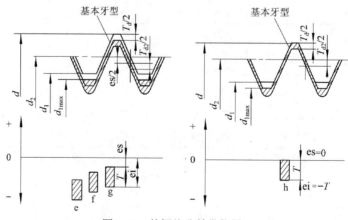

图 9-11　外螺纹公差带位置

表 9-5　内、外螺纹的基本偏差（摘自 GB/T 197—2018）

螺距 P/mm	内螺纹		外螺纹			
	G	H	e	f	g	h
	EI/μm		es/μm			
0.75	+22	0	−56	−38	−22	0
0.8	+24	0	−60	−38	−24	0
1	+26	0	−60	−40	−26	0
1.25	+28	0	−63	−42	−28	0
1.5	+32	0	−67	−45	−32	0
1.75	+34	0	−71	−48	−34	0
2	+38	0	−71	−52	−38	0
2.5	+42	0	−80	−58	−42	0
3	+48	0	−85	−63	−48	0

三、螺纹的旋合长度与公差精度等级

1. 旋合长度

旋合长度的长短对螺纹连接的配合精度是有影响的，旋合长度越长，加工和装配也会越困难。国家标准对螺纹旋合长度规定了短旋合长度（S）、中等旋合长度（N）和长旋合长度（L）三组。

2. 公差精度等级

按螺纹公差带和旋合长度形成了三种公差精度等级，从高到低分别为精密级、中等级和粗糙级。普通螺纹的选用公差带如表 9-6 所示，表 9-7 列出了从标准中摘出的三个尺寸段的旋合长度值。

表 9-6　普通螺纹的选用公差带 （摘自 GB/T 197—2018）

	公差精度	G			H		
		S	N	L	S	N	L
内螺纹	精密	—	—	—	4H	5H	6H
	中等	(5G)	**6G**	(7G)	**5H**	6H	**7H**
	粗糙	—	(7G)	(8G)	—	7H	8H
	公差精度	e			f			g			h		

	公差精度	e			f			g			h		
		S	N	L	S	N	L	S	N	L	S	N	L
外螺纹	精密	—	—	—	—	—	—	—	(4g)	(5g4g)	(3h4h)	**4h**	(5h4h)
	中等	—	**6e**	(7e6e)	—	**6f**	—	(5g6g)	6g	(7g6g)	(5h6h)	6h	(7h6h)
	粗糙	—	(8e)	(9e8e)	—	—	—	—	8g	(9g8g)	—	—	—

注：1. 优先选用粗字体公差带，其次选用一般字体公差带，最后选用括号内公差带；

　　2. 带方框的粗字体公差带用于大量生产的紧固件螺纹。

表 9-7 螺纹的旋合长度（摘自 GB/T 197—2018）

公称直径 D、d/mm		螺距 P/mm	旋合长度			
			S/mm	N/mm		L/mm
>	≤		≤	>	≤	>
5.6	11.2	0.75	2.4	2.4	7.1	7.1
		1	3	3	9	9
		1.25	4	4	12	12
		1.5	5	5	15	15
11.2	22.4	1	3.8	3.8	11	11
		1.25	4.5	4.5	13	13
		1.5	5.6	5.6	16	16
		1.75	6	6	18	18
		2	8	8	24	24
		2.5	10	10	30	30
22.4	45	1	4	4	12	12
		1.5	6.3	6.3	19	19
		2	8.5	8.5	25	25
		3	12	12	36	36
		3.5	15	15	45	45

四、保证配合性质的其他技术要求

对于普通螺纹一般不规定几何公差，其几何误差不得超出螺纹轮廓公差带所限定的极限区域，仅对高精度螺纹规定了在旋合长度内的圆柱度、同轴度和垂直度等公差。它们的公差值一般不大于中径公差的 50%，并按包容要求 Ⓔ 控制。

螺纹牙侧表面的粗糙度主要按用途和公差等级来确定。普通螺纹牙侧表面粗糙度 Ra 值如表 9-8 所示。螺纹表面粗糙度的标注如图 9-12 所示，表面粗糙度代号应注在尺寸线或其延长线上。

表 9-8 普通螺纹牙侧表面粗糙度 Ra 值

螺纹的工件种类	螺纹中径公差等级/μm		
	4、5	6、7	8、9
螺栓、螺钉、螺母	≤1.6	≤3.2	3.2～6.3
轴及套筒上的螺纹	0.8～1.6	≤1.6	≤3.2

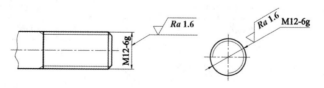

图 9-12 螺纹表面粗糙度的标注

五、螺纹公差与配合的选用

1. 螺纹公差精度与旋合长度的选用

1）螺纹公差精度的选用

螺纹公差精度的选用主要取决于螺纹的用途。

精密级用于精密连接螺纹，即要求配合性质稳定、配合间隙小，需保证一定定心精度的螺纹连接。

中等级用于一般用途的螺纹连接，一般以中等旋合长度下的 6 级公差等级为中等精度的基准。

粗糙级用于不重要的螺纹连接，以及制造比较困难（如长盲孔的攻丝）或热轧棒上和深盲孔加工的螺纹。

2）旋合长度的选用

在选用旋合长度时，一般优先选用中等旋合长度（N）。对于调整用的螺纹，可根据调整行程的长短选用旋合长度；对于铝合金等强度较低的零件上的螺纹，为了保证螺牙的强度，可选用长旋合长度（L）；对于受力不大且受空间位置限制的螺纹，如锁紧用的特薄螺母的螺纹可选用短旋合长度（S）。

从表 9-6 中可以看到，在同一精度中，对不同的旋合长度，其中径所采用的公差等级也不相同，这是考虑到不同旋合长度对螺纹累积偏差有不同的影响。

2. 螺纹公差带与配合的选用

1）螺纹公差带的选用

在设计螺纹零件时，为了减少螺纹刀具和螺纹量规的品种、规格，提高技术经济效益，应从表 9-6 中选取螺纹公差带。表 9-6 中只有一个公差带代号（6H、6g）表示中径和顶径公差带相同；有两个公差带代号（如 5H6H、5g6g）表示中径公差带（前者）和顶径公差带（后者）不相同。

2）配合的选用

内、外螺纹配合的公差带可以任意组合成多种配合，但为了保证足够的接触高度，国家标准推荐优先采用 H/g、H/h 或 G/h 的配合。

为保证螺母、螺栓旋合后同轴度较好和具有足够的连接强度，选用最小间隙为零的配合（H/h）。

对于大批量生产的螺纹，为了装拆方便和改善螺纹的疲劳强度，可选用小间隙配合（H/g 和 G/h）。

对于单件小批生产的螺纹，可用 H/h 组成配合，以适应手工拧紧和装配速度不高等使用特性。

在高温状态下工作的螺纹，为防止因高温形成金属氧化皮或介质沉积使螺纹卡死，可采用能保证间隙的配合。当温度在 450℃ 以下时，可用 H/g 组成配合；当温度在 450℃ 以上时，可选用 H/e 配合，如火花塞螺纹就是选用的这种配合。

需要镀涂保护层的外螺纹，其间隙大小取决于镀层厚度。当镀层厚度为 10 μm、20 μm、30 μm 时，可分别选用 e、f、g 与 H 组成配合。当内、外螺纹均需电镀时，则可由 G/e 或 G/f 组成配合。

六、普通螺纹的标记

普通螺纹的完整标记由螺纹特征代号、尺寸代号、公差带代号、旋合长度代号和旋向代号组成，如图 9-13 所示。

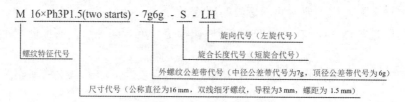

图 9-13　普通螺纹的完整标记

1．螺纹特征代号

普通螺纹特征代号用字母 "M" 表示。

2．尺寸代号

尺寸代号包括公称直径、导程和螺距的代号，对粗牙螺纹可省略标注其螺距，各项数值单位均为 mm。

（1）单线螺纹的尺寸代号为 "公称直径×螺距"；

（2）多线螺纹尺寸代号为 "公称直径×Ph 导程 P 螺距"。

如需要说明螺纹线数，可在螺距 P 的数值后加括号用英语说明，如双线为 two starts；三线为 three starts；四线为 four starts。

3．公差带代号

公差带代号是指中径和顶径公差带代号。中径公差带代号在前，顶径公差带代号在后。如果中径和顶径公差带代号相同，则只标出一个公差带代号。螺纹尺寸代号与公差带代号间用半字线 "–" 分开。

国家标准规定，在下列情况下，最常用的中等公差精度的螺纹不标注公差带代号：

（1）公称直径 $D \leqslant 1.4$ mm 的 5H、$D \geqslant 1.6$ mm 的 6H，以及螺距为 0.2 mm、公差等级为 4 级的内螺纹；

（2）公称直径 $d \leqslant 1.4$ mm 的 6h 和 $d \geqslant 1.6$ mm 的 6g 的外螺纹。

当内、外螺纹配合时，它们的公差带中间用斜线分开，左边为内螺纹公差带，右边为外螺纹公差带。例如，M20-6H/5g6g 表示内螺纹的中径和顶径公差带相同，为 6H，外螺纹的中径公差带为 5g，顶径公差带为 6g。

4．旋合长度代号

对短旋合长度和长旋合长度，要求在公差带代号后分别标注 "S" 和 "L"，与公差带代号间用半字线 "–" 分开。中等旋合长度不标注 "N"。

5．旋向代号

对于左旋螺纹，要求在旋合长度代号后标注 "LH"，与公差带代号间用半字线 "–" 分开。右旋螺纹省略旋向代号。

6．完整的螺纹标注示例

（1）M6×0.75-5h6h-S-LH：公称直径为 6 mm，螺距为 0.75 mm，中径公差带为 5h，顶

径公差带为 6h，短旋合长度，左旋单线细牙普通外螺纹。

（2）M8：公称直径为 8 mm，粗牙，中等公差精度（省略 6H 或 6g），中等旋合长度，右旋单线普通螺纹。

（3）M16×Ph3P1.5（two starts）−7H−L−LH：公称直径为 16 mm，导程为 3 mm，螺距为 1.5 mm，中径、顶径公差带均为 7H，长旋合长度，左旋双线细牙普通内螺纹。

（4）M20−6H/5g6g−LH：公称直径为 20 mm，粗牙，内螺纹的中径和顶径公差带相同为 6H，外螺纹的中径公差带为 5g，顶径公差带为 6g，左旋单线中等旋合长度普通螺纹的配合。

七、普通螺纹精度设计实例

例 9-1 在大量生产中应用紧固螺纹连接件，国家标准推荐采用 6H/6g，若其尺寸为 M20×2，则内、外螺纹的实际中径尺寸变化范围为多少？画出中径公差带图，并求出结合后中径最小保证间隙等于多少。

解： 由表 9-1 查得中径的公称尺寸为 $D_2 = d_2 = \phi 18.701 \text{ mm}$。

① 外螺纹实际中径变化范围。

由表 9-3 查得外螺纹的中径公差 $T_{d2} = 160 \ \mu m$。

由表 9-4 查得外螺纹的顶径（大径）公差 $T_d = 280 \ \mu m$。

普通螺纹精度设计实例

由表 9-5 查得外螺纹的中径的基本偏差为 es=−38 μm。

$d_{2max} = d_2 + es = \phi 18.701 + (-0.038) = \phi 18.663 \text{ mm}$

$d_{2min} = d_2 + ei = \phi 18.701 + (es - T_{d2}) = \phi 18.701 + [(-0.038) - 0.160] = \phi 18.503 \text{ mm}$

外螺纹实际中径的变化范围为 $\phi 18.503 \sim \phi 18.663 \text{ mm}$。

② 内螺纹实际中径变化范围。

由表 9-3 查得内螺纹的中径公差 $T_{D2} = 212 \ \mu m$。

由表 9-4 查得内螺纹的顶径（小径）公差 $T_{D1} = 375 \ \mu m$。

由表 9-5 查得内螺纹的中径的基本偏差为 EI=0。

$D_{2max} = D_2 + ES = \phi 18.701 + (EI + T_{D2}) = \phi 18.701 + (0 + 0.212) = \phi 18.913 \text{ mm}$

$D_{2min} = D_2 + EI = \phi 18.701 + 0 = \phi 18.701 + 0 = \phi 18.701 \text{ mm}$

内螺纹实际中径的变化范围为 $\phi 18.701 \sim \phi 18.913 \text{ mm}$。

③ 中径公差带图如图 9-14 所示。

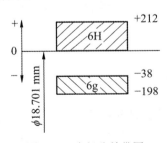

图 9-14 中径公差带图

④ 6H/6g 螺纹结合后中径最小保证间隙。

$X_{min} = +0.038 \text{ mm}$

例 9-2 已知某一外螺纹公差要求为 M24×2−6g（6g 可省略标注），加工后测得实际大径

$d_a = \phi 23.850$ mm，实际中径 $d_{2a} = \phi 22.521$ mm，螺距累积偏差 $\Delta P_\Sigma = +0.05$ mm，牙侧角偏差分别为 $\Delta \alpha_1 = +20'$ 和 $\Delta \alpha_2 = -25'$。试判断该螺纹中径和顶径是否合格，并查表确定所需旋合长度的范围。

解： ① 由表 9-1 查得中径的公称尺寸为 $d_2 = \phi 22.701$ mm。

由表 9-3 查得中径公差 $T_{d2} = 170$ μm。

由表 9-4 查得顶径（大径）公差 $T_d = 280$ μm。

由表 9-5 查得中径、顶径的基本偏差为 es=−38 μm。

中径下偏差为 $ei_{d2} = es - T_{d2} = (-0.038) - 0.17 = -0.208$ mm。

顶径下偏差为 $ei_d = es - T_d = (-0.038) - 0.28 = -0.318$ mm。

② 判断顶径的合格性。

$d_{max} = d + es = \phi 24 + (-0.038) = \phi 23.962$ mm

$d_{min} = d + ei_d = \phi 24 + (-0.318) = \phi 23.682$ mm

∵ $d_{min} = \phi 23.682 \leqslant d_a = \phi 23.850 \leqslant d_{max} = \phi 23.962$

∴ 顶径合格。

③ 判断中径的合格性。

对于外螺纹，其作用中径的合格条件为 $d_{2fe} \leqslant d_{2M} = d_{2max}$；$d_{2a} \geqslant d_{2L} = d_{2min}$。

$d_{2max} = d_2 + es = \phi 22.701 + (-0.038) = \phi 22.663$ mm

$d_{2min} = d_2 + ei_{d2} = \phi 22.701 + (-0.208) = \phi 22.493$ mm

由式（9-3）得 $f_P = 1.732|\Delta P_\Sigma| = 1.732 \times 0.05 = 0.087$ mm

由式（9-5）得

$$f_\alpha = 0.073P(k_1|\Delta\alpha_1| + k_2|\Delta\alpha_2|) = 0.073 \times 2 \times (2 \times 20 + 3 \times 25) = 16.79 \text{ μm} \approx 0.017 \text{ mm}$$

$$d_{2fe} = d_{2a} + (f_P + f_\alpha) = \phi 22.521 + (0.087 + 0.017) = \phi 22.625 \text{ mm}$$

由于 $d_{2fe} = \phi 22.625 < d_{2max} = \phi 22.663$，$d_{2a} = \phi 22.521 > d_{2min} = \phi 22.493$。

故该螺纹中径合格。

④ 确定旋合长度变化范围。

该螺纹为中等旋合长度，由表 9-7 查得，其旋合长度范围为 8.5～25 mm。

第四节　普通螺纹的检测

根据使用要求，普通螺纹的检测可以分为综合测量和螺纹单项测量两大类。

一、综合测量

综合测量是指使用螺纹量规检验被测螺纹某些几何参数偏差的综合结果。

对于大量生产的用于紧固连接的普通螺纹，只要求保证旋合性和一定的连接强度，其螺距误差及牙侧角偏差按公差原则的包容要求，由中径公差综合控制，不单独规定公差。因此，检测时应按照泰勒原则（极限尺寸判断原则），用螺纹量规来检验。螺纹量规有塞规和环规两种，分别用以检验内螺纹和外螺纹。

图 9-15 所示为用量规检验外螺纹。光滑极限卡规用来检验外螺纹大径的极限尺寸，其检验方法与用卡规检验光滑回转体直径一样。通端螺纹环规用来控制外螺纹的作用中径和小径的最大尺寸，止端螺纹环规用来控制外螺纹的实际中径。

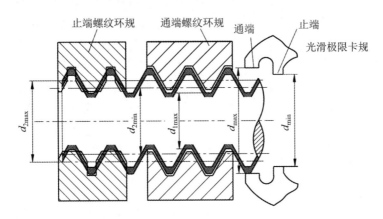

图 9-15　用量规检验外螺纹

图 9-16 所示为用量规检验内螺纹的情况。光滑极限塞规用来检验内螺纹小径的极限尺寸，其检验方法与用塞规检验光滑圆孔内径一样。通端螺纹塞规控制内螺纹的作用中径和大径的最小尺寸；止端螺纹塞规用来控制内螺纹的实际中径。

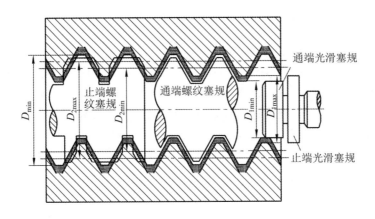

图 9-16　用量规检验内螺纹

综合检验时，被检测螺纹的合格标志是：通端螺纹量规能顺利与被测螺纹在被检全长上旋合，而止端螺纹量规不能完全旋合或部分旋合。

通端螺纹量规主要用来控制被检螺纹的作用中径，因此要采用完整的牙型，且量规的长度应与被检螺纹的旋合长度相同，而止端螺纹量规应做成截短的不完整牙型，其螺纹的圈数也减少，主要是为了避免螺距偏差和牙侧角偏差对检验结果的影响。

二、螺纹单项测量

螺纹单项测量是指分别测量螺纹的各个几何参数。

对于大尺寸普通螺纹、精密螺纹和传动螺纹，除了旋合性和连接可靠性，还有其他精度要求和功能要求，应按公差原则的独立原则对其中径、螺距和牙侧角等参数分别进行分项测量。

单项测量螺纹的方法很多，最典型的是用万能工具显微镜测量螺纹的中径、螺距和牙侧角。万能工具显微镜可将被测螺纹的牙型轮廓放大成像，按被测螺纹的影像测量其螺距、牙侧角和中径，因此该法又称为影像法。各种精密螺纹，如螺纹量规、丝杠等，均可以在万能工具显微镜上测量。

在实际生产中测量外螺纹中径多采用三针法。该方法简单，测量精度高，应用广泛。图 9-17 所示为三针法测量外螺纹单一中径。

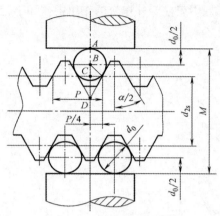

图 9-17　三针法测量外螺纹单一中径

利用三根直径相同的精密量针，首先将其中一根放在被测螺纹的牙槽中，另外两根放在对边相邻的两牙槽中，然后用精密量仪（如光学计、测长仪等）测出针距 M 的值，最后根据公式计算出被测螺纹的单一中径 d_{2s}（d_{2a}）。

普通螺纹（$\alpha=60°$）：

$$d_{2s} = M - 3d_0 + 0.866P \tag{9-12}$$

梯形螺纹（$\alpha=30°$）：

$$d_{2s} = M - 4.863d_0 + 1.866P \tag{9-13}$$

式中　　d_{2s}——被测螺纹的单一中径基本值；

d_0——量针的直径（d_0 值保证量针在被测螺纹的单一中径处接触），对于普通螺纹，$d_{0 最佳}=0.577P$；对于梯形螺纹，$d_{0 最佳}=0.518P$。

对于低精度外螺纹中径，还常用螺纹千分尺测量。

内螺纹的分项测量比较困难，具体方法可以参阅有关资料。

第五节　梯形丝杠及螺母的公差

梯形丝杠螺母副属于滑动螺旋副，摩擦阻力大，传动效率低，易于自锁，运转平稳，主要用于传力螺旋，如金属切削机床的进给传动丝杠，分度机构、摩擦压力机、千斤顶等机构或部件中的传动螺旋。

一、梯形螺纹的基本牙型及尺寸

《梯形螺纹　第 1 部分：牙型》（GB/T 5796.1—2005）规定梯形丝杠及螺母采用牙型角 $\alpha=30°$ 的梯形螺纹。其基本牙型如图 9-18（a）所示。国家标准规定的梯形螺纹是由原始三角形截去顶部和底部所形成的，其原始三角形为顶角等于 30°的等腰三角形。梯形螺纹的基本牙型尺寸如表 9-9 所示。

表 9-9　梯形螺纹的基本牙型尺寸

螺距 P/mm	H（1.866P）/mm	$H/2$（0.933P）/mm	H_1（0.5P）/mm	牙顶和牙底宽（0.366P）/mm
1.5	2.799	1.400	0.75	0.549
2	3.732	1.866	1	0.732
3	5.598	2.799	1.5	1.098
4	7.464	3.732	2	1.464
5	9.330	4.665	2.5	1.830

丝杠螺母副的特点是丝杠与螺母的大小径公称直径不相同，两者结合后，在大径、中径和小径上均有间隙，以保证旋合的灵活性。

《梯形螺纹　第 2 部分：直径与螺距系列》（GB/T 5796.2—2005）规定了梯形螺纹的直径与螺距系列。《梯形螺纹　第 3 部分：基本尺寸》（GB/T 5796.3—2005）规定了梯形螺纹的基本尺寸。部分梯形螺纹的设计牙型［见图 9-18（b）］的基本尺寸如表 9-10 所示。

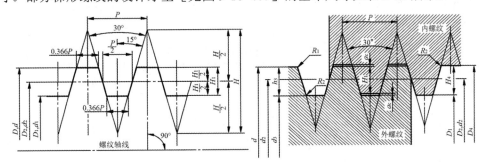

（a）基本牙型　　　　　　　　（b）设计牙型

图 9-18　梯形螺纹的基本牙型和设计牙型

表 9-10　部分梯形螺纹的设计牙型的基本尺寸

公称直径 d/mm			螺距 P/mm	中径 $d_2=D_2$/mm	大径 D_4/mm	小径	
第一系列	第二系列	第三系列				d_3/mm	D_1/mm
20	—	—	2	19.000	20.500	17.500	18.000
			4	18.000	20.500	15.500	16.000
—	22	—	3	20.500	22.500	18.500	19.000
			5	19.500	22.500	16.500	17.000
			8	18.000	23.000	13.000	14.000
40	—	—	3	38.500	40.500	36.500	37.000
			7	36.500	41.000	32.000	33.000
			10	35.000	41.000	29.000	30.000
—	42	—	3	40.500	42.500	38.500	39.000
			7	38.500	43.000	34.000	35.000
			10	37.000	43.000	31.000	32.000

续表

公称直径 d/mm			螺距 P/mm	中径 $d_2=D_2$/mm	大径 D_4/mm	小径	
第一系列	第二系列	第三系列				d_3/mm	D_1/mm
60	—	—	3	58.500	60.500	56.500	57.000
			9	55.500	61.000	50.000	51.000
			14	53.000	62.000	44.000	46.000
—	—	105	4	103.000	105.500	100.500	101.000
			12	99.000	106.000	92.000	93.000
			20	95.000	107.000	83.000	85.000

二、梯形螺纹的公差

在梯形螺纹标准中，对内螺纹和外螺纹的大径、中径和小径分别规定了公差等级。梯形螺纹的公差等级如表 9-11 所示。

表 9-11　梯形螺纹的公差等级

内螺纹		外螺纹		
内螺纹中径 D_2	内螺纹小径 D_1	外螺纹大径 d	外螺纹中径 d_2	外螺纹小径 d_3
7、8、9	4	4	7、8、9	7、8、9

标准对内螺纹（螺母）的大径 D_4、中径 D_2 和小径 D_1 只规定了一种基本偏差 H（EI=0）；对外螺纹（丝杠）的中径 d_2 规定了 e 和 c 两种偏差（es<0），对大径 d 和小径 d_3 规定了一种基本偏差 h（es=0）。梯形螺纹的公差带位置如图 9-19 所示。

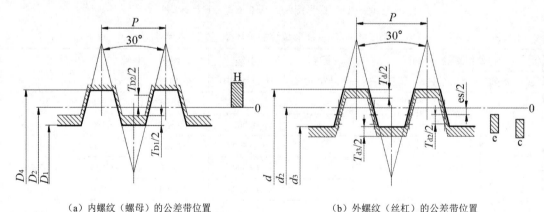

（a）内螺纹（螺母）的公差带位置　　　　　　（b）外螺纹（丝杠）的公差带位置

图 9-19　梯形螺纹的公差带位置

梯形螺纹中径的基本偏差和中径公差值如表 9-12 所示。梯形螺纹的外螺纹大径和内、外螺纹的小径公差值如表 9-13 所示。

表 9-12　梯形螺纹中径的基本偏差和中径公差值

基本大径 d/mm	螺距 P/mm	内螺纹中径基本偏差 EI/μm	内螺纹中径公差等级			外螺纹中径基本偏差 es/μm		外螺纹中径公差等级		
			7	8	9	c	e	7	8	9
		H	内螺纹中径公差值 T_{D2}/μm					外螺纹中径公差值 T_{d2}/μm		
>11.2~22.4	2	0	265	335	425	−150	−71	200	250	315
	3		300	375	475	−170	−85	224	280	355
	4		355	450	560	−190	−95	265	335	425
	5		375	475	600	−212	−106	280	355	450
	8		475	600	750	−265	−132	355	450	560
>22.4~45	3		335	425	530	−170	−85	250	315	400
	5		400	500	630	−212	−106	300	375	475
	6		450	560	710	−236	−118	335	425	530
	7		475	600	750	−250	−125	355	450	560
	8		500	630	800	−265	−132	375	475	600
	10		530	670	850	−300	−150	400	500	630
	12		560	710	900	−335	−160	425	530	670

表 9-13　梯形螺纹的外螺纹大径和内、外螺纹小径公差值

基本大径 d/mm	螺距 P/mm	内螺纹小径 公差等级 4	外螺纹大径 公差等级 4	外螺纹中径公差带位置 c 公差等级			外螺纹中径公差带位置 e 公差等级		
				7	8	9	7	8	9
		T_{D1}/μm	T_d/μm	外螺纹小径公差值 T_{d3}/μm					
>11.2~22.4	2	236	180	400	462	544	321	383	465
	3	315	236	450	520	614	365	435	529
	4	375	300	521	609	690	426	514	595
	5	450	335	562	656	775	456	550	669
	8	630	450	709	828	965	576	695	832
>22.4~45	3	315	236	482	564	670	397	479	585
	5	450	335	587	681	806	481	575	700
	6	500	375	655	767	899	537	649	781
	7	560	425	694	813	950	569	688	825
	8	630	450	734	859	1 015	601	726	882
	10	710	530	800	925	1 087	650	775	937
	12	800	600	866	998	1 223	691	823	1 048

三、梯形螺纹的标记

梯形螺纹的标记包括螺纹特征代号、尺寸代号、旋向代号（左 LH，右不标）、中径公差带代号和旋合长度代号（长 L、短 S，中等 N 可省略）。尺寸代号包括公称直径和螺距（标导程时需加括号注出 P 螺距值）。旋向代号、中径公差带和旋合长度各项间用半字线隔开。

1. 梯形螺纹在零件图上的标记示例

（1）内螺纹标记。中等旋合长度的右旋内螺纹：Tr 40×7-7H。该内螺纹标记中各项的解释如图 9-20 所示。

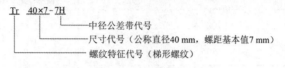

图 9-20　内螺纹标记

（2）外螺纹标记。中等旋合长度的左旋双线外螺纹：Tr 48×14（P7）LH-7e。该外螺纹标记中各项的解释如图 9-21 所示。

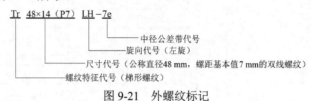

图 9-21　外螺纹标记

2. 梯形螺纹在装配图上的标记示例

长旋合长度的双线左旋梯形螺纹配合：Tr 48×14（P7）LH-7H/7e-L。该梯形螺纹标记中各项的解释如图 9-22 所示。

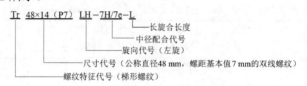

图 9-22　梯形螺纹标记

四、机床梯形丝杠和螺母的精度检测指标与公差

机床梯形丝杠和螺母的精度检测指标与公差，是在机械行业标准《机床梯形丝杠、螺母技术条件》（JB/T 2886—2008）中规定的，针对机床传动和定位用的牙型角为30°的单线梯形螺纹丝杠和螺母的技术要求。

1. 机床梯形丝杠和螺母的精度等级

机床梯形丝杠和螺母的精度等级有七个，即 3、4、5、6、7、8、9 级，3 级精度最高，9 级精度最低。各级精度的机床丝杠和螺母的应用范围如表 9-14 所示。其中 8、9 级精度的丝杠允许与低一级的螺母相配。

表 9-14　各级精度的机床丝杠和螺母的应用范围

丝杠精度	应用范围
3、4	超高精度的坐标镗床和坐标磨床传动、定位丝杠与螺母
5、6	高精度的齿轮磨床、螺纹磨床和丝杠车床的主传动丝杠和螺母
7	精密螺纹车床、齿轮机床、镗床、外圆磨床和平面等传动丝杠和螺母
8	卧式车床和普通铣床的进给丝杠和螺母
9	带分度盘的进给机构的丝杠和螺母

2. 丝杠公差

丝杠公差项目有螺旋线轴向公差，螺距公差和螺距累积公差，中径尺寸一致性公差，丝杠大径对螺纹轴线的径向圆跳动公差，牙侧角偏差及大径、中径和小径的极限偏差六项内容。

1）螺旋线轴向公差

螺旋线轴向公差用于控制 3～6 级的丝杠螺旋线轴向误差，以保证丝杠的位移精度。螺旋线轴向误差是指实际螺旋线相对于理论螺旋线在轴向偏离的最大代数差值。螺旋线轴向误差曲线如图 9-23 所示。在丝杠螺纹的任意一周（2π rad）内，或者任意 25 mm、100 mm、300 mm 螺纹长度内及螺纹有效长度内考核，并且在中径线上测量，分别用代号 $\Delta L_{2\pi}$、ΔL_{25}、ΔL_{100}、ΔL_{300} 及 ΔL_{Lu} 表示。

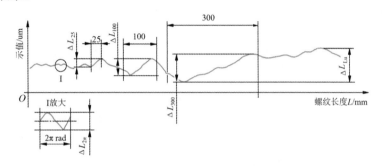

图 9-23　螺旋线轴向误差曲线

螺旋线轴向公差较全面地反映了丝杠的位移精度，标准中只对 3、4、5、6 级丝杠规定了螺旋线公差。

2）螺距公差和螺距累积公差

螺距公差 δ_P 用于控制 7～9 级的丝杠螺距误差 ΔP，螺距误差 ΔP 即螺距的实际尺寸相对于公称尺寸的最大代数差值。

螺距累积公差 δ_{PL}（δ_{P60}、δ_{P300}、δ_{PLu}）用于控制螺距累积误差 ΔP_L（ΔP_L 指 ΔP_{60}、ΔP_{300} 及 ΔP_{Lu}）。螺距累积误差是在规定的长度内，螺纹牙型任意两个同侧表面间的轴向实际尺寸相对于公称尺寸的最大代数差值。在丝杠螺纹的任意 60 mm、300 mm 螺纹长度内及螺纹有效长度 L_u 内考核，用 ΔP_L（ΔP_L 指 ΔP_{60}、ΔP_{300} 及 ΔP_{Lu}）表示，在螺纹中径线上测量。

3）中径尺寸一致性公差

在丝杠螺纹全长上，中径尺寸变动会影响丝杠与螺母配合间隙的均匀性和丝杠螺纹两牙侧螺旋面的一致性。因此，JB/T 2886—2008 规定了丝杠螺纹的有效长度内中径尺寸的一致性公差。

4）丝杠大径对螺纹轴线的径向圆跳动公差

丝杠为细长件，易发生弯曲变形，从而影响丝杠轴向传动精度及牙侧面的接触均匀性，故国家标准规定了丝杠大径对螺纹轴线的径向圆跳动。

5）牙侧角偏差

丝杠螺纹的牙侧角（JB/T 2886—2008 称为牙型半角，GB/T 5796—2005 称为牙侧角）偏差是指丝杠螺纹牙侧角的实际值与其基本值之差。牙侧角偏差会使丝杠与螺母的螺纹螺牙侧面接触面变小，可导致丝杠螺纹的螺牙侧面磨损不均匀，从而影响位移精度，故标准中对 3～9 级精度的丝杠规定了牙侧角极限偏差。

6）大径、中径和小径的极限偏差

为了使丝杠易于存储润滑油和便于旋转，大径、中径和小径处都有间隙。JB/T 2886—2008 规定了丝杠螺纹的大径、中径和小径的极限偏差。各级精度都取相同的极限偏差，大径和小径的上极限偏差均为零，下极限偏差为负值；中径的上、下极限偏差皆为负值。

6 级以上精度配制螺母的丝杠螺纹的中径公差，其中径公差带以中径公称尺寸为零线对称分布。

3．螺纹公差

高精度丝杠螺母（6 级以上）在实际生产中主要按丝杠配作。为了提高合格率，标准中规定中径公差带对称于公称尺寸零线分布（JS）。非配作螺母，中径下极限偏差为零，上极限偏差为正值（H）。

1）螺母螺纹的中径误差

JB/T 2886—2008 对螺母中径规定了极限偏差，用以综合控制螺距误差和牙型角误差。

2）螺母螺纹的大径和小径误差

JB/T 2886—2008 对螺母螺纹的大径和小径规定了极限偏差，可供选用。

表 9-15 列出了实际应用中推荐的内、外螺纹的中径公差带。表 9-16 列出了实际应用中推荐的梯形螺纹的公差等级。

表 9-15　内、外螺纹的中径公差带

精度	内螺纹		外螺纹	
	N	L	N	L
中等	7H	8H	7h、7e	8e
粗糙	8H	9H	8e、8c	9c

表 9-16　梯形螺纹的公差等级

直径	内螺纹小径 D_1	内螺纹中径 D_2	外螺纹大径 d	外螺纹中径 d_2	外螺纹小径 d_1
公差等级	4	7、8、9	4	（6）、7、8、9	7、8、9

4．机床丝杠和螺母的产品标记

机床丝杠和螺母的产品标记由产品代号、公称直径、螺距、螺纹旋向及螺纹精度等级组成，右旋代号省略不标。标记示例及各项解释如图 9-24 所示。

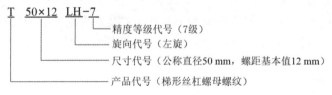

图 9-24　标记示例及各项解释

公称直径为 40 mm，螺距基本值为 7 mm，6 级精度的右旋梯形丝杠螺纹的标记为 T40×7-6。

5．丝杠和螺母的螺纹表面粗糙度

丝杠和螺母的螺纹表面粗糙度 Ra 如表 9-17 所示。丝杠和螺母的螺纹牙侧表面不应有明显的波纹。

表 9-17　丝杠和螺母的螺纹表面粗糙度 *Ra*

精度等级	螺纹大径/μm		牙型侧面/μm		螺纹小径/μm	
	丝杠	螺母	丝杠	螺母	丝杠	螺母
3	0.2	3.2	0.2	0.4	0.8	0.8
4	0.4	3.2	0.4	0.8	0.8	0.8
5	0.4	3.2	0.4	0.8	0.8	0.8
6	0.4	3.2	0.4	0.8	1.6	0.8
7	0.8	6.3	0.8	1.6	3.2	1.6
8	0.8	6.3	1.6	1.6	6.3	1.6
9	1.6	6.3	1.6	1.6	6.3	1.6

6. 机床丝杠和螺母的检测

3～6 级的丝杠检测螺旋线轴向误差，7～9 级的丝杠检测螺距误差和螺距累积误差。丝杠的螺旋线轴向误差检测应采用动态测量方法，螺距误差的测量方法不限。

第六节　滚珠丝杠副的公差

由于梯形丝杠的摩擦阻力大，传动效率低，在高精度的机床中，特别是在数控机床中，常常使用滚动螺旋传动（滚珠丝杠副）代替梯形螺旋传动。

滚珠丝杠副按用途分为定位滚珠丝杠副（P 型）和传动滚珠丝杠副（T 型）两种。与梯形丝杠及螺母组成的滑动螺旋传动相比，滚珠丝杠副具有传动灵活、传动效率高、工作寿命长、运动平稳、同步而无爬行、无反向间隙等特点。因此，在数控机床和机电一体化产品中，被广泛用作传动元件和定位元件。

GB/T 17587 系列标准规定了与滚珠丝杠副相关的术语、定义及验收技术条件等。

一、滚珠丝杠副的工作原理及结构形式

滚珠丝杠副的工作原理如图 9-25 所示。在丝杠和螺母体上都有滚珠运动的滚道（螺旋槽），滚珠丝杠副通过滚道内的滚珠在螺母和丝杠间传递载荷。在轴向力的作用下，滚珠与滚珠丝杠及滚珠螺母体上的滚道同时接触。螺杆和螺母的螺纹滚道间有滚动体（滚珠），当螺杆和螺母做相对运动时，滚珠在螺纹滚道内滚动。因为是滚动摩擦，所以滚珠丝杠副的传动效率和传动精度较高。

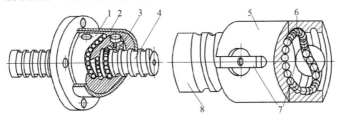

（a）外循环滚珠丝杠副　　　　　（b）内循环滚珠丝杠副

1、5—螺母；2、6—钢球；3—挡球器；4、8—滚珠丝杠；7—反向器

图 9-25　滚珠丝杠副的工作原理

多数滚珠丝杠副的螺母（或螺杆）上有滚动体的循环通道，与螺纹滚道形成循环回路，使滚珠在螺纹滚道内循环。循环通道在螺母上称为外循环，循环通道在螺杆上称为内循环。

根据螺纹滚道法向截面、钢球循环方式、消除轴向间隙和调整预紧力等不同，滚珠丝杠副的结构有多种形式。

二、滚珠丝杠副的主要几何参数

由于滚珠丝杠副的螺纹与普通螺纹、梯形螺纹在结构上有所不同，因此其几何参数及定义也有所不同。滚珠丝杠副的几何参数及其符号如图 9-26 所示。

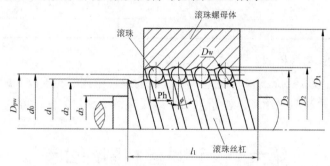

d_0—公称直径；D_{pw}—节圆直径；d_1—滚珠丝杠螺纹外径；d_2—滚珠丝杠螺纹底径；d_3—丝杠轴颈直径；

D_1—滚珠螺母体外径；D_2—滚珠螺母体螺纹底径；D_3—滚珠螺母体螺纹内径；D_w—滚珠直径；

l_1—丝杠螺纹全长；Ph—导程；ϕ—导程角

图 9-26 滚珠丝杠副的几何参数及其符号

1. 公称直径 d_0

公称直径 d_0 用于标识滚珠丝杠副的尺寸值（无公差）。

2. 节圆直径 D_{pw}

节圆直径 D_{pw} 是指当滚珠与滚珠丝杠及滚珠螺母体位于理论接触点时，滚珠球心所包络的圆柱的直径。通常节圆直径与公称直径相等，即 $D_{pw}=d_0$。

3. 行程 l

行程 l 是指当转动滚珠丝杠或滚珠螺母时，滚珠丝杠或滚珠螺母的轴向位移量。

4. 导程 Ph、公称导程 Ph_0 和目标导程 Ph_s

导程 Ph 是指滚珠螺母相对于滚珠丝杠旋转 2π rad 时的行程。

公称导程 Ph_0 是指用作尺寸标识的导程值（无公差）。

目标导程 Ph_s 是指根据实际使用需要提出的具有方向目标要求的导程。这个导程值通常比公称导程值稍小一点，用以补偿丝杠在工作时由于温度上升和载荷引起的伸长量。

由于存在加工误差，实际导程与公称导程或目标导程不会恰好相等。

5. 公称行程 l_0、目标行程 l_s、实际行程 l_a、实际平均行程 l_m 和有效行程 l_u

公称行程 l_0 是指公称导程与转数的乘积（$l_0=nPh_0$）。

目标行程 l_s 是指目标导程 Ph_s 与转数的乘积（$l_s=nPh_s$）。

实际行程 l_a 是指在给定转数的情况下，滚珠螺母相对于滚珠丝杠（或滚珠丝杠相对于滚珠螺母）的实际轴向位移量。

实际平均行程 l_m 是指对实际行程曲线拟合得到的拟合直线所表示的行程。

有效行程 l_u 是指有指定精度要求的行程部分。

6. 行程补偿值 c

行程补偿值 c 是指在有效行程 l_u 内，目标行程 l_s 与公称行程 l_0 之差。一般来说，传动滚珠丝杠副的 $c=0$；定位滚珠丝杠副的 c 值根据实际需要由用户提出，多为负值。

$$c=l_s-l_0=n\mathrm{Ph}_s-n\mathrm{Ph}_0=n(\mathrm{Ph}_s-\mathrm{Ph}_0) \tag{9-14}$$

式中 n——转数。

行程 l、行程补偿值 c 及与行程有关的偏差 e 如图 9-27 所示。图中 x 轴为转角（$2\pi n$ rad），y 轴为行程。

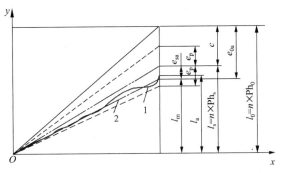

n—转数；1—实际行程曲线；2—实际行程曲线的拟合直线

图 9-27 行程 l、行程补偿值 c 及与行程有关的偏差 e

三、滚珠丝杠副的标记代号

滚珠丝杠副的型号根据其结构、规格、精度和螺纹旋向等特征，按图 9-28 滚珠丝杠副的标记示例所示的格式编写。

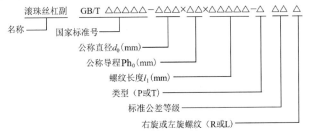

图 9-28 滚珠丝杠副的标记示例

例如，滚珠丝杠副 GB/T 17587-50×10×1680-T 7 R 表示公称直径为 50 mm，公称导程为 10 mm，螺纹长度为 1 680 mm，标准公差等级为 7 级的右旋传动滚珠丝杠副。

滚珠丝杠副型号的标注、滚珠丝杠副外螺纹的标注和滚珠丝杠副内螺纹的标注代号等可参照相关标准。

四、滚珠丝杠副的标准公差等级与验收

1. 滚珠丝杠副的标准公差等级

GB/T 17587.3—2017 规定的滚珠丝杠副的精度和性能要求等级分为 7 个标准公差等级，

即1、2、3、4、5、7和10级，其中1级精度最高，10级最低。

传动用滚珠丝杠副的精度可选标准公差7级和10级。定位用滚珠丝杠副的精度可选标准公差1、2、3、4、5级。

2. 滚珠丝杠副的验收

由于存在加工误差，滚珠丝杠与滚珠螺母沿轴线的实际相对位移量不会与所要求的特定行程量（公称行程或目标行程）相同，前者相对后者有一定的偏差。这会影响滚珠丝杠副的行程精度和定位精度。

当验收滚珠丝杠副时要测量其实际平均行程偏差和不同位置上的行程变动量，并按给定的标准公差等级确定它们是否合格。

1）实际平均行程偏差

实际平均行程偏差 e_{0a}（或 e_{sa}）和行程极限偏差 $\pm e_p$ 如图 9-29 所示，粗实线 1 为实际行程偏差曲线，它反映实际行程对特定行程（公称行程或目标行程）偏离的程度；点画线 2 为实际行程偏差曲线的拟合直线，它反映实际平均行程对公称行程或目标行程的偏离程度。在有效行程范围内的实际平均行程偏差有两种（同时参看图 9-27）：实际平均行程 l_m 与公称行程 l_0 之差，用符号 e_{0a} 表示；实际平均行程 l_m 与目标行程 l_s 之差，用符号 e_{sa} 表示。e_{0a} 和 e_{sa} 可正可负，用行程极限偏差 $\pm e_p$ 来控制其合格性。

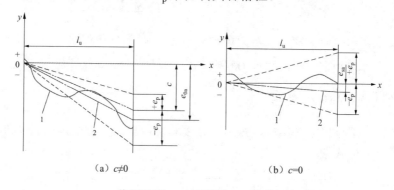

（a）$c \neq 0$　　　　　　　　　（b）$c = 0$

x—特定行程量；y—行程偏差；l_u—有效行程

图 9-29　实际平均行程偏差 e_{0a}（或 e_{sa}）和行程极限偏差 $\pm e_p$

2）行程变动量

行程变动量是指平行于实际平均行程曲线的拟合直线 2 且包容实际行程偏差曲线 1 的两条平行直线之间的宽度，按坐标距离计量。行程变动量应在滚珠丝杠副的任意 2π rad 行程、任意 300 mm 行程和有效行程 l_u 中测量，按坐标距离计量，它们分别用符号 $V_{2\pi a}$、V_{300a}、V_{ua} 表示。滚珠丝杠副的行程变动量 $V_{2\pi a}$、V_{300a}、V_{ua} 如图 9-30 所示。

为了控制滚珠丝杠副在不同位置上的实际行程对特定行程的变动量 $V_{2\pi a}$、V_{300a}、V_{ua}，应分别规定其任意 2π rad 行程、任意 300 mm 行程和有效行程 l_u 范围内的实际行程变动量的公差 $V_{2\pi p}$、V_{300p}、V_{up}。

滚珠丝杠副的行程误差是影响定位精度的决定性因素，在其几何精度中规定了行程极限偏差 $\pm e_p$、行程变动量公差 V_{up}、300 mm 行程内允许变动量 V_{300p} 和 2π rad 内允许行程变动量 $V_{2\pi p}$ 四项指标，并进行逐项检查。

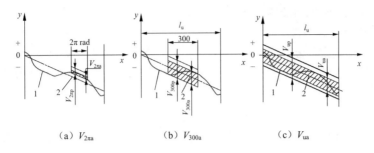

x—特定行程量；y—行程偏差；l_u—有效行程

图 9-30　滚珠丝杠副的行程变动量 $V_{2\pi a}$、V_{300a}、V_{ua}

表 9-18 所示为定位滚珠丝杠副行程极限偏差 $\pm e_p$ 和行程变动量公差 V_{up}。表 9-19 所示为定位或传动滚珠丝杠副行程变动量公差 V_{300p} 和定位滚珠丝杠副行程变动量公差 $V_{2\pi p}$。

表 9-18　定位滚珠丝杠副行程极限偏差 $\pm e_p$ 和行程变动量公差 V_{up}

有效行程 l_u/mm	标准公差等级/μm									
	1		2		3		4		5	
	$\pm e_p$	V_{up}	$\pm e_p$	V_{up}	$\pm e_p$	V_{up}	$\pm e_p$	V_{up}	$\pm e_p$	V_{up}
≤315	±6	6	±8	8	±12	12	±16	16	±23	23
>315~400	±7	6	±9	9	±13	12	±18	18	±25	25
>400~500	±8	7	±10	9	±15	13	±20	19	±27	26
>500~630	±9	7	±11	10	±16	14	±22	20	±32	29
>630~800	±10	8	±13	11	±18	16	±25	22	±36	31
>800~1 000	±11	9	±15	12	±21	17	±29	24	±40	34
>1 000~1 250	±13	10	±18	14	±24	19	±34	27	±47	39
>1 250~1 600	±15	11	±21	16	±29	22	±40	31	±55	44
>1 600~2 000	±18	13	±25	18	±35	25	±48	36	±65	51
>2 000~2 500	±22	15	±30	21	±41	29	±57	41	±78	59

表 9-19　定位或传动滚珠丝杠副行程变动量公差 V_{300p} 和定位滚珠丝杠副行程变动量公差 $V_{2\pi p}$

精度等级/μm	1	2	3	4	5	7	10
V_{300p}/μm	6	8	12	16	23	52	210
$V_{2\pi p}$/μm	4	5	6	7	8	—	—

本章小结

第九章　测验题

1. 普通螺纹

（1）普通螺纹的主要术语：基本牙型、大径（D、d）、小径（D_1、d_1）、中径（D_2、d_2）、作用中径（D_{2fe}、d_{2fe}）、单一中径（D_{2s}、d_{2s}）、实际中径（D_{2a}、d_{2a}）、螺距（P）和导程（P_h）、牙型角（α）与牙侧角（α_1、α_2）、螺纹旋合长度（L_E）。

（2）作用中径和中径的合格性判断原则。

作用中径的大小影响旋合性，实际中径的大小影响连接可靠性。中径合格与否应遵循泰勒原则，将实际中径和作用中径均控制在中径公差带内。

（3）普通螺纹公差等级。

螺纹公差标准中规定了 d、d_2 和 D_1、D_2 的公差。它们各自的公差等级如表 9-2 所示。螺距和牙型不规定公差（由中径公差带控制），外螺纹的小径 d_1 和内螺纹的大径 D 也不规定公差。

（4）基本偏差。

对于外螺纹，基本偏差是上偏差（es），有 e、f、g、h 四种；对于内螺纹，基本偏差是下偏差（EI），有 G、H 两种。公差等级和基本偏差组成了螺纹公差带。国家标准规定了常用公差带（见表 9-6）。一般情况下，应尽可能选用表中规定的优先选用的公差带。公差带的选用见本章有关内容。

（5）螺纹的旋合长度和精度等级。

螺纹的旋合长度分为短、中、长三种，分别用代号 S、N 和 L 表示，其数值如表 9-7 所示。

当螺纹的公差等级一定时，旋合长度越长，加工时产生螺距累积偏差和牙侧角偏差的可能性越大。因此，螺纹按公差等级和旋合长度规定了三种精度等级：精密级、中等级和粗糙级。各精度等级的应用见本章有关内容。同一精度等级，随旋合长度的增加应降低螺纹的公差等级（见表 9-6）。

（6）螺纹在图样上的标注见本章有关内容。

（7）螺纹的检测分为综合检测和单项检测。

2．梯形丝杠及螺母

（1）机床丝杠和螺母的精度等级及其应用范围如表 9-14 所示。

（2）对梯形螺母螺纹的精度要求及公差带规定如表 9-15 和表 9-16 所示。

（3）梯形螺纹的标记见本章有关内容。

3．滚珠丝杠副

（1）滚珠丝杠副的主要几何参数：公称直径 d_0、节圆直径 D_{pw}、行程 l、导程 Ph、公称导程 Ph_0 和目标导程 Ph_s、公称行程 l_0、目标行程 l_s、实际行程 l_a、实际平均行程 l_m 和有效行程 l_u、行程补偿值 c。

（2）滚珠丝杠副的标记见本章有关内容。

（3）滚珠丝杠副的标准公差等级与验收见本章有关内容。

思考题与习题

9-1 螺纹种类分为哪几类？对应的要求是什么？

9-2 普通螺纹有哪些主要几何参数？它们是如何影响螺纹互换性的？

9-3 什么是单一中径？

9-4 国家标准为何不单独规定螺距公差和牙侧角公差，而只规定一个中径公差？

9-5 螺距累积偏差是轴线方向的，如何转换成中径方向？

9-6 普通螺纹中径合格的判断原则是什么？

9-7 普通螺纹精度等级由什么构成，分为哪几种?分别用于哪些场合？

9-8 说明 M24×2-6H/5g6g 的含义，并查出内、外螺纹的极限偏差。

9-9 有一个螺纹件尺寸要求为 M12×1-6h，测得实际中径 $d_{2a}=\phi 11.304$ mm，实际顶径 $d_a=\phi 11.815$ mm，螺距累积偏差 $\Delta P_\Sigma = -0.02$ mm，牙侧角偏差分别为 $\Delta\alpha_1 = +25'\mu m$，$\Delta\alpha_2 = -20'\mu m$，试判断该螺纹零件尺寸是否合格。为什么？并画出相应的中径、顶径公差带图。

9-10 实测 M20-7H 的螺纹零件得：螺距累积偏差 $\Delta P_\Sigma = -0.034$ mm，牙侧角偏差分别为 $\Delta\alpha_1 = +30'\mu m$，$\Delta\alpha_2 = -35'\mu m$。试求其中径的极限尺寸。

第 十 章

圆锥结合的精度设计

 **学习指导**

学习目的：

掌握圆锥结合的特点、基本功能要求和配合的形成方法，为合理选用圆锥的公差与配合，进行圆锥结合的精度设计打下基础。

学习要求：

1. 掌握圆锥结合的特点和几何参数。
2. 掌握圆锥公差项目及给定方法。
3. 掌握圆锥配合的形成方式及结构型圆锥配合的确定方法。
4. 了解位移型圆锥配合的确定方法。
5. 掌握圆锥结合的公差配合标注方法。
6. 了解锥度的检测方法。

第一节　概述

圆锥结合是常用的连接与配合形式，在机械设备中经常使用，如铣床主轴锥孔与刀轴的联结，摇臂钻床主轴中钻头、铰刀等刀具的安装，管道阀门中阀芯与阀体的结合等。

一、圆锥结合的特点

1. 间隙或过盈可以调整

可通过内、外圆锥的轴向相对移动来调整间隙或过盈的大小，从而满足不同的工作要求，能补偿磨损，延长使用寿命。

2. 具有较高的同轴度，对中性好

由于间隙可以调整，因此可以消除间隙，实现内、外圆锥轴线的对中；容易拆卸，且经多次拆装不降低同轴度。

3. 良好的自锁性和密封性

内、外圆锥表面经过配对研磨后，配合起来具有良好的自锁性和密封性。

4．结构复杂

圆锥配合与圆柱配合相比，结构比较复杂，影响互换性参数比较多，加工和检测都比较困难，不适合孔轴相对位置要求较高的场合。

由于圆锥配合具有圆柱配合不能替代的特点，使得它在机械结构中应用广泛。因此，圆锥结合结构的标准化是提高产品质量、保证零部件的互换性所不可缺少的。我国制定的有关圆锥公差配合的标准有《产品几何量技术规范（GPS）圆锥的锥度与锥角系列》（GB/T 157—2001）、《产品几何量技术规范（GPS）　圆锥公差》（GB/T 11334—2005）、《产品几何量技术规范（GPS）　圆锥配合》（GB/T 12360—2005）和《技术制图　圆锥的尺寸和公差注法》（GB/T 15754—1995）等。

二、圆锥几何参数

圆锥结合的几何参数如图 10-1 所示。

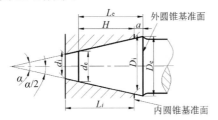

图 10-1　圆锥结合的几何参数

1．圆锥角 α

圆锥角指在通过圆锥轴线的截面内，两条素线间的夹角，用符号 α 表示。

2．圆锥素线角 α/2

圆锥素线角指圆锥素线与圆锥轴线间的夹角，它等于圆锥角的一半，即 α/2。

3．圆锥直径

圆锥直径指与圆锥轴线垂直的截面内的直径，有最大直径和最小直径（D 和 d）。内圆锥的最大、最小直径用 D_i 和 d_i 表示，外圆锥的最大、最小直径用 D_e 和 d_e 表示。还有任意约定截面圆锥直径 d_x（距锥面有一定距离）。在设计时，一般选用内圆锥的最大直径 D_i 或外圆锥的最小直径 d_e 作为公称直径。

4．圆锥长度 L

圆锥长度指圆锥的最大直径与最小直径之间的距离。内、外圆锥长度分别用 L_i、L_e 来表示。

5．圆锥配合长度 H

圆锥配合长度指内、外圆锥配合面的轴向距离，用符号 H 表示。

6．锥度 C

锥度指圆锥的最大直径与其最小直径之差对圆锥长度之比，用符号 C 表示。

$$C=(D-d)/L=2\tan(\alpha/2) \tag{10-1}$$

锥度常用比例或分数表示，如 $C=1：20$ 或 $C=1/20$，其中比例形式更为常用。

7. **基面距 *a***

基面距指相互结合的内、外圆锥基准面间的距离，用符号 *a* 表示。

8. **轴向位移 E_a**

轴向位移指相互结合的内、外圆锥从实际初始位置（P_a）到终止位置（P_f）移动的距离，用符号 E_a 表示（见图 10-2）。

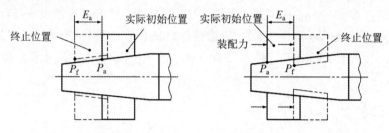

（a）由一定的轴向位移确定轴向位置　　　　（b）施加一定装配力确定轴向位置

图 10-2　轴向位移 E_a

所谓实际初始位置，就是相互结合的内、外实际圆锥的初始位置；终止位置就是相互结合的内、外圆锥，为了在其终止状态得到要求的间隙 [见图 10-2（a）] 或过盈 [见图 10-2（b）] 所规定的相互轴向位置。

三、锥度与圆锥角系列

为了减少加工圆锥工件所用的专用刀具、量具种类和规格，国家标准规定了一般用途的锥度和圆锥角系列共 21 种，特殊用途圆锥的锥度和圆锥角共 24 种，具体内容可参考 GB/T 157—2001。

第二节　圆锥公差与配合

一、圆锥公差

GB/T 11334—2005 给出了一系列关于圆锥公差方面的术语和定义，它适用于锥度从 1：3～1：500，圆锥长度为 6～630 mm，直径至 500 mm 的光滑圆锥的配合（对锥齿轮、锥螺纹等不使用）。

1. **圆锥公差的术语和定义**

1）公称圆锥

公称圆锥是由设计人员给定的理想形状的圆锥。有两种形式可以确定公称圆锥。

（1）由圆锥的一个直径（D、d、d_x）、长度 L 和圆锥角 α 或锥度 C。

（2）由圆锥的两个直径（最大直径 D 和最小直径 d）和长度 L。

公称圆锥上的所有尺寸应分别称为公称圆锥直径、公称圆锥角（或公称锥度）和公称圆锥长度。

2）实际圆锥、实际圆锥直径和实际圆锥角

实际圆锥是实际存在并与周围介质分隔的圆锥。实际圆锥应由测量得到。

实际圆锥上的任一直径称为实际圆锥直径，用 d_a 表示。实际圆锥角是指在实际圆锥的任一轴向截面内，包容其素线且距离为最小的两对平行直线之间的夹角，用 α_a 表示。实际圆锥直径 d_a 和实际圆锥角 α_a 如图 10-3 所示。

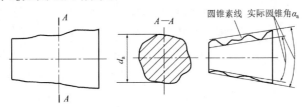

图 10-3　实际圆锥直径 d_a 和实际圆锥角 α_a

3）极限圆锥和极限圆锥直径

极限圆锥是与公称圆锥共轴且圆锥角相等，直径分别为上极限直径和下极限直径的两个圆锥。或者说极限圆锥是指设计人员给定的允许实际圆锥变动范围的、共轴且圆锥角相等的两个圆锥（上、下极限圆锥）。极限圆锥与圆锥公差区如图 10-4 所示。

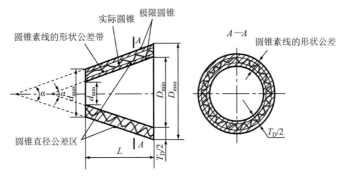

图 10-4　极限圆锥与圆锥公差区

上极限圆锥的两个直径是 D_{max} 和 d_{max}，下极限圆锥的两个直径是 D_{min} 和 d_{min}。在垂直圆锥轴线的任一横截面上，两个极限圆锥的直径差都相等（$D_{max}-D_{min}=d_{max}-d_{min}$）。

4）极限圆锥角

极限圆锥角分为上极限圆锥角 α_{max} 和下极限圆锥角 α_{min}。极限圆锥角和圆锥角公差区如图 10-5 所示。

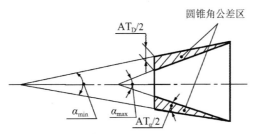

图 10-5　极限圆锥角和圆锥角公差区

2. 圆锥公差项目、公差值和给定方法

1）圆锥公差项目、公差值

为了满足圆锥结合功能和使用要求，圆锥公差相关国家标准规定了四项公差。圆锥公差项目、公差值及有关规定如表 10-1 所示。

表 10-1　圆锥公差项目、公差值及有关规定

圆锥公差项目和代号	定义	公差值和有关规定
圆锥直径公差 T_D 和圆锥直径公差区	T_D 是指圆锥直径的允许变动量。它等于两个极限圆锥直径之差，并适用于圆锥的全长。可表示为 $T_D=\|D_{max}-D_{min}\|=\|d_{max}-d_{min}\|$ 圆锥直径公差区是两个极限圆锥所限定的区域（见图 10-4）	T_D 以公称圆锥直径（一般取最大圆锥直径 D）为公称尺寸，按 GB/T 1800.1—2020 规定的标准公差选取。对于有配合要求的圆锥，其内、外圆锥直径公差带位置，按 GB/T 12360—2005 中有关规定选取。对于无配合要求的圆锥，其内、外圆锥直径公差带位置，建议选用基本偏差 JS 和 js 确定内、外圆锥的公差带位置
圆锥角公差 AT 及其公差区	圆锥角公差 AT 是指圆锥角允许的变动量（见图 10-5），用公式表示为 $AT=\|\alpha_{max}-\alpha_{min}\|$ 圆锥角公差的公差区是两个极限圆锥角所限定的区域（见图 10-5）	圆锥角公差 AT 共分 12 个公差等级，分别用 AT 1、AT 2、…、AT 12 表示。其中 AT 1 精度最高，AT 12 精度最低。各精度等级的圆锥角公差数值如表 10-2 所示。圆锥角公差 AT 有两种给定形式：AT_α 与 AT_D，它们的换算关系为 $AT_D=AT_\alpha\times L\times10^{-3}$ 式中，AT_D 的单位为 μm；AT_α 的单位为微弧度（μrad）；L 的单位为 mm。圆锥角极限偏差可按单向（$\alpha+AT$ 或 $\alpha-AT$）或双向取值。双向取时可以是对称（$\alpha\pm AT/2$）的，也可以是不对称的。圆锥角的极限偏差如图 10-6 所示。为保证内、外圆锥的接触均匀，多采用双向对称取值
圆锥的形状公差 T_F	包括圆锥素线直线度公差和截面圆度公差（见图 10-4）	T_F 在一般情况下不单独给出，而是由对应的两极限圆锥公差带限制；当对形状精度有更高要求时，应单独给出相应的形状公差。其数值可从 GB/T 1184—1996《形状和位置公差　未注公差》附录中选取，但应不大于圆锥直径公差值的一半
给定截面圆锥直径公差 T_{DS} 及其公差区	T_{DS} 指在垂直圆锥轴线的给定截面内，圆锥直径的允许变动量。$T_{DS}=\|d_{xmax}-d_{xmin}\|$ 给定截面圆锥直径公差区是在给定圆锥截面内，由直径等于两极限圆锥直径的同心圆所限定的区域，如图 10-7 所示	T_{DS} 是以给定截面圆锥直径 d_x 为公称尺寸，按 GB/T 1800.1—2020 中规定的标准公差选取。要注意 T_{DS} 与圆锥直径公差 T_D 的区别，T_D 对整个圆锥上任意截面的直径都起作用，其公差区限定的是空间区域，而 T_{DS} 只对给定的截面起作用，其公差区限定的是平面区域

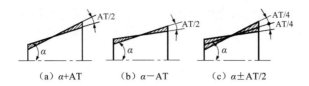

（a）$\alpha + AT$　　　（b）$\alpha - AT$　　　（c）$\alpha \pm AT/2$

图 10-6　圆锥角的极限偏差

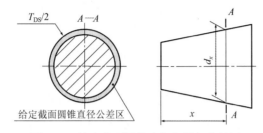

图 10-7　给定截面圆锥直径公差与公差区

表 10-2　圆锥角公差数值　（摘自 GB/T 11334—2005）

公称圆锥长度 L /mm		圆锥角公差等级								
		AT 4			AT 5			AT 6		
		AT_α		AT_D	AT_α		AT_D	AT_α		AT_D
大于	至	μrad	″	μm	μrad	″	μm	μrad	′″	μm
16	25	125	26	>2.0~3.2	200	41	>3.2~5.0	315	1′05″	>5.0~8.0
25	40	100	21	>2.5~4.0	160	33	>4.0~6.3	250	52″	>6.3~10.0
40	63	80	16	>3.2~5.0	125	26	>5.0~8.0	200	41″	>8.0~12.5
63	100	63	13	>4.0~6.3	100	21	>6.3~10.0	160	33″	>10.0~16.0
100	160	50	10	>5.0~8.0	80	16	>8.0~125	125	26″	>12.5~20.0

公称圆锥长度 L /mm		圆锥角公差等级								
		AT 7			AT 8			AT 9		
		AT_α		AT_D	AT_α		AT_D	AT_α		AT_D
大于	至	μrad	′″	μm	μrad	′″	μm	μrad	′″	μm
16	25	500	1′43″	>8.0~12.5	800	2′45″	>12.5~20.0	1 250	4′18″	>20~32
25	40	400	1′22″	>10.0~16.0	630	2′10″	>16.0~20.5	1 000	3′26″	>25~40
40	63	315	1′05″	>12.5~20.0	500	1′43″	>20.0~32.0	800	2′45″	>32~50
63	100	250	52″	>16.0~25.0	400	1′22″	>25.0~40.0	630	2′10″	>40~63
100	160	200	41″	>20.0~32.0	315	1′05″	>32.0~50.0	500	1′43″	>50~80

2）圆锥公差的给定方法

对于一个具体的圆锥工件，并不都需要给定表 10-1 中的四项公差，而是根据工件的不同使用要求来给定公差项目。国家标准中规定了两种圆锥公差的给定方法。

（1）方法一。

给出圆锥的理论正确圆锥角 α（或锥度 C）和圆锥直径公差 T_D，由 T_D 确定两个极限圆锥，所给出的圆锥直径公差具有综合性。

此时，圆锥角误差和圆锥的形状误差均应控制在 T_D 的公差带内，如图 10-4 所示。用圆锥直径公差 T_D 控制的圆锥角如图 10-8 所示，图中由圆锥直径公差区给出了实际圆锥角的两

个极限 α_{max}、α_{min}，用于限定圆锥角的变化范围，从而达到圆锥直径公差 T_D 控制圆锥角误差的目的，其实质就是包容要求 Ⓔ。该方法通常适用于有配合要求的内、外圆锥，如圆锥滑动轴承、钻头的锥柄等。

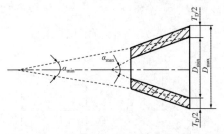

图 10-8　用圆锥直径公差 T_D 控制的圆锥角

相关国家标准在附录中推荐按方法一给定圆锥公差时，在圆锥直径的极限偏差后标注Ⓣ，如图 10-9（a）所示。标注方法如有相应的国家标准代替时可不按此方法标注（如用面轮廓度标注圆锥公差）。

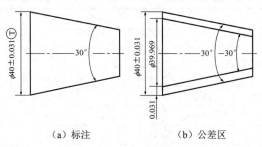

（a）标注　　　　　　（b）公差区

图 10-9　圆锥公差给定方法一

圆锥长度 L 为 100 mm 时圆锥直径公差 T_D 所限制的最大圆锥角误差$\Delta\alpha_{max}$ 如表 10-3 所示。

如果对圆锥角公差、形状公差有更高的精度要求时（如圆锥量规等），可再给出圆锥角公差 AT、圆锥的形状公差 T_F，AT 和 T_F 仅占 T_D 的一部分。

表 10-3　L 为 100 mm 时圆锥直径公差 T_D 所限制的最大圆锥角误差 $\Delta\alpha_{max}$　（摘自 GB/T 11334—2005）

标准公差等级	圆锥直径/mm												
	≤3	>3~6	>6~10	>10~18	>18~30	>30~50	>50~80	>80~120	>120~180	>180~250	>250~315	>315~400	>400~500
	$\Delta\alpha_{max}$ /μrad												
IT4	30	40	40	50	60	70	80	100	120	140	160	180	200
IT5	40	50	60	80	90	110	130	150	180	200	230	250	270
IT6	60	80	80	110	130	160	190	220	250	290	320	360	400
IT7	100	120	150	180	210	250	300	350	400	460	520	570	630
IT8	140	180	220	270	330	390	460	540	630	720	810	890	970
IT9	250	300	360	430	520	620	740	870	1 000	1 150	1 300	1 400	1 550
IT10	400	480	480	700	840	1 000	1 200	1 300	1 400	1 850	2 100	2 300	2 500

注：当圆锥长度 L<100 mm 时，需将表中的数值乘以 100/L。

（2）方法二。

同时给出给定截面圆锥直径公差 T_{DS} 和圆锥角公差 AT。圆锥公差给定方法二如图 10-10 所示。

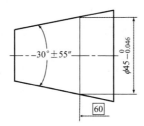

图 10-10 圆锥公差给定方法二

给出的 T_{DS} 和圆锥角公差 AT 是独立的，彼此无关，应分别满足要求，两者关系相对独立。给定截面圆锥直径公差 T_{DS} 与圆锥角公差 AT 的关系如图 10-11 所示。当圆锥在给定截面上尺寸为 d_{xmin} 时，其圆锥角公差区为图中下面两条实线限定的两对顶三角形区域；当圆锥在给定截面上尺寸为 d_{xmax} 时，其圆锥角公差区为图中上面两条实线限定的两对顶三角形区域；当圆锥在给定截面上尺寸为 d_x 时，其圆锥角公差区为图中两条虚线限定的两对顶三角形区域。

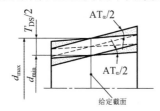

图 10-11 给定截面圆锥直径公差 T_{DS} 与圆锥角公差 AT 的关系

当对形状公差有更高要求时，可再给出圆锥的形状公差。该法通常适用于圆锥截面直径有较高要求的情况，如某些阀类零件中，两个相互结合的圆锥在规定截面上要求接触良好，以保证密封性。

二、圆锥配合

1. 圆锥配合术语及其分类

圆锥配合由公称尺寸相同的内、外圆锥组成。和孔、轴配合类似，圆锥配合也分为间隙配合、过盈配合和过渡配合。

1）间隙配合

间隙配合是指具有间隙的配合，其间隙的大小可以在装配和使用过程中调整，常用于有相对运动的机构中，如某些车床主轴的圆锥轴颈与圆锥滑动轴承衬套的配合。

2）过盈配合

过盈配合是指具有过盈的配合。它借助于相互配合的圆锥面间的自锁产生较大的摩擦力来传递转矩。其特点是一旦过盈配合不再需要，内、外圆锥体就可以拆开，如钻头（或铰刀）的圆锥柄与机床主轴圆锥孔的结合、圆锥形摩擦离合器等。

3）过渡配合

过渡配合可能具有间隙，也可能具有过盈。其中，要求内、外圆锥紧密接触，间隙为零或稍有过盈的配合称为紧密配合。过渡配合主要用于对中定心或密封的场合，如锥形旋塞、发动机中气阀和阀座的配合等。为了保证配合的圆锥面有良好的密封性，一般对圆锥面的形状精度要求很高，通常要将内、外锥配对研磨，故这类配合一般没有互换性。

2．圆锥配合形成方式

圆锥配合可通过相互结合的内、外圆锥的相对轴向位置来调整间隙或过盈，从而得到不同的配合性质。圆锥配合的间隙和过盈在素线法线方向起作用，但是在垂直于轴线方向给定和测量。根据确定相互结合的内、外圆锥轴向相对位置的不同方法，圆锥配合的形成可分为结构型和位移型两种。

1）结构型圆锥配合

结构型圆锥配合的配合性质靠基准平面保证，基准平面为内、外圆锥的大端孔及轴肩端面。

（1）由内、外圆锥的结构确定装配的最终位置而形成配合。这种方式可以得到间隙配合、过渡配合和过盈配合。图 10-12（a）所示为由轴肩接触确定最终位置。

（2）由内、外圆锥基准平面之间的尺寸确定装配的最终位置而形成配合。这种方式可以得到间隙配合、过渡配合和过盈配合。图 10-12（b）所示为由结构尺寸 a（a 也称为基面距）确定最终位置。

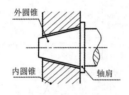
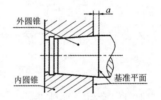

（a）由轴肩接触确定最终位置　　　（b）由结构尺寸 a 确定最终位置

图 10-12　配合形成的示意图

结构型圆锥配合的特点：可形成间隙配合、过渡配合或过盈配合；其配合性质完全取决于相互结合的内、外圆锥直径公差带的相对位置。

2）位移型圆锥配合

位移型圆锥配合的配合性质是由内、外圆锥做一定的相对轴向位移或施加一定的装配力来保证的。

（1）由内、外圆锥实际初始位置 P_a 开始，做一定的相对轴向位移 E_a 到达终止位置 P_f 而形成配合，如图 10-2（a）所示。这种方式可以得到间隙配合或过盈配合。

（2）由内、外圆锥实际初始位置 P_a 开始，施加一定的装配力产生轴向位移 E_a 到达终止位置 P_f 而形成配合，如图 10-2（b）所示。这种方式只能得到过盈配合。

位移型圆锥配合的特点：可形成间隙配合或过盈配合，通常不用于形成过渡配合；其配合性质与相互结合的内、外圆锥直径公差带无关。直径公差仅影响接触的初始位置和终止位置及接触精度。

三、圆锥配合的一般规定

1．结构型圆锥配合

结构型圆锥配合推荐优先采用基孔制，即内圆锥直径基本偏差为 H。

内、外圆锥直径公差带代号和配合按 GB/T 1800.1—2020 和 GB/T 1800.2－2020 选取。

2. 位移型圆锥配合

位移型圆锥配合的内、外圆锥直径公差带代号的基本偏差推荐选用 H 和 h，以及 JS 和 js。其轴线位移的极限值按 GB/T 1800.1—2020 规定的极限间隙或极限过盈来计算。

位移型圆锥配合轴向位移的大小决定了配合间隙量或过盈量的大小。轴向位移极限值（E_{amax}、E_{amin}）和轴向位移公差（T_E）按下列公式计算。

（1）对于间隙配合。

$$E_{amax}=|X_{max}|/C \tag{10-2}$$
$$E_{amin}=|X_{min}|/C \tag{10-3}$$
$$T_E= E_{amax}-E_{amin} =| X_{max}-X_{min}|/C \tag{10-4}$$

式中　C——锥度；

　　　X_{max}——配合的最大间隙；

　　　X_{min}——配合的最小间隙。

（2）对于过盈配合。

$$E_{amax}=|Y_{max}|/C \tag{10-5}$$
$$E_{amin}=|Y_{min}|/C \tag{10-6}$$
$$T_E= E_{amax}-E_{amin} =|Y_{max}-Y_{min}|/C \tag{10-7}$$

式中　Y_{max}——配合的最大过盈；

　　　Y_{min}——配合的最小过盈。

例 10-1 有一个位移型圆锥配合，锥度 C=1：30，内、外圆锥的公称直径为 ϕ60 mm，其内、外圆锥直径公差带确定为 H7/h6；要求装配后得到 H7/u6 的配合性质。试计算由初始位置开始的最小与最大轴向位移和位移公差。

解：按 ϕ60H7/u6 计算得 Y_{max}=-0.105 mm，Y_{min}=-0.057 mm。

按式（10-5）、式（10-6）和式（10-7）计算得：

最小轴向位移 E_{amin}=|Y_{min}|/C=0.057×30=1.71 mm

最大轴向位移 E_{amax}=|Y_{max}|/C=0.105×30=3.15 mm

轴向位移公差 T_E=E_{amax}-E_{amin}=3.15-1.71=1.44 mm

例 10-2 某结构型圆锥配合根据传递转矩的需要，最大过盈量 Y_{max}=-159 μm，最小过盈量 Y_{min}=-70 μm，公称直径为 ϕ100 mm，锥度 C=1：50，试确定其内、外圆锥的直径公差代号。

圆锥配合的精度设计

解：圆锥公差配合公差 T_{DF}=|Y_{max}-Y_{min}|=|（-159）-(-70)|=89 μm

因为 T_{DF}=T_{Di}+T_{De}

查表 3-4 得，IT7=35 μm，IT8=54 μm，IT7+ IT8=89 μm，且在这个公差等级范围内，根据工艺等价原则，国家标准要求孔比轴低一级进行配合，于是取孔的公差等级为 8 级，轴的公差等级为 7 级。

又因为结构型圆锥配合推荐优先采用基孔制，即内圆锥直径基本偏差为 H，则内圆锥直径公差为 ϕ100H8($^{+0.054}_{0}$)。

根据最大过盈量和最小过盈量，确定外圆锥的基本偏差代号为 u。

因此，外圆锥直径公差为 ϕ100u7($^{+0.159}_{+0.124}$)。

3．未注公差角度尺寸的极限偏差

GB/T 1804—2000 对于金属切削加工件的角度，包括在图样上标注的角度和通常不需标注的角度（如 90°等）规定了未注公差角度尺寸的极限偏差（见表 10-4）。该极限偏差值应为一般工艺方法可以保证达到的精度。应用中可以根据不同产品的不同需要，从标准中所规定的四个未注公差角度的公差等级（精密级 f、中等级 m、粗糙级 c、最粗级 v）中选择合适的等级。

表 10-4　未注公差角度尺寸的极限偏差（摘自 GB/T 1804—2000）

公差等级	长度/mm				
	～10	>10～50	>50～120	>120～400	>400
精密级 f	1°	±30′	±20′	±10′	±5′
中等级 m					
粗糙级 c	±1°30′	±1°	±30′	±15′	±10′
最粗级 v	±3°	±2°	±1°	±30′	±20′

未注公差角度尺寸的极限偏差按角度短边长度确定，若工件为圆锥，则按圆锥素线长度确定。未注公差角度的公差等级在图样或技术文件上用标准号和公差等级表示。例如，当选用中等级时，则在图样或技术文件上可标注为：GB/T 1804—m。

四、锥度和圆锥公差的标注

1．锥度的标注

在零件图上，锥度用特定的图形符号和比例（或分数）形式表示，用指引线与圆锥素线相连，图形符号配置在平行于圆锥轴线的基准线上，其方向与圆锥方向一致，并在基准线上标注锥度的数值，如图 10-13（a）所示。对圆锥只要标注最大直径 D 或最小直径 d 及圆锥长度和圆锥角 α（或锥度 C），则该圆锥就完全确定。

当所标注的锥度是标准圆锥系列之一时（如莫式锥度），可用标准系列号和相应的标记表示，如图 10-13（b）所示。

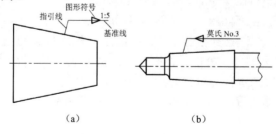

（a）　　　　　　　　　　　　（b）

图 10-13　锥度的标注方法

2．圆锥公差的标注

通常，应按面轮廓度法标注圆锥公差；有配合要求的结构型内、外圆锥，也可采用基本锥度法标注；当无配合要求时，可采用公差锥度法标注。

1）面轮廓度法

面轮廓度法是指给出圆锥的理论正确圆锥角 $\boxed{\alpha}$［或理论正确锥度 $\boxed{C}$、理论正确圆锥直径（$\boxed{D}$ 或 $\boxed{d}$）］和圆锥长度 L，标注面轮廓度公差的方法。面轮廓度法的标注如图 10-14 所示。

它是常用的圆锥公差给定方法，由面轮廓度公差带确定最大与最小极限圆锥，是把圆锥的直径偏差、圆锥角偏差、素线直线度偏差和横截面圆度误差等都控制在面轮廓度公差带内，这相当于包容要求。

面轮廓度法适用于有配合要求的结构型内、外圆锥。

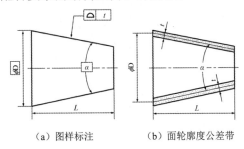

（a）图样标注　　　（b）面轮廓度公差带

图 10-14　面轮廓度法的标注

2）基本锥度法

基本锥度法是指给出圆锥的理论正确圆锥角 $\boxed{\alpha}$ 和圆锥长度 L，标注公称圆锥直径（D 或 d）及其极限偏差（按相对于该直径对称分布取值）的方法。基本锥度法的标注如图 10-15 所示。其特征是按圆锥直径为最大和最小实体尺寸构成的同轴线圆锥面，形成两个具有理想形状的包容面公差带，实际圆锥处处不得超越这两个包容面。

基本锥度法适用于有配合要求的结构型和位移型内、外圆锥。

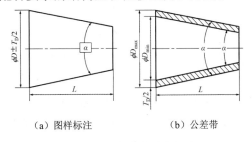

（a）图样标注　　　（b）公差带

图 10-15　基本锥度法的标注

3）公差锥度法

公差锥度法是指同时给出圆锥直径（最大或最小圆锥直径）极限偏差和圆锥角极限偏差，并注明圆锥长度的方法。它们各自独立，分别满足各自的要求，即按独立原则解释。公差锥度法的标注如图 10-16 所示。

公差锥度法仅适用于对某给定截面圆锥直径有较高要求的圆锥和密封及非配合圆锥。

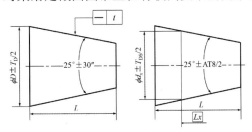

图 10-16　公差锥度法的标注

应当指出，无论采用哪种标注方法，若有需要，可附加给出更高的素线直线度、圆度精度要求；对于面轮廓度法和基本锥度法，还可附加给出严格的圆锥角公差。

第三节　锥度的检测

检验锥度的测量方法很多，在这里介绍两种常用的方法。

一、量规检验法

在大批量生产条件下，圆锥的检验多用圆锥量规。

圆锥量规用来检验实际内、外圆锥工件的锥度和直径偏差。圆锥量规如图 10-17 所示。检验内圆锥用圆锥塞规，检验外圆锥用圆锥环规。

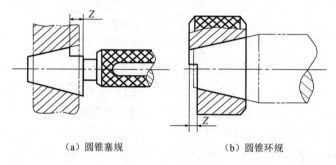

（a）圆锥塞规　　　　　　（b）圆锥环规

图 10-17　圆锥量规

在圆锥配合中，由于一般对锥度要求比对直径要求严，因此在用圆锥量规检验工件时应采用涂色研合法检验工件锥度。当用涂色研合法检验锥度时，先在量规圆锥面的素线全长上涂 3～4 条极薄的显示剂，然后把量规与被测圆锥对研（来回转角应小于 180°）。根据被测圆锥上的着色或量规上擦掉的痕迹，来判断被测锥度或圆锥角是否合格。

圆锥量规还可用来检验被测圆锥直径偏差。在量规的基面端刻有距离为 Z 的两条刻线（塞规）或小台阶（套规），Z 是根据工件圆锥直径公差按其锥度计算出的，允许的轴向偏移量（mm），即

$$Z=T_D/C\times10^{-3} \tag{10-8}$$

式中　T_D——圆锥直径公差，单位为 μm；

　　　C——工件的锥度。

若被测圆锥的基面端位于量规的两刻线或台阶的两端面之间，则表示直径合格。

二、间接测量法

间接测量法是通过平板、量块、正弦规、指示计和滚柱（或钢球）等常用计量器具组合，测量锥度或角度有关的尺寸，按几何关系换算出被测的锥度或角度的方法。

图 10-18 所示为用正弦规测量外圆锥锥度。测量前先按公式 $h = L\sin\alpha$（α 为公称圆锥角，L 为正弦规两圆柱中心距）计算并组合量块组，然后按图 10-18 进行测量。工件锥度偏差 $\Delta C = (h_a-h_b)/l$，式中 h_a、h_b 分别为指示表在 a 和 b 两点的读数，l 为 a 和 b 两点间的距离。

在具体测量时，须注意 a、b 两点测量值的大小，若 a 点的值大于 b 点的值，则实际锥角

大于理论锥角 α，算出的 $\Delta\alpha$ 为正；反之，$\Delta\alpha$ 为负。

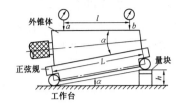

图 10-18 用正弦规测量外圆锥锥度

本章小结

第十章 测验题

1. 圆锥结合的特点

圆锥结合具有较高的同轴度，对中性好，有良好的自锁性和密封性，间隙和过盈可以调整等优点，但结构较复杂，影响互换性参数比较多，加工和检测都比较困难，不适合孔轴相对位置要求较高的场合。

2. 主要术语

圆锥几何参数包括圆锥角、圆锥素线角、圆锥直径、圆锥长度、圆锥配合长度、锥度、基面距、轴向位移。

圆锥公差的术语和定义包括公称圆锥、实际圆锥、实际圆锥直径、实际圆锥角、极限圆锥、极限圆锥直径和极限圆锥角。

3. 圆锥公差

GB/T 11334—2005 规定了四项圆锥公差（见表 10-1）及两种圆锥公差给定方法。

4. 圆锥配合

圆锥配合分为间隙配合、过盈配合和过渡配合。圆锥配合有别于圆柱配合的主要特点：通过内、外圆锥相对轴向位置调整间隙或过盈，可得到不同配合性质的配合。圆锥配合时，按确定内、外圆锥相对位置的方法的不同，可分为结构型圆锥配合和位移型圆锥配合。

5. 锥度的检测方法

常用的锥度的检测方法有量规检验法和间接测量法。

思考题与习题

10-1 有一个外圆锥，已知最大圆锥直径 D_e 为 $\phi20$ mm，最小圆锥直径 d_e 为 $\phi5$ mm，圆锥长度为 100 mm。试确定圆锥角、圆锥素线角和锥度。若圆锥角公差等级为 AT8，试查出圆锥角公差的数值（AT_α 和 AT_D）。

10-2 国家标准规定了哪几项圆锥公差？各适用在什么场合？

10-3 有一个圆锥配合，其锥度 $C=1:20$，结合长度 $L=80$ mm，内、外圆锥角的公差等级均为 IT9，试按下列不同情况，确定内、外圆锥直径的极限偏差。

（1）内、外圆锥直径公差带均按单向分布，且内圆锥直径下偏差 EI＝0，外圆锥直径上偏差 es＝0。

（2）内、外圆锥直径公差带均关于零线对称分布。

10-4 已知圆锥配合，锥度为 7∶24，内圆锥最大直径为基本圆锥直径，内、外圆锥的最大直径均为 ϕ50 mm，它们的公差等级均为 IT6，内圆锥大端直径的基本偏差代号为 H，外圆锥大端直径的基本偏差代号分别为 f、h、t。试按表所列内、外圆锥直径公差带三种不同的配置，分别确定轴向极限位移 E_{amax}、E_{amin} 及轴向位移公差 T_E，并将计算结果填入表 10-5 中。

表 10-5　题 10-4 表格

序号	直径	偏差	E_{amax}	E_{amin}	T_E
	内圆锥	外圆锥			
1	H	f			
2	H	h			
3	H	t			

渐开线圆柱齿轮的精度设计

 **学习指导**

学习目的：

掌握渐开线圆柱齿轮的公差标准及其应用，为合理进行渐开线圆柱齿轮的精度设计打下基础。

学习要求：

1．了解具有互换性的齿轮必须满足的四项基本要求。

2．通过分析各种加工误差对齿轮传动使用要求的影响，理解渐开线齿轮精度标准所规定的各项公差及极限偏差的定义和作用。

3．初步掌握齿轮精度等级和检验项目的选用原则，以及确定齿轮副侧隙大小的方法。

4．掌握齿轮公差在图样上的标注。

第一节　概述

齿轮传动被广泛用于各种机器和仪表的传动装置中，它通常用于传递运动或动力及精密分度，其工作性能、承载能力、使用寿命及工作精度等都与齿轮本身的制造精度和装配精度密切相关。因此，为了保证齿轮在使用过程中传动准确平稳、灵活可靠、振动和噪音小，就必须对齿轮误差和齿轮副的安装误差加以限制，并进行合理检测。

涉及齿轮精度和检验的国家标准有《圆柱齿轮 精度制 第 1 部分：轮齿同侧齿面偏差的定义和允许值》（GB/T 10095.1—2008）、《圆柱齿轮 精度制 第 2 部分：径向综合偏差与径向跳动的定义和允许值》（GB/T 10095.2—2008）、《渐开线圆柱齿轮精度 检验细则》（GB/T 13924—2008）等。

本章以渐开线圆柱齿轮传动为例，讲述其精度设计与检测的基本方法，其他类型的齿轮传动可参考相应的国家标准。

一、齿轮传动的使用要求

齿轮按照用途主要分为三种类型：传动齿轮、动力齿轮和分度齿轮。不同用途的齿轮传动对齿轮的要求也不同，但主要包含以下四个方面。

1．传递运动的准确性（运动精度）

传递运动的准确性是指齿轮在一转范围内，传动比（转角）变化尽可能小，保证从动件与主动件协调一致的特性。

当主动轮转过一个角度 ϕ_1 时，从动轮应按转速比 i 准确地转动相应的角度 $\phi_2=i\phi_1$。但由于齿轮副存在加工误差和安装误差，致使从动轮的实际转角 ϕ'_2 偏离了理论转角而出现实际转角误差 $\Delta\phi_2=\phi'_2-\phi_2$。因此在齿轮传动中，只有要求从动齿轮在一转内的最大转角误差不超过一个极限，才能保证传递运动的准确性，可用齿轮一转过程中产生的最大转角误差来表示。

2．传动的平稳性（平稳性精度）

传动的平稳性是指齿轮在转一齿范围内，瞬时传动比变化不超过一定限度的性质。

齿轮传动时瞬时传动比的变化会引起冲击、振动和噪声，因此要求齿轮传动时，在一个齿距范围内，其瞬时传动比（瞬时转角）变化尽量小，以保证传动平稳，降低冲击、振动，减小噪声，可用转一齿过程中的最大转角误差来表示。

3．载荷分布的均匀性（接触精度）

载荷分布的均匀性是要求一对齿轮啮合时，工作齿面要保证一定的接触面积，从而避免应力集中，减少齿面磨损，提高齿面强度和寿命。

对载荷分布均匀性的要求体现在齿轮副运转时轮齿的工作齿面沿齿高和齿宽方向上应有足够大的接触痕迹。否则，会使齿面磨损加剧，产生早期点蚀，甚至折断。

4．侧隙的合理性

齿轮传动要求轮齿在啮合时，非工作齿面应具有一定的间隙，以储存润滑油、补偿热变形、受力变形及加工与安装误差。否则，齿轮传动时可能出现卡死或烧伤的现象。然而，过大的侧隙也会引起反转时的冲击和回程误差。因此，应当保证齿轮的侧隙在一定的范围内。

在上述四项使用要求中，前三项是对齿轮的精度要求。不同用途和不同工作条件的齿轮传动对每项使用要求的侧重点是不同的。

1）分度齿轮

例如，精密机床的分度机构、测量仪器上的读数分度齿轮，其特点是传递功率小，转速低，传递运动准确，因此主要要求传递运动的准确性。

2）高速动力齿轮

例如，汽轮机减速器的齿轮，汽车、高速机床变速箱中的齿轮，其特点是圆周速度高，传递功率大，工作时振动、冲击和噪声要小，因此主要要求传动的平稳性。

3）低速重载齿轮

例如，轧钢机、矿山机械、起重机等重型机械上的齿轮，其特点是功率大、转速低、模数和齿宽均较大，因此主要要求轮齿载荷分布的均匀性。

侧隙与前三项要求有所不同，是独立于精度的另一类问题。齿轮副侧隙大小主要取决于齿轮副的工作条件。对于重载、高速齿轮传动，由于受力、受热变形很大，侧隙也应该大些；而经常正反转的齿轮，为减小回程误差，应适当减小侧隙。

二、齿轮加工误差产生的原因

齿轮加工误差主要来源于组成工艺系统的机床、刀具、夹具、齿坯的制造与安装误差。现以最常见的在滚齿机上滚切齿轮为例（见图11-1），将产生误差的主要因素归纳为以下几个方面。

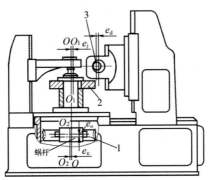

1—分度蜗轮；2—齿轮毛坯；3—滚刀

图 11-1　在滚齿机上滚切齿轮

1. 偏心

1）几何偏心

几何偏心指由齿坯定位孔中心 O_1O_1 与机床工作台的回转中心 OO 有安装偏心 e_j 所导致的偏心。齿轮毛坯在滚齿机上安装偏心引起径向误差如图11-2所示。

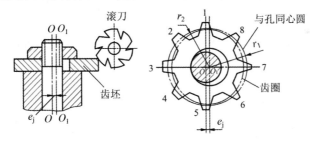

（a）齿坯安装偏心　　　　（b）引起齿轮径向误差

图 11-2　齿轮毛坯在滚齿机上安装偏心引起径向误差

几何偏心使加工过程中齿坯相对于滚刀的距离产生变化，导致切除的齿槽有深有浅。几何误差是齿轮径向误差（径向跳动和径向综合偏差等）的主要来源，影响齿轮传递运动的准确性。

2）运动偏心

运动偏心指由机床分度蜗轮中心 O_2O_2 与机床工作台的回转中心 OO 有安装偏心 e_K 所导致的偏心。运动偏心引起齿轮切向误差如图11-3所示。

运动偏心使齿坯相对于滚刀的转速不均匀，使被加工齿轮的齿廓产生切向位移。运动偏心是齿轮切向误差（公法线长度偏差、齿距偏差和切向综合偏差等）的主要来源。运动偏心同时影响齿轮传递运动的准确性和传动平稳性。

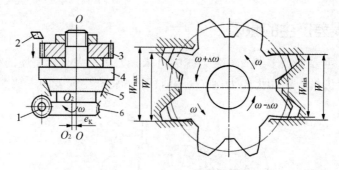

（a）分度蜗轮安装偏心　　　　　（b）引起齿轮切向误差

1—蜗杆；2—滚刀；3—齿坯；4—工作台；5—圆导轨；6—分度蜗轮

图 11-3　运动偏心引起齿轮切向误差

2．机床传动链的周期误差

直齿轮的加工主要受传动链中分度机构各元件误差的影响，尤其是分度蜗杆的安装偏心 e_w（引起分度蜗杆的径向圆跳动）和轴向窜动的影响（见图 11-1），使蜗轮（齿坯）在一周范围内转速出现多次变化，加工出来的齿轮产生齿距偏差和齿形误差。

斜齿轮的加工除了受分度机构各元件误差的影响，还受差动机构传动链误差的影响。

机床传动链的周期误差可以间接产生几何偏心和运动偏心，从而影响齿轮传递运动的准确性和传动平稳性。

3．滚刀的制造误差与安装误差

滚刀的制造误差与安装误差（如安装偏心 e_d，见图 11-1）会引起滚刀的径向跳动、轴向窜动及齿形角误差等。

滚刀的制造误差和安装误差直接影响齿轮的传动平稳性，同时影响齿轮传递运动的准确性和轮齿载荷分布的均匀性。

三、齿轮加工误差的分类

由于切齿工艺中的误差因素很多，因此加工后所产生的齿轮误差的形式也很多。为了区别和分析齿轮的各种误差的性质、规律及其对齿轮传动质量的影响，从不同的角度将齿轮加工误差分类如下。

1．按误差出现的周期（频率）

按展成法加工齿轮，齿廓的形成是刀具对齿坯周期性连续滚切的结果，加工误差是齿轮转角的函数，具有周期性。

按误差出现的周期分为长周期（低频）误差和短周期（高频）误差。

1）长周期（低频）误差

齿轮回转一周出现一次的周期误差称为长周期（低频）误差。长周期（低频）误差主要是由几何偏心和运动偏心产生的，齿轮误差是以齿轮一转为周期。这类周期误差反映到齿轮传动中，将影响齿轮一转内传递运动的准确性，当转速较高时，也将影响齿轮传动的平稳性。

2）短周期（高频）误差

齿轮转动一个齿距时出现一次或多次的周期性误差称为短周期（高频）误差。短周期（高频）误差主要是由机床传动链和滚刀制造误差与安装误差产生的，该误差在齿轮一转中多次重复出现。这类周期性误差反映到齿轮传动中，主要影响齿轮传动的平稳性。

实际上，齿轮运动误差是一条极其复杂的周期函数曲线，既包含长周期误差，也包含短周期误差。

2．按误差产生的方向

按误差产生的方向分为径向误差、切向误差和轴向误差。

1）径向误差

在切齿过程中，由于切齿工具与被切齿坯之间的径向距离变化所形成的加工误差称为齿廓径向误差。例如，齿轮几何偏心和滚刀径向跳动的存在将使切齿过程中齿坯相对于滚刀的径向距离产生变动，致使切出的齿廓相对于齿轮配合孔的轴线产生径向位置的变动。

2）切向误差

在切齿过程中，由于滚切运动的回转速度不均匀，使齿廓沿齿轮回转的切线方向产生的误差称为齿廓切向误差，如分度蜗轮的几何偏心和安装偏心、分度蜗杆的径向跳动和轴向跳动，以及滚刀的轴向跳动等，均使齿坯相对于滚刀回转不均匀。

3）轴向误差

在切齿过程中，由切齿刀具沿齿轮轴线方向走刀运动产生的加工误差称为齿廓轴向误差，如刀架导轨与机床工作台轴线不平行、齿坯安装倾斜等，均使齿廓产生轴向误差。

齿轮误差方向如图 11-4 所示。按误差方向来说，径向误差影响传递运动的准确性和侧隙，切向误差影响传递运动的准确性和传动平稳性，轴向误差主要影响轮齿载荷分布的均匀性。

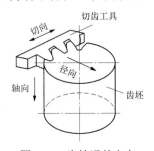

图 11-4　齿轮误差方向

了解和区分齿轮误差的周期性和方向特征，对分析齿轮各种不同性质的误差对齿轮传动性能的影响，以及采用相应的测量原理和方法来分析和控制这些误差，都具有十分重要的意义。

第二节　齿轮的强制性检测精度指标、侧隙指标及其检测

国家标准将齿轮误差项目的评定指标分为强制性检测精度指标和非强制性检测精度指标。

强制性检测精度指标包括齿距偏差（单个齿距偏差、齿距累积偏差和齿距累积总偏差）、齿廓总偏差和螺旋线总偏差。根据齿轮误差项目对齿轮传动性能的主要影响，强制性检测精度指标对应齿轮的前三项使用要求：齿距累积偏差、齿距累积总偏差是反映齿轮传递运动准确性的检测项目；单个齿距偏差、齿廓总偏差是反映传动平稳性的检测项目；螺旋线总偏差是反映轮齿载荷分布均匀性的检测项目。齿轮的侧隙指标（齿厚减薄量）可用齿厚偏差或公

法线长度偏差来评定。

在齿轮标准中，齿轮公差、偏差统称为偏差，将偏差与公差共用一个符号表示。为了能将偏差与公差区分开，本教材在齿轮实际偏差符号前加注"Δ"。

一、齿轮传递运动准确性的强制性检测精度指标

齿轮传递运动准确性的强制性检测精度指标是齿距累积总偏差 ΔF_p，必要时增加齿距累积偏差 ΔF_{pk}。

1．齿距累积总偏差 ΔF_p

齿距累积总偏差 ΔF_p 是指在齿轮端平面上，在接近齿高中部的一个与齿轮基准轴线同心的圆上（可以理解为分度圆），任意两个同侧齿面间的实际弧长与理论弧长的代数差中的最大绝对值。齿轮齿距累积总偏差如图 11-5 所示。

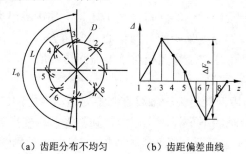

（a）齿距分布不均匀　　　（b）齿距偏差曲线

L—实际弧长；L_0—理论弧长；D—接近齿高中部的圆；z—齿序；
Δ—轮齿实际位置（粗实线齿廓）对其理想位置（虚线齿廓）的偏差；1、2、…、8—轮齿序号

图 11-5　齿轮齿距累积总偏差

齿距累积总偏差 ΔF_p 主要是由几何偏心和运动偏心的综合作用引起的，可反映齿轮转一转过程中传动比的变化，因此它会影响齿轮的运动精度。

齿距累积总偏差 ΔF_p 的合格条件为 ΔF_p 不大于齿距累积总偏差允许值 F_p，即

$$\Delta F_p \leqslant F_p \tag{11-1}$$

2．齿距累积偏差 ΔF_{pk}

若在较少的齿距数上的齿距累积偏差过大时，在实际工作中会产生很大的加速度，形成很大的动载荷。因此，有必要规定较少齿距范围内的累积偏差。

齿距累积偏差 ΔF_{pk} 是指在齿轮端平面上接近齿高中部的一个与齿轮基准轴线同心的圆上任意 k 个齿距的实际弧长与理论弧长的代数差。齿轮的单个齿距偏差 Δf_{pt} 与齿距累积偏差 ΔF_{pk} 如图 11-6 所示。k 个齿距累积偏差就是连续 k 个齿距的齿距偏差的代数和。

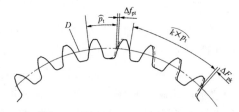

$\widehat{p_t}$—单个理论齿距；D—接近齿高中部的圆

图 11-6　齿轮的单个齿距偏差 Δf_{pt} 与齿距累积偏差 ΔF_{pk}

图 11-6 中实线齿廓为轮齿的实际位置，虚线齿廓为轮齿的理想位置。

齿距累积偏差 ΔF_{pk} 多用于高精度且多齿数的齿轮、非圆形状完整齿轮或高速运转齿轮。一般在不大于 1/8 的圆周上评定，取 $k=z/8$。一般齿轮传动不需要评定 ΔF_{pk}。

齿距累积偏差 ΔF_{pk} 的合格条件：ΔF_{pk} 不大于齿距累积偏差允许值 F_{pk}，即

$$\Delta F_{pk} \leqslant F_{pk} \tag{11-2}$$

齿距累积总偏差 ΔF_{p} 和齿距累积偏差 ΔF_{pk} 常用齿距比较仪、万能测齿仪、光学分度头等仪器进行测量。测量方法可分为绝对测量（光学分度头）和相对测量（齿距比较仪、万能测齿仪），其中以相对测量应用最广，中等模数的齿轮多采用这种方法。相对测量是指以被测齿轮上任一实际齿距作为基准，先将仪器指示表调零，然后沿整个齿圈依次测出其他实际齿距与作为基准齿距的差值（称为相对齿距偏差），经过数据处理求出，同时可求出单个齿距偏差。

图 11-7 所示为用齿距比较仪测量齿距偏差。在测量时，先将固定量爪 5 经过调整大致固定在仪器刻线的一个齿距值上，然后通过调整定位支脚 1 和 3，使固定量爪 5 和活动量爪 4 同时与相邻两同侧的齿面接触于接近齿高中部的圆上。齿距的数值变化情况，通过活动量爪 4 和指示表 2 测量，由指示表上的指针表示出来。显然，使用齿距比较仪测量齿距的精度会受被测齿轮齿顶圆的径向跳动影响。

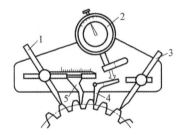

1、3—定位支脚；2—指示表；4—活动量爪；5—固定量爪

图 11-7　用齿距比较仪测量齿距偏差

二、齿轮传动平稳性的强制性检测精度指标

齿轮传动平稳性的强制性检测精度指标是单个齿距偏差 Δf_{pt} 和齿廓总偏差 ΔF_{α}。

1. 单个齿距偏差 Δf_{pt}

单个齿距偏差 Δf_{pt} 是指在齿轮端平面上接近齿高中部的一个与齿轮基准轴线同心的圆上，实际齿距与理论齿距的代数差，如图 11-6 所示。取其中绝对值最大的数值 $\Delta f_{pt\,max}$ 作为评定值。

单个齿距偏差 Δf_{pt}、齿距累积总偏差 ΔF_{p} 和齿距累积偏差 ΔF_{pk} 是用同一个仪器同时测出的。单个齿距偏差 Δf_{pt} 的合格条件为所有的 Δf_{pt} 都在齿距偏差允许值 $\pm f_{pt}$ 范围内（$-f_{pt} \leqslant \Delta f_{pt} \leqslant +f_{pt}$），即

$$\left| \Delta f_{pt\,max} \right| \leqslant f_{pt} \tag{11-3}$$

2. 齿廓总偏差 ΔF_{α}

齿廓总偏差 ΔF_{α} 是指在计值范围内，包容实际齿廓工作部分且距离为最小的两条设计齿廓之间的法向距离。齿廓总偏差如图 11-8 所示。它是在齿轮端平面内且垂直于渐开线齿廓的方向上测量得到的。

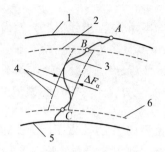

1—齿顶圆；2—齿顶计值范围起始圆；3—实际齿廓；4—设计齿廓；5—齿根圆；6—齿根有效齿廓起始圆；AC—齿廓有效长度；

AB—倒棱部分；BC—工作部分（齿廓计值范围）

图 11-8　齿廓总偏差

齿廓偏差通常用渐开线测量仪来测量。齿廓偏差测量记录图如图 11-9 所示。测量齿廓偏差得到的记录图中的齿廓偏差曲线称为齿廓迹线。设计齿廓一般指齿轮端面符合设计规定的齿廓，通常为渐开线齿廓。考虑制造误差和轮齿受载后的弹性变形，为了降低噪声和减少动载荷的影响，采用以理论渐开线齿廓为基础的修正齿廓，如修缘齿廓、凸齿廓等。因此设计齿廓既可以是未经修形的渐开线，也可以是修形的渐开线。

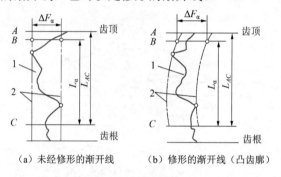

（a）未经修形的渐开线　　（b）修形的渐开线（凸齿廓）

L_α—齿廓计值范围；L_{AC}—齿廓有效长度；1—实际齿廓迹线；2—设计齿廓迹线

图 11-9　齿廓偏差测量记录图

在评定时，一般应在被测齿轮圆周上测量均匀分布的三个轮齿或更多的轮齿左、右齿面的齿廓总偏差 ΔF_α，取其中最大值 $\Delta F_{\alpha max}$ 作为齿廓总偏差的评定值。齿廓总偏差 ΔF_α 的合格条件为

$$\Delta F_{\alpha max} \leqslant F_\alpha \tag{11-4}$$

三、轮齿载荷分布均匀性的强制性检测精度指标

评定轮齿载荷分布均匀性的强制性检测精度指标有在齿宽方向是螺旋线总偏差 ΔF_β、在齿高方向是单个齿距偏差 Δf_{pt} 和齿廓总偏差 ΔF_α。

在计值范围 L_β 内，端面基圆切线方向上包容实际螺旋线迹线的两条设计螺旋线迹线间的距离称为螺旋线总偏差 ΔF_β。

在螺旋线检查仪上测量螺旋线的偏差，原理是将产品齿轮的实际螺旋线与标准的理论螺旋线逐点进行比较，并将所得的差值在记录纸上画出偏差曲线图（见图 11-10）。没有螺旋线偏差的螺旋线展开后应该是一条直线，即设计螺旋线迹线。如果无 ΔF_β，仪器的记录笔应该走出一条与设计螺旋线迹线重合的直线；当存在 ΔF_β 时，则走出一条实际螺旋线迹线。齿宽 b 两端各减去 5% 的齿宽或减去一个模数长度后得到两者中较小的数值作为螺旋线计值范围 L_β，过实际螺旋线迹线最高点和最低点作与设计螺旋线平行的两条直线的距离，即 ΔF_β。

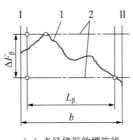
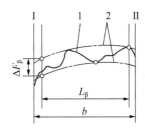

（a）未经修形的螺旋线　　　　（b）修形的螺旋线（鼓形）

1—实际螺旋线；2—设计螺旋线；b—齿宽；L_β—螺旋线计值范围；Ⅰ、Ⅱ—轮齿的两端

图 11-10　螺旋线偏差测量记录图

当评定螺旋线总偏差 ΔF_β 时，应在被测齿轮圆周上均匀地测量三个轮齿或更多的轮齿（均匀分布）左、右齿面的 ΔF_β，其中 $\Delta F_{\beta max}$ 为被测齿轮的螺旋线总偏差的评定值。螺旋线总偏差 ΔF_β 的合格条件为

$$\Delta F_{\beta max} \leqslant F_\beta \tag{11-5}$$

四、评定齿轮侧隙的指标

齿轮副侧隙的大小与齿轮齿厚减薄量有着密切的关系。齿轮齿厚减薄量可以用齿厚偏差或公法线长度偏差来评定。

1. 齿厚偏差 ΔE_{sn}

为获得必需的侧隙，我国采用"基中心距制"，就是在固定中心距偏差的情况下，通过改变齿厚偏差来获得需要的侧隙。

齿厚偏差 ΔE_{sn} 是指在分度圆柱面上齿厚的实际值 s_{na} 与公称值 s_n 之差，即 $\Delta E_{sn}=s_{na}-s_n$。对于斜齿轮则是指法向齿厚的实际值与公称值之差。按照定义，齿厚以分度圆弧长计值（弧齿厚），但弧长不便测量。因此实际上是按分度圆上的弦齿高作为基准来测量弦齿厚。弦齿厚一般用齿厚游标卡尺测量，由于测量齿厚时以齿顶圆作为测量基准，齿顶圆直径的偏差和齿顶圆柱面对齿轮基准轴线的径向跳动都会给测量结果带来较大的影响。因此，齿厚偏差仅用于精度较低、大模数齿轮侧隙的评定。

由于侧隙的要求，使得齿厚偏差多为负值。为了保证齿轮传动所需的最小侧隙，设计人员规定了齿厚上偏差 E_{sns}（齿厚的最小减薄量）；同时为了保证侧隙不致过大，又必须规定齿厚下偏差 E_{sni}（齿厚的最大减薄量）。法向齿厚公差 T_{sn} 的计算公式为

$$T_{sn}=|E_{sns}-E_{sni}| \tag{11-6}$$

图 11-11 所示为齿厚公差和齿厚极限偏差。

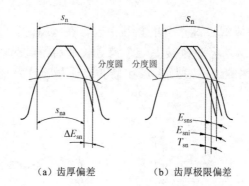

（a）齿厚偏差　　　　（b）齿厚极限偏差

s_n—公称齿厚；s_{na}—实际齿厚；ΔE_{sn}—齿厚偏差；E_{sns}—齿厚上偏差；E_{sni}—齿厚下偏差；T_{sn}—法向齿厚公差

图 11-11　齿厚公差和齿厚极限偏差

齿厚偏差 ΔE_{sn} 的合格条件为

$$E_{sni} \leqslant \Delta E_{sn} \leqslant E_{sns} \tag{11-7}$$

式中　E_{sni}——齿厚下偏差（齿厚的最大减薄量）；

　　　E_{sns}——齿厚上偏差（齿厚的最小减薄量）。

齿轮齿厚的变化会引起公法线长度产生相应变化，因此可以用测量公法线长度来代替测量齿厚，实质上就是用控制公法线长度偏差来间接地控制齿厚偏差。

2. 公法线长度偏差 ΔE_w

公法线长度偏差 ΔE_w 是指在齿轮一周范围内，公法线实际长度 W_k 与其公称值 W 之差，即 $\Delta E_w = W_k - W$。它主要是由运动偏心引起的。

公法线公称长度 W 是两平行测量爪与齿轮上所跨首末两齿异侧齿面相切时两切点之间的距离。直齿圆柱齿轮公法线长度的公称值 W 按下式计算。

$$W = m\cos\alpha[\pi(k-0.5) + z_n \mathrm{inv}\alpha] + 2xm\sin\alpha \tag{11-8}$$

式中　m、z、α、x——齿轮的模数、齿数、标准压力角、变位系数；

　　　$\mathrm{inv}\alpha$——渐开线函数，$\mathrm{inv}20° = 0.014\ 904$；

　　　k——测量公法线长度时的跨齿数。按公式 $k = z\alpha/180° + 0.5$ 计算并取整数。对于标准齿轮（$\alpha = 20°$），$k = z/9 + 0.5$；对于变位齿轮，则上式中的 α 为 $\alpha_m = \arccos[d_b/(d+2xm)]$。

斜齿圆柱齿轮公法线长度的公称值 W_n 的计算公式如下。

$$W_n = m_n \cos\alpha_n[\pi(k-0.5) + z\mathrm{inv}\alpha_t] + 2x_n m_n \sin\alpha_n \tag{11-9}$$

式中　m_n——齿轮的法向模数；

　　　z_n——齿轮的当量齿数；

　　　d_n——齿轮的法向压力角；

　　　α_t——齿轮的端面压力角；

　　　x_n——齿轮的法向变位系数。

但要注意，只有斜齿轮的齿宽大于 $1.015W_n\sin\beta_b$（β_b 为基圆螺旋角）时，才能用公法线长度偏差 ΔE_w 作为侧隙指标。

公法线长度偏差 ΔE_w 可以使用公法线千分尺和公法线指示卡规测量（见图 11-12）。因测量公法线长度不用齿顶圆作为测量基准，故测量精度较高。因此，公法线长度偏差 ΔE_w 用于精度较高、中小模数齿轮侧隙的评定。

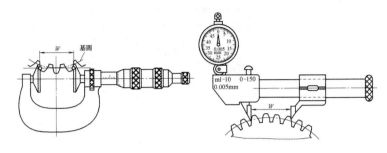

(a) 公法线千分尺测量公法线 (跨齿数 3)　(b) 公法线指示卡规测量公法线 (跨齿数 4)

图 11-12　公法线长度测量

公法线长度偏差 ΔE_w 的合格条件为

$$E_{wi} \leqslant \Delta E_w \leqslant E_{ws} \tag{11-10}$$

式中　E_{ws}——公法线长度上偏差；

　　　E_{wi}——公法线长度下偏差。

国家标准未给出公法线长度的上、下偏差，因此在设计使用时需要将齿厚上、下偏差（E_{sns}、E_{sni}）换算成公法线长度上偏差和下偏差（E_{ws}、E_{wi}），它们之间的换算关系为

外齿轮

$$E_{ws} = E_{sns}\cos\alpha_n - 0.72F_r\sin\alpha_n \tag{11-11}$$

$$E_{wi} = E_{sni}\cos\alpha_n + 0.72F_r\sin\alpha_n \tag{11-12}$$

内齿轮

$$E_{ws} = -E_{sns}\cos\alpha_n - 0.72F_r\sin\alpha_n \tag{11-13}$$

$$E_{wi} = -E_{sni}\cos\alpha_n + 0.72F_r\sin\alpha_n \tag{11-14}$$

第三节　齿轮的非强制性检测精度指标及其检测

为了掌握齿轮加工后的精度情况，一般应按强制性检测精度指标对齿轮进行检测。按强制性检测精度指标检测合格后，如果生产工艺条件不变（尤其是在切削机床的精度得到保证的情况下），继续生产同样的齿轮，或对齿轮精度做分析研究时，国家标准规定还可以用非强制性检测精度指标来评定齿轮传递运动的准确性和齿轮传动的平稳性。

一、 传递运动准确性的可选用参数

1. 切向综合总偏差 $\Delta F_i'$

切向综合总偏差 $\Delta F_i'$ 是指当被测齿轮与测量齿轮单面啮合检测时，被测齿轮一转内，其分度圆上实际圆周位移和理论圆周位移的最大差值。切向综合偏差曲线如图 11-13 所示。图中横坐标表示被测齿轮转角，纵坐标表示偏差。如果齿轮没有偏差，偏差曲线应该是与横坐标平行的直线。在齿轮一转范围内，经过曲线最高点和最低点作与横坐标平行的两条直线，则此平行线间的距离即 $\Delta F_i'$ 值。

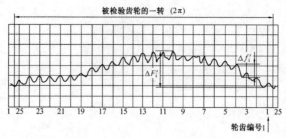

图 11-13　切向综合偏差曲线

切向综合总偏差 $\Delta F_i'$ 是几何偏心、运动偏心及短周期误差综合影响的效果，反映齿距累积总偏差 ΔF_p 和齿廓总偏差 ΔF_α 等单个齿面高度方向误差的综合结果，用于评定齿轮传递运动的准确性。由于切向综合总偏差是在单啮仪上进行测量的，所以仅限于评定较高精度的齿轮。

切向综合总偏差 $\Delta F_i'$ 的合格条件为 $\Delta F_i'$ 不大于切向综合总偏差允许值 F_i'，即

$$\Delta F_i' \leqslant F_i' \qquad (11\text{-}15)$$

2．径向综合总偏差 $\Delta F_i''$

径向综合总偏差 $\Delta F_i''$ 是在径向（双面）综合检验时，被测齿轮的左、右齿面同时与测量齿轮接触，并转过一整圈时出现的中心距最大值和最小值之差。齿轮双面啮合综合测量如图 11-14 所示。在图 11-14（b）中横坐标表示齿轮转角，纵坐标表示偏差，过曲线最高点和最低点作平行于横轴的两条直线，两条平行线间的距离即 $\Delta F_i''$。

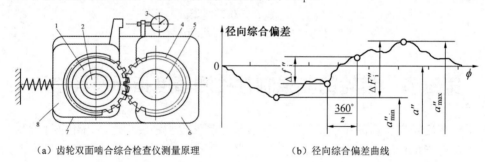

（a）齿轮双面啮合综合检查仪测量原理　　　　（b）径向综合偏差曲线

1—测量齿轮；2、5—心轴；3—指示表；4—被测齿轮；6—固定滑板；7—底座；8—移动滑板

图 11-14　齿轮双面啮合综合测量

$\Delta F_i''$ 主要是由几何偏心引起的，反映径向误差。由于检查 $\Delta F_i''$ 比检查径向跳动 ΔF_r 的效率高，并且能够得到一条连续的偏差曲线，因此成批生产时常用 $\Delta F_i''$ 作为检测齿轮传递运动的准确性的项目。由于其受左右齿面的共同影响，因此不如切向综合偏差反映全面，不适应验收高精度齿轮。

径向综合总偏差 $\Delta F_i''$ 的合格条件为 $\Delta F_i''$ 不大于径向综合总偏差允许值 F_i''，即

$$\Delta F_i'' \leqslant F_i'' \qquad (11\text{-}16)$$

3．径向跳动 ΔF_r

径向跳动指在一周范围内，将测头相继置于被测齿轮的每个齿槽内或轮齿上，与齿高中部双面接触，测头相对齿轮轴线距离的最大变动量（见图 11-15）。

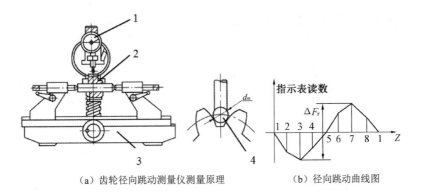

（a）齿轮径向跳动测量仪测量原理　　　　　（b）径向跳动曲线图

1—指示表；2—被测齿轮；3—齿轮径向跳动测量仪；4—球形测头

图 11-15　齿轮径向跳动

ΔF_r 可以用齿轮径向跳动测量仪测量，如图 11-15（a）所示，以齿轮孔轴线为基准，测头依次放入各齿槽内，根据测量数值可画出如图 11-15（b）所示的径向跳动曲线图。ΔF_r 主要是由齿轮的轴线和基准孔的中心线存在的几何偏心 e_j 引起的，它以齿轮一转为周期，故称长周期误差，属于径向误差。

ΔF_r 的性质与径向综合总偏差 $\Delta F_i''$ 基本相同，测量 $\Delta F_i''$ 时相当于用精确齿轮的轮齿代替测量 ΔF_r 的测头，且均为双面接触。

由于 ΔF_r 的测量十分简便，因此多用于各种批量生产的车间检验。但径向跳动基本上不反映运动偏心。这是因为滚切齿轮具有运动偏心时，只影响工作台的匀速回转，而刀具与齿轮轴线间的径向距离并没有变化。因此用与刀具齿廓相近的测头置于加工时刀具所在的位置上来测量径向跳动时，反映的是几何偏心。评定齿轮运动的准确性仅控制 ΔF_r 是不全面的，必须与反映运动偏心的检验参数一起评定。

径向跳动 ΔF_r 的合格条件为 ΔF_r 不大于齿轮径向跳动允许值 F_r，即

$$\Delta F_r \leqslant F_r \tag{11-17}$$

二、传动平稳性的可选用参数

1．一齿切向综合偏差 $\Delta f_i'$

一齿切向综合偏差 $\Delta f_i'$ 是指被测齿轮一转中，对应一个齿距角（$360°/z$）内实际圆周位移与理论圆周位移的最大差值（见图 11-13）。它的合格条件是 $\Delta f_i'$ 不大于一齿切向综合偏差允许值 f_i'，即

$$\Delta f_i' \leqslant f_i' \tag{11-18}$$

$\Delta f_i'$ 是在单啮仪上测量切向综合总偏差 $\Delta F_i'$ 的同时得到的，可以较好地反映单个齿距偏差和齿廓总偏差的综合结果，也能反映出刀具制造误差和安装误差及机床传动链短周期误差。

2．一齿径向综合偏差 $\Delta f_i''$

一齿径向综合偏差 $\Delta f_i''$ 是指被测齿轮一转中，对应一个齿距角（$360°/z$）内双啮中心距的最大变动量，即在径向综合偏差记录曲线 ［见图 11-14（b）］上小波纹的最大幅度值。

它的合格条件是 $\Delta f_i''$ 不大于一齿径向综合偏差允许值 f_i''，即

$$\Delta f_i'' \leqslant f_i'' \qquad\qquad (11\text{-}19)$$

一齿径向综合偏差 $\Delta f_i''$ 是在测量 $\Delta F_i''$ 同时得到的，它可以反映单个齿距偏差和齿廓偏差的综合结果。由于双面啮合测量时受轮齿左右齿面误差的影响，与齿轮的实际工作状态不符，因此不如用 $\Delta f_i'$ 评定传动平稳性精确。但由于仪器结构简单，操作方便，$\Delta f_i''$ 在成批生产中仍被广泛采用。

第四节　齿轮副中心距极限偏差和轴线平行度公差

前面讨论的是单个齿轮的精度评定指标，齿轮副的安装误差同样影响齿轮传动的使用性能，齿轮副安装完毕后，还应检测齿轮副的传动性能指标。

齿轮副的安装误差包括齿轮副的中心距偏差和齿轮副轴线平行度偏差。齿轮副的中心距偏差会直接影响齿轮传动侧隙的大小，齿轮副轴线平行度偏差会间接影响轮齿的载荷分布均匀性。

齿轮副的传动性能检测指标主要是指齿轮副的接触斑点。

一、齿轮副的安装误差

1. 齿轮副的中心距偏差 Δf_a

齿轮副的中心距偏差 Δf_a 是指在箱体两侧轴承跨距 L 的范围内，实际中心距 a_a（齿轮副两条轴线之间的实际距离）与公称中心距 a 之差（见图 11-16）。其大小不仅影响齿轮侧隙，而且也影响齿轮的重合度，因此必须加以控制。《圆柱齿轮 检验实施规范 第 3 部分：齿轮坯、轴中心距和轴线平行度的检验》（GB/Z 18620.3—2008）未给出中心距的允许偏差，可类比某些成熟产品的技术资料来确定或查表 11-1。

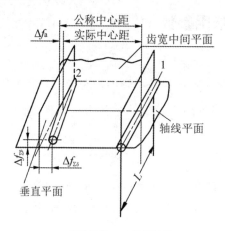

1—基准轴线；2—被测轴线

图 11-16　齿轮副的安装误差

表 11-1 齿轮副中心距极限偏差±f_a

齿轮精度等级		1～2	3～4	5～6	7～8	9～10	11～12
中心距极限偏差公式		$\frac{1}{2}$IT4	$\frac{1}{2}$IT6	$\frac{1}{2}$IT7	$\frac{1}{2}$IT8	$\frac{1}{2}$IT9	$\frac{1}{2}$IT11
齿轮副中心距 a/mm	>6～10	2	4.5	7.5	11	18	45
	>10～18	2.5	5.5	9	13.5	21.5	55
	>18～30	3	6.5	10.5	16.5	26	65
	>30～50	3.5	8	12.5	19.5	31	80
	>50～80	4	9.5	15	23	37	95
	>80～120	5	11	17.5	27	43.5	110
	>120～180	6	12.5	20	31.5	50	125
	>180～250	7	14.5	23	36	57.5	145
	>250～315	8	16	26	40.5	65	160
	>315～400	9	18	28.5	44.5	70	180

中心距公称值及其极限偏差在图样上的标注形式为 $a\pm f_a$。f_a 值可依据齿轮精度等级和公称中心距在表 11-1 中选取。中心距偏差 Δf_a 的合格条件是 Δf_a 应在中心距极限偏差范围内，即

$$-f_a \leqslant \Delta f_a \leqslant +f_a \tag{11-20}$$

2. 齿轮副轴线平行度偏差 $\Delta f_{\Sigma\delta}$、$\Delta f_{\Sigma\beta}$

由于轴线平行度偏差与其矢量有关，故 GB/Z 18620.3—2008 规定了齿轮副轴线在轴线平面内的平行度偏差 $\Delta f_{\Sigma\delta}$ 和垂直平面内的平行度偏差 $\Delta f_{\Sigma\beta}$，如图 11-16 所示。

测量齿轮副两条轴线之间的平行度偏差时，应依据两对轴承的跨距 L，选取跨距较大的轴线作为基准轴线，如果两对轴承的跨距相同，则可取任一轴线作为基准轴线，被测轴线 2 对基准轴线 1 的平行度偏差应在相互垂直的轴线平面和垂直平面上进行测量。轴线平面是指包含基准轴线 1 并通过被测轴线 2 与一个轴承中间平面的交点所确定的平面；垂直平面是指通过上述交点确定的垂直于轴线平面且平行于基准轴线 1 的平面。

（1）垂直平面内的平行度偏差的推荐最大值 $f_{\Sigma\beta}$。

$$f_{\Sigma\beta}=0.5(L/b)F_\beta \tag{11-21}$$

式中　L——齿轮副轴承跨距；

b——齿轮齿宽；

F_β——齿轮螺旋线总偏差。

（2）轴线平面内的平行度偏差的推荐最大值 $f_{\Sigma\delta}$。

$$f_{\Sigma\delta}=(L/b)F_\beta \tag{11-22}$$

二、齿轮副的传动性能检测指标

齿轮副的传动性能检测指标主要是指齿轮副的接触斑点。

齿轮副的接触斑点是指装配好的齿轮副在轻微制动下运转后，齿面上分布的接触擦亮痕迹。接触斑点如图 11-17 所示。

接触痕迹的大小在齿面展开图上用百分数计算，该评定指标由 GB/Z 18620.4—2008 推荐。沿齿长（齿宽）方向的接触斑点主要影响齿轮副的承载能力，沿齿高方向的接触斑点主要影响齿轮工作的平稳性。检查齿轮副的接触斑点有助于正确评估轮齿载荷分布情况。此外，产

品齿轮与测量齿轮的接触斑点可用于装配后的齿轮螺旋线和齿廓精度的评估，还可以用接触斑点来规定和控制齿轮轮齿的齿长方向的配合精度。

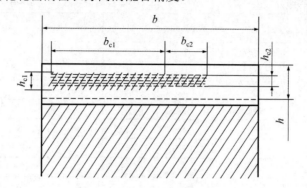

b—齿宽；h—有效齿面高度；b_{c1}—接触斑点的较大长度；b_{c2}—接触斑点的较小长度；h_{c1}—接触带的较大高度；

h_{c2}—接触带的较小高度

图 11-17　接触斑点

表 11-2 和表 11-3 分别列出了斜齿轮和直齿轮装配后的接触斑点推荐值。

表 11-2　斜齿轮装配后的接触斑点推荐值（摘自 GB/Z 18620.4—2008）

精度等级	$(b_{c1}/b) \times 100\%$	$(h_{c1}/h) \times 100\%$	$(b_{c2}/b) \times 100\%$	$(h_{c2}/h) \times 100\%$
4 级及更高	50	50	40	30
5 和 6	45	40	35	20
7 和 8	35	40	35	20
9～12	25	40	25	20

表 11-3　直齿轮装配后的接触斑点推荐值（摘自 GB/Z 18620.4—2008）

精度等级	$(b_{c1}/b) \times 100\%$	$(h_{c1}/h) \times 100\%$	$(b_{c2}/b) \times 100\%$	$(h_{c2}/h) \times 100\%$
4 级及更高	50	70	40	50
5 和 6	45	50	35	30
7 和 8	35	50	35	30
9～12	25	50	25	30

第五节　齿轮精度等级、允许值（公差）及其图样标注

一、齿轮精度等级

齿轮精度等级是指齿轮使用要求前三项的检测项目的精度要求，即对齿轮传递运动的准确性、传动的平稳性和轮齿载荷分布均匀性的精度要求。

GB/T 10095.1—2008 和 GB/T 10095.2—2008 规定了单个渐开线圆柱齿轮轮齿同侧齿面检测项目的公差等级为 13 个等级，从高到低用数字 0、1、2、…、12 表示；径向综合总偏差和一齿径向综合偏差（双侧齿面项目）规定了 9 个精度等级，从高到低用数字 4、5、6、…、12 表示。

13 个等级中 5 级精度是基础计算级，是计算其他等级公差值的基础，0~2 级为展望级，3~5 级为高精度级，6~8 级为中等精度级（常用级），9 级为较低精度级，10~12 级为低精度级。

二、齿轮各项偏差允许值（公差）及其计算公式

表 11-4 和表 11-5 分别是齿轮强制性检测指标和齿轮非强制性检测指标的 5 级精度的公差计算公式。表中的 m_n、d、b（单位为 mm）和 k 分别表示法向模数、分度圆直径、齿宽和测 ΔF_{pk} 时的齿距数，按规定取各尺寸段首、末尺寸数值的平均几何值代入，如实际模数为 7 mm，其所在尺寸段首、末尺寸数值为 6 mm 和 10 mm，则应带入 $m = \sqrt{6 \times 10} = 7.746$ mm。

表 11-4 齿轮强制性检测指标的 5 级精度的公差计算公式

齿轮公差项目的名称和符号	公差计算公式/μm	精度等级
齿距累积总偏差的允许值 F_p	$F_p = 0.3m_n + 1.25\sqrt{d} + 7$	0、1、2、…、12
齿距累积偏差的允许值 F_{pk}	$F_{pk} = f_{pt} + 1.6\sqrt{(k-1)m_n}$	
单个齿距偏差的允许值 f_{pt}	$f_{pt} = 0.3(m_n + 0.4\sqrt{d}) + 4$	
齿廓总偏差的允许值 F_α	$F_\alpha = 3.2\sqrt{m_n} + 0.22\sqrt{d} + 0.7$	
螺旋线总偏差的允许值 F_β	$F_\beta = 0.1\sqrt{d} + 0.63\sqrt{b} + 4.2$	

表 11-5 齿轮非强制性检测指标的 5 级精度的公差计算公式

齿轮公差项目的名称和符号	公差计算公式/μm	精度等级
一齿切向综合偏差的允许值 f_i'	$f_i' = K(9 + 0.3m_n + 3.2\sqrt{m_n} + 0.34\sqrt{d})$ 当总重合度 $\varepsilon_\gamma < 4$ 时， $K = 0.2(\dfrac{\varepsilon_\gamma + 4}{\varepsilon_\gamma})$; $\varepsilon_\gamma \geq 4$ 时，$K = 0.4$	4、5、6、…、12
切向综合总偏差的允许值 F_i'	$F_i' = F_p + f_i'$	
径向跳动的允许值 F_r	$F_r = 0.8F_p = 0.24m_n + 1.0\sqrt{d} + 5.6$	
径向综合总偏差的允许值 F_i''	$F_i'' = 3.2m_n + 1.01\sqrt{d} + 6.4$	
一齿径向综合偏差的允许值 f_i''	$f_i'' = 2.96m_n + 0.01\sqrt{d} + 0.8$	

齿轮精度指标的任一等级公差可以 5 级公差值为基础，按下面公式计算并圆整（若计算值>10 μm，圆整到最接近的整数；若计算值<10 μm，圆整到最接近的尾数为 0.5 μm 的小数或整数；若计算值<5 μm，圆整到最接近的尾数为 0.1 μm 的小数或整数）得到，即

$$T_Q = T_5 \times 2^{0.5(Q-5)} \tag{11-23}$$

式中　T_Q——Q 级精度的公差计算值；

T_5——5 级精度的公差计算值；

Q——表示 Q 级精度的阿拉伯数字。

为了使用方便，表 11-6~表 11-13 分别列出了以上各项偏差的允许值，单位为 μm。

表 11-6 部分齿距累积总偏差 F_P（摘自 GB/T 10095.1—2008）

分度圆直径 d/mm	法向模数 m_n/mm	精度等级												
		0	1	2	3	4	5	6	7	8	9	10	11	12
5≤d≤20	0.5≤m_n≤2	2.0	2.8	4.0	5.5	8.0	11.0	16.0	23.0	32.0	45.0	64.0	90.0	127.0
	2<m_n≤3.5	2.1	2.9	4.2	6.0	8.5	12.0	17.0	23.0	33.0	47.0	65.0	94.0	133.0
20<d≤50	0.5≤m_n≤2	2.5	3.6	5.0	7.0	10.0	14.0	20.0	29.0	41.0	57.0	81.0	115.0	162.0
	2<m_n≤3.5	2.6	3.7	5.0	7.5	10.0	15.0	21.0	30.0	42.0	59.0	84.0	119.0	168.0
	3.5<m_n≤6	2.7	3.9	5.5	7.5	11.0	15.0	22.0	31.0	44.0	62.0	87.0	123.0	174.0
50<d≤125	0.5≤m_n≤2	3.3	4.6	6.5	9.0	13.0	18.0	26.0	37.0	52.0	74.0	104.0	147.0	208.0
	2<m_n≤3.5	3.3	4.7	6.5	9.5	13.0	19.0	27.0	38.0	53.0	76.0	107.0	151.0	241.0
	3.5<m_n≤6	3.4	4.9	7.0	9.5	14.0	19.0	28.0	39.0	55.0	78.0	110.0	156.0	220.0
125<d≤280	0.5≤m_n≤2	4.3	6.0	8.5	12.0	17.0	24.0	35.0	49.0	69.0	98.0	138.0	195.0	276.0
	2<m_n≤3.5	4.4	6.0	9.0	12.0	18.0	25.0	35.0	50.0	70.0	100.0	141.0	199.0	282.0
	3.5<m_n≤6	4.5	6.5	9.0	13.0	18.0	25.0	36.0	51.0	72.0	102.0	144.0	204.0	288.0
280<d≤560	0.5≤m_n≤2	5.5	8.0	11.0	16.0	23.0	32.0	46.0	64.0	91.0	129.0	182.0	257.0	364.0
	2<m_n≤3.5	6.0	8.0	12.0	16.0	23.0	33.0	46.0	65.0	92.0	131.0	185.0	261.0	370.0
	3.5<m_n≤6	6.0	8.5	12.0	17.0	24.0	33.0	47.0	66.0	94.0	133.0	188.0	266.0	376.0

表 11-7 部分单个齿距极限偏差 $\pm f_{pt}$（摘自 GB/T 10095.1—2008）

分度圆直径 d/mm	法向模数 m_n/mm	精度等级												
		0	1	2	3	4	5	6	7	8	9	10	11	12
5≤d≤20	0.5≤m_n≤2	0.8	1.2	1.7	2.3	3.3	4.7	6.5	9.5	13.0	19.0	26.0	37.0	53.0
	2<m_n≤3.5	0.9	1.3	1.8	2.6	3.7	5.0	7.5	10.0	15.0	21.0	29.0	41.0	59.0
20<d≤50	0.5≤m_n≤2	0.9	1.2	1.8	2.5	3.5	5.0	7.0	10.0	14.0	20.0	28.0	40.0	56.0
	2<m_n≤3.5	1.0	1.4	1.9	2.7	3.9	5.5	7.5	11.0	15.0	22.0	31.0	44.0	58.0
	3.5<m_n≤6	1.1	1.5	2.1	3.0	4.3	6.0	8.5	12.0	17.0	24.0	34.0	48.0	68.0
50<d≤125	0.5≤m_n≤2	0.9	1.3	1.9	2.7	3.8	5.5	7.5	10.0	15.0	21.0	30.0	43.0	61.0
	2<m_n≤3.5	1.0	1.5	2.1	2.9	4.1	6.0	8.5	12.0	17.0	23.0	33.0	47.0	66.0
	3.5<m_n≤6	1.1	1.6	2.3	3.2	4.6	6.5	9.0	13.0	18.0	26.0	36.0	52.0	73.0
125<d≤280	0.5≤m_n≤2	1.1	1.5	2.1	3.0	4.2	6.0	8.5	12.0	17.0	24.0	34.0	48.0	67.0
	2<m_n≤3.5	1.1	1.6	2.3	3.2	4.6	6.5	9.0	13.0	18.0	26.0	36.0	51.0	73.0
	3.5<m_n≤6	1.2	1.8	2.5	3.5	5.0	7.0	10.0	14.0	20.0	28.0	40.0	56.0	79.0
280<d≤560	0.5≤m_n≤2	1.2	1.7	2.4	3.3	4.7	6.5	9.5	13.0	19.0	27.0	38.0	54.0	76.0
	2<m_n≤3.5	1.3	1.8	2.5	3.6	5.0	7.0	10.0	14.0	20.0	29.0	41.0	57.0	81.0
	3.5<m_n≤6	1.4	1.9	2.7	3.9	5.5	8.0	11.0	16.0	22.0	31.0	44.0	62.0	88.0

表 11-8　部分齿廓总偏差 F_α（摘自 GB/T 10095.1—2008）

分度圆直径 d/mm	法向模数 m_n /mm	精度等级												
		0	1	2	3	4	5	6	7	8	9	10	11	12
5≤d≤20	0.5≤m_n≤2	0.8	1.1	1.6	2.3	3.2	4.6	6.5	9.0	13.0	18.0	26.0	37.0	52.0
	2<m_n≤3.5	1.2	1.7	2.3	3.3	4.7	6.5	9.5	13.0	19.0	26.0	37.0	53.0	75.0
20<d≤50	0.5≤m_n≤2	0.9	1.3	1.8	2.6	3.6	5.0	7.5	10.0	15.0	21.0	29.0	41.0	58.0
	2<m_n≤3.5	1.3	1.8	2.5	3.6	5.0	7.0	10.0	14.0	20.0	29.0	40.0	57.0	81.0
	3.5<m_n≤6	1.6	2.2	3.1	4.4	6.0	9.0	12.0	18.0	25.0	35.0	50.0	70.0	99.0
50<d≤125	0.5≤m_n≤2	1.0	1.5	2.1	2.9	4.1	6.0	8.5	12.0	17.0	23.0	33.0	47.0	66.0
	2<m_n≤3.5	1.4	2.0	2.8	3.9	5.5	8.0	11.0	16.0	22.0	31.0	44.0	63.0	89.0
	3.5<m_n≤6	1.7	2.4	3.4	4.8	6.5	9.5	13.0	19.0	27.0	38.0	54.0	76.0	108.0
125<d≤280	0.5≤m_n≤2	1.2	1.7	2.4	3.5	4.9	7.0	10.0	14.0	20.0	28.0	39.0	55.0	78.0
	2<m_n≤3.5	1.6	2.2	3.2	4.5	6.5	9.0	13.0	18.0	25.0	36.0	50.0	70.0	101.0
	3.5<m_n≤6	1.9	2.6	3.7	5.5	7.5	11.0	15.0	21.0	30.0	42.0	60.0	84.0	119.0
280<d≤560	0.5≤m_n≤2	1.5	2.1	2.9	4.1	6.0	8.5	12.0	17.0	23.0	33.0	47.0	66.0	94.0
	2<m_n≤3.5	1.8	2.6	3.6	5.0	7.5	10.0	15.0	21.0	29.0	41.0	58.0	82.0	116.0
	3.5<m_n≤6	2.1	3.0	4.2	6.0	8.5	12.0	17.0	24.0	34.0	48.0	67.0	95.0	135.0

表 11-9　部分螺旋线总偏差 F_β（摘自 GB/T 10095.1—2008）

分度圆直径 d/mm	齿宽 b/mm	精度等级												
		0	1	2	3	4	5	6	7	8	9	10	11	12
5≤d≤20	20<b≤40	1.4	2.0	2.8	3.9	5.5	8.0	11.0	16.0	22.0	31.0	45.0	63.0	89.0
	40<b≤80	1.6	2.3	3.3	4.6	6.5	9.5	13.0	19.0	26.0	37.0	52.0	74.0	105.0
20<d≤50	20<b≤40	1.4	2.0	2.9	4.1	5.5	8.0	11.0	16.0	23.0	32.0	46.0	65.0	92.0
	40<b≤80	1.7	2.4	3.4	4.8	6.5	9.5	13.0	19.0	27.0	38.0	54.0	76.0	107.0
50<d≤125	20<b≤40	1.5	2.1	3.0	4.2	6.0	8.5	12.0	17.0	24.0	34.0	48.0	68.0	95.0
	40<b≤80	1.7	2.5	3.5	4.9	7.0	10.0	14.0	20.0	28.0	39.0	56.0	79.0	111.0
125<d≤280	20<b≤40	1.6	2.2	3.2	4.5	6.5	9.0	13.0	18.0	25.0	36.0	50.0	71.0	101.0
	40<b≤80	1.8	2.6	3.6	5.0	7.5	10.0	15.0	21.0	29.0	41.0	58.0	82.0	117.0
280<d≤560	20<b≤40	1.7	2.4	3.4	4.8	6.5	9.5	13.0	19.0	27.0	38.0	54.0	76.0	108.0
	40<b≤80	1.9	2.7	3.9	5.5	7.5	11.0	15.0	22.0	31.0	44.0	62.0	87.0	124.0

表 11-10　部分一齿切向综合偏差 f_i' 与 K 的比值（f_i'/K）（摘自 GB/T 10095.1—2008）

分度圆直径 d/mm	法向模数 m_n /mm	精度等级												
		0	1	2	3	4	5	6	7	8	9	10	11	12
5≤d≤20	0.5≤m_n≤2	2.4	3.4	4.8	7.0	9.5	14.0	19.0	27.0	38.0	54.0	77.0	109.0	154.0
	2<m_n≤3.5	2.8	4.0	5.5	8.0	11.0	16.0	23.0	32.0	45.0	64.0	91.0	129.0	182.0
20<d≤50	0.5≤m_n≤2	2.5	3.6	5.0	7.0	10.0	14.0	20.0	29.0	41.0	58.0	82.0	115.0	163.0
	2<m_n≤3.5	3.0	4.2	6.0	8.5	12.0	17.0	24.0	34.0	48.0	68.0	96.0	135.0	191.0
	3.5<m_n≤6	3.4	4.8	7.0	9.5	14.0	19.0	27.0	38.0	54.0	77.0	108.0	153.0	217.0

续表

分度圆直径 d/mm	法向模数 m_n /mm	精度等级												
		0	1	2	3	4	5	6	7	8	9	10	11	12
50<d≤125	0.5≤m_n≤2	2.7	3.9	5.5	8.0	11.0	16.0	22.0	31.0	44.0	62.0	88.0	124.0	176.0
	2<m_n≤3.5	3.2	4.5	6.5	9.0	13.0	18.0	25.0	36.0	51.0	72.0	102.0	144.0	204.0
	3.5<m_n≤6	3.6	5.0	7.0	10.0	14.0	20.0	29.0	40.0	57.0	81.0	115.0	162.0	229.0
125<d≤280	0.5≤m_n≤2	3.0	4.3	6.0	8.5	12.0	17.0	24.0	34.0	49.0	69.0	97.0	137.0	194.0
	2<m_n≤3.5	3.5	4.9	7.0	10.0	14.0	20.0	28.0	39.0	56.0	79.0	111.0	157.0	222.0
	3.5<m_n≤6	3.9	5.5	7.5	11.0	15.0	22.0	31.0	44.0	62.0	88.0	124.0	175.0	247.0
280<d≤560	0.5≤m_n≤2	3.4	4.8	9.5	9.5	14.0	19.0	27.0	39.0	54.0	77.0	109.0	154.0	218.0
	2<m_n≤3.5	3.8	5.5	7.5	11.0	15.0	22.0	31.0	44.0	62.0	87.0	123.0	174.0	246.0
	3.5<m_n≤6	4.2	6.0	8.5	12.0	17.0	24.0	34.0	48.0	68.0	96.0	136.0	192.0	271.0

注：1. 一齿切向综合偏差 f_i' 的允许值由表中给出的 f_i'/K 数值乘以系数 K 求得。当总重合度 $\varepsilon_\gamma<4$ 时，$K=0.2(\dfrac{\varepsilon_\gamma+4}{\varepsilon_\gamma})$；

当 $\varepsilon_\gamma≥4$ 时，$K=0.4$。

2. 切向综合总偏差 $F_i'=F_p+f_i'$。

表 11-11 部分齿轮径向跳动 F_r 的允许值（摘自 GB/T 10095.2—2008）

分度圆直径 d/mm	法向模数 m_n/mm	精度等级												
		0	1	2	3	4	5	6	7	8	9	10	11	12
50<d≤125	0.5≤m_n≤2	2.5	3.5	5.0	7.5	10	15	21	29	42	59	83	118	167
	2<m_n≤3.5	2.5	4.0	5.5	7.5	11	16	21	30	43	61	86	121	171
	3.5<m_n≤6	3.0	4.0	5.5	8.0	11	16	22	31	44	62	88	125	176
125<d≤280	0.5≤m_n≤2	3.5	5.0	7.0	10	14	20	28	39	55	78	110	156	221
	2<m_n≤3.5	3.5	5.0	7.0	10	14	20	28	40	56	80	113	159	225
	3.5<m_n≤6	3.5	5.0	7.0	10	14	20	29	41	58	82	115	163	231
280<d≤560	0.5≤m_n≤2	4.5	6.5	9.0	13	18	26	36	51	73	103	146	206	291
	2<m_n≤3.5	4.5	6.5	9.0	13	18	26	37	52	74	105	148	209	296
	3.5<m_n≤6	4.5	6.5	9.5	13	19	27	38	53	75	106	213	213	301

表 11-12 部分径向综合总偏差 F_i''（摘自 GB/T 10095.2—2008）

分度圆直径 d/mm	法向模数 m_n/mm	精度等级							
		4	5	6	7	8	9	10	11	12
50<d≤125	1.5≤m_n≤2.5	15	22	31	43	61	86	122	173	244
	2.5<m_n≤4.0	18	25	36	51	72	102	144	204	288
	4.0<m_n≤6.0	22	31	44	62	88	124	176	248	351
125<d≤280	1.5≤m_n≤2.5	19	26	37	53	75	106	149	211	299
	2.5<m_n≤4.0	21	30	43	61	86	121	172	243	343
	4.0<m_n≤6.0	25	36	51	72	102	144	203	287	406
280<d≤560	1.5≤m_n≤2.5	23	33	46	65	92	131	185	262	370
	2.5<m_n≤4.0	26	37	52	73	104	146	207	293	414
	4.0<m_n≤6.0	30	42	60	84	119	169	239	337	477

表 11-13 部分一齿径向综合偏差 f_i''（摘自 GB/T 10095.2—2008）

分度圆直径	法向模数	精度等级								
d/mm	m_n/mm	4	5	6	7	8	9	10	11	12
$50<d\leqslant125$	$1.5\leqslant m_n\leqslant2.5$	4.5	6.5	9.5	13	19	26	37	53	75
	$2.5<m_n\leqslant4.0$	7.0	10	14	20	29	41	58	82	116
	$4.0<m_n\leqslant6.0$	11	15	22	31	44	62	87	123	174
$125<d\leqslant280$	$1.5\leqslant m_n\leqslant2.5$	4.5	6.5	9.5	13	19	27	38	53	75
	$2.5<m_n\leqslant4.0$	7.5	10	15	21	29	41	58	82	116
	$4.0<m_n\leqslant6.0$	11	15	22	31	44	62	87	124	175
$280<d\leqslant560$	$1.5\leqslant m_n\leqslant2.5$	5.0	6.5	9.5	13	19	27	38	54	76
	$2.5<m_n\leqslant4.0$	7.5	10	15	21	29	41	59	83	117
	$4.0<m_n\leqslant6.0$	11	15	22	31	44	62	88	124	175

对于没提供数值表的偏差的允许值，可在对其定义和圆整规则的基础上，用表 11-4 和表 11-5 中的公式求取。

当齿轮参数不在给定的范围内或经供需双方同意时，可在计算公式中带入实际齿轮参数计算，而无须取分段界限的几何平均值。

在给定的文件中，如果所要求的齿轮精度等级规定为国家标准中的某一精度等级，而没有其他规定时，则各项偏差的允许值均按该精度等级。设计人员可根据协议对不同情况规定不同的精度等级。对于径向跳动，可按协议由供需双方共同规定。

三、图样标注

1. 齿轮精度等级的图样标注

当齿轮前三项使用要求的精度等级相同时，在图样中标注精度等级数字和标准号。如

7 GB/T 10095.1—2008

当齿轮前三项使用要求的精度等级不同时，在图样中标注精度等级数字（按传递运动准确性、传动平稳性和载荷分布均匀性的顺序）及带括号的对应公差、极限偏差符号和标准号，如

8（F_p、f_{pt}、F_α）、7（F_β） GB/T 10095.1—2008

或标注为

8-8-7 GB/T 10095.1—2008

2. 侧隙的图样标注

齿厚偏差（或公法线长度偏差）应在图样右上角的参数表中注出其上、下偏差数值。

对大模数齿轮一般标注公称齿厚及其上、下偏差，如 $S_n{}_{E_{sni}}^{E_{sns}}$；对中小模数齿轮一般标注公称公法线长度及其上、下偏差，如 $W_{E_{wi}}^{E_{ws}}$。

第六节　圆柱齿轮精度设计

一、齿轮精度等级的选用

齿轮精度等级的选用是否恰当，不但会影响传动质量，还会影响制造成本。因此，在确定齿轮精度等级时，通常依据齿轮的用途、使用要求、传动功率和圆周速度及其他技术条件来确定。一般有计算法和经验法（类比法）两种，目前大多采用经验法。

1. 计算法

根据机构最终达到的精度要求，应用传动尺寸链的方法计算和分配各级齿轮副的传动精度，确定齿轮的精度等级。影响齿轮精度的既有齿轮自身因素也有安装误差，很难计算出准确的精度等级，计算结果只能作为参考，且经过计算的精度等级，往往还需经过齿轮传动性能试验，或在具体使用后再做必要修正，所以此方法仅适用于特殊精度机构使用的齿轮。

2. 经验法

经验法是参考同类产品的齿轮精度，结合所设计齿轮的具体要求来确定精度等级的方法。对于一般无特殊技术要求的齿轮传动，大多采用此方法。

表 11-14 列出了部分圆柱齿轮平稳性精度等级的适用范围，表 11-15 列出了某些机械中的齿轮所采用的精度等级，供设计人员参考。

表 11-14　部分圆柱齿轮平稳性精度等级的适用范围

精度等级	圆周速度（m/s）		应用范围
	直齿轮	斜齿轮	
3（极精密）	≤40	≤75	要求特别精密的或在最平稳、无噪声且特别高速情况下工作的齿轮； 特别精密分度机构中的齿轮； 检测 5~6 级齿轮用的测量齿轮
4（特别精密）	≤35	≤70	在最平稳且无噪声的极高速情况下工作的齿轮； 特精密分度机构中的齿轮； 高速汽轮机齿轮； 检测 7 级齿轮用的测量齿轮
5（高精密）	≤20	≤40	特精密分度机或要求极平稳、无噪声且高速工作的齿轮； 精密机构用齿轮； 透平齿轮； 检测 8~9 级齿轮用的测量齿轮
6（高精密）	≤16	≤30	要求高效率、无噪声且高速平稳工作的齿轮； 分度机构的齿轮； 特别重要的航空、汽车齿轮； 读数装置中特别精密传动的齿轮
7（精密）	≤10	≤15	增速和减速用齿轮传动； 金属切削机床进刀机构用齿轮； 高速减速器用齿轮； 航空、汽车用齿轮； 读数装置用齿轮

续表

精度等级	圆周速度（m/s）		应用范围
	直齿轮	斜齿轮	
8（中等精密）	≤6	≤10	无须特别精密的一般机械制造用齿轮； 分度链以外的机床传动齿轮； 航空、汽车制造业中不重要的齿轮； 起重机构用齿轮； 农业机械中的重要齿轮； 通用减速器齿轮
9（较低精度）	≤2	≤4	用于精度要求较低的粗糙工作齿轮

表 11-15　某些机械中的齿轮所采用的精度等级

应用范围	精度等级	应用范围	精度等级
单啮仪、双啮仪（测量齿轮）	3～5	拖拉机	6～10
汽轮减速器	3～6	一般用途的减速器	6～9
金属切削机床	3～8	轧钢设备的小齿轮	6～10
内燃机车与电气机车	6～7	矿用绞车	8～10
轻型汽车	5～8	起重机机构	7～10
重型汽车	6～9	农业机械	8～11
航空发动机	4～7	—	—

二、齿轮检验项目的选择

在检验中，测量全部轮齿要素的偏差既不经济也没必要，因为有些轮齿要素对于特定齿轮的功能没有明显的影响，另外有些测量项目可以代替另一些项目，比如切向综合总偏差检验能代替齿距累积总偏差检验。

一般精度的单个齿轮应采用检测齿距累积总偏差、单个齿距偏差、齿廓总偏差、螺旋线总偏差来保证齿轮的精度；齿轮侧隙检测选用齿厚偏差或公法线长度偏差；高速齿轮和齿数多的大齿轮应检测齿距累积偏差。其他参数一般不是强制性检验项目，可视具体情况由供需双方协商确定。当有条件检验一齿切向综合偏差和切向综合总偏差时，可以不必检验单个齿距偏差和齿距累积总偏差。测量径向跳动简单方便，所以常用。如果能检验一齿径向综合偏差和径向综合总偏差，则不必检验径向跳动。测量公法线长度比测量齿厚方便、精确，因此生产中常用公法线长度偏差代替齿厚偏差。

依据我国目前齿轮生产的技术和质量控制水平，推荐 5 个检测组（见表 11-16），以便设计人员根据齿轮的使用要求、生产批量和检验设备选取其中一组来评定齿轮的精度等级。应该强调，质量控制测量项目必须由采购方和供货方协商确定。

表 11-16　齿轮的推荐检测组

检验组	检验项目	精度等级	测量仪器	备注
1	F_p、F_r、$\pm f_{pt}$、F_α、F_β	3～9	齿距仪、齿形仪、齿向仪、摆差测定仪、齿厚卡尺或公法线千分尺	单件小批量
2	F_p、F_{pk}、$\pm f_{pt}$、F_r、F_α、F_β	3～9	齿距仪、齿形仪、齿向仪、摆差测定仪、齿厚卡尺或公法线千分尺	单件小批量

续表

检验组	检验项目	精度等级	测量仪器	备注
3	F''_i、f''_i	6~9	双面啮合测量仪、齿厚卡尺或公法线千分尺	大批量
4	F_r、$\pm f_{pt}$	10~12	齿距仪、摆差测定仪、齿厚卡尺或公法线千分尺	—
5	F'_i、f'_i、F_β	3~6	单啮仪、齿向仪、齿厚卡尺或公法线千分尺	大批量

三、齿轮侧隙指标的确定

齿轮侧隙指标的确定包括齿轮副最小法向侧隙计算、齿厚上偏差计算、齿厚公差确定和齿厚下偏差计算等内容，是齿轮精度设计的重要内容之一。

相互啮合齿轮的相邻非工作齿面间的侧隙是齿轮副装配后自然形成的。适当的侧隙可以用改变齿轮副中心距的大小（需注意：当中心距变大时会使侧隙变大，但同时工作啮合齿高会变小）或（和）减少齿轮轮齿的厚度来获得。当齿轮副中心距不能调整时，就必须在加工齿轮时按规定的齿厚极限偏差将齿轮的齿厚切薄。

齿厚上偏差可以根据齿轮副所需要的最小侧隙通过计算或用类比法确定。齿厚下偏差则按齿轮精度等级和加工齿轮时的径向进刀公差与几何偏心确定。当齿轮精度等级和齿厚极限偏差确定后，齿轮副的最大侧隙就自然形成，一般不必验算。

1. 齿轮副所需的最小法向侧隙 j_{bnmin}

侧隙通常在相互啮合齿轮齿面的法向平面上或沿啮合线测量，用塞尺测量的法向侧隙称为法向侧隙 j_{bn}，可用塞尺测量。用塞尺测量法向侧隙如图 11-18 所示。为了保证齿轮转动的灵活性，根据润滑和补偿热变形的需要，齿轮副必须具有一定的最小侧隙。在标准温度（20℃）下，齿轮副无载荷时所需最小限度的法向侧隙称为最小法向侧隙 j_{bnmin}，它与齿轮精度等级无关。

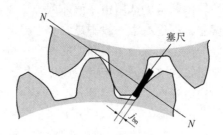

NN—啮合线；j_{bn}—法向侧隙

图 11-18　用塞尺测量法向侧隙

最小法向侧隙 j_{bnmin} 可以根据传动时齿轮和箱体的温度、润滑方式及齿轮的圆周速度等工作条件确定，由下列两部分组成。

（1）补偿传动时温度升高使齿轮和箱体产生的热变形所需的法向侧隙 j_{bn1}。

$$j_{bn1}=a(\alpha_1\Delta t_1-\alpha_2\Delta t_2)\times 2\sin\alpha_n \qquad (11\text{-}24)$$

式中　a——齿轮副的公称中心距；

　　　α_1、α_2——齿轮和箱体材料的线膨胀系数（1/℃）；

Δt_1、Δt_2——齿轮温度 t_1 和箱体温度 t_2 分别对 20℃的偏差；

α_n——齿轮的标准法向压力角。

（2）保证正常润滑条件所需的法向侧隙 j_{bn2}。

j_{bn2} 取决于润滑方法和齿轮的圆周速度。保证正常润滑条件所需的法向侧隙 j_{bn2} 可参考表 11-17 选取。

表 11-17 保证正常润滑条件所需的法向侧隙 j_{bn2}

润滑方式	齿轮的圆周速度 v/(m/s)			
	≤10	>10~25	>25~60	>60
喷油润滑	$0.01m_n$	$0.02m_n$	$0.03m_n$	$(0.03~0.05)m_n$
油池润滑	$(0.005~0.01)m_n$			

注：m_n 为齿轮法向模数（mm）。

齿轮副的最小法向侧隙为

$$j_{bnmin}=j_{bn1}+j_{bn2} \tag{11-25}$$

或

$$j_{bnmin} = \frac{2}{3}(0.06+0.000\,5|a|+0.03m_n) \tag{11-26}$$

2. 齿厚上偏差 E_{sns} 的确定

确定齿厚上偏差 E_{sns}（齿厚最小减薄量），除了要保证齿轮副所需的最小法向侧隙 j_{bnmin}，还要补偿齿轮和箱体的制造误差和安装误差所引起的侧隙减小量 J_{bn}。

在计算 J_{bn} 时，考虑到基圆齿距偏差和螺旋线总偏差的计值方向与法向侧隙方向一致，而上述两个平面上的平行度偏差的计值方向皆与法向侧隙方向不一致，应分别乘以 $\sin\alpha_n$ 和 $\cos\alpha_n$ 后换算到法向侧隙方向，并用偏差允许值（公差）代替其偏差，再按独立随机量合成，则 J_{bn} 的计算公式为

$$J_{bn} = \sqrt{(f_{pb1})^2+(f_{pb2})^2+2(F_\beta\cos\alpha_n)^2+(f_{\Sigma\delta}\sin\alpha_n)^2+(f_{\Sigma\beta}\cos\alpha_n)^2} \tag{11-27}$$

式中 f_{pb1}、f_{pb2}——两个啮合齿轮的基圆齿距（基节）偏差，$f_{pb1}=f_{pt1}\cos\alpha_n$，$f_{pb2}=f_{pt2}\cos\alpha_n$（$f_{pt1}$、$f_{pt2}$ 分别为大小齿轮的单个齿距偏差）；

$f_{\Sigma\delta}$、$f_{\Sigma\beta}$——齿轮副轴线平行度偏差，见式（11-21）和式（11-22）；

F_β——啮合齿轮的螺旋线总偏差；

α_n——法向啮合角（20°）。

把上述参数代入式（11-27）得

$$J_{bn} = \sqrt{0.88(f_{pt1}{}^2+f_{pt2}{}^2)+[1.77+0.34(L/b)^2]F_\beta{}^2} \tag{11-28}$$

考虑到实际中心距为下极限尺寸，即中心距实际偏差为下极限偏差 $-f_a$ 时，法向侧隙会减少 $2f_a\sin\alpha_n$，同时将齿厚偏差换算到法向侧隙方向（乘以 $\cos\alpha_n$），可得齿厚上偏差 E_{sns} 与最小法向侧隙 j_{bnmin}、制造安装误差减少侧隙 J_{bn} 和中心距下极限偏差 $-f_a$ 的关系式为

$$(E_{sns1}+E_{sns2})\cos\alpha_n=-(j_{bnmin}+J_{bn}+2f_a\sin\alpha_n) \tag{11-29}$$

为计算方便，令 $E_{sns1}=E_{sns2}=E_{sns}$，代入式（11-29）中整理得 E_{sns} 的计算式为

$$E_{sns} = -\left(\frac{j_{bnmin}+J_{bn}}{2\cos\alpha_n}+f_a\tan\alpha_n\right) \tag{11-30}$$

3. 齿厚下偏差 E_{sni} 的确定

齿厚下偏差 E_{sni} 由齿厚上偏差 E_{sns} 和齿厚公差 T_{sn} 求得，即

$$E_{sni}=E_{sns}-T_{sn} \tag{11-31}$$

齿厚公差 T_{sn} 的大小取决于切齿时的径向进刀公差 b_r 和齿轮径向跳动公差 F_r，b_r 和 F_r 按独立随机误差合成，并将径向的值换算为齿厚偏差方向（切向，乘以 $2\tan\alpha_n$），得

$$T_{sn} = 2\tan\alpha_n \sqrt{b_r^2 + F_r^2} \tag{11-32}$$

式（11-32）中 b_r 的数值按表 11-18 选取，F_r 的数值从表 11-11 中查得。

表 11-18　切齿径向进刀公差值 b_r

齿轮传递运动准确性的精度等级	4	5	6	7	8	9
b_r 值	1.26IT7	IT8	1.26IT8	IT9	1.26IT9	IT10

注：IT 值按齿轮分度圆直径从表 3-4 中查得。

4. 公法线长度偏差的确定

当侧隙指标采用公法线长度偏差时，还需把齿厚上偏差和下偏差（E_{sns}、E_{sni}）按式（11-11）、式（11-12）、式（11-13）和式（11-14）换算成公法线长度上偏差和下偏差（E_{ws}、E_{wi}）。

四、齿轮坯精度的确定

齿轮坯是指在轮齿加工前供制造齿轮用的工件。齿轮坯的内孔、端面、顶圆等常作为加工、装配的基准，因为其精度直接影响齿轮的加工精度和安装精度，并影响齿轮副的接触状况和运行质量，所以必须加以控制。因此，在齿轮零件图上，除了表示齿轮的基准轴线和标注齿轮公差，还须标注齿轮坯公差。

1. 盘形齿轮的齿轮坯公差

盘形齿轮的齿轮坯公差标注如图 11-19 所示，盘形齿轮的基准表面为齿轮安装在轴上的基准孔（ϕD）、切齿时的定位端面（S_t）、径向基准面（S_r）和齿顶圆柱面（ϕd_a）。

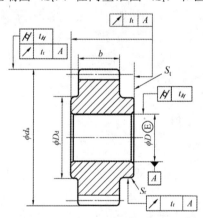

图 11-19　盘形齿轮的齿轮坯公差标注

基准孔的尺寸公差（采用包容要求）、齿顶圆的尺寸公差、基准孔的圆柱度公差、基准端面 S_t 对基准孔轴线的轴向圆跳动公差 t_t、径向基准面 S_r 对基准孔轴线的径向圆跳动公差 t_r 按齿轮精度等级从表 11-19 所示的齿轮坯公差中选取。

如果齿顶圆柱面作为加工和测量基准面，除了上述规定的尺寸公差，还需规定其圆柱度公差和对基准孔轴线的径向圆跳动公差，公差值也是从表 11-19 中选取。此时不必给出径向基准面 S_r 对基准孔轴线的径向圆跳动公差 t_r。

表 11-19　齿轮坯公差

齿轮精度等级	3	4	5	6	7	8	9	10
盘形齿轮基准孔尺寸公差	IT4		IT5	IT6	IT7		IT8	
齿轮轴轴颈尺寸公差	IT4		IT5		IT6		IT7	
齿顶圆直径公差	IT7			IT8			IT9	
盘形齿轮基准孔（或齿轮轴轴颈）的圆柱度公差	0.04（L/b）F_β 或 0.1F_p，取两者中小值							
基准端面对齿轮基准孔轴线的轴向圆跳动公差 t_t	0.2（D_d/b）F_β							
基准圆柱面对齿轮基准孔轴线的径向圆跳动公差 t_r	0.3F_p							

注：1. 表中 L、b、F_β、F_p、D_d 分别代表齿轮副轴承跨距、齿轮齿宽、齿轮螺旋线总偏差、齿距累积总偏差和基准端面直径。

　　2. 当齿轮的三项精度等级不同时，齿轮基准孔的尺寸公差按最高精度等级确定。

　　3. 当齿顶圆柱面不作为测量齿厚的基准面时，齿顶圆直径公差按 IT11 给定，但不得大于 0.1m_n。

　　4. 当齿顶圆柱面不作为基准面时，图样上不必给出 t_r。

2．齿轮轴的齿轮坯公差

齿轮轴的齿轮坯公差标注如图 11-20 所示，齿轮轴的基准表面为安装滚动轴承的两个轴颈（2 ×ϕd）、轴向基准端面（2 ×S_t）和齿顶圆柱面（ϕd_a）。

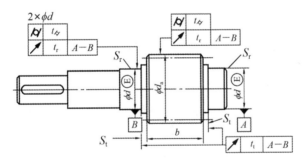

图 11-20　齿轮轴的齿轮坯公差标注

两个轴颈的尺寸公差（采用包容要求）、齿顶圆的尺寸公差、两轴颈的圆柱度公差、两轴颈分别对它们的公共基准轴线的径向圆跳动公差 t_r 和基准端面（2 ×S_t）对两轴颈的公共轴线的轴向圆跳动公差 t_t 从表 11-19 中选取。

两个轴颈的尺寸公差和几何公差也可按照滚动轴承的公差等级确定。

如果齿顶圆柱面作为测量基准，除了上述规定的尺寸公差，还需规定其圆柱度公差和对基准轴线的径向圆跳动公差，公差值从表 11-19 中选取。

3．齿轮齿面和基准面的表面粗糙度

齿轮齿面的表面粗糙度对齿轮的传动精度（噪声和振动）、表面承载能力（点蚀、胶合和磨损）和弯曲强度（齿根过渡曲面状况）等都会产生很大的影响，因此设计时应规定相应的表面粗糙度。齿轮齿面的表面粗糙度推荐极限值如表 11-20 所示。齿轮坯其他表面的表面粗糙度值参照表11-21齿轮各基准面的算术平均偏差 Ra 推荐极限值（摘自 GB/Z 18620.4—2002）选取。

表 11-20　齿轮齿面的表面粗糙度推荐极限值（摘自 GB/Z 18620.4—2002）

齿轮精度等级	$Ra/\mu m$			$Rz/\mu m$		
	$m\leq6$	$6<m\leq25$	$m>25$	$m\leq6$	$6<m\leq25$	$m>25$
3	—	0.16	—	—	1.00	—
4	—	0.32	—	—	2.00	—
5	0.50	0.63	0.80	3.20	4.00	5.00
6	0.80	1.00	1.25	5.00	6.30	8.00
7	1.25	1.60	2.00	8.00	10.00	12.50
8	2.00	2.50	3.20	12.50	16.00	20.00
9	3.20	4.00	5.00	20.00	25.00	32.00
10	5.00	6.30	8.00	32.00	40.00	50.00

表 11-21　齿轮各基准面的算数平均偏差 Ra 推荐极限值

齿轮的精度等级		5	6	7	8	9
各面的粗糙度 $Ra/\mu m$	齿轮基准孔	0.32～0.63	1.25	1.25～2.5		5.0
	齿轮轴基准轴颈	0.32	0.63	1.25	2.5	
	齿轮基准端面	2.5～1.25	2.5～5.0		3.2～5.0	
	齿顶圆柱面	1.25～2.5		3.2～5.0		

五、圆柱齿轮精度设计实例

圆柱齿轮精度设计一般包括以下内容：确定齿轮的精度等级；确定齿轮检验项目及其允许值；确定齿轮的侧隙指标及其极限偏差；确定齿轮坯公差和齿轮各表面粗糙度；确定齿轮副中心距极限偏差和轴线平行度偏差。

例 11-1　某机床主轴箱传动轴上有一对标准渐开线直齿圆柱齿轮，小齿轮和大齿轮的齿数分别为 $z_1=26$、$z_2=56$，模数 $m=2.75$ mm，齿宽分别为 $b_1=28$ mm，$b_2=24$ mm。小齿轮基准端面直径 $D_d=\phi65$ mm，小齿轮基准孔的公称尺寸为 $D=\phi30$ mm，小齿轮转速 $n_1=1\,650$ r/min，箱体上两对轴承孔中较长的跨距 $L=90$ mm。齿轮材料为钢，箱体材料为铸铁，单件小批量生产。试设计小齿轮的精度，并将设计的各项技术要求标注在齿轮工作图上。

解：

① 确定齿轮精度等级。

因该齿轮为机床主轴箱传动齿轮，由表 11-15 可以大致得出，齿轮精度在 3～8 级，进一步分析，该齿轮既传递运动又传递动力，因此可根据线速度确定其精度等级。

圆柱齿轮精度设计实例

$$v=\frac{\pi d n_1}{1\,000\times60}=\frac{3.14\times(2.75\times26)\times1\,650}{1\,000\times60}\approx6.2 \text{ m/s}$$

参考表 11-14 可确定该齿轮传动平稳性的精度等级为 7 级，由于对齿轮传递运动准确性没有特殊要求，传递动力不是很大，故参照平稳性的精度等级，准确性和载荷均匀性都可取 7 级，则齿轮精度等级的标注为

7 GB/T 10095.1—2008

② 确定小齿轮精度的必检偏差项目及其允许值。

检验项目由供需双方商定，本例查表 11-16，参考第 1 检验组评定齿轮精度，确定齿轮的

检验项目组合为 F_p、F_r、$\pm f_{pt}$、F_α 和 F_β。

计算小齿轮分度圆直径：$d_1 = mz_1 = 2.75 \times 26 = 71.5$ mm。

查表 11-6 得齿距累积总偏差允许值 $F_p = 0.038$ mm。

查表 11-7 得单个齿距偏差允许值 $\pm f_{pt} = \pm 0.012$ mm。

查表 11-8 得齿廓总偏差允许值 $F_\alpha = 0.016$ mm。

查表 11-9 得螺旋线总偏差允许值 $F_\beta = 0.017$ mm。

查表 11-11 得齿轮径向跳动允许值 $F_r = 0.030$ mm。

③ 确定最小法向侧隙。

中心距　$a = \dfrac{m}{2}(z_1 + z_2) = \dfrac{2.75}{2}(26 + 56) = 112.75$ mm

由式（11-26）计算最小法向侧隙 j_{bnmin} 为

$$j_{bnmin} = \frac{2}{3}(0.06 + 0.000\,5|a| + 0.03m_n) = \frac{2}{3}(0.06 + 0.000\,5 \times 112.75 + 0.03 \times 2.75) \approx 0.133 \text{ mm}$$

④ 确定齿厚极限偏差。

第一，确定齿厚上偏差 E_{sns}。

当确定齿厚上偏差和下偏差时，首先要确定补偿齿轮和齿轮箱体的制造、安装误差所引起的侧隙减小量 J_{bn}。由表 11-7 查得 $f_{pt1} = 0.012$ mm，$f_{pt2} = 0.013$ mm（$d_2 = mz_2 = 2.75 \times 56 = 154$ mm）。

将 $F_\beta = 0.017$ mm、$L = 90$ mm 和 $b_1 = 28$ mm 代入式（11-28）得

$$\begin{aligned}
J_{bn} &= \sqrt{0.88(f_{pt1}^2 + f_{pt2}^2) + [2 + 0.34(L/b)^2]F_\beta^2} \\
&= \sqrt{0.88 \times (0.012^2 + 0.013^2) + [2 + 0.34 \times (90/28)^2] \times 0.017^2} \\
&\approx 0.043 \text{ mm}
\end{aligned}$$

由表 11-1 查得 $f_a = 27$ μm，按式（11-30）计算齿厚上偏差 E_{sns} 为

$$E_{sns} = -\left(\frac{j_{bnmin} + J_{bn}}{2\cos\alpha_n} + f_a\tan\alpha_n\right) = -\left(\frac{0.133 + 0.043}{2\cos 20°} + 0.027 \times \tan 20°\right) \approx -0.103 \text{ mm}$$

第二，确定齿厚公差 T_{sn}。

由表 11-18 查得 $b_r = $IT9，按小齿轮分度圆直径 $d_1 = 71.5$ mm，查表 3-4 得，$b_r = $IT9$= 0.074$ mm。

根据式（11-32）计算得齿厚公差 T_{sn}。

$$T_{sn} = 2\tan\alpha_n\sqrt{b_r^2 + F_r^2} = 2\tan 20°\sqrt{0.074^2 + 0.030^2} \approx 0.058 \text{ mm}$$

第三，确定齿厚下偏差 E_{sni}。

$$E_{sni} = E_{sns} - T_{sn} = (-0.103) - 0.058 = -0.161 \text{ mm}$$

通常对于中等模数齿轮，用检查公法线长度偏差来代替齿厚偏差。

第四，确定公法线长度及其偏差。

按式（11-11）和式（11-12）可得公法线长度的上、下偏差为

$$E_{ws} = E_{sns}\cos\alpha_n - 0.72F_r\sin\alpha_n = (-0.103\cos 20°) - 0.72 \times 0.030 \times \sin 20° \approx -0.104 \text{ mm}$$

$$E_{wi} = E_{sni}\cos\alpha_n + 0.72F_r\sin\alpha_n = (-0.161\cos 20°) + 0.72 \times 0.030 \times \sin 20° \approx -0.144 \text{ mm}$$

按式（11-8）可得测量公法线长度时的跨齿数 k 和公法线长度公称值 W 分别为

$$k = \frac{z}{9} + 0.5 = \frac{26}{9} + 0.5 \approx 3.38，\text{取 } k=3$$

$$W = m\cos\alpha[\pi(k-0.5)+z\text{inv}\alpha]+2xm\sin\alpha$$
$$= 2.75\times\cos 20°\times[3.14\times(3-0.5)+26\times0.014\ 904]+0$$
$$\approx 21.287\text{ mm}$$

则公法线长度及偏差为

$$W = 21.287^{-0.104}_{-0.144}\text{ mm}$$

⑤ 确定齿轮坯精度。

第一，基准孔的尺寸公差和形状公差。

查表 11-19 确定基准孔的尺寸公差为 IT7，并采用包容要求，即 $\phi30\text{H7}Ⓔ = \phi30^{+0.021}_{0}$ Ⓔ。

查表 11-19 计算基准孔的圆柱度公差，取 $0.04\ (L/b)\ F_\beta$ 和 $0.1F_P$ 两者中的小值。

$$0.04(L/b)F_\beta = 0.04\times(90/28)\times0.017\approx0.002\text{ mm}$$
$$0.1F_p = 0.1\times0.038 = 0.0038\text{ mm}$$

因此取基准孔的圆柱度公差为 0.002 mm。

第二，齿顶圆的尺寸公差和几何公差。

齿顶圆直径 $d_a = m(z+2) = 2.75\times(26+2) = 77$ mm

查表 11-19，齿顶圆的尺寸公差为 IT8，即 $\phi77\text{h8} = \phi77^{0}_{-0.046}$。

齿顶圆的圆柱度公差取 $0.04\ (L/b)\ F_\beta$ 和 $0.1F_P$ 两者中的小值（同基准孔），即取齿顶圆柱面的圆柱公差为 0.002 mm。

查表 11-19，齿顶圆对基准孔轴线的径向圆跳动公差 $t_r = 0.3F_p = 0.3\times0.038\approx0.011$ mm。

第三，基准端面的圆跳动公差。

查表 11-19，确定基准端面对基准孔的轴向圆跳动公差。

$$t_t = 0.2(D_d/b)F_\beta = 0.2\times(65/28)\times0.017\approx0.008\text{ mm}$$

第四，径向基准面的圆跳动公差。

由于齿顶圆柱面作为测量和加工基准，因此不必另选径向基准面。

第五，轮齿齿面和齿轮坯表面粗糙度。

由表 11-20 查得齿面 Ra 的上限值为 1.25 μm。

由表 11-21 查得齿轮坯内孔 Ra 的上限值为 1.25 μm，端面 Ra 的上限值为 2.5 μm，齿顶圆 Ra 的上限值为 3.2 μm，其余表面的 Ra 的上限值为 12.5 μm。

⑥ 确定齿轮副精度。

第一，齿轮副中心距极限偏差 $\pm f_a$。

由表 11-1 查得 $\pm f_a = \pm27$ μm，则在图上标注 $a = 112.75\pm0.027$ mm。

第二，轴线平行度偏差最大推荐值 $f_{\Sigma\delta}$ 和 $f_{\Sigma\beta}$。

轴线平面上的平行度偏差和垂直平面上的平行度偏差最大推荐值分别按式（11-21）和式（11-22）确定。

$$f_{\Sigma\delta} = (L/b)F_\beta = (90/28)\times0.017\approx0.055\text{ mm}$$
$$f_{\Sigma\beta} = 0.5(L/b)F_\beta\approx0.028\text{ mm}$$

第三，轮齿接触斑点。

由表 11-3 查得轮齿接触斑点要求：在齿长方向上 $b_{c1}/b\geqslant35\%$、$b_{c2}/b\geqslant35\%$；在齿高方向上 $h_{c1}/h\geqslant50\%$、$h_{c2}/h\geqslant30\%$。

齿轮副中心距极限偏差$\pm f_{a}$和轴线平行度偏差的推荐最大值$f_{\Sigma\delta}$、$f_{\Sigma\beta}$在箱体图上注出。

⑦ 小齿轮零件图。

表11-22所示为各项参数表，图11-21所示为小齿轮零件图。

表11-22 各项参数表

模数	齿数	齿形角	变位系数	精度	齿距累积总偏差允许值	单个齿距偏差允许值	齿廓总偏差允许值	螺旋线总偏差允许值	齿轮径向跳动允许值	公法线长度及其极限偏差（k=3）
m	z	α_{n}	x	7 GB/T 10095.1—2008	F_{p}	$\pm f_{pt}$	F_{α}	F_{β}	F_{r}	$W = 21.287_{-0.144}^{-0.104}$
2.75	26	20°	0		0.038	±0.012	0.016	0.017	0.030	

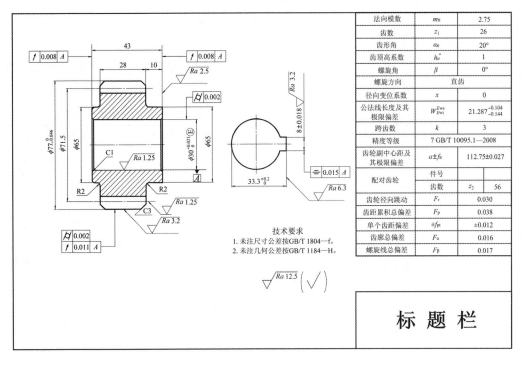

法向模数	m_{n}	2.75
齿数	z_{1}	26
齿形角	α_{n}	20°
齿顶高系数	h_{a}^{*}	1
螺旋角	β	0°
螺旋方向		直齿
径向变位系数	x	0
公法线长度及其极限偏差	W_{Ewi}^{Ews}	$21.287_{-0.144}^{-0.104}$
跨齿数	k	3
精度等级	7 GB/T 10095.1—2008	
齿轮副中心距及其极限偏差	$a\pm f_{a}$	112.75±0.027
配对齿轮	件号	
	齿数	z_{2} 56
齿轮径向跳动	F_{r}	0.030
齿距累积总偏差	F_{p}	0.038
单个齿距偏差	$\pm f_{pt}$	±0.012
齿廓总偏差	F_{α}	0.016
螺旋线总偏差	F_{β}	0.017

技术要求
1. 未注尺寸公差按GB/T 1804—f。
2. 未注几何公差按GB/T 1184—H。

标 题 栏

图11-21 小齿轮零件图

本章小结

第十一章 测验题

1. 齿轮传动的使用要求

齿轮传动有四个基本使用要求，分别为传递运动的准确性、传动的平稳性、载荷分布的均匀性和侧隙的合理性。不同用途的齿轮对这四个使用要求的侧重点是不同的，这四项要求是确定齿轮和齿轮副公差项目的依据，正确理解这四项使用要求的含义是十分重要的，具体详见本章有关内容。

2. 齿轮的加工误差

齿轮的加工误差主要来自组成工艺系统的机床、刀具、夹具、齿轮坯的制造与安装误差。表 11-23 所示为滚齿时主要加工误差的项目、对齿轮传动的影响及产生的原因。

表 11-23　滚齿时主要加工误差的项目、对齿轮传动的影响及产生的原因

序号	对齿轮传动的影响	齿轮加工误差	加工误差产生的原因
1	传递运动的准确性	长周期的径向误差	齿轮坯定位孔中心与机床工作台的回转中心存在安装偏心（几何偏心）
		长周期的切向误差	机床分度蜗轮中心与机床工作台的回转中心存在安装偏心（运动偏心）
2	传动的平稳性	齿形偏差	切齿刀的齿形角误差、刀刃的形状误差、刀具径向跳动等
		基节、齿距偏差	刀具的基节偏差、分度蜗杆的齿距偏差和轴向窜动等
3	载荷分布的均匀性	齿向偏差	齿轮坯安装偏斜、刀架导轨与心轴不平行
4	侧隙的合理性	齿厚偏差	安装偏心、刀具进刀位置误差

3. 单个齿轮的误差项目

单个齿轮的偏差项目较多，表 11-24 所示为单个齿轮误差的主要项目名称、符号、对齿轮传动的影响及常用检测方法。

表 11-24　单个齿轮误差的主要项目名称、符号、对齿轮传动的影响及常用检测方法

对齿轮传动的影响	项目名称	符号	公差与极限偏差代号	常用检测方法
传递运动的准确性	齿距累积总偏差	ΔF_p	F_p	常用齿距比较仪、万能测齿仪、光学分度头等仪器进行检测
	齿距累积偏差	ΔF_{pk}	F_{pk}	
	切向综合总偏差	$\Delta F_i'$	F_i'	用单啮仪检测
	径向综合总偏差	$\Delta F_i''$	F_i''	用双面啮合仪检测
	径向跳动	ΔF_r	F_r	用齿轮径向跳动测量仪检测
传动的平稳性	单个齿距偏差	Δf_{pt}	f_{pt}	用万能测齿仪检测
	齿廓总偏差	ΔF_α	F_α	用渐开线测量仪检测
	一齿切向综合偏差	$\Delta f_i'$	f_i'	用单啮仪检测
	一齿径向综合偏差	$\Delta f_i''$	f_i''	用双面啮合仪检测
载荷分布的均匀性	螺旋线总偏差	ΔF_β	F_β	用螺旋线检查仪检测
侧隙的合理性	齿厚偏差	ΔE_{sn}	E_{sns}	用齿厚游标卡尺或万能测齿仪检测
			E_{sni}	
	公法线长度偏差	ΔE_w	E_{wi}	用公法线千分尺、公法线指示卡规或万能测齿仪检测
			E_{ws}	

4. 齿轮副的误差项目

齿轮的工作精度不但与单个齿轮的精度有关，还与齿轮副的安装状况有关。表 11-25 所示为齿轮副的主要偏差项目名称、符号和对传动的影响。

表 11-25　齿轮副的主要偏差项目名称、符号和对传动的影响

序号	项目名称	符号	对齿轮传动的影响
1	齿轮副的中心距偏差	Δf_a	载荷分布均匀性及侧隙
2	齿轮副轴线平行度偏差	$\Delta f_{\Sigma\delta}$ $\Delta f_{\Sigma\beta}$	载荷分布均匀性及侧隙
3	接触斑点	b_{c1}/b、b_{c2}/b 沿齿长（齿宽）方向的接触斑点	载荷分布均匀性
		h_{c1}/h、h_{c2}/h 沿齿高方向的接触斑点	齿轮工作平稳性

5. 渐开线圆柱齿轮的精度等级及选用方法

GB/T 10095.1—2008 和 GB/T 10095.2—2008 规定了单个渐开线圆柱齿轮轮齿同侧齿面检测项目的公差等级为 13 级，从高到低用数字 0、1、2、…、12 表示；径向综合总偏差和一齿径向综合偏差（双侧齿面项目）规定了 9 个精度等级，从高到低用数字 4、5、6、…、12 表示。

各个精度等级的极限偏差的允许值可查阅表 11-6～表 11-13。对于没提供数值表的偏差的允许值，可在其定义和圆整规则的基础上用表 11-4 和表 11-5 中的公式求取。精度等级的确定方法有计算法和类比法。大多数情况下采用类比法（见表 11-14 和表 11-15）。

6. 齿轮坯精度

齿轮坯的尺寸和几何误差对齿轮副的工作情况有着极大的影响。由于在加工齿轮坯时保证较小的公差，比加工高精度的齿形要经济得多。因此，应根据制造设备的条件，尽量使齿轮坯有较小的公差，这样使加工齿轮轮齿时有较大的公差，以获得更为经济的整体设计。

常见的齿轮结构是盘形齿轮和齿轮轴，表 11-26 所示的齿轮坯公差列出了它们的主要表面的作用及精度选项（带"▲"表示有该项精度要求）。

表 11-26　齿轮坯公差

序号	主要表面	作用	尺寸公差	形状公差	跳动公差
1	盘形齿轮内孔	制造、检验、工作安装基准面	▲	▲	—
2	齿轮轴轴颈	制造、检验、工作安装基准面[①]	▲	▲	▲
3	端面	制造、工作基准面[②]	—	▲	▲
4	齿顶圆柱面	制造、检验基准面[③]	▲	—	▲

注：1. 若在齿轮加工时，用两个中心孔作为制造、检验安装面，此时工作基准与制造基准不重合，除了规定尺寸和形状公差，还需要规定轴颈对中心孔的跳动公差；

2. 当用一个短孔和一个端面作为基准面，需要规定端面的形状公差（平面度），否则只规定跳动公差；

3. 当需要检测齿厚时，要用齿顶圆柱面作为检测基准，应规定较小的尺寸公差和径向跳动，否则尺寸公差可取大些（IT11 级），且不需要规定径向跳动。

齿轮坯公差数值及各个表面的粗糙度的确定见教材相关内容。

7. 各项技术要求

各项技术要求在齿轮零件图上的标注参考图 11-21。

思考题与习题

11-1 齿轮传动有哪些使用要求？

11-2 影响齿轮使用要求的误差有哪些？

11-3 精密机床的分度机构、测量仪器上的读数分度齿轮对哪项使用要求较高？

11-4 起重机械、矿山机械中的低速动力齿轮对哪项使用要求较高？

11-5 汽轮机、高速发动机、减速器及机床变速箱中的齿轮对哪项使用要求较高？

11-6 评定渐开线圆柱齿轮传递运动准确性的强制性检测精度指标有哪些？

11-7 评定渐开线圆柱齿轮传递运动平稳性的强制性检测精度指标有哪些？

11-8 评定渐开线圆柱齿轮载荷分布均匀性的强制性检测精度指标有哪些？

11-9 齿轮传动中的侧隙有什么作用？用什么评定指标来控制侧隙？

11-10 齿轮副安装误差有哪些项目？

11-11 某渐开线圆柱齿轮的准确性、平稳性和载荷分布均匀性等级均为 7 级，如何在图样上标注？

11-12 某渐开线圆柱齿轮的准确性和平稳性为 7 级，载荷分布均匀性等级为 6 级，如何在图样上标注？

11-13 某通用减速器中有一对标准渐开线直齿圆柱齿轮，小齿轮和大齿轮的齿数分别为 $z_1=36$ 和 $z_2=84$，模数 $m=6$ mm，齿宽 $b_1=b_2=50$ mm。小齿轮基准端面直径 $D_d=\phi192$ mm，小齿轮基准孔的公称尺寸为 $D=\phi55$ mm，小齿轮转速 $n_1=750$ r/min，箱体上两对轴承孔中较长的跨距 $L=140$ mm。齿轮材料为 45 钢，箱体材料为铸铁，单件小批量生产。试设计小齿轮的精度，并将设计的各项技术要求标注在齿轮工作图上。

尺寸链

学习指导

学习目的：

1. 了解机器结构中相关尺寸、公差的内在联系。
2. 初步学会用尺寸链对零件几何参数的精度进行分析与设计。

学习要求：

1. 了解尺寸链的含义、组成和分类。
2. 掌握尺寸链图的画法与封闭环和增、减环的判别方法。
3. 掌握尺寸链的计算种类和计算方法。
4. 学会用极值法计算尺寸链，了解解尺寸链的其他方法。

第一节 概述

前面的章节介绍了单个零件或相互配合的两个零件的尺寸公差、几何公差的确定方法，但只进行这样的几何精度设计是不够的，因为机器或部件是由很多零件装配在一起的，它们的尺寸公差、几何公差是相互联系的；即使在同一个零件上，也有若干个尺寸，它们之间也是互相影响的。因此，不能单独孤立地对待某个零件的某个尺寸，还要考虑这个尺寸的变化对整个机器、部件或整个零件会产生什么影响，这就涉及尺寸链。尺寸链原理是分析整机、部件与零件间精度关系所运用的基本理论。在充分考虑整机、部件的装配精度与零件加工精度的前提下，利用尺寸链计算方法可以合理地确定零件的尺寸公差与几何公差，从而使产品既能满足精度和技术要求，又具有良好的经济性。国家标准《尺寸链 计算方法》（GB/T 5847—2004）可供设计人员参考使用。

一、尺寸链定义及其特征

1. 尺寸链定义

在机器装配或零件加工过程中，某些零件要素之间有一定的尺寸（线性尺寸或角度尺寸）联系，这些相互联系的全部尺寸按一定的顺序连接成一个封闭尺寸组，叫作尺寸链。

如图 12-1（a）所示，车床尾座顶尖轴线与主轴轴线的高度差 A_0 是车床的主要指标之一，影响该项精度的尺寸有车床主轴轴线高度 A_1、尾座轴线高度 A_2 和垫板厚度 A_3。图 12-1（b）所示为以上 4 个尺寸形成的封闭尺寸组，即尺寸链。A_1、A_2 和 A_3 是车床装配时不同零件的设计尺寸，该尺寸链为装配尺寸链。

图 12-2（a）为阶梯轴零件图，轴向尺寸 A_1、A_2 和 A_3 是零件设计尺寸。尺寸 A_3、A_2、A_1 和完成加工后的尺寸 A_0 构成封闭尺寸组，形成尺寸链，如图 12-2（b）所示。由于 A_1、A_2 和 A_3 是阶梯轴的设计尺寸，因此该尺寸链为零件尺寸链。

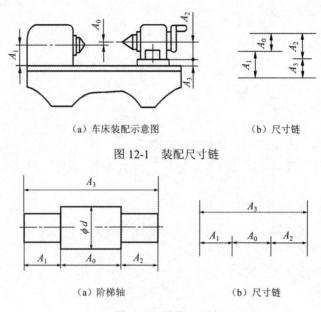

（a）车床装配示意图　　　　（b）尺寸链

图 12-1　装配尺寸链

（a）阶梯轴　　　　（b）尺寸链

图 12-2　零件尺寸链

如图 12-3（a）所示，轴外圆需要镀铬使用。镀铬前按工序尺寸 A_1 加工轴，轴壁镀铬厚度为 A_2 和 A_3（$A_2=A_3$），镀铬后得到轴径 A_0。A_0 的大小取决于 A_1、A_2 和 A_3 的大小。A_0、A_1、A_2 和 A_3 形成尺寸链，如图 12-3（b）所示。A_1、A_2 和 A_3 为同一零件的工艺尺寸，该尺寸链为工艺尺寸链。

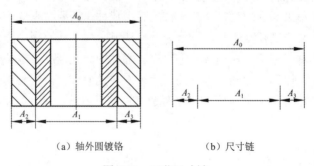

（a）轴外圆镀铬　　　　（b）尺寸链

图 12-3　工艺尺寸链

2．尺寸链的特征

尺寸链有以下两个基本特征。

1）封闭性

组成尺寸链的各个尺寸按一定的顺序排列成封闭的形式。

2）函数性

尺寸链中某一个尺寸变化，将引起其他尺寸的变化，彼此关联，相互制约，彼此之间具有一定的函数关系。

二、尺寸链的组成和分类

1. 尺寸链的组成

尺寸链是由环组成的，列入尺寸链中的每一个尺寸都称为环，如图 12-1 中的 A_1、A_2、A_3 和 A_0 都是尺寸链的环。

环按不同性质可分为封闭环和组成环。

1）封闭环

尺寸链中，装配过程或加工过程中最后自然形成的一环叫作封闭环。

在每个尺寸链中有且只有一个封闭环，封闭环以符号 A_0 表示。

在装配尺寸链中，封闭环是各个零件组装在一起之后形成的，其表现形式可能是间隙、过盈、相关要素的相对位置或距离等，这些通常是设计人员提出的技术装配要求，需要严格保证，如图 12-1 中的 A_0。

在零件尺寸链中，封闭环通常是零件设计图样上未标注的尺寸，也就是最不重要的尺寸，如图 12-2 中的 A_0。

在工艺尺寸链中，封闭环是相对加工顺序而言的，加工顺序不同，封闭环也可能不同，因此需要在加工顺序确定后获得封闭环，如图 12-3 中的 A_0。

2）组成环

尺寸链中对封闭环有影响的每个环叫作组成环，即尺寸链中除封闭环外的其他环均为组成环。

组成环中任意一环的变动必然引起封闭环的变动。组成环符号用 A_1、A_2、$\cdots$、A_{n-1}（n 为尺寸链的总环数）表示。组成环见图 12-1 中的 A_1、A_2 和 A_3。

根据组成环的尺寸变动对封闭环影响的不同，它又分为增环和减环。

（1）增环。

增环是尺寸链中的组成环，该环的变动会引起封闭环同向变动。同向变动是指当该组成环尺寸增大而其他组成环尺寸不变时，封闭环的尺寸也随之增大；当该组成环尺寸减小而其他组成环尺寸不变时，封闭环的尺寸也随之减小。增环见图 12-1 中的 A_2 和 A_3。增环用符号 $A_{(+)}$ 表示。

（2）减环。

减环是尺寸链中的组成环，该环的变动会引起封闭环反向变动。反向变动是指当该组成环尺寸增大而其他组成环尺寸不变时，封闭环的尺寸随之减小；当该组成环尺寸减小而其他组成环尺寸不变时，封闭环的尺寸随之增大。减环见图 12-1 中的 A_1。减环用符号 $A_{(-)}$ 表示。

在进行尺寸链反计算时，还需将某一组成环预先选定为协调环，当其他组成环确定后，需通过确定它使封闭环达到规定的要求。

2. 尺寸链的分类

1）按应用场合分类

（1）装配尺寸链。

装配尺寸链为全部组成环为不同零件设计尺寸时所形成的尺寸链，如图 12-1 所示。这类尺寸链的特点是尺寸链中的各尺寸来自各个零件，能表示出零件与零件之间的相互尺寸关系。

（2）零件尺寸链。

零件尺寸链是全部组成环为同一零件设计尺寸时所形成的尺寸链，如图 12-2 所示。这类尺寸链的特点是封闭环尺寸与各增环、减环之间的关系能在一个零件上反映出来。

装配尺寸链和零件尺寸链统称为设计尺寸链。

（3）工艺尺寸链。

工艺尺寸链是全部组成环为同一零件工艺尺寸时所形成的尺寸链，如图 12-3 所示。

在这里，设计尺寸是指零件图上标注的尺寸；工艺尺寸是指工序尺寸、定位尺寸和测量尺寸等。

2）按各环的相互位置分

（1）直线尺寸链。

直线尺寸链是全部组成环平行于封闭环的尺寸链。如图 12-1、图 12-2 和图 12-3 所示的尺寸链均为直线尺寸链。

（2）平面尺寸链。

平面尺寸链为全部组成环位于一个或几个平行平面内，但其中有些环彼此不平行的尺寸链。

（3）空间尺寸链。

空间尺寸链为组成环位于不平行的平面内的尺寸链。

平面尺寸链或空间尺寸链都可以用投影的方法得到两个或三个方位的直线尺寸链，最后综合求解平面或空间尺寸链。本章只研究直线尺寸链。

3）按尺寸链中各环尺寸的几何特征分

（1）长度尺寸链。

长度尺寸链是全部环为长度尺寸的尺寸链。本章所研究的各尺寸链都属于此类。

（2）角度尺寸链。

角度尺寸链是全部环为角度尺寸的尺寸链，如图 12-4 所示，角度 α_0、α_1、α_2 和 α_3 形成封闭的多边形，这时便构成了一个角度尺寸链。角度尺寸链常用于分析和计算产品结构中有关零件要素的位置精度，如平行度、垂直度和同轴度等。

注意：长度环用大写英文字母 A、B、C 等表示；角度环用小写希腊字母 α、β、γ 等表示。

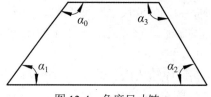

图 12-4　角度尺寸链

本章重点讨论长度尺寸链中的直线尺寸链和装配尺寸链。

三、尺寸链的建立与分析

尺寸链中的封闭环和组成环是一个误差彼此制约的尺寸系统。正确建立尺寸链是进行尺寸链综合精度分析计算的基础。尺寸链的建立按照以下步骤进行。

1. 确定封闭环

建立尺寸链，首先要正确地确定封闭环。一个尺寸链只有一个封闭环。

装配尺寸链的封闭环是在装配之后形成的，往往是机器上有装配精度要求，如保证机器可靠工作的相对位置或保证零件相对运动的间隙等的尺寸。在建立尺寸链之前，必须查明在机器装配和验收的技术要求中规定的所有几何精度要求项目，这些项目往往就是某些尺寸链的封闭环。

零件尺寸链的封闭环应为公差等级要求最低的环，一般在零件图样上不需标注，以免引起加工混乱。图 12-2 中的 A_0 是不需标注的。

工艺尺寸链的封闭环是在加工中自然形成的，一般为被加工零件要求达到的设计尺寸或工艺过程中需要的尺寸。加工顺序不同，封闭环也不同。因此，工艺尺寸链的封闭环必须在加工顺序确定之后才能判断。

2. 查找组成环

组成环是对封闭环有直接影响的那些尺寸。一个尺寸链的组成环数应尽量少。

对于装配尺寸链，当查找尺寸链的组成环时，先从封闭环的任意一端开始，找与封闭环相邻的第一个尺寸，然后再找与第一个尺寸相邻的第二个尺寸，这样一环接一环，直到与封闭环的另一端连接为止，从而形成封闭环的尺寸组，其中每一个尺寸就是一个组成环。

在对封闭环有较高技术要求或几何误差较大的情况下，建立尺寸链时，还要考虑几何误差对封闭环的影响。

3. 画尺寸链图

为了讨论问题方便，并且更清楚表达尺寸链的组成，通常不需要画出零件或部件的具体结构，也不必按严格的比例画，只需将链中各尺寸依次画出，形成封闭的图形即可，这样的图形称为尺寸链图。

在画尺寸链时，通常先选择加工或装配基准，然后按加工或装配顺序，依次画出各环，最后形成封闭回路。在尺寸链图中，常用带箭头的线段表示各环，箭头仅表示查找尺寸链组成环的方向。与封闭环箭头相反的环为增环，与封闭环箭头相同的环为减环。需要注意的是，当某一环具有轴、孔等对称尺寸时，该环应尺寸取半。

4. 判断增环和减环

1）采用尺寸链的定义判断

根据增、减环的定义，对每个组成环，分析其尺寸的增减对封闭环尺寸的影响，以判断其是增环还是减环。此种方法的缺点是比较麻烦，尤其是在环数较多、尺寸链的结构复杂时，容易产生差错。此时可采用回路法判断。

2）采用回路法判断

采用回路法判断增环和减环（见图 12-5）是一种比较方便和实用的方法。具体是在封闭环符号 A_0 上按任意方向画一个箭头，沿已定箭头方向在每个组成环符号上各画一箭头，使所画各箭头依次彼此首尾相连，组成环中箭头与封闭环箭头方向相同者为减环，方向相反者为增环。按此方法可以判定，在图 12-5 所示的尺寸链中，A_1、A_3 为增环，A_2、A_4 为减环。

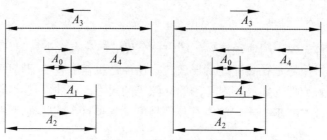

图 12-5　回路法判断增、减环

例 12-1 图 12-6（a）所示为轴横截面图，其加工顺序为先加工直径为 ϕA_1 的外圆，然后按尺寸 A_2 调整刀具位置加工平面，最后加工直径 ϕA_3。请画出尺寸链图，并确定封闭环、增环和减环。

解：

① 确定封闭环。

由于尺寸 A_0 是加工后自然形成的尺寸，因此 A_0 是封闭环。

② 寻找组成环，画尺寸链图。

依据查找组成环的方法，找出全部组成环 A_1、A_2 和 A_3。

确定外圆的圆心为基准 O，按加工顺序分别画出 $A_1/2$、A_2 和 $A_3/2$，并用 A_0 把它们连接成封闭回路，如图 12-6（b）所示。

③ 确定增环和减环。

按图 12-6（b）所示的箭头方向可以看出，与 A_0 方向相反的 A_2 和 $A_3/2$ 是增环，与 A_0 方向相同的 $A_1/2$ 是减环。

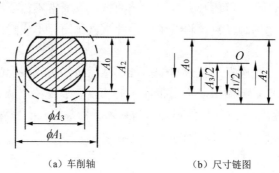

（a）车削轴　　　（b）尺寸链图

图 12-6　轴横截面的尺寸链

5. 尺寸链计算的任务和方法

1）尺寸链计算的任务

尺寸链计算的任务是正确、合理地确定各环的公称尺寸、尺寸公差和极限偏差。根据不同要求，主要是完成以下三类任务。

（1）正计算（校核计算）。

该类计算的特点是已知组成环的公称尺寸和极限偏差，求封闭环的公称尺寸和极限偏差。

解正计算方面问题的目的是审核图纸上标注的各组成环的公称尺寸和上、下极限偏差在加工后是否能满足总的技术要求，即验证设计的正确性，也叫作校核计算。

（2）中间计算。

该类计算的特点是已知封闭环及某些组成环的公称尺寸和极限偏差，求某一组成环的公称尺寸和极限偏差。

此类问题多属于工艺方面的问题，如基准转换、工序尺寸计算等。

（3）反计算（设计计算）。

该类计算的特点是已知封闭环的公称尺寸和极限偏差及各组成环的公称尺寸，求各组成环的公差和极限偏差。

解这方面问题的目的是根据总的技术要求来确定各组成环的上、下极限偏差，解决设计时公差的分配问题，也叫作设计计算。

2）尺寸链计算的方法

解尺寸链的基本方法，主要有以下几种。

（1）完全互换法（极值法）。

它是从尺寸链各环的极限值出发来进行计算的，能够完全保证互换性。应用此方法不考虑实际尺寸的分布情况，按此方法计算出来的尺寸加工各组成环，装配时各组成环都不需要挑选、调整，安装后即能达到封闭环的公差要求。

（2）大数互换法（概率法）。

它是考虑各组成环尺寸的分布情况，以统计公差公式进行计算，应用此方法装配时绝大多数产品的组成环具有互换性。装配时，少数不合格零件需要适当处理。大数互换法是以一定置信概率为依据的，本章规定各环都趋向正态分布，置信概率为99.73%。采用此法应有适当的工艺措施，排除个别产品超出公差范围或极限偏差。

此外，在某些情况下，当装配精度要求很高，应用上述方法时生产条件无法满足或为了降低成本，还经常采用分组互换性、修配法和调整法。

第二节　用完全互换法解尺寸链

完全互换法（极值法）是按照误差综合后最不利的情况进行分析，若组成环中的增环都是上极限尺寸，减环都是下极限尺寸，则封闭环的尺寸必然是上极限尺寸；若组成环中的增环都是下极限尺寸，减环都是上极限尺寸，则封闭环的尺寸必然是下极限尺寸。该方法是尺寸链计算中最基本的方法，但当组成环数目较多而封闭环公差又较小时不宜采用。

一、完全互换法解尺寸链的步骤和基本公式

1. 步骤

用完全互换法进行尺寸链计算的基本步骤如下。

（1）画尺寸链图；

（2）判断增环和减环；

（3）根据极值法计算公式进行相关计算；

（4）校验计算结果。

2. 基本公式

1）封闭环的公称尺寸

封闭环的公称尺寸等于所有增环的公称尺寸之和减去所有减环的公称尺寸之和。需要注意的是，在尺寸链中封闭环的公称尺寸有可能等于零。

$$A_0 = \sum_{i=1}^{m} A_{(+)i} - \sum_{i=m+1}^{n-1} A_{(-)i} \tag{12-1}$$

式中　A_0——封闭环的公称尺寸；

　　　m——增环环数；

　　　n——尺寸链总环数；

　　　$A_{(+)i}$——第 i 个增环的公称尺寸；

　　　$A_{(-)i}$——第 i 个减环的公称尺寸。

2）封闭环的极限尺寸

封闭环的极限尺寸的基本公式可由下列两种极限情况导出。

（1）所有增环皆为上极限尺寸，而所有减环皆为下极限尺寸；

（2）所有增环皆为下极限尺寸，而所有减环皆为上极限尺寸。

显然，在第一种情况下，将得到封闭环的上极限尺寸，而在第二种情况下，将得到封闭环的下极限尺寸，即封闭环的上极限尺寸等于所有增环的上极限尺寸之和减去所有减环的下极限尺寸之和；封闭环的下极限尺寸等于所有增环的下极限尺寸之和减去所有减环的上极限尺寸之和。

$$A_{0\max} = \sum_{i=1}^{m} A_{(+)i\max} - \sum_{i=m+1}^{n-1} A_{(-)i\min} \tag{12-2}$$

$$A_{0\min} = \sum_{i=1}^{m} A_{(+)i\min} - \sum_{i=m+1}^{n-1} A_{(-)i\max} \tag{12-3}$$

式中　$A_{0\max}$、$A_{0\min}$——封闭环的上极限尺寸、下极限尺寸；

　　　$A_{(+)i\max}$、$A_{(+)i\min}$——第 i 个增环的上极限尺寸、下极限尺寸；

　　　$A_{(-)i\max}$、$A_{(-)i\min}$——第 i 个减环的上极限尺寸、下极限尺寸。

3）封闭环的极限偏差

封闭环的上极限偏差等于所有增环的上极限偏差之和减去所有减环的下极限偏差之和；封闭环的下极限偏差等于所有增环的下极限偏差之和减去所有减环的上极限偏差之和。

$$ES_0 = A_{0\max} - A_0 = \sum_{i=1}^{m} ES_{(+)i} - \sum_{i=m+1}^{n-1} EI_{(-)i} \tag{12-4}$$

$$EI_0 = A_{0\min} - A_0 = \sum_{i=1}^{m} EI_{(+)i} - \sum_{i=m+1}^{n-1} ES_{(-)i} \tag{12-5}$$

式中　ES_0、EI_0——封闭环的上极限偏差、下极限偏差；

　　　$ES_{(+)i}$、$EI_{(+)i}$——第 i 个增环的上极限偏差、下极限偏差；

　　　$ES_{(-)i}$、$EI_{(-)i}$——第 i 个减环的上极限偏差、下极限偏差。

4）封闭环的公差

封闭环的公差等于所有组成环（增环和减环）的公差之和。

$$T_0 = \sum_{i=1}^{n-1} T_{A_i} \qquad\qquad (12\text{-}6)$$

式中 T_0——封闭环的公差；

$\quad$ T_{Ai}——第 i 个组成环的公差。

式（12-6）也可以作为校核公式，校核计算过程中是否有误。

由式（12-6）可以得出如下结论。

（1）封闭环的公差比任何一个组成环的公差都大，因此在零件尺寸链中应该选择最不重要的尺寸作为封闭环，但是在装配尺寸链中由于封闭环是装配后的技术要求，一般没有选择的余地。

（2）为了使封闭环公差小些，或者当封闭环公差一定时要使组成环的公差大些，就应该使尺寸链的组成环数目尽可能少些，这就叫作最短尺寸链原则。设计人员在设计过程中应该尽量遵守这一原则。

二、用完全互换法进行正计算（校核计算）

用完全互换法进行正计算（校核计算）就是已知组成环的公称尺寸和极限偏差，求封闭环的公称尺寸和极限偏差。

用完全互换法进行正计算（校核计算）

例 12-2 加工如图 12-7（a）所示的圆套。已知工序：先车外圆 A_1 为 $\phi70_{-0.08}^{-0.04}\,\text{mm}$，然后镗内孔 A_2 为 $\phi60_{0}^{+0.06}\,\text{mm}$，并应保证内外圆的同轴度公差 A_3 为 $\phi0.02\,\text{mm}$，求壁厚 A_0。

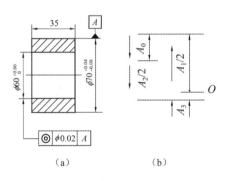

图 12-7 例 12-2 图

解： ① 画尺寸链图。

第一，确定封闭环。

车外圆和镗内孔后就形成了壁厚。因此，壁厚 A_0 是封闭环。

第二，查找组成环。

依据查找组成环的方法，找出全部组成环 A_1、A_2 和 A_3。

第三，画尺寸链图。

取外圆圆心为加工基准 O，由于 A_1、A_2 尺寸相对于加工基准具有对称性，应取一半画尺寸链图，同轴度 A_3 可作为一个线性尺寸处理，根据同轴度公差带对实际被测要素的限定情况，可定为（$0 \pm 0.01\,\text{mm}$）。按照加工顺序，依次画出 $A_1/2$、A_3、$A_2/2$，并用 A_0 将它们连接成封闭回路，尺寸链图如图 12-7（b）所示。

② 判断增环和减环。

同轴度公差为 $\phi0.02\,\text{mm}$，则允许内、外圆轴线偏离 $0.01\,\text{mm}$，可正可负，故以 $A_3 = 0 \pm 0.01\,\text{mm}$ 加入尺寸链，作为增环或减环均可，此处以增环代入。按照加工顺序，画出各环箭头方向，如图 12-7（b）所示，根据回路法判断出 $A_1/2$ 和 A_3 为增环，$A_2/2$ 为减环。

③ 按极值法计算壁厚 A_0。

按式（12-1）计算封闭环的公称尺寸。

$$A_0 = (\frac{A_1}{2} + A_3) - \frac{A_2}{2} = 35 + 0 - 30 = 5\,\text{mm}$$

按式（12-4）和式（12-5）计算封闭环的极限偏差。

$$\text{ES}_0 = \text{ES}_{A_1/2} + \text{ES}_{A_3} - \text{EI}_{A_2/2} = (-0.02) + 0.01 - 0 = -0.01\,\text{mm}$$

$$\text{EI}_0 = \text{EI}_{A_1/2} + \text{EI}_{A_3} - \text{ES}_{A_2/2} = (-0.04) + (-0.01) - 0.03 = -0.08\,\text{mm}$$

④ 校核计算结果。

由公差与上极限偏差、下极限偏差的关系可得：

$$T_0 = |\text{ES}_0 - \text{EI}_0| = |(-0.01) - (-0.08)| = 0.07\,\text{mm}$$

根据式（12-6）校核封闭环的公差。

$$T_0 = T_{A_1/2} + T_{A_2/2} + T_{A_3}$$

$$= \left|\text{ES}_{A_1/2} - \text{EI}_{A_1/2}\right| + \left|\text{ES}_{A_2/2} - \text{EI}_{A_2/2}\right| + \left|\text{ES}_{A_3} - \text{EI}_{A_3}\right|$$

$$= |-0.02 - (-0.04)| + |(+0.03) - 0| + |(+0.01) - (-0.01)|$$

$$= 0.07\,\text{mm}$$

校核结果表明计算正确，所以壁厚尺寸为 $A_0 = 5^{-0.01}_{-0.08}\,\text{mm}$。

需要指出的是，当将同轴度 A_3 作为减环处理时，计算结果仍然不变。

三、用完全互换法进行中间计算

用完全互换法进行中间计算就是确定尺寸链中某一组成环的公称尺寸和极限偏差的过程。

用完全互换法进行中间计算

例 12-3 如图 12-8（a）所示，加工一个阶梯轴，已知轴向加工顺序为截取总长度 $A_1 = 60^{0}_{-0.054}\,\text{mm}$，先按长度 $A_2 = 22^{0}_{-0.033}\,\text{mm}$ 车右端小径外圆，再按长度 A_3 车左端小径外圆，并保证尺寸 A_0 为 $20^{+0.054}_{-0.066}\,\text{mm}$。求 A_3。

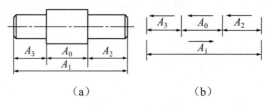

（a） （b）

图 12-8 例 12-3 图

解： ① 画尺寸链图。

第一，确定封闭环。

加工后自然形成的尺寸是 A_0，因此 A_0 是封闭环。

第二，查找组成环。

依据查找组成环的方法，找出全部组成环 A_1、A_2 和 A_3。

第三，画尺寸链图。

按照加工顺序，从左端 A_1 开始，按顺序依次画出 A_1、A_2、A_0、A_3，形成封闭回路。尺寸链图如图 12-8（b）所示。

② 判断增环和减环。

采用回路法判断增、减环，显然 A_1 为增环，A_2、A_3 为减环。

③ 按极值法进行相关计算。

第一，计算 A_3 的公称尺寸。

根据式（12-1）计算。

$$A_3 = A_1 - A_2 - A_0 = 60 - 22 - 20 = 18 \text{ mm}$$

第二，计算 A_3 的极限偏差。

根据式（12-4）和式（12-5）计算。

$$ES_3 = EI_1 - ES_2 - EI_0 = (-0.054) - 0 - (-0.066) = +0.012 \text{ mm}$$
$$EI_3 = ES_1 - EI_2 - ES_0 = 0 - (-0.033) - (+0.054) = -0.021 \text{ mm}$$

④ 核验计算结果。

由公差与上极限偏差、下极限偏差的关系可得封闭环的公差。

$$T_3 = |ES_3 - EI_3| = |(+0.012) - (-0.021)| = 0.033 \text{ mm}$$

根据式（12-6）校核 A_3 的公差。

$$T_3 = T_0 - T_1 - T_2 = |ES_0 - EI_0| - |ES_1 - EI_1| - |ES_2 - EI_2|$$
$$= |0.054 - (-0.066)| - |0 - (-0.054)| - |0 - (-0.033)|$$
$$= 0.120 - 0.054 - 0.033$$
$$= 0.033 \text{ mm}$$

校核结果表明计算正确，所以 A_3 尺寸为 $A_3 = 18^{+0.012}_{-0.021}$ mm。

四、用完全互换法进行反计算（设计计算）

反计算通过求解尺寸链，将封闭环的公差合理分配到各组成环。由于在工程实际中见到的尺寸链往往含有数个组成环，而前面介绍的公式只能求出一个组成环的公差和上、下极限偏差，因此必须首先应用其他方法或原则，确定其余组成环的公差和上、下极限偏差。确定组成环公差的基本方法有两种，分别是等公差法和等精度法。

1. 等公差法

当零件的公称尺寸大小和制造的难易程度相近时，可将封闭环的公差平均分配给各组成环，如果需要，可在此基础上进行必要的调整。这种方法称为等公差法，即组成环的平均公差为

$$T_{av} = \frac{T_0}{n-1} \tag{12-7}$$

式中　T_{av}——各组成环的公差。

2. 等精度法

当各组成环的公称尺寸相差较大时，按等公差法分配，从加工工艺上讲不合理，因此采

用等精度法。等精度法指的是令各组成环公差等级相同，即各环公差等级系数相等，设其值均为 a_{av}，即 $a_1=a_2=\cdots=a_{n-1}=a_{av}$。

按国家标准 GB/T 1800.2—2020 规定，在 IT5～IT8 公差等级内，某一公称尺寸的标准公差值 T 的计算公式为 $T=ai$，其中 i 为标准公差因子，在常用尺寸段内，$i=0.45\sqrt[3]{D}+0.001D$。为了应用方便，将部分公差等级系数的值和标准公差因子 i_i 的数值列于表 12-1 和表 12-2 中。

按等精度原则，各组成环应取同一公差等级系数 a_{av}，则由式（12-6）可得

$$T_0=ai_1+ai_2+ai_3+\cdots+ai_{n-1}=a_{av}\sum_{i=1}^{n-1}i_i \qquad (12\text{-}8)$$

即

$$a_{av}=\frac{T_0}{\sum_{i=1}^{n-1}i_i}=\frac{T_0}{\sum_{i=1}^{n-1}(0.45\sqrt[3]{D_i}+0.001D_i)} \qquad (12\text{-}9)$$

表 12-1　公差等级系数 a_{av}

公差等级	IT5	IT6	IT7	IT8	IT9	IT10	IT11	IT12	IT13	IT14	IT15	IT16	IT17	IT18
系数 a_{av}	7	10	16	25	40	64	100	160	250	400	640	1 000	1 600	2 500

表 12-2　公差因子 i_i

尺寸段 /mm	≤3	>3 ～ 6	>6 ～ 10	>10 ～ 18	>18 ～ 30	>30 ～ 50	>50 ～ 80	>80 ～ 120	>120 ～ 180	>180 ～ 250	>250 ～ 315	>315 ～ 400	>400 ～ 500
i_i /μm	0.54	0.73	0.90	1.08	1.31	1.56	1.86	2.17	2.52	2.90	3.23	3.54	3.86

求出 a_{av} 后，按标准查出与之相近的公差等级系数，进而查表确定各组成环的公差。

各组成环的极限偏差确定方法：先留一个组成环作为协调环，其余各组成环的极限偏差按"入体原则"确定，即当组成环为包容面尺寸时，则令其下极限偏差为零（按基本偏差 H 配置）；当组成环为被包容面尺寸时，则令其上极限偏差为零（按基本偏差 h 配置）。若组成环既不是包容面尺寸，又不是被包容面尺寸，如孔距尺寸，此时取对称的偏差（按基本偏差 JS 配置），此时上极限偏差为 $+\frac{1}{2}T_{Ai}$，下极限偏差为 $-\frac{1}{2}T_{Ai}$。进行反计算后还需要进行正计算，以校核设计的正确性。

如果前两种方法都不理想，可在等公差值或相同公差等级的基础上，根据各零件公称尺寸的大小、孔类或轴类零件的不同、毛坯生产工艺及热处理要求的不同、材料差别的影响、加工的难易程度及车间的设备状况，将各环公差值加以人为的经验调整，以尽可能符合实际情况。

例 12-4 如图 12-9（a）所示的装配关系，轴是固定的，齿轮在轴上回转，要求保证齿轮与挡环之间的轴向间隙 A_0 为 0.10～0.35 mm。已知：$A_1=30\,\text{mm}$，$A_2=5\,\text{mm}$，$A_3=43\,\text{mm}$，轴用弹性挡圈宽度 $A_4=3_{-0.05}^{\ 0}\,\text{mm}$（标准件），$A_5=5\,\text{mm}$。试用完全互换法设计各组成环的公差和极限偏差。

用完全互换法进行反计
算（设计计算）

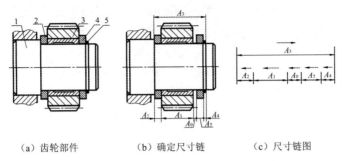

（a）齿轮部件　　　　（b）确定尺寸链　　　　（c）尺寸链图

1—轴；2、4—挡环；3—齿轮；5—轴用弹性挡圈

图 12-9　例 12-4 图

解： ① 画尺寸链图。

尺寸链图如图 12-9（b）所示。

② 判断增环和减环。

由于齿轮与挡环之间的轴向间隙 A_0 是装配后自然形成的，因此确定轴向间隙 A_0 是封闭环，其余 A_1、A_2、A_3、A_4、A_5 为组成环。

采用回路法判断增、减环，显然 A_3 为增环，A_1、A_2、A_4、A_5 为减环。

③ 确定封闭环公称尺寸、极限偏差和公差。

按式（12-1）计算封闭环 A_0 的公称尺寸。

$$A_0 = A_3 - (A_1 + A_2 + A_4 + A_5) = 43 - (30 + 5 + 3 + 5) = 0 \text{ mm}$$

根据式（12-4）和式（12-5）计算封闭环 A_0 的上、下极限偏差。

$$\text{ES}_0 = A_{0\max} - A_0 = (+0.35) - 0 = +0.35 \text{ mm}$$

$$\text{EI}_0 = A_{0\min} - A_0 = (+0.10) - 0 = +0.10 \text{ mm}$$

即 $A_0 = 0^{+0.35}_{+0.10}$ mm。

计算封闭环 A_0 的公差。

$$T_0 = \left| (+0.35) - (+0.10) \right| = 0.25 \text{ mm}$$

④ 确定各组成环的公差和极限偏差。

第一，用等公差法计算。

由式（12-7）得

$$T_{\text{av}} = \frac{T_0}{n-1} = \frac{0.25}{6-1} \text{ mm} = 0.05 \text{ mm}$$

首先，确定协调环。由于一条装配尺寸链中有多个未知数，计算时要选择一个容易加工的尺寸作为协调环。它的极限偏差并非事先定好，而是经过计算后确定的，以便与其他组成环相协调，以满足封闭极限偏差的要求。确定协调环的原则是结构简单，非标准件，不能是几个尺寸链的公共环，便于加工与测量。

例 12-4 中 A_5 为挡环尺寸，易于测量，且可以用通用量具测量，因此选它为协调环。

其次，确定除协调环以外各组成环的公差和极限偏差。参照国家标准，并考虑各零件加工的难易程度，在各组成环平均公差 T_{av} 的基础上，对各组成环的公差进行合理调整，并按"入体原则"标注。

轴用弹性挡圈宽度 A_4 是标准件，其尺寸为 $A_4 = 3^{\ 0}_{-0.05}$ mm，其余各组成环的公差按加工难易程度调整如下：

$$T_1 = T_3 = 0.06 \text{ mm}, \quad T_2 = T_5 = 0.04 \text{ mm}, \quad T_4 = 0.05 \text{ mm} \text{（已知）}$$

根据入体原则，除 A_3 外，其余尺寸均为被包容尺寸，故各组成环的极限偏差可确定为

$$A_1 = 30^{\ 0}_{-0.06} \text{ mm}$$

$$A_2 = A_5 = 5^{\ 0}_{-0.04} \text{ mm}$$

$$A_3 = 43^{+0.06}_{\ 0} \text{ mm}$$

$$A_4 = 3^{\ 0}_{-0.05} \text{ mm}$$

按式（12-6）校核，有

$$
\begin{aligned}
T_0 &= \sum_{i=1}^{5} T_i \\
&= T_1 + T_2 + T_3 + T_4 + T_5 \\
&= 0.06 + 0.04 + 0.06 + 0.05 + 0.04 \\
&= 0.25 \text{ mm}
\end{aligned}
$$

满足使用要求，计算正确。

从上述内容可以看出，用等公差法解尺寸链，各组成环公差在很大程度上取决于设计者的实践经验与主观上对加工难易程度的看法。

第二，用等精度法计算。

由式（12-9）及查表 12-2 获得公差因子 i_i，可得各组成环等级系数 a_{av}。

$$
\begin{aligned}
a_{av} &= \frac{T_0}{\sum_{i=1}^{n-1} i_i} \\
&= \frac{0.25 \times 1\,000}{1.31 + 0.73 + 1.56 + 0.54 + 0.73} \\
&\approx 51 \text{ μm}
\end{aligned}
$$

查表 12-1，各组成环的公差等级可定为 IT9，查标准公差数值表 3-4 可得各组成环（除协调环外）公差分别为

$$T_1 = 0.052 \text{ mm}$$

$$T_2 = 0.030 \text{ mm}$$

$$T_3 = 0.062 \text{ mm}$$

$$T_4 = 0.05 \text{ mm} \text{（已知）}$$

根据"入体原则"，各组成环的极限偏差可定为

$$A_1 = 30^{\ 0}_{-0.052} \text{ mm}$$

$$A_2 = 5^{\ 0}_{-0.030} \text{ mm}$$

$$A_3 = 43^{+0.062}_{\ 0} \text{ mm}$$

$$A_4 = 3^{\ 0}_{-0.05} \text{ mm} \text{（已知）}$$

根据式（12-6）计算协调环 A_5 的公差为

$$T_5 = T_0 - (T_1 + T_2 + T_3 + T_4) = 0.25 - (0.052 + 0.030 + 0.062 + 0.050) = 0.056 \text{ mm}$$

A_5 的极限偏差由式（12-4）及式（12-5）确定，有

$$
\begin{aligned}
\text{EI}_5 &= \text{ES}_3 - (\text{EI}_1 + \text{EI}_2 + \text{EI}_4) - \text{ES}_0 \\
&= (+0.062) - \left[(-0.052) + (-0.030) + (-0.050)\right] - 0.35 \\
&= -0.156 \text{ mm}
\end{aligned}
$$

$$ES_5 = EI_3 - (ES_1 + ES_2 + ES_4) - EI_0$$
$$= 0 - (0 + 0 + 0) - 0.10$$
$$= -0.10 \text{ mm}$$

所以协调环 $A_5 = 5_{-0.156}^{-0.100}$ mm （公差等级约为 IT10，合理）。

校核计算结果：

根据式（12-6）得

$$T_0 = T_1 + T_2 + T_3 + T_4 + T_5 = 0.052 + 0.030 + 0.062 + 0.05 + \big[|-0.1 - (-0.156)| \big] = 0.25 \text{ mm}$$

可以看出，此处求得的封闭环公差与前述已知条件获得的相同，这表明计算无误，满足使用要求，设计正确。

因此，最终的设计结果为

$$A_1 = 30_{-0.052}^{0} \text{ mm}, \quad A_2 = 5_{-0.030}^{0} \text{ mm}, \quad A_3 = 43_{0}^{+0.062} \text{ mm}, \quad A_4 = 3_{-0.05}^{0} \text{ mm}, \quad A_5 = 5_{-0.156}^{-0.100} \text{ mm}$$

综上所述，完全互换法可以保证完全互换，而且计算简单，但是当组成环环数较多时，用这种方法就不合适，因为这时各组成环公差将很小，加工很不经济，所以完全互换法一般用于 3～4 环尺寸链，或者环数虽多但精度要求不高的场合。对于精度要求较高，而且环数也较多的尺寸链，采用概率法求解比较合理。

第三节　用大数互换法（概率法）解尺寸链

前面讲过的完全互换法是按尺寸链中各环的极限尺寸来计算公差的，但在成批和大量生产中，零件实际尺寸的分布是随机的，多数情况下呈正态分布或偏态分布，若采用极值法计算尺寸链，会对零件尺寸要求过严，增加了加工难度。例如，在大批量生产且生产工艺过程稳定的情况下，零件实际尺寸的分布趋近正态分布，此时尺寸链中各组成环的实际尺寸趋近公差带中间的概率大，出现在极值的概率小，增环和减环以相反极限值形成封闭环的概率就更小。如果组成环的实际尺寸都按正态分布，且分布范围与公差带宽度一致，分布中心与公差带中心重合，则封闭环的尺寸也按正态分布。根据概率论关于独立随机变量（各组成环的实际尺寸都是独立随机变量）的合成规则，可得线性尺寸链封闭环的公差 T_0 等于所有组成环公差 T_{Ai} 的几何平均数，即

$$T_0 = \sqrt{\sum_{i=1}^{n-1} T_{Ai}^2} \tag{12-10}$$

此公差称为统计公差，可利用这一规律，将组成环的公差放大（各组成环的公差等级可降低 1～2 级），这样不但使零件易于加工，同时又能满足封闭环的技术要求，从而获取更大的经济效益。

用大数互换法解尺寸链，降低了加工成本，而实际出现不合格件的可能性很小，可以明显提高经济效益。该方法能保证约 99.73% 的产品合格，可能有 0.27% 的产品超出预定要求。对于要求较高的重要部件或产品，在装配后应进行检验，对超出预定要求的产品，必须进行返修。

用大数互换法计算尺寸链，根据不同的要求，也有正计算、中间计算和反计算三种类型，其步骤与完全互换法相同，只是某些计算公式不同（计算公式可参考任意新版公差与配合手册）。

第四节　解尺寸链的其他方法

在生产中，装配尺寸链各组成环的公差和极限偏差若按前述方法进行计算和给出，那么在装配时，一般不需要进行修配和调整就能顺利进行装配，且能满足装配（封闭环）的技术要求。但在某些场合，为了获得更高的装配精度，而生产条件又不允许提高组成环的制造精度时，可采用分组互换法、修配补偿法和调整补偿法。

一、分组互换法（分组法）

当某些零件精度较高、生产批量较大时，如连杆、活塞、活塞销的配合，或者油泵、油嘴的配合，以及滚动轴承内、外圈滚道与滚动体的结合，如果采用极值法解尺寸链，往往各组成环的公差很小，甚至采用概率法也不能满足要求，这时可采用不完全互换法之一的分组互换法。

分组互换法的实质就是先将组成环的公差扩大若干倍，使之达到经济加工精度要求，然后按其实际尺寸大小分成若干组，根据大配大、小配小、同组零件具有互换性的原则，即按孔、轴的相对应组进行互换装配，来满足技术条件规定的装配（封闭环）精度要求。

1．优点

（1）在保证装配精度要求的情况下，通过分组装配措施可放大零件的制造公差，使零件能够按经济要求合理地加工。

（2）在不降低零件制造公差的情况下，通过分组装配，可提高装配精度。

2．缺点

（1）增加检测费用和管理难度，要分组存放。

（2）限制了完全互换，只能在同组内实现零件的互换。

（3）由于零件尺寸分布不均匀，可能在某些组内剩下多余零件，造成浪费。

3．适用场合

分组数受表面的形状误差限制，因此一般只宜用于封闭环精度要求较高、零件形状简单易测、生产批量较大、环数较少的尺寸链。

二、修配补偿法（修配法）

修配补偿法是根据零件加工的可能性，对各组成环规定经济可行的制造公差，在装配时通过修配方法改变尺寸链中预先规定的某一组成环的尺寸，以满足装配精度的要求。这个被预先规定要修配的环叫作补偿环，预留的修配余量叫作补偿量。

如图 12-1（a）所示，将 A_1、A_2 和 A_3 的公差放大到经济可行的程度，为保证主轴和尾座等高性能的要求，选面积最小、重量最轻的底板 A_3 作为补偿环，装配时通过对 A_3 环的辅助加工（如铲、刮等）去除少量材料，以抵偿封闭环上产生的累积误差，直到满足 A_0 要求为止。

用修配补偿法解尺寸链，一方面应有保证经济可行的制造公差，同时不应使补偿量过大，以免过分增加补偿环的修配量，此外还必须选择容易加工的组成环作为补偿环。

1．优点

（1）扩大了组成环的制造公差。

（2）能够得到较高的装配精度。

2. 缺点

（1）装配时增加了修配工作量和费用。

（2）各组成环失去互换性。

（3）由于修配时间定额难掌握，不便于组织流水生产。

3. 适用场合

修配补偿法常用于尺寸链中环数较多，生产批量不大，而封闭环精度又要求较高的尺寸链。

三、调整补偿法（调整法）

调整补偿法是将尺寸链各组成环按经济公差制造，此时由于组成环尺寸公差扩大而产生累积误差，可在装配时调整补偿环的尺寸或位置来满足封闭环的精度要求。

1. 优点

（1）扩大了组成环的制造公差，使制造变得容易。

（2）保证高的装配精度。

（3）装配时不需修配，容易组织流水线生产。

（4）调整或更换补偿环，可恢复机器原有精度。

2. 缺点

（1）没有互换性，更换零件后需要重新调整。

（2）往往需要附带补偿件，致使结构更复杂，零件数目增加，使得结构刚性降低，制造费用提高。

（3）装配精度在一定程度上依赖装配工人的技术水平，而且调整时间长短不一，难以保证稳定的生产节奏。

3. 适用场合

调整补偿法适用于封闭环精度很高、组成环数较多的装配尺寸链，尤其是在使用过程中，组成环的尺寸可能由于磨损、温度变化或受力变形等原因而产生较大变化的尺寸链。例如，导轨中的间隙大小常用压板、镶条来调整，从而保证规定的间隙要求。

本章小结

第十二章 测验题

1. 尺寸链的定义、特征、组成和分类

在机器装配或零件加工过程中，某些零件要素之间有一定的尺寸（线性尺寸或角度尺寸）联系，这些相互联系的全部尺寸按一定的顺序连接成一个封闭尺寸组，叫作尺寸链。

尺寸链具有封闭性及函数性两个基本特征。

尺寸链由封闭环和组成环组成。按组成环的尺寸变动对封闭环影响的不同，又分为增环和减环。

尺寸链按应用场合的不同，分为零件尺寸链、装配尺寸链和工艺尺寸链；按各环的相互位置分为直线尺寸链、平面尺寸链和空间尺寸链；按尺寸链中各环尺寸的几何特征分为长度尺寸链和角度尺寸链。

2. 封闭环的确定

一个尺寸链中只有一个封闭环。装配尺寸链中最后自然形成的一环为封闭环。通常产品的技术规范或机器上的装配精度要求的尺寸即封闭环；零件尺寸链中的封闭环应该是公差等级要求最低的环，一般在零件图上不进行标注；工艺尺寸链中的封闭环是在加工中自然形成的，一般为被加工零件要求达到的设计尺寸或工艺过程中需要的尺寸。加工顺序不同，封闭环也不同。因此，工艺尺寸链的封闭环必须在加工顺序确定之后才能判断。

3. 尺寸链图的画法及增环、减环的判断

从封闭环的任意一端开始，查找对封闭环有直接影响的各个尺寸（组成环），一直找到封闭环的另一端，将尺寸链中的各尺寸依次画出（不要求严格的比例），直到形成封闭的图形为止。

增环、减环的判断可采用尺寸链的定义判断或采用回路法判断。

4. 尺寸链计算的任务和方法

在工程应用中进行尺寸链计算，可以解决正计算问题（校核计算）、中间计算问题和反计算问题（设计计算）三方面问题。

解尺寸链的基本方法有完全互换法（极值法）、大数互换法（概率法），此外还有分组法、修配法和调整法。解尺寸链的方法、特点和常用场合如表 12-3 所示。

表 12-3　解尺寸链的方法、特点和常用场合

序号	方法		特点	常用场合
1	完全互换法（极值法）		从各环的极限尺寸出发进行计算，装配时可实现完全互换	最基本的方法
2	大数互换法（概率法）		从各环的尺寸服从一定的分布规律进行计算，装配时可保证绝大多数零件实现互换，在封闭环精度要求相同时，与完全互换法相比，可以扩大组成环的公差	大批量生产
3	其他方法	分组法	既扩大了零件的制造公差，又能保证高的装配精度，但增加了检测的费用	封闭环精度要求较高、生产批量较大、环数较少
		修配法	既扩大了零件的制造公差，又能保证高的装配精度，但增加了修配工作量和费用，各组成环失去互换性	封闭环精度要求较高、生产批量不大、环数较多
		调整法	既扩大了零件的制造公差，又能保证高的装配精度，但有时需要增加尺寸链零件数，使结构复杂、降低结构刚性	封闭环精度要求较高、环数较多、在装配和使用过程中需要调整

思考题与习题

期末试卷

12-1 什么是尺寸链？它有什么特征？

12-2 如何确定尺寸链的封闭环？

12-3 为什么封闭环公差比任何一个组成环的公差都大？设计时遵循什么原则？

12-4 完全互换法、概率法、分组法、调整法和修配法各有什么特点？各应用于什么场合？

12-5 如图 12-10 所示，环形零件未镀膜前的壁厚 A_1 为 $5_{-0.06}^{+0.01}$ mm，镀膜壁厚为 A_2。问：当外圆镀铬金属薄膜时，镀层厚度是多少才能保证镀膜后的壁厚 A_0 为 5 ± 0.05 mm？

12-6 图 12-11 所示为 T 形滑块与导槽的配合，若已知 $A_1 = 24_{0}^{+0.28}$ mm，$A_2 = 30_{0}^{+0.14}$ mm，$A_3 = 23_{-0.28}^{0}$ mm，$A_4 = 30_{-0.08}^{-0.04}$ mm，几何公差要求如图 12-11 所示。试用极值法计算当滑块与导槽大端在一侧接触时，同侧小端的间隙范围。

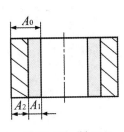

图 12-10 题 12-5

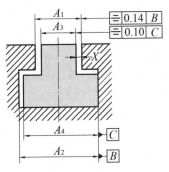

图 12-11 题 12-6

12-7 如图 12-12 所示，加工一轴套，其加工顺序为：镗孔至 $A_1 = \phi40_{0}^{+0.1}$ mm；插键槽 A_2；磨孔至尺寸 $A_3 = \phi40.6_{0}^{+0.06}$ mm。如果要求达到 $A_4 = 44_{0}^{+0.3}$ mm，求键槽工艺尺寸 A_2 的公称尺寸和极限偏差。

12-8 在如图 12-13 所示的齿轮箱中，已知 A_1=300 mm，A_2=52 mm，A_3=90 mm，A_4=20 mm，A_5=86 mm，A_6=A_2。要求间隙 A_0 的变化范围为 1.0～1.35 mm，试选一个合适的方法计算各组成环的公差和极限偏差。

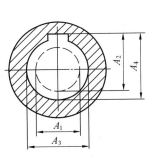

图 12-12 题 12-7

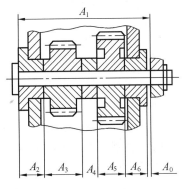

图 12-13 题 12-8

参考文献

[1] 韩进宏，迟彦孝，崔焕勇，等. 互换性与技术测量[M]. 2 版. 北京：机械工业出版社，2017.

[2] 马惠萍，刘永猛. 互换性与测量技术基础案例教程[M]. 2 版. 北京：机械工业出版社，2019.

[3] 毛平淮，余晓流，杨国太. 互换性与测量技术基础[M]. 3 版. 北京：机械工业出版社，2016.

[4] 王伯平. 互换性与测量技术基础[M]. 5 版. 北京：机械工业出版社，2019.

[5] 甘永立. 几何量公差与检测[M]. 10 版. 上海：上海科学技术出版社，2013.

[6] 廖念钊. 互换性与测量技术基础[M]. 5 版. 北京：中国计量出版社，2013.

[7] 全国产品尺寸和几何技术规范标准化技术委员会. 优先数和优先数系 GB/T 321—2005[S]. 北京：中国标准出版社，2005.

[8] 全国量具量仪标准化技术委员会. 几何量技术规范（GPS）长度标准 量块 GB/T 6093—2001[S]. 北京：中国标准出版社，2001.

[9] 全国产品尺寸和几何技术规范标准化技术委员会. 标准尺寸 GB/T 2822—2005[S]. 北京：中国标准出版社，2005.

[10] 全国几何量长度计量技术委员会. 量块 JJG 146—2011[S].北京：中国质检出版社，2012.

[11] 全国产品几何技术规范标准化技术委员会. 产品几何技术规范（GPS）线性尺寸公差 ISO 代号体系 第 1 部分：公差、偏差和配合的基础 GB/T 1800.1—2020[S]. 北京：中国标准出版社，2020.

[12] 全国产品几何技术规范标准化技术委员会. 产品几何技术规范（GPS）线性尺寸公差 ISO 代号体系 第 2 部分：标准公差带代号和孔、轴的极限偏差表 GB/T 1800.2—2020[S]. 北京：中国标准出版社，2020.

[13] 全国产品几何技术规范标准化技术委员会. 产品几何技术规范（GPS）矩阵模型 GB/T 20308—2020[S]. 北京：中国标准出版社，2020.

[14] 全国产品尺寸和几何技术规范标准化技术委员会. 一般公差 未注公差的线性和角度尺寸的公差 GB/T 1804—2000[S]. 北京：中国标准出版社，2000.

[15] 全国产品几何技术规范标准化技术委员会. 产品几何技术规范（GPS）几何公差 形状、方向、位置和跳动公差标注 GB/T 1182—2018[S]. 北京：中国标准出版社，2018.

[16] 全国形状和位置公差标准化技术委员会. 形状和位置公差 未注公差值 GB/T 1184—1996[S]. 北京：中国标准出社，1997.

[17] 全国产品几何技术规范标准化技术委员会. 产品几何技术规范（GPS）基础 概念、原则和规则 GB/T 4249—2018[S]. 北京：中国标准出版社，2018.

[18] 全国产品几何技术规范标准化技术委员会. 产品几何技术规范（GPS）几何公差 最大实体要求（MMR）、最小实体要求（LMR）和可逆要求（RPR）GB/T 16671—2018[S]. 北京：中国标准出版社，2018.

[19] 全国产品尺寸和几何技术规范标准化技术委员会. 产品几何量技术规范（GPS） 几何要素 第 1 部分：基本术语和定义 GB/T 18780.1—2002[S]. 北京：中国标准出版社，2002.

[20] 全国产品几何技术规范标准化技术委员会. 产品几何技术规范（GPS）几何公差 检测与验证 GB/T 1958—2017[S]. 北京：中国标准出版社，2017.

[21] 全国产品尺寸和几何技术规范标准化技术委员会. 产品几何技术规范（GPS） 表面结构 轮廓法 术语、定义及表面结构参数 GB/T 3505—2009[S]. 北京：中国标准出版社，2009.

[22] 全国产品尺寸和几何技术规范标准化技术委员会. 产品几何技术规范（GPS） 表面结构 轮廓法 评定表面结构的规则和方法 GB/T 10610—2009[S]. 北京：中国标准出版社，2009.

[23] 全国产品尺寸和几何技术规范标准化技术委员会. 产品几何技术规范（GPS） 表面结构 轮廓法 表面粗糙度参数及其数值 GB/T 1031—2009[S]. 北京：中国标准出版社，2009.

[24] 全国滚动轴承标准化技术委员会. 滚动轴承与轴和外壳的配合 GB/T 275—2015[S]. 北京：中国标准出版社，2015.

[25] 全国滚动轴承标准化技术委员会. 滚动轴承 向心轴承 公差 GB/T 307.1—2017[S]. 北京：中国标准出版社，2017.

[26] 全国滚动轴承标准化技术委员会. 滚动轴承 通用技术规则 GB/T 307.3—2017[S]. 北京：中国标准出版社，2017.

[27] 全国产品尺寸和几何技术规范标准化技术委员会. 产品几何技术规范（GPS） 光滑工件尺寸的检验 GB/T 3177—2009[S]. 北京：中国标准出版社，2009.

[28] 全国量具量仪标准化技术委员会. 光滑极限量规 技术条件 GB/T 1957—2006[S]. 北京：中国标准出版社，2006.

[29] 全国产品尺寸和几何技术规范标准化技术委员会. 产品几何量技术规范（GPS） 圆锥的锥度与锥角系列 GB/T 157—2001[S]. 北京：中国标准出版社，2001.

[30] 全国产品尺寸和几何技术规范标准化技术委员会. 产品几何量技术规范（GPS） 圆锥公差 GB/T 11334—2005[S]. 北京：中国标准出版社，2005.

[31] 全国产品尺寸和几何技术规范标准化技术委员会. 产品几何量技术规范（GPS） 圆锥配合 CB/T 12360—2005[S]. 北京：中国标准出版社，2005.

[32] 全国产品尺寸和几何技术规范标准化技术委员会. 技术制图 圆锥的尺寸和公差注法 GB/T 15754—1995[S]. 北京：中国标准出版社，1995.

[33] 全国机器轴与附件标准化技术委员会. 平键 键槽的剖面尺寸 GB/T 1095—2003[S]. 北京：中国标准出版社，2004.

[34] 全国机器轴与附件标准化技术委员会. 普通型 平键 GB/T 1096—2003[S]. 北京：中国标准出版社，2003.

[35] 全国机器轴与附件标准化技术委员会. 矩形花键尺寸、公差和检验 GB/T 1144—2001[S]. 北京：中国标准出版社，2001.

[36] 全国螺纹标准化技术委员会. 螺纹 术语 GB/T 14791—2013[S]. 北京：中国标准出版社，2013.

[37] 全国螺纹标准化技术委员会. 普通螺纹 基本牙型 GB/T 192—2003[S]. 北京：中国标准出版社，2003.

[38] 全国螺纹标准化技术委员会. 普通螺纹 直径与螺距系列 GB/T 193—2003[S]. 北京：中国标准出版社，2003.

[39] 全国螺纹标准化技术委员会. 普通螺纹 基本尺寸 GB/T 196—2003[S]. 北京：中国标准出版社，2003.

[40] 全国螺纹标准化技术委员会. 普通螺纹 公差 GB/T 197—2018[S]. 北京：中国标准出版社，2018.

[41] 全国螺纹标准化技术委员会. 普通螺纹 极限偏差 GB/T 2516—2003[S]. 北京：中国标准出版社，2003.

[42] 全国螺纹标准化技术委员会. 普通螺纹 优选系列 GB/T 9144—2003[S]. 北京：中国标准出版社，2003.

[43] 全国螺纹标准化技术委员会. 普通螺纹量规 技术条件 GB/T 3934—2003[S]. 北京：中国标准出版社，2003.

[44] 全国螺纹标准化技术委员会. 梯形螺纹 第 1 部分：牙型 GB/T 5796.1—2005[S]. 北京：中国标准出版社，2005.

[45] 全国螺纹标准化技术委员会. 梯形螺纹 第 2 部分：直径与螺距系列 GB/T 5796.2—2005[S]. 北京：中国标准出版社，2005.

[46] 全国螺纹标准化技术委员会. 梯形螺纹 第 3 部分：基本尺寸 GB/T 5796.3—2005[S]. 北京：中国标准出版社，2005.

[47] 全国螺纹标准化技术委员会. 梯形螺纹 第 4 部分：公差 GB/T 5796.4—2005[S]. 北京：中国标准出版社，2005.

[48] 全国金属切削机床标准化技术委员会. 机床梯形丝杠、螺母技术要求 JB/T 2886—2008[S]. 北京：机械工业出版社，2008.

[49] 全国金属切削机床标准化技术委员会. 滚珠丝杠副 第 1 部分：术语和符号 GB/T 17587.1—2017[S]. 北京：机械工业出版社，2017.

[50] 全国金属切削机床标准化技术委员会. 滚珠丝杠副 第 2 部分：公称直径和公称导程 公制系列 GB/T 17587.2—1998[S]. 北京：机械工业出版社，1998.

[51] 全国金属切削机床标准化技术委员会. 滚珠丝杠副 第 3 部分：验收条件和验收检验 GB/T 17587.3—2017[S]. 北京：机械工业出版社，2017.

[52] 全国金属切削机床标准化技术委员会. 滚珠丝杠副 第 4 部分：轴向静刚度 GB/T 17587.4—2008[S]. 北京：机械工业出版社，2008.

[53] 全国金属切削机床标准化技术委员会. 滚珠丝杠副 第 5 部分：轴向额定静载荷和动载荷及使用寿命 GB/T 17587.5—2008[S]. 北京：机械工业出版社，2008.

[54] 全国齿轮标准化技术委员会. 圆柱齿轮 精度制 第 1 部分：轮齿同侧齿面偏差的定义和允许值 GB/T 10095.1—2008[S]. 北京：中国标准出版社，2008.

[55] 全国齿轮标准化技术委员会. 圆柱齿轮 精度制 第 2 部分：径向综合偏差与径向跳动的定义和允许值 GB/T 10095.2—2008[S]. 北京：中国标准出版社，2008.

[56] 全国齿轮标准化技术委员会. 圆柱齿轮 检验实施规范 第 1 部分：轮齿同侧齿面的检验 GB/Z 18620.1—2008[S]. 北京：中国标准出版社，2008.

[57] 全国齿轮标准化技术委员会. 圆柱齿轮 检验实施规范 第 2 部分：径向综合偏差、径向

跳动、齿厚和侧隙的检验 GB/Z 18620.2—2008[S]. 北京：中国标准出版社，2008.

[58] 全国齿轮标准化技术委员会. 圆柱齿轮 检验实施规范 第 3 部分：齿轮坯、轴中心距和轴线平行度的检验 GB/Z 18620.3—2008[S]. 北京：中国标准出版社，2008.

[59] 全国齿轮标准化技术委员会. 圆柱齿轮 检验实施规范 第 4 部分：表面构和轮齿接触斑点的检验 GB/Z 18620.4—2008[S]. 北京：中国标准出版社，2008.

[60] 全国产品几何技术规范标准化技术委员会. 产品几何技术规范（GPS）通用概念 第 1 部分：几何规范和检验的模型 GB/T 24637.1—2020[S]. 北京：中国标准出版社，2020.

[61] 全国产品几何技术规范标准化技术委员会.产品几何技术规范（GPS） 几何公差 轮廓度公差标注 GB/T 17852—2018[S]. 北京：中国标准出版社，2018.

[62] 全国产品几何技术规范标准化技术委员会. 产品几何技术规范（GPS） 几何公差 基准和基准体系 GB/T 17851—2010[S]. 北京：中国标准出版社，2010.

反侵权盗版声明

电子工业出版社依法对本作品享有专有出版权。任何未经权利人书面许可，复制、销售或通过信息网络传播本作品的行为；歪曲、篡改、剽窃本作品的行为，均违反《中华人民共和国著作权法》，其行为人应承担相应的民事责任和行政责任，构成犯罪的，将被依法追究刑事责任。

为了维护市场秩序，保护权利人的合法权益，我社将依法查处和打击侵权盗版的单位和个人。欢迎社会各界人士积极举报侵权盗版行为，本社将奖励举报有功人员，并保证举报人的信息不被泄露。

举报电话：（010）88254396；（010）88258888

传　　真：（010）88254397

E-mail：dbqq@phei.com.cn

通信地址：北京市万寿路 173 信箱

　　　　　电子工业出版社总编办公室

邮　　编：100036